Atlas of Creating and Restoring Wetlands: From Theory to Practice, 1st edition
Christopher Craft

《湿地创建与恢复：从理论到实践》（第 1 版）（王雨春 等译）
ISBN: 978-7-03-069491-1

湿地创建与恢复

从理论到实践

Creating and Restoring Wetlands

From Theory to Practice

〔美〕克里斯托弗·克拉夫特（Christopher Craft） 著
王雨春　胡明明　李姗泽　李伯根 等　译
王雨春　张云昌　卢　吉　主审

科学出版社
北　京

图号：01-2021-1380 号

内 容 简 介

本书描述在自然、农业和城市环境中淡水湿地和河口湿地恢复所面临的机遇和挑战，阐述由生态理论（干扰理论、扩散理论、演替理论）驱动的恢复基础，并将其应用于创建和恢复湿地的措施中（恢复水文、土壤和生物区系），这些措施有助于提高湿地恢复项目的短期和长期的成功率。本书全面讨论阻碍湿地恢复的无法预料的问题，并提出解决这些问题的方法，总结一些河口和淡水湿地恢复的案例，分享大规模湿地恢复的经验，并提出湿地恢复未来的发展方向。

本书适合广大湿地研究工作者、流域生态恢复与保护工作者、湿地自然保护区管理部门工作人员等阅读参考。

图书在版编目（CIP）数据

湿地创建与恢复：从理论到实践/（美）克里斯托弗·克拉夫特（Christopher Craft）著；王雨春等译.—北京：科学出版社，2021.8

书名原文：Creating and Restoring Wetlands: From Theory to Practice

ISBN 978-7-03-069491-1

Ⅰ.①湿… Ⅱ.①克… ②王… Ⅲ.①沼泽化地-环境保护-研究 ②沼泽化地-生态恢复-研究 Ⅳ.①P941.78

中国版本图书馆 CIP 数据核字（2021）第 151862 号

责任编辑：孙寓明/责任校对：高 嵘

责任印制：彭 超/封面设计：苏 波

科学出版社 出版

北京东黄城根北街 16 号

邮政编码：100717

http://www.sciencep.com

武汉市首壹印务有限公司印刷

科学出版社发行 各地新华书店经销

*

开本：787×1092 1/16

2021 年 8 月第 一 版 印张：18 1/4

2021 年 8 月第一次印刷 字数：464 000

定价：139.00 元

（如有印装质量问题，我社负责调换）

《湿地创建与恢复：从理论到实践》翻译组

参与翻译及校核者：

王雨春　胡明明　李姗泽　李伯根　温　洁　包宇飞

袁　浩　蒋　蓉　阳　辉　刘湘伟　税　勇　陈　豪

谭亚男　王启文　余　琅　王忠军　张盼伟　陈　铭

陈天麟　柳栖栖　孙　猛　张　迪　张家晖　赵　微

主审：王雨春　张云昌　卢　吉

译 者 序

湿地是陆生生态系统和水生生态系统之间的过渡性地带，是潮湿或浅积水条件下发育而成的水生生物群和水淹土壤组成的地理综合体，具有维持生态平衡、保持生物多样性和珍稀物种资源等方面的多种独特功能。仅占地球表面 6%的湿地，却为地球上 20%的已知物种提供了生存环境。湿地也是与人类文明起源和可持续发展具有密切关系的重要资源，不仅为人类提供大量食物、原料和水资源，还具有涵养水源、蓄洪防旱、降解污染、调节气候、补充地下水、控制土壤侵蚀等方面的重要生态功能，享有“地球之肾”的美誉。

随着人类社会的发展，尤其是近代工业革命以来，大规模的围垦种植、快速的城市化建设、大量污水排放、众多涉水工程建设等人类活动，对各类天然湿地产生了严重影响，大面积湿地退化成为全球性的生态灾难。针对当前人类生存和发展所面临的这一重大生态挑战，美国著名湿地生态学家 Christopher Craft 教授撰写的 *Creating and Restoring Wetlands: from theory to practice* 专著，介绍了湿地恢复的基本概念、定义、不同国家的法律框架、相关的生态理论及各国湿地恢复案例。通过干扰理论、扩散理论、演替理论分析，阐释了湿地恢复的驱动机制及其关键过程，具有极强的理论性。同时，通过对不同国家在内陆淡水湿地和河口海岸湿地等多种类型湿地恢复的典型案例分析，总结了湿地恢复的技术路径、关键技术和综合管理措施等方面的成功经验，可为我国正在全面推进的流域生态文明建设提供有效借鉴。

本书的翻译和审核校对工作是在中国水利水电科学研究院水生态环境所及相关单位许多同志和研究生近两年来共同努力下完成的。本书的主要翻译人员有：王雨春、胡明明、李姗泽、李伯根、温洁、包宇飞、袁浩、蒋蓉、阳辉、刘湘伟、税勇、陈豪、谭亚男、王启文、余琅、王忠军、张盼伟等。课题组的研究生参与了部分翻译和文本校核等工作，他们是陈铭、陈天麟、柳栖栖、孙猛、张迪、张家晖、赵微等。

王雨春正高级工程师、张云昌正高级工程师、卢吉正高级工程师完成了全书主审。

感谢 Christopher Craft 教授在本书翻译期间将手稿和原图再次校核后分享给我们，感谢课题组齐心协力完成本书翻译。

本书翻译得到国家水体污染控制与治理科技重大专项项目（2017ZX07301006005）、国家重点实验室项目（SKL2020TS07）、国家重点研发计划项目（2017YFC0404703）、国家自然科学基金项目（51809287）、云南省重点研发计划项目（2019BC002-01）、中国长江三峡集团有限公司项目（201903144）和华能集团总部科技项目（HNKJ18-H23）的资助。

由于译者学识水平所限，书中疏漏在所难免，恳请读者反馈指正（联系邮箱 wangyc@iwhr.com）。

译 者

2020 年 12 月

致　　谢

这本书在许多人的共同努力下才得以完成。Patricia（Pat）Combs 孜孜不倦地收集参考文献、编辑、修正格式和校对文本，还担任我与 Elsevier 的联络人。公共和环境事务学院（School of Public and Environmental Affairs，SPEA）的 Kelsey Thetonia、Kate Drake、Jenna Nawrocki、Michelle Ruan、Kristin Ricigliano、Nate Barnett 和 Elizabeth Oliver 制作并重制了图表。公共和环境事务学院的博士生 Ellen Herbert 在我编著本书的三年时间中帮助我维护实验室的持续运转，为此，我深表感激。感谢公共和环境事务学院院长 David Reingold 通过延长休假为我提供充足的时间，并且为我提供了充足的资源，使本书能够完成。感谢我的妻子 Teresa 和女儿 Rachel，她们分别与我相伴并且包容了我 33 年和 24 年。最后，也是最重要的一点，我要感谢我的父亲 William Hugh（Bill）Craft，他不仅抚养了 9 个孩子，同时也是一名出色的植物学家和老师。感谢每个人！

Christopher Craft

目　　录

第一篇　基础 ······ 1

第 1 章　绪论 ······ 3

1.1　为什么要恢复湿地? ······ 5

1.2　湿地的基本特征 ······ 6

1.3　设定切合实际的湿地恢复目标 ······ 7

1.4　湿地恢复理论与实践 ······ 8

1.4.1　干扰：胁迫的识别和减缓 ······ 9

1.4.2　理解生态系统动力学 ······ 10

1.4.3　加速恢复：演替与生态系统发育 ······ 10

1.4.4　重建自我维持系统 ······ 12

参考文献 ······ 14

第 2 章　定义 ······ 19

2.1　引言 ······ 19

2.2　湿地特征 ······ 20

2.2.1　水文 ······ 20

2.2.2　植被 ······ 22

2.2.3　土壤 ······ 23

2.3　概念 ······ 24

2.4　分类系统 ······ 25

2.5　法律框架 ······ 28

2.5.1　美国 ······ 28

2.5.2　加拿大 ······ 29

2.5.3　欧洲国家 ······ 29

2.5.4　其他国家 ······ 30

2.5.5　国际性组织 ······ 30

2.6　湿地生态系统服务 ······ 31

参考文献 ······ 33

第 3 章　生态理论与恢复 ······ 37

3.1　引言 ······ 37

3.2　干扰 ······ 37

3.3　扩散与定植 ······ 39

3.4　演替 ······ 41

3.4.1　机体论观点——促进 ······ 42

3.4.2　促进作用与保育植物 ······ 43

3.4.3　促进作用与菌根 ······ 44

3.4.4 个体论观点——耐受与抑制 …… 44
3.4.5 其他 Gleason 式模型 …… 45
3.5 生态系统发育 …… 47
3.6 生物入侵 …… 48
3.6.1 群落对入侵者的敏感性 …… 48
3.6.2 入侵生物的生活史特征 …… 49
3.6.3 物种入侵与恢复 …… 50
参考文献 …… 50
第 4 章 对景观的思考 …… 58
4.1 引言 …… 58
4.2 自然、农业和城市景观的压力源 …… 58
4.3 湿地功能与景观定位 …… 60
4.4 流域修复方法需求 …… 61
4.5 修复区域选择与优先级确定 …… 63
4.5.1 依据水域和湿地特征，确定适宜位置 …… 63
4.5.2 优先恢复区域 …… 64
参考文献 …… 67
第二篇 淡水湿地恢复 …… 73
第 5 章 内陆湿地 …… 75
5.1 引言 …… 75
5.2 理论 …… 81
5.3 实践 …… 82
5.3.1 水文恢复 …… 82
5.3.2 植被重建 …… 83
5.3.3 土壤修复及再造 …… 85
5.3.4 改良 …… 85
5.3.5 生态系统发育 …… 87
5.3.6 确保成功的关键 …… 92
参考文献 …… 93
第 6 章 森林湿地 …… 103
6.1 引言 …… 103
6.1.1 河滨带林地 …… 105
6.1.2 洪泛林地 …… 106
6.1.3 森林湿地栖息地 …… 108
6.1.4 森林湿地的丧失 …… 109
6.2 理论 …… 110
6.3 实践 …… 111
6.3.1 洪泛林地 …… 112
6.3.2 微地形的重要性 …… 114

6.3.3 改良方案 115
6.3.4 生态系统发育 116
6.3.5 确保成功恢复的关键 119
参考文献 120
第 7 章 泥炭地 128
7.1 引言 128
7.2 泥炭的来源、组成和地理分布 129
7.3 泥炭地的演替 131
7.4 理论 132
7.5 实践 134
7.5.1 被开采的泥炭地 135
7.5.2 排水后的泥炭地 136
7.5.3 碱沼的复湿 139
7.5.4 富营养化的泥炭地：草皮切割、表土清除和修剪 140
7.5.5 生态系统演变 141
7.5.6 恢复泥炭地成功的关键 143
参考文献 144
第三篇 河口湿地恢复 155
第 8 章 潮汐沼泽 157
8.1 引言 157
8.1.1 盐沼湿地和半咸水沼泽湿地 158
8.1.2 潮汐淡水沼泽湿地 161
8.1.3 潮汐沼泽湿地减少 162
8.2 理论 162
8.3 实践 163
8.3.1 恢复水文条件 164
8.3.2 重建植被 165
8.3.3 土壤的恢复与重建 166
8.3.4 改良剂 168
8.3.5 生态系统发育 168
8.3.6 潮汐淡水沼泽的恢复 174
8.3.7 确保成功的关键 176
参考文献 177
第 9 章 红树林 190
9.1 引言 190
9.1.1 红树林的生态环境 192
9.1.2 全球分布和随时间的消失 194
9.2 理论 196
9.3 实践 197
9.3.1 种植 198

9.3.2 自然定植 …… 200
9.3.3 生态系统发育 …… 201
9.3.4 确保成功的关键 …… 206
参考文献 …… 208

第四篇 从理论到实践 …… 217

第 10 章 衡量成功：生态系统发育的性能指标和轨迹 …… 219
10.1 引言 …… 219
10.2 性能指标 …… 220
10.2.1 参照湿地-评价的标准 …… 220
10.2.2 环境要素—水文和水化学指标 …… 220
10.2.3 群落结构与生态系统功能 …… 221
10.2.4 生态系统发育的轨迹 …… 227
参考文献 …… 233
第 11 章 案例研究 …… 238
11.1 引言 …… 238
11.2 潮汐盐沼 …… 238
11.3 淡水沼泽 …… 241
11.4 泥炭沼泽 …… 243
11.5 森林湿地 …… 245
11.6 城市湿地 …… 247
参考文献 …… 249
第 12 章 大规模恢复 …… 252
12.1 潮汐盐沼——美国特拉华湾 …… 252
12.2 淡水沼泽——伊拉克美索不达米亚沼泽 …… 254
12.3 淡水沼泽——中国黄河三角洲 …… 256
12.4 滨海沼泽——美国路易斯安那州密西西比河三角洲 …… 258
12.5 重建红树林——越南湄公河三角洲 …… 260
参考文献 …… 261
第 13 章 湿地恢复展望 …… 265
13.1 引言 …… 265
13.2 人口增长与全球粮食需求 …… 265
13.3 富营养化 …… 267
13.4 城市环境中的恢复 …… 267
13.5 气候变化 …… 268
13.5.1 变暖 …… 268
13.5.2 气候变异 …… 269
13.5.3 CO_2 施肥 …… 270
13.5.4 海平面上升 …… 270
13.6 21 世纪的湿地恢复 …… 271
参考文献 …… 272

第一篇

基　础

第1章 绪　论

湿地，是水域与陆地的交会区，是对人类文明发展具有特殊作用的地域。水稻（*Oryza sativa*），是一种湿地植物，为全世界35亿人口提供了食物（Seck et al.，2012），滨岸水域及湿地的鱼类产品则是29亿人口主要的蛋白质来源（Smith et al.，2010）。水稻最早在印度、东南亚等地区和中国培育种植（Chang，1976），稻田养鱼同时也成为人类所需的蛋白质来源之一（Kangmin，1988）。在尼罗河沿岸地区的早期社会，人们主要依靠在三角洲洪泛区和沿海潟湖中的捕鱼活动获取食物（Sahrhage，2008）。人类文明的发展繁荣大都起源于大河及其三角洲地区，包括中国的长江、黄河流域，缅甸的伊洛瓦底江流域，印度的恒河流域及巴基斯坦的印度河流域，埃及的尼罗河流域，以及伊拉克的美索不达米亚沼泽区。在沿河、滨湖及近海水陆交错区域兴建的城市，一般都成为了交通和商业枢纽。为了满足城市扩展的需要，抽水排干或填埋低洼、潮湿、松软、沼泽丛生的湿地区域，显然是最为方便的选择。

18世纪工业革命以来，农业机械化和人工合成氮肥技术的出现，使大规模农业成为可能。作为人口增长和工业革命的必然结果，更多的湿地被抽水排干“围湖造田”。例如，在美国中西部的玉米种植带及加利福尼亚州的内陆山谷地区，大面积的湿地被抽水排干，改造为农田。随着规模化虾类水产养殖的发展，大片热带红树林湿地被挖掘形成众多养殖池塘。整个20世纪，在美国、欧洲及中国等温带气候地区，滨海及内陆淡水湿地数量都大为减少。20世纪后期，热带地区的发展中国家的开发活动也接踵而至，导致该区域大面积的红树林湿地或其他湿地被改造为人工林种植园或水产养殖场。迄今为止，在美国包括阿拉斯加州在内的广大地区，自欧洲移民以来导致的湿地累积损失已超过30%，这种情况尤其在美国中西部和加利福尼亚州地区更为严重，该地区原始湿地的退化面积超过80%（Dahl，1990）。从世界范围看，红树林湿地、热带滨海湿地的原始面积的损失比例大致为20%～50%（Food and Agricultural Organization，2007；Valiela et al.，2001）。又如，1978～2013年中国经济社会快速发展，大约导致损失了30%的滨海湿地和25%的淡水沼泽（He et al.，2014；An et al.，2007）。相比较而言，三角洲地区的湿地，更容易因大规模农业开发活动造成退化或损失（Coleman et al.，2008）。但即便是泥炭湿地也正受到自然资源攫取性工业开发的侵蚀，湿地泥炭资源采掘和化石燃料开采，如加拿大的油砂采掘和西伯利亚的化石燃料开采仍在持续。

20世纪70年代，人们认识到湿地在以惊人的速度损失，促使1972年美国《清洁水法》（*Clean Water Act*）的制定和颁布，以对湿地等水生资源加以保护。《清洁水法》中，特别提出了对退化湿地恢复或已损失湿地进行补偿性重建的要求。目前，美国农业部通过实施“湿地保护区和自然保护区计划”（Wetlands Reserve and Conservation Reserve Programs）等政府项目，为湿地恢复提供了财政支持。2000～2007年，美国在中西部冰蚀平原区内陆地区和河岸缓冲地区完成了超过110000公顷的湿地恢复（Fennessy and Craft，2011）。在欧洲和其他地区，湿地恢复工作也正在开展，恢复或重建了部分因农业用地改造而损失的湿地，改善了流域水质，提升了流域的景观多样性（Comin et al.，2001）。湿地的恢复或重建，也可以作为因道路、城市及郊区建设等开发活动造成的生态损失的补偿措施。在国际湿地保护领域，《拉姆萨尔公约》尽管不具备法律约束力，但同样有效地促进了国际重要湿地的保护和恢复（见第 2 章）。

尽管湿地恢复科学还是一门较新的学科，但湿地恢复的实践工作已有多年历史。最早的湿地恢复工作，应该是以获取燃料和木材为目标而开展的红树林恢复造林计划，在东南亚中南半岛所实施的规模化红树林造林可追溯到 19 世纪末或更早（Chowdhury and Ahmed，1994）。西欧、美国、澳大利亚和新西兰等地区，为减缓海岸侵蚀对滨海开垦土地的影响，种植盐沼植物的历史也近百年（Chung，2006；Knutson et al.，1981；Ranwell，1967）。此外，美国鱼类和野生动物管理局等政府机构及非政府组织（Non-Governmental Organizations，NGO），也积极开展恢复水禽栖息地的工作，重新引水恢复淡水湿地（Weller，1994）。早期的湿地恢复活动，旨在达到用材造林、海岸线保护、水禽栖息地等特定功能目标，而当今的湿地恢复则要求完成对所有生态属性的重建，也就是要构建一个健康、功能良好，具备生物群落结构（物种多样性和栖息地）、湿地生态过程（能量流动和养分循环）及多样化的生态产品和生态服务价值的湿地系统。

按照《韦氏词典》（http：//www.merriam-Webster.com）的释义，恢复（restoration）的定义为：将某物还原到初始状态的行为或过程。因此，美国国家研究委员会（U.S. National Research Council，U.S.NRC）在 1992 年出版的《水生生态系统恢复》中将“恢复”定义为：使某个生态系统尽可能接近其初始状态的过程和行为。本书在 NRC 定义的基础上，将恢复的定义拓展为：以超过其自然变化的速率，使某个生态系统尽可能接近其初始状态的过程和行为。这一拓展的定义包括了两个关键点。一是实现加速演替和生态系统发展的恢复目标，也就是通过有目标的设计、繁殖体和种子的播散、幼苗培育和移栽及土壤营养物质（如氮）添加改良等实现“加速”恢复的目标。二是要认识到湿地恢复通常不可能完全达到其原始的、未受扰动的状态，与 NRC 的定义一样，这是因为导致湿地生态系统退化的胁迫因素不一定能完全消除。一些来源于系统外部的胁迫因素，如径流节律失衡、营养盐累积、盐分及其他溶解物质等，都会对下游湿地产生危害（Palmer et al.，2010）。相反，一些与湿地内部水文过程相关的胁迫因素，如针对湿地内的堤坝、沟渠和弃渣等，则可以通过堤坝拆除、沟渠填埋、弃渣清除等措施相对容易地去除其不利影响。

本书将介绍恢复湿地（restoring wetland）有关的科学概念和实践，具体包括淡水沼泽（freshwater marsh）、泛滥平原森林（floodplain forest）、泥炭地（peatland）、潮汐沼泽（tidal marsh）和红树林（mangrove）等多种湿地类型。从世界范围看，《拉姆萨尔公约》、美国的《清洁水法》、欧盟的《水管理框架》及其他一些具有重要国际地位的政策法令，积极推动了湿地的恢复工作。有充分的证据表明，以一般性生态学理论指导湿地修复，显然已不能满足实践工作的需求。从发展历程上看，湿地恢复更多的是吸收和改进相关农艺学及林学的成熟技术，最初应用于露天开采矿山的陆表生态修复，实现重建森林植被、牧场或野生动物栖息地的目标，在这些陆表生态修复实践中，多数因缺乏对水资源及淹水或饱和土壤水文概念的充分考虑，而影响或减缓了修复工作。从科学的角度看，诸如干扰、演替和生态系统发育等生态学概念，应作为理解和评价湿地或其他生态系统修复是否成功的评判框架和标准，因此，对生态系统动力学、能量流动、养分循环及湿地动植物的自然演化史的深入理解就显得十分关键。最后，应该认识到，既不能低估了人类自身活动对自然系统的干扰和破坏，又要充分考虑人为努力对湿地恢复的影响。

1.1 为什么要恢复湿地？

为什么人们会对恢复湿地感兴趣？主要基于两方面原因。①如前文所述，湿地正面临大规模快速退化，而所有的湿地损失几乎都是人类活动的结果，如排水、填筑及泥炭开采、采沙等人类活动，都是导致湿地损失的主要因素，老话说“失去方知珍惜”。②湿地具有多种社会效益（表 1.1），而这些效益过去多数被人们所忽视，但其重要性正逐渐凸显，如湿地在提供生物生产力、调控和缓解外部干扰（海岸线保护和蓄滞洪水）、净化改善水质（泥沙截留和反硝化）、提高生境及生物多样性等方面的珍贵价值。

表 1.1　湿地的主要生态功能与服务价值

湿地类型	主要生态功能与服务价值
漫滩/河岸	水质改善（泥沙截留、反硝化） 生物生产力（包括水生生态系统的碳源） 蓄滞洪水 生物传播迁徙廊道 生物多样性
淡水沼泽	生物生产力（水禽） 生物多样性
泥炭地	固碳 生物多样性
潮汐沼泽	海岸线保护 生物生产力（有鳍鱼类和贝类、营养物质来源） 水质改善
红树林	海岸线保护 生物生产力（有鳍鱼类、贝类、碳来源） 水质改善

人们已认识到不同类型的湿地所能提供的生态服务功能的种类和水平具有差异性。湿地与水域生态系统（如漫滩/河岸、潮汐沼泽和红树林）保持着密切联系，湿地通过对污染物拦截滞留，来维持和提升水质状态。湿地也可以通过蓄滞洪水、消浪耗能和保护海岸线，来调节和减缓自然干扰。很多湿地具有高的初级生产力，这对维持商业和娱乐性鳍鱼种群的养殖、贝类捕捞及水禽种群繁殖等极为重要。美国中北部和加拿大的草原坑洼地区的淡水沼泽是北美野鸭的重要繁殖栖息地（Batt et al.，1989）。加拿大北部和西伯利亚的湿地对鹤类的繁殖至关重要（Chavez-Ramirez and Wehtje，2012；Kanai et al.，2002）。滨海湿地、盐沼和红树林，可为鱼类和甲壳动物提供栖息地，并通过输出有机物质来促进水生食物网。森林湿地、河岸地区和漫滩森林，则是维持包括溪流和河流在内的水生生态系统食物网的重要部分。泥炭地等类型的湿地可能缺少强烈的地表径流过程，但滞留大量的碳，并维持了高水平的湿地植物生物多样性。

湿地恢复项目从目标、范围到成本各不相同，由于很难做出对不同类型湿地生态服务功能经济价值的评估（见第 2 章），湿地恢复项目的成本与效益分析也较为困难。Bernhardt 等（2005）分析了大量美国水生态系统和湿地修复项目及其恢复成本，大多数项目都与水质管理有关，其次是河岸带管理、堤岸加固、流量调节和漫滩水系连通重建等方面的项目。相对于水质管理项目而言，河岸带管理和堤岸加固的技术成本较低（每个项目的造价为 19000～41000 美元），而流量调节和漫滩水系连通重建则是规模更大、价格更昂贵（每个项目造价为 198000～207000 美元）。这些项目大多数的恢复目标与水质管理相关。在湿地损失规模较大和损失速度较快的路易斯安那州，不同成本效益的恢复措施多样，从 900 美元的小规模湿地植物种植，到 2000～4000 美元的水系或沉积物较大规模的疏导工程（Merino et al.，2011）（见第 12 章）。

1.2　湿地的基本特征

湿地具有在水文、植被和土壤（图 1.1）三个方面区别于陆地生态系统和水生生态系统的独特特征。湿地水文可以用淹水深度、持续时长、淹水频率、时间或季节性洪水或土壤水饱和度等来描述。从受天文大潮影响每天被淹没两次的潮汐沼泽和红树林湿地，到没有洪水泛滥但几乎处于永久水饱和状态的泥炭湿地，不同类型的湿地具有不同的水文节律特征。诸如低洼区湿地或春季融水补给的池塘，主要依靠降水获得大部分水源，但它们可能经历较长时期的干涸阶段，干旱期的持续时间甚至超过湿润期。根据湿地的类型，水的存在状态可能是永久性的，也可能是较为短暂的，但所有湿地共同的特点是，在植物生长季能够有足够长的淹水或土壤水饱和时段，以确保通过植被发育、繁衍能够形成湿地所特有的土壤和植被群落。

图 1.1　湿地的三要素：水文、植被和土壤

使湿地淹没或使湿地土壤保持水饱和的水源各不相同，可能来自地表径流、河流和溪流的漫滩洪水、河口区的潮汐等。地下水也是一个重要的水源，尤其是在渗流湿地和低位沼泽渗滤情况下，地下水所产生的补给可能极为重要。另外的水源是雨和雪等大气降水，它们对几乎所有类型的湿地水文过程都有贡献。在不同情况下，上述三种水源对湿地水文的贡献比例各不相同，水源类型与湿地水化学、土壤化学及外部胁迫因子向系统内的传递作用都有密切关系。

当湿地土壤被浸没或处于饱和水状态时，土壤环境从有氧状态转变为缺氧状态。湿地土壤淹水发生后，土壤微生物通过呼吸作用以维持细胞生长、生存和繁殖；好氧的动植物也会受到厌氧土壤条件的影响，多数动物会迁徙到其他地方以逃避缺氧环境，而植物通常是定居的，因此不得不适应环境或是死亡。能够适应湿地环境的植物需要具有形态和代谢上的适应能力，使它们能够维持向根部输送富氧的气流，以在厌氧土壤中生存并茁壮成长，通常陆生植物不具备这种适应能力。

湿地具有与陆生生态系统截然不同的土壤特性。缺氧会抑制好氧微生物的生长，因此，相对于陆生生态系统土壤，湿地植被产生的有机物被分解的速率要慢得多，其结果是形成部分或完全未分解的有机质积累，在湿地土壤中产生独特的深色层或水平线。湿地有机质积累的极端情况是泥炭的形成，泥炭是一种源于生物的土壤，主要由植物残体组成。大部分湿地明确的土壤矿物相特征是缺氧环境微生物驱动的氧化铁（Fe^{3+}）还原，在陆生生态系统中土壤普遍含有氧化铁而可观察到具有红、橙和黄等铁锈色呈现。而在淹水条件下，微生物将氧化铁 Fe^{3+}还原为亚铁 Fe^{2+}，产生颜色为灰色的土壤。在持续性淹水条件下，矿物土壤可能呈现绿色或蓝色，这种颜色代表了持续淹水和完全缺氧的环境条件。

1.3　设定切合实际的湿地恢复目标

为了成功恢复湿地，需要在一开始就制订明确的恢复目标（Zedler，1995）（图 1.2）。理想情况下，恢复目标以特定类型湿地的自然生态功能为标准，当然在很多情况下这种标准已较难找到，因此必须人为确定可以实现的目标并以此为恢复工作的参照（Ehrenfeld，2000）。恢复目标确立后，就需要明确对系统产生影响的胁迫因素及其减缓措施。为此，有必要全面地理解湿地的生态系统动力学、环境模式及重新引种植物的生活史特征，以了解哪些物种会繁衍，哪些物种不会繁衍。采取播种、种植和改良等技术，可以加快植被演替和生态系统发展，建立小规模的试验体系可以用来验证各种恢复技术是否可行，并筛选、改进更适合恢复工作的方法（Zedler，2005）。通过实施持续监测，以掌握湿地自我维持系统的重建情况，同时还需要辅助维护使湿地的生物群落发展为理想的顶级群落。

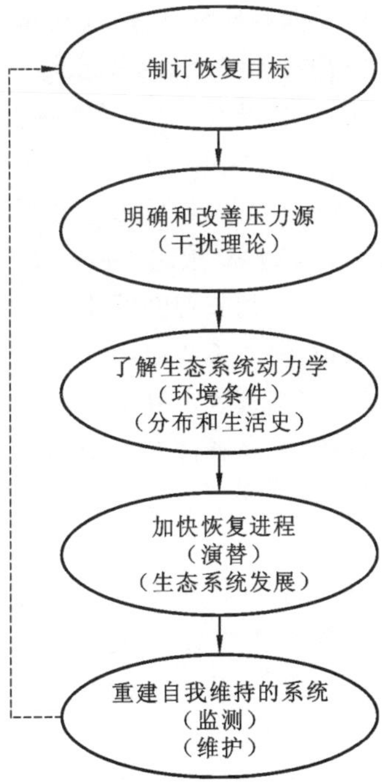

图 1.2　成功恢复湿地的 5 个关键步骤

有时如存在无法减缓的外部胁迫或入侵种在系统内成功定居，就需要重新评估恢复目标。维持生物多样性和改善水质是两个不相容的目标，在富营养化环境中，通过去除营养物质来实现湿地的恢复，必然会导致生物多样性的丧失（Zedler，2003）。恢复生物多样性应该是没有营养负荷问题的地区的目标，并且恢复区域可以形成可健康持续、完整的湿地、高地和水生栖息地。

1.4　湿地恢复理论与实践

对与动植物群落结构有关的干扰、演替和生态系统发育等关键生态过程的理解，构成了恢复生态学及湿地恢复的基础。干扰的大小、强度和频率决定了生态系统恢复后的发展速度（Connell and Slatyer，1977）。干扰的大小决定了某一地点繁殖体定植的速度，繁殖体在干扰小的区域重建植被的速度比干扰较大区域更快；干扰的强度决定了繁殖体在种子库或植物碎片上的定植程度；干扰的频率决定了区域在受到二次干扰之前演替过程的时长。湿地水文变化是最常见的干扰，而这个干扰往往是长期的（Turner and Lewis，1997），也就是说，这种干扰持续不断地影响整个系统，所以这个干扰没有干扰的频率，其他长期影响湿地的压力源包括富营养化、放牧和外来物种入侵。对于水生生态系统包括与其紧密联系的湿地，减缓产生自上游或陆地生态系统的外部胁迫在湿地系统内的传播影响至关重要（Loucks，1992）。

演替是大尺度上受到强烈干扰的植物（及动物）群落随时间发生变化的缓慢过程。演替理论包括两大派系：Clements（1916）的机体理论学派和 Gleason（1917）的个体理论观点。Clements 认为，植物群落演替是随时间推移而发生的有序、可预测的变化，早期的“殖民者”改善了环境，为后继生物铺平了道路。Clements 的理论模型非常适用于解释泥炭湿地的演替过程，如湿地植物群落形成泥炭改变水文条件、控制土壤化学性质，进而改变土壤环境。Gleason 的理论模型包括了抑制与耐受性（Connell and Slatyer，1977）、接力植物区系学说（Egler，1954）、组合规则（Weiher and Keddy，1995）等，该理论模型假设环境条件或随机事件决定了谁是最初的“殖民者”，以及哪种植物（如果有的话）将接踵而至，环境压力、洪水和盐度都很高的潮汐沼泽和红树林湿地较为符合 Gleason 理论模型分析。

生态系统发育主要是描述了能量（常以碳为对象）和营养循环如何随时间变化的过程。Odum（1969）在《生态系统发育策略》中预测了群落活力、群落结构、生活史特征、营养循环等属性如何随着生态系统从年轻到成熟的变化。Odum 的观点倾向于 Clements 的有机体生物观。在他的论文中，Odum 引入了“波动稳定性”的概念，即具有定期可预见的干扰并且其生物已适应于该干扰的生态系统，处于演替中的最佳效益阶段，同时拥有年轻生态系统的高生产力及成熟生态系统的高多样性。Odum 将这些年轻和成熟的系统分别描述为生产系统和保护系统。从恢复的角度来看，波动稳定性适用于许多湿地类型，包括潮汐沼泽、红树林和河漫滩湿地。

生态系统发育依赖于生物过程和物理化学过程。生物过程，尤其是与养分积累有关的生物过程，对于一个生态系统的正常运转和发育至关重要（Dobson et al.，1997）。土壤中的有机碳和有机氮的积累过程与此关系密切。湿地中几乎所有的氮都以有机氮的形式存在于土壤有机质中，土壤有机氮被微生物缓慢矿化成铵（NH_4^+）、硝酸盐（NO_3^-），然后被植物利用；而有机碳则是维持湿地和陆地森林生态系统的必需条件。生物过程比物理过程变化迅速（表 1.2），植物的迁移和蔓延相对较快，伴随着土壤有机质、有机氮快速沉积积累。随着土壤基本性状的形成，尤其是有机质的初步形成，土壤动植物就会出现。而对土壤长期发育具有促进作用的理化性质变化所需时间较长，湿地中水的渗透性导致可溶物质特别是还原态铁的快速浸出（见第 2 章）、岩石风化（所有土壤都有这个特征）、无机养分释放和土层形成等过程，需要几十年到几百年的时间完成。

表 1.2　湿地生态系统发育的重要生物和物理过程及其发育的时间尺度（Dobson et al.，1997）

	发育过程	时间尺度/年
生物过程	适宜植物物种的迁移	1～20
	适宜植物物种的重建	1～20
	沉积物和无机营养物质的积累	1～20
	生物固氮	10～50
	土壤有机质积累	10～100
	动植物的迁移	1～20
物理过程	岩石风化对土壤颗粒的堆积作用	10～1 000
	土壤矿物无机养分释放	10～1 000
	可溶性物质浸出	1～100
	土层的形成	10～1 000

掌握包括生物（特别是植物）的自然历史和环境需求条件在内的生态系统动力学，对于确定哪些物种将蔓延到该地并在该地繁衍极其重要。Grime（1977）描述植物在不同环境条件下生存和繁衍的三种策略型，受干扰地区的先锋种“殖民者”是杂草物种，相当于 Odum（1969）所描述的“r-策略”植物种属；耐受物种是指适应在高胁迫环境中缓慢生长的物种，水葱属（*Schoenoplectus*）和灯心草属（*Juncus*）等湿地植物均属于该类型（Boutin and Keddy，1993）；竞争物种存在于低扰动、低胁迫环境中，并且往往倾向于成为当地的优势物种，也被称为克隆优势种，包括许多有侵略性和攻击性的湿地植物，如芦苇（*Phragmites*）、藨草属、香蒲（*Typha*）和千屈菜（*Lythrum*）。

1.4.1　干扰：胁迫的识别和减缓

湿地恢复的第一步，是识别和减缓对湿地形成损害的胁迫因素。退化区是一个受干扰的区域，干扰理论、干扰的大小、强度和频率反映了恢复它所需要的步骤和工作力度（见第 3 章）。胁迫因素可以是物理的、化学的或生物的（表 1.3），物理胁迫包括对决定湿地水文的水的输移，化学胁迫会对水体化学成分和水质产生影响，生物胁迫包括外来入侵性物种或杂草类物种（包括植物和动物）的引入或定植，这些物种改变了群落的结构、功能和生态系统服务。

胁迫可能来自系统内或系统外。系统内胁迫是涉及湿地水文变化的因素，包括洪水频率、淹没水深、持续时长、时段或季节性等与湿地健康相关的基础要素。如果不能首先恢复适当的水文条件，可能导致整个恢复项目失败。恢复水文的工程措施包括沟渠的拦截、填堵、移位或连通。某些情况下修筑防洪堤会改变湿地水文，如海岸防波堤将湿地与原来的水源隔离开来。其他系统内胁迫还包括放牧和造林活动对植物群落的影响。存在矛盾的是，对湿地草原保持放牧或割草的形式进行周期性的干扰，有利于维持物种丰度（Joyce，2014），关键是尽可能地在区域重新创造满足恢复目标所需的条件。

表 1.3　恢复湿地时应注意改善的胁迫

类别	胁迫	示例
物理	水文（改变深度、持续时间、洪水频率或土壤饱和度；洪水的发生时段和季节性）	促进排水的沟渠 限制水流的堤坝 放置填料
化学	水质	营养物质（氮、磷）、沉积物、盐分和其他污染物
生物	物种入侵	芦苇、虉草属、香蒲等
	放牧	家畜

系统外胁迫所导致的水文变化，涉及洪水规模变化和持续时间的长短。当上游修建的大坝改变或减弱了雨季期间发生的季节性洪水脉冲时，通常会导致径流节律失衡。化学污染导致的水质问题是最为普遍的系统外胁迫，如肥料施用，导致湿地和其他水生态系统养分过度富集等、广泛退化问题（Craft et al.，2007；National Research Council，2000）。从促进植物的生产力角度看，充足的营养物质提供了很多显而易见的“好处”，但受益者往往是生长迅速、具有竞争优势和入侵性的物种。在一些地区，盐碱化、重金属、热污染等也是影响淡水湿地的胁迫因素。但水文条件变化、营养盐过度累积及外来物种入侵依然是最长期、最普遍的问题，如果对此没有采取必要干预，就无法实现恢复目标（Parker，1997）。

1.4.2　理解生态系统动力学

湿地恢复需要对生态系统动力学有透彻的理解（Hobbs，2007）。要“修复”一个退化的生态系统，不仅需要改善或减缓影响系统的胁迫因素，还需要认识到完整、功能健全的湿地是如何运行的，包括全面掌握植物（和动物）的环境要求、适宜的淹水深度、持续时间和频率、营养状况（寡养与中营养）、光照和温度条件及其他因素，这些情况的了解需要对相同类型未受干扰的完整湿地进行细致观察。辨识繁殖体的扩散方式也很重要，繁殖体可通过风、水、鸟类或其他动物等完成传播，如水媒传播（湿地繁殖体以水为媒介四处扩散）是河流和潮汐湿地植物传播、定植的关键（Nilsson et al.，2010）。通常还需要了解繁殖体的休眠和萌发条件，才知道哪些物种到达现场后能发芽、生根、繁殖，而哪些物种不能完成该过程。正如钟表匠需要知道钟表的工作原理，才能知道如何修理损坏的钟表一样，恢复湿地也需要对自然生态系统的运行和功能有一个透彻的理解。

1.4.3　加速恢复：演替与生态系统发育

当具备适宜环境条件时，特别是水文条件得到重建后，生态系统就通过恢复适宜土壤条件和重新引入本土特有植被来恢复（表 1.4），一些区域的植被恢复可以自然发生，产生大量风散种子的物种是最先到达的物种之一。大多数恢复项目可通过种子、幼苗或其他类型繁殖体的人工引入而实现物种定植，在风浪环境，如潮汐沼泽和红树林，通常需要通过人工种植来实现植被恢复[图 1.3（a）]。而在其他周期性干涸的地区，可选择在洪水退去前人工播种来完成恢复[图 1.3（b）]。在不受欢迎的外来物种入侵前，人工引入一些物种在系统内实现建群定植十分必要。有时组成生态系统的基础性物种的定植建群可能较为困难，需要采用人工引种的方式完成。

表 1.4　加速恢复湿地演替和生态系统发展的常用方法

要素	改善/增补	示例
土壤	营养物质	氮、磷、石灰
	有机质	表层土、堆肥、泥炭、肥料
	沉积物	沉积物薄层堆积的疏浚材料
	表层土清除①	草皮切割
植物	繁殖体	种子、片段（根茎）、幼苗、幼树

① 去除多余的营养

（a）　　　　　　　　　　（b）

图 1.3（a）在美国北卡罗来纳州的疏浚材料上种植互花米草的幼苗（图片来源：Steve Broome）；（b）美国印第安纳州通过播种建立的淡水沼泽缓解湿地

在陆生生态系统和水生态系统恢复中，人工引入对恢复生态系统功能具有重要影响的物种，是一种最为常用的恢复方法，这些引入的物种也是理想（恢复）终点群落的主要组成（Dobson et al.，1997），组成与整个终点群落生物多样性的其他物种则依靠自己完成定植建群。如何决策植被种植取决于不同的人。一些人认为自然定植或自组织是最佳选择，正如 Mitsch 等（2000）所述，人们对自然界的作用还知之甚少。对于红树林而言，如果附近有繁殖体来源，依靠自然过程的再定植建群是一种可行的技术选择（Lewis，2005）。另一些人则认为，人工种植是产生多样性植物群落和防止入侵物种定植的必要条件（Streever and Zedler，2000），种植也还可以提供额外的好处，诸如防治侵蚀和形成“保护物种”以促进目标物种的定植建群（Clewell and Rieger，1997；Lewis，1982）。

各种各样的改进方案被提出，以促进恢复生态系统的加速发育。可以通过添加氮、或添加磷来促进植物的快速生长，使其迅速在该生长区域定植建群[图 1.3（b）]。也可以采用有机质（表层土、泥炭、堆肥、绿肥如紫花苜蓿或生物炭）改良土壤，以改善其物理性质（孔隙度），提高肥力并支持异养活动。

一旦植被形成后，群落结构和生态系统功能都开始发育。伴随着系统的发育成熟，生态系统的各种属性按照各自轨迹以不同的速率发育（见第 10 章，生态系统发育的标准和轨迹）[图 1.4（a）]。有时恢复区的结构和功能遵循完全不同的轨迹，从而导致演化为另一种稳定状态[图 1.4（b）]，这可能是因为未恢复适当的环境条件（通常是水文条件）或胁迫因素没有得到改善。此外，一个重要的因素就是该恢复区的历史，特别是其干扰历程（Higgs et al.，2014；Hobbs，2007），如富营养化、包括沉降在内的土地利用后果等，可能影响繁殖体的有效性和扩散的随机性，从而导致系统发育为不同的稳定状态。

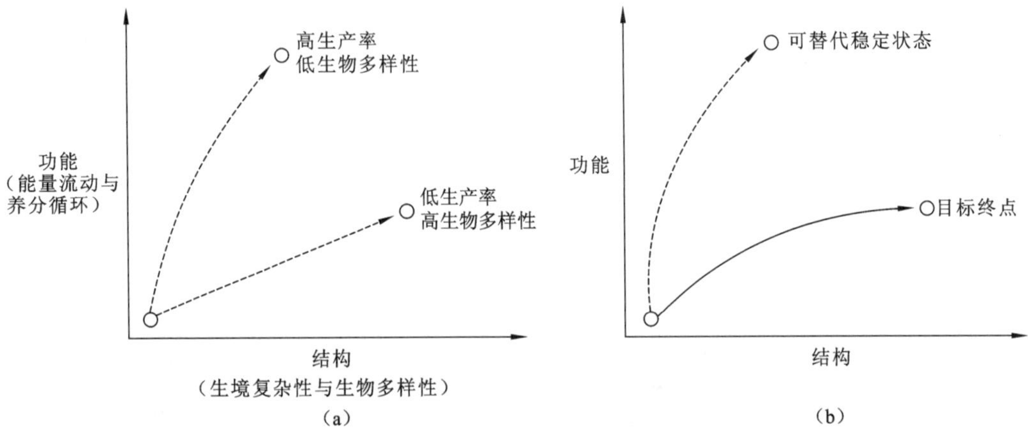

图 1.4 （a）湿地生态系统发展的两条轨迹，其中一条描述了高生产率湿地的发育，另一条描述了具有高生物多样性的湿地；（b）理想湿地与可替代稳定湿地的轨迹，可替代稳定状态的特点通常是当入侵物种占主导地位时，湿地生产力高，多样性低

据观察，陆生生态系统具有替代稳定状态，如在去除牲畜群后，草地并未实现原生植物群落的重建（Hobbs and Norton，1996）。尽管湿地恢复很大程度上符合 Clements 的观点，但扰动和随机事件，特别是扩散和补充，可能导致可替代的演替轨迹和稳定状态出现（Palmer et al.，1997）。对于某些森林湿地，演替情况的确如此，可能是由于附近缺乏种子源，这些森林湿地的关键物种无法得到补充（Haynes，2004；Allen，1997），或因下陷出现永久性淹水，幼苗无法生长（Doyle et al.，2007）。

1.4.4 重建自我维持系统

湿地植被重建，人类必然需要做出努力以维持其理想状态。生物多样性是许多湿地恢复项目的共同目标，需要随时警惕、防止外来物种入侵，新的“殖民者”可能会控制某个恢复区，改变能量流动和营养循环，导致发展为另一种稳定状态[图 1.4（b）]。在陆生生态系统中，观察到固氮“侵略者”杨梅（*Myrica*）显著改变了区域氮循环（Vitousek and Walker，1989），在湿地中也存在类似情况，芦苇和香蒲通过其较高的地上生物量和凋落物产量改变了营养氮循环和碳循环（Larkin et al.，2012；Windham and Ehrenfeld，2003）。可以说，维持物种多样性是当今湿地恢复与恢复生态学面临的最大挑战之一。

为判断恢复项目成功与否，需要从实施恢复前到随后的恢复过程开展持续监测，因为群落结构和生态系统功能的一些属性可能需要数年或更长的发育时间。理想情况是在恢复前和恢复后进行监测，以定量确定恢复效益的发挥情况。需采用的参照湿地应该与退化湿地具有相似的类型、生态完整和功能正常的自然湿地，评估被恢复湿地是否为功能良好的系统及如何迅速发育为功能良好的系统（Brinson and Rheinhardt，1996）（见第10章，生态系统发育的标准和轨迹）。通过对参照湿地进行多层次的监测，揭示自然湿地系统在干扰和定植等随机事件影响下生态系统内在的时空变化规律（Clewell and Rieger，1997；Parker，1997；Pickett and Parker，1994）。明确的自然变化动态过程将被纳入湿地恢复和监测方案设计中。

需要定期开展已恢复湿地项目的回顾评估，为未来恢复项目提供参考信息。这项工作有助于人们了解哪些恢复措施发挥了作用，而哪些没有，以及如何提高未来项目的成功率（Clewell and Rieger，1997）。对全球621个恢复湿地案例的整合分析（meta-analysis）结果表明，与有效参照自然湿地相比，恢复湿地的生物（植物群落）结构平均偏少26%，土壤碳储量平均偏少23%（Moreno-Mateos et al.，2012）；较大面积的湿地（>100公顷）、温带和热带地区的湿地恢复比面积较小、在寒冷气候区域的湿地恢复的速度要快。同样可知，与地表径流、河流有着紧密联系的湿地及潮汐湿地，其恢复系统发育速率要比依靠降雨的洼地湿地更快。

尽管湿地恢复还存在一些不足，但在理解如何恢复湿地方面已经取得了很大进展。Zedler（2000）提出了若干指导湿地恢复的生态学原则，内容包括了景观构成和地理位置、评估恢复的参照湿地、建立适当的水文条件、种子库及繁殖体扩散、环境条件和生活史特征、演替和生态系统发育及恢复湿地到成熟的演替轨迹。生态恢复中常被忽略的一个关键因素是，人类在这一过程中的重要性（Cairns and Heckman，1996；Hobbs and Norton，1996），诸如水资源使用潜力或土地使用遗产等社会制约因素，可能是阻碍湿地恢复的因素（Simenstad et al.，2006）。然而，当地社区的参与和相关投入，对大多数湿地能实现长期恢复目标极其必要（Higgs et al.，2014；Comin et al.，2005；Pfadenhauer，2001；Geist and Galatowitsch，1999；Field，1998）。

迄今已经出版了多部关于湿地恢复的书籍（Quinty and Rochefort，2003；Middleton，1999；Joyce and Wade，1998；Wheeler et al.，1995；Galatwitch and van der Valk，1994；Kusler and Kentula，1989；Zelazny and Feierabend，1988；Lewis，1982），但以上书籍均侧重于特定栖息地或特定地理位置的湿地恢复。滨海湿地、潮汐沼泽和红树林的恢复受到广泛关注，可能是因为它们作为栖息地为商业、娱乐、渔业和海岸线保护方面提供的价值（Lewis and Brown，2014；Roman and Burdick，2012；Perillo et al.，2009；Turner and Streever，2002；Field，1996；Thayer，1992；Lewis，1982）。美国《清洁水法》明确提出“恢复”是补偿湿地损失的一种手段，为此美国国家研究理事会出版了两本专著（National Research Council，2001，1992）。此外，还有几本专著提供了包括湿地恢复案例研究的详细指导，特别是关于潮汐沼泽（Zedler，2001；1996）、红树林（Lewis and Brown，2014；Field，1996）和泥炭地（Quinty and Rochefort，2003）的内容。

本书融合生态学理论与恢复实践者在湿地创建和恢复的经验，详细介绍5类常见湿地栖息地—内陆淡水湿地、泥炭地、河漫滩森林湿地、潮汐沼泽和红树林的恢复实践的细节，这些湿地栖息地在景观价值、水文、环境条件、物种组成、群落演替及生态系统发育速率等方面存在差异。针对上述5类湿地的成功恢复，本书阐述湿地组成、湿地恢复背后的生态学理论、群落演替及生态系统发育轨迹、恢复绩效评估标准等方面的关键要点。本书还涉及从流域和景观角度提出的未来大规模湿地恢复的思考。

我对那些我能站立在他们肩膀上的前辈们表示敬意！包括：北卡罗来纳州立大学W.W.Woodhouse Jr.、Ernest D.Seneca 和 Stephen W.Broome 领导的团队，他们在恢复潮汐沼泽方面做出了贡献；佛罗里达的 Roy R.（Robin）Lewis 和澳大利亚的 Colin Field 具体指导了红树林恢复的战略发展；Line Rochefort 及其加拿大的同事为理解如何恢复泥炭地奠定了基础；威斯康星大学的 Joy B. Zedler 将潮汐湿地的恢复与内陆淡水湿地联系起来，鼓励我们从流域和景观的角度考虑湿地的恢复；最后还需要特别提出，Curtis Richardson 教会了我更深入地思考湿地、湿地生态系统服务及湿地恢复。因为他们，我能看得更远，我希望这本书能反映出这一点。

参 考 文 献

ALLEN J A, 1997. Reforestation of bottomland hardwoods and the issue of woody species diversity. Restoration ecology, 5: 125-134.

AN S, LI H, GUAN B, et al., 2007. China's natural wetlands: past problems, current status and future challenges. AMBIO, 36: 335-342.

BATT B D J, ANDERSON M G, ANDERSON C D, et al., 1989. The use of prairie potholes by North American ducks// VAN DER VALK A, Northern Prairie Wetlands. Ames, Iowa: Iowa State University Press, 204-227.

BERNHARDT E S, PALMER M A, ALLAN J D, et al., 2005. Synthesizing U.S. river restoration efforts. Science, 308: 636-637.

BOUTIN C, KEDDY P A, 1993. A functional classification of wetland plants. Journal of vegetation science, 4: 591-600.

BRINSON M M, RHEINHARDT R, 1996. The role of reference wetlands in functional assessment and mitigation. Ecological applications, 6: 69-76.

CAIRNS JR J, HECKMAN J R, 1996. Restoration ecology: the state of an emerging field. Annual review of energy and the environment, 21: 167-189.

CHANG T T, 1976. The rice cultures. Philosophical transactions of the royal society of London, series B. Biological sciences, 275: 143-157.

CHAVEZ-RAMIREZ F, WEHTJE W, 2012. Potential impact of climate change scenarios on whooping crane life history. Wetlands, 32: 11-20.

CHOWDHURY R A, AHMED I, 1994. History of forest management// HUSSAIN Z, ACHARYA G. Mangroves of the Sundarbans, vol. II: Bangladesh. Thailand Bangkok: IUCN, 155-180.

CHUNG C H, 2006. Forty years of ecological engineering with Spartina plantations in China. Ecological engineering, 27: 49-57.

CLEMENTS F E, 1916. Plant Succession. Washington D. C.: Carnegie Institute.

CLEWELL A, RIEGER J P, 1997. What practitioners need from restoration ecologists. Restoration ecology, 5: 350-354.

COLEMAN J M, HUH O K, BRAUD JR D, 2008. Wetland loss in world deltas. Journal of coastal research, 24: 1-14.

COMIN F A, ROMERO J A, HERNADEZ O, et al., 2001. Restoration of wetlands from abandoned rice fields for nutrient removal, and biological community and landscape diversity. Restoration ecology, 9: 201-208.

COMIN F A, MENENDEZ M, PEDROCCHI C, et al., 2005. Wetland restoration: integrating scientific, technical and social perspectives. Ecological restoration, 23: 182-186.

CONNELL J H, SLATYER R O, 1977. Mechanisms of succession in natural communities and their role in community stability and organization. American naturalist, 111: 1119-1144.

CRAFT C, KRULL K, GRAHAM S, 2007. Ecological indicators of nutrient condition, freshwater wetlands, Midwestern United States (U.S.). Ecological indicators, 7: 733-750.

DAHL T E, 1990. Wetlands losses in the United States 1780's to 1980's. Washington D. C.: U.S. Department of the Interior, Fish and Wildlife Service.

DOBSON A P, BRADSHAW A D, BAKER A J M, 1997. Hopes for the future: restoration ecology and conservation biology. Science, 277: 515-522.

DOYLE T W, O'Neil C P, MELDER M P V, et al., 2007. Tidal freshwater swamps of the southeastern United States: effects of land use, hurricanes, sea-level rise, and climate change//CONNER W H, DOYLE T W, KRAUSS K W. Ecology of Tidal Freshwater Forested Wetlands of the Southeastern United States. Berlin: Springer: 1-28.

EGLER F E, 1954. Vegetation science concepts I. Initial floristic composition, a factor in old-field vegetation development. Vegetatio, 4: 412-417.

EHRENFELD J G, 2000. Defining the limits of restoration: the need for realistic goals. Restoration ecology, 8: 2-9.

FENNESSY S, CRAFT C, 2011. Effects of agricultural conservation practices on wetland ecosystem services in the Interior Glaciated Plains. Ecological applications (supplement), 21: S49-S64.

FIELD C D, 1996. Restoration of mangrove ecosystems. Okinawa, Japan: International Society for Mangrove Ecosystems.

FIELD C D, 1998. Rehabilitation of mangrove ecosystems: an overview. Marine pollution bulletin, 37: 383-392.

Food and Agricultural Organization(FAO), 2007. The world's mangroves: 1980-2005. Rome: Food and Agricultural Organization of the United Nations.

GALATOWITSCH S M, VAN DER VALK A G, 1994. Restoring Prairie Wetlands: an Ecological Approach. Ames, Iowa: Iowa State University Press.

GEIST C, GALATOWITSCH S M, 1999. Reciprocal model for meeting ecological and human needs in restoration projects. Conservation biology, 13: 970-979.

GLEASON H A, 1917. The structure and development of the plant association. Bulletin of the torrey botanical club, 43: 463-481.

GRIME J P, 1977. Evidence for the existence of three primary strategies in plants and its relevance to ecological and evolutionary theory. American naturalist, 111: 1169-1194.

HAYNES R J, 2004. The development of bottomland forest restoration in the lower Mississippi alluvial valley. Ecological restoration, 22: 170-182.

HE Q, BERTNESS M D, BRUNO J F, et al., 2014. Economic development and coastal ecosystem change in China. Scientific reports, 4: 5995.

HIGGS E, FALK D A, GUERRINI A, et al., 2014. The changing role of history in restoration ecology. Frontiers in ecology and the environment, 12: 499-506.

HOBBS R J, 2007. Setting effective and realistic restoration goals: key directions for research. Restoration ecology, 15: 354-357.

HOBBS R J, NORTON D A, 1996. Towards a conceptual framework for restoration ecology. Restoration ecology,

4: 93-110.

JOYCE C B, 2014. Ecological consequences and restoration potential of abandoned wet grasslands. Ecological engineering, 66: 91-102.

JOYCE C B, WADE P M, 1998. European Wet Grasslands: Biodiversity, Management, and Restoration. New Jersey: John Wiley and Sons.

KANAI Y, UETA M, GERMOGENOV N, et al., 2002. Migration routes and important resting areas of Siberian cranes (Grus leucogeranus) between northeastern Siberia and China as revealed by satellite tracking. Biological conservation, 106: 339-346.

KANGMIN L, 1988. Rice-fish culture in China: a review. Aquaculture, 71: 173-186.

KNUTSON P L, FORD J C, INSKEEP M R, 1981. National survey of planted salt marshes (vegetative stabilization and wave stress). Wetlands, 1: 129-157.

KUSLER J A, KENTULA M E, 1989. Wetland Creation and Restoration: The Status of the Science. U.S. Environmental Protection Agency, Corvallis, Oregon.

LARKIN D J, FREYMAN M J, LISHAWA S C, et al., 2012. Mechanisms of dominance by the invasive hybrid cattail Typha×glauca. Biological invasions, 14: 65-77.

LEWIS III R R, 1982. Creation and Restoration of Coastal Plant Communities. Boca Raton, FL: CRC Press.

LEWIS III R R, 2005. Ecological engineering for successful management and restoration of mangrove forests. Ecological engineering, 24: 403-418.

LEWIS III R R, BROWN B, 2014. Ecological Mangrove Rehabilitation. A Field Manual for Practitioners. http: //www.mangroverestoration.com.

LOUCKS O L, 1992. Predictive tools for rehabilitating linkages between land and wetland ecosystems//WALI M K. Ecosystem rehabilitation. Ecosystem analysis and synthesis, vol. 2. Hague: SPB Academic Publishing: 297-308.

MERINO J, AUST C, CAFFREY R, 2011. Cost-efficacy of wetland restoration projects in coastal Louisiana. Wetlands, 31: 367-375.

MIDDLETON B, 1999. Wetland Restoration: Flood Pulsing and Disturbance Dynamics. New Jersey: John Wiley and Sons.

MITSCH W J, WU X B, NAIRN R W, et al., 2000. To plant or not to plant: a response by Mitsch BioScience, 50: 189-190.

MORENO-MATEOS D, POWER M E, COMIN F A, et al., 2012. Structural and functional loss in restored wetland ecosystems. PLOS biology, 10: e1001247.

National Research Council, 1992. Restoration of aquatic ecosystems. Washington D. C.: National Research Council.

National Research Council, 2000. Clean Coastal Waters: Understanding and Reducing the Effects of Nutrient Pollution. Washington D.C.: National Academy Press.

National Research Council, 2001. Compensating for Wetland Losses under the Clean Water Act. Washington D. C.: National Academy of Sciences.

NILSSON C, BROWN R L, JANSSON R, et al., 2010. The role of hydrochory in structuring riparian and wetland vegetation. Biological reviews, 85: 837-858.

ODUM E P, 1969. The strategy of ecosystem development. Science, 164: 262-270.

PALMER M A, AMBROSE R F, POFF N L, 1997. Ecological theory and community restoration ecology.

Restoration ecology, 5: 291-300.

PALMER M A, MENNINGER H L, BERNHARDT E S, 2010. River restoration, habitat heterogeneity and biodiversity: a failure of theory or practice? Freshwater biology, 55 (S1): 205-222.

PARKER V T, 1997. The scale of successional models and restoration objectives. Restoration ecology, 5: 301-306.

PERILLO G M E, WOLANSKI E, CAHOON D R, et al., 2009. Coastal Wetlands: an Integrated Ecosystem Approach. Amsterdam: Elsevier.

PFADENHAUER J, 2001. Some remarks on the socio-cultural background of restoration ecology. Restoration ecology, 9: 220-229.

PICKETT S T A, PARKER V T, 1994. Avoiding the old pitfalls: opportunities in a new discipline. Restoration ecology, 2: 75-79.

QUINTY F, ROCHEFORT L, 2003. Peatland Restoration Guide. 2nd Québec: Canadian Sphagnum Peat Moss Association and New Brunswick Department of Natural Resources and Energy.

RANWELL D S, 1967. World resources of Spartina townsendii (sensu lato) and economic use of Spartina marshland. Journal of applied ecology, 4: 239-256.

ROMAN C T, BURDICK D M, 2012. Tidal Marsh Restoration: a Synthesis of Science and Management. Washington D. C.: Island Press.

SAHRHAGE D, 2008. Fishing in ancient Egypt//Encyclopedia of the history of science, technology and medicine in Non-Western cultures. Berlin: Springer: 922-927.

SECK P A, DIAGNE A, MOHANTY S, et al., 2012. Crops that feed the world 7: rice. Food security, 4: 7-24.

SIMENSTAD C, REED D, FORD M, 2006. When is restoration not? Incorporating landscape-scale processes to restore self-sustaining ecosystems in coastal wetland restoration. Ecological engineering, 26: 27-39.

SMITH M D, ROHEIM C A, CROWDER L B, et al., 2010. Sustainability and global seafood. Science, 327: 784-786.

STREEVER B, ZEDLER J, 2000. To plant or not to plant. Bioscience, 50: 188-189.

THAYER G W, 1992. Restoring the nation's marine environment. Maryland M D: Maryland Sea Grant, College Park.

TURNER R E, LEWIS III R R, 1997. Hydrologic restoration of coastal wetlands. Wetlands ecology and management, 4: 65-72.

TURNER R E, STREEVER B, 2002. Approaches to Coastal Wetland Restoration: Northern Gulf of Mexico. Hague: SPB Academic Publishing.

VALIELA I, BOWEN J L, YORK J K, 2001. Mangrove forests: one of the world's threatened ecosystems. BioScience, 51: 807-815.

VITOUSEK P M, WALKER L R, 1989. Biological invasion by Myrica faya in Hawaii: plant demography, nitrogen fixation, ecosystem effects. Ecological monographs, 59: 247-265.

WELLER M W, 1994. Freshwater Marshes: Ecology and Wildlife Management. Minneapolis, MN: University of Minnesota Press.

WHEELER B D, SHAW S C, FOJT W J, et al., 1995. Restoration of Temperate Wetlands. New Jersey: John Wiley and Sons.

WEIHER E, KEDDY P A, 1995. The assembly of experimental wetland plant communities. Oikos, 73: 323-335.

WINDHAM L, EHRENFELD J G, 2003. Net impact of plant invasion on nitrogen-cycling processes within a brackish tidal marsh. Ecological applications, 13: 883-897.

ZEDLER J B, 1995. Salt Marsh Restoration: Lessons from California//CAIRNS JR J. Rehabilitating Damaged Ecosystems. Boca Raton, FL: Lewis Publishers: 75-95.

ZEDLER J B, 1996. Tidal wetland restoration: a scientific perspective and Southern California focus. La Jolla, CA: California Sea Grant College System, University of California.

ZEDLER J B, 2000. Progress in wetland restoration ecology. Trends in ecology & evolution, 15: 402-407.

ZEDLER J B, 2001. Handbook of Restoring Tidal Wetlands. Boca Raton, FL: CRC Press.

ZEDLER J B, 2003. Wetlands at your service: reducing impacts of agriculture at the watershed scale. Frontiers in ecology and the environment, 1: 65-72.

ZEDLER J B, 2005. Restoring wetland plant diversity: a comparison of existing and adaptive approaches. Wetlands ecology and management, 13: 5-14.

ZELAZNY J, FEIERABEND J S, 1988. Increasing our wetlands resources. Washington D. C.: Wetlands Conference Papers, National Wildlife Federation.

第2章 定 义

2.1 引 言

湿地是“边缘”生态系统，是在陆地、干涸土地和永久性水体之间的过渡区。湿地在不同国家也有不同的定义和描述方式。这些描述的共同点是，湿地被浅水淹没或长时间处于饱和状态，有时也可能是永久性的，淹没时间足以影响在那里生长的植被。早年间，水文，尤其是地表水的存在是定义湿地的关键特征。因为地表水在维系与食物、水禽和鱼类有关的自然资源等方面起到了至关重要的作用。20 世纪，湿地的生物生产力逐步得到重视。例如，密西西比河上游是水禽或鸭子大量繁殖的栖息地，美国鱼类和野生动物管理局（United States Fish and Wildlife Service，USFWS）和“鸭无限”（Ducks Unlimited）组织购买并保护了位于美国和加拿大的大片利于水禽繁殖的草原坑洼地和淡水湿地。此外，因为良好的湿地环境吸引来了海狸（beaver）、麝香鼠（muskrat）和海狸鼠（nutria），所以对皮草业发展也有十分重要的意义。很长一段时间以后，湿地才因其他原因而得到认可：湿地具有很高的非狩猎生物的生产能力，能够通过截留污染物来净化水、固碳、维持高水平的生物多样性等。

除水文外，湿地还具有其他特征，特别是湿地具有与陆地和水域生态系统不同的植被和土壤，这些特征利于湿地生态系统的发展。大多数陆生植物，如农作物（玉米和大豆）和具有商业价值的林业植物无法在半永久性淹没或饱和土壤中永久生存。但是，如果水体不太深，香蒲、莎草、一些木本树木和灌木等都可以在这样的环境里生长。淹水会导致土壤处于厌氧环境，因为土壤孔隙中充水会抑制氧气向其中扩散。这些厌氧条件可作为环境的限制因子或过滤器，选择出能够适应这样环境的物种（Keddy，2010；vander Valk，1981）。不耐淹的植物缺乏这种生理适应性，无法从空气中获取氧气以支持细胞生长和维持生存。相反，湿地植物具有适应性，可以保持氧气流向根部，支持根部的呼吸作用。

尽管湿地的价值在世界范围内得到认可，但各地对湿地的保护程度却千差万别。美国无论是定义湿地、评估其功能效益，还是对湿地的保护恢复方法都十分严格。美国《清洁水法》修正案对《清洁水法》中的大部分内容进行了编纂，尤其在该法案 404 节中规定了湿地保护过程中填充材料的安置。其他国家关于湿地保护的法律和规范还不太明确，但是诸如《拉姆萨尔公约》（http://www.ramsar.org）之类的国际条约可以为当地湿地保护提供依据和规范。

20 世纪 80 年代，公众越来越认识到湿地为人们带来的好处，因此开始对其生态系统服务（包括生物生产力、水质维持、干扰调节等）进行评估和价值核算。与其他生态系统相比，湿地和其他“边缘”生态系统（如海草床和珊瑚礁）在全球生态系统服务中占比小但贡献突出（Costanza et al.，2014，1997），这也说明人们更需要去保护、管理和恢复它们。

2.2 湿地特征

2.2.1 水文

水文描述了湿地水体淹没情况的时空格局。湿地可能处于被淹没的状态，如表面被水体淹没，或者它们处于水分饱和状态，即土壤中的孔隙充满水。淹没情况可以用水文图来描述，如图 2.1 所示，这是一个二维图，它描述了淹没深度、持续时间、频率和其季节性规律。不同类型的湿地，如盐水潮汐沼泽、洪泛区森林、水藓泥炭地和沼泽泥炭地，表现出不同的淹没模式。潮汐沼泽每天被天文潮淹没两次，淹没的深度较浅，小于 1 m。洪泛区森林每年被淹没几次，通常淹没最深接近 3 m。水藓泥炭地是泥炭地的一种，通常不会被淹没，而是长期处于饱和的状态。此时，地下水位在泥炭表面以下，但土壤孔隙的毛细作用将水吸附到土壤表面。在沼泽泥炭地（一种由地下水补给水分的泥炭地）中，水文状态相对稳定，因此地下水位随时间变化相对稳定。借助水文图可以说明淹没状态的年度模式，从而比较不同湿地类型之间的水文情况。例如，在图 2.1 中，盐水潮汐沼泽被淹的时间占比为 45%，洪泛区森林被淹的时间占比为 29%，水藓泥炭地被淹的时间占比为 20%，而沼泽泥炭地全年被淹没。

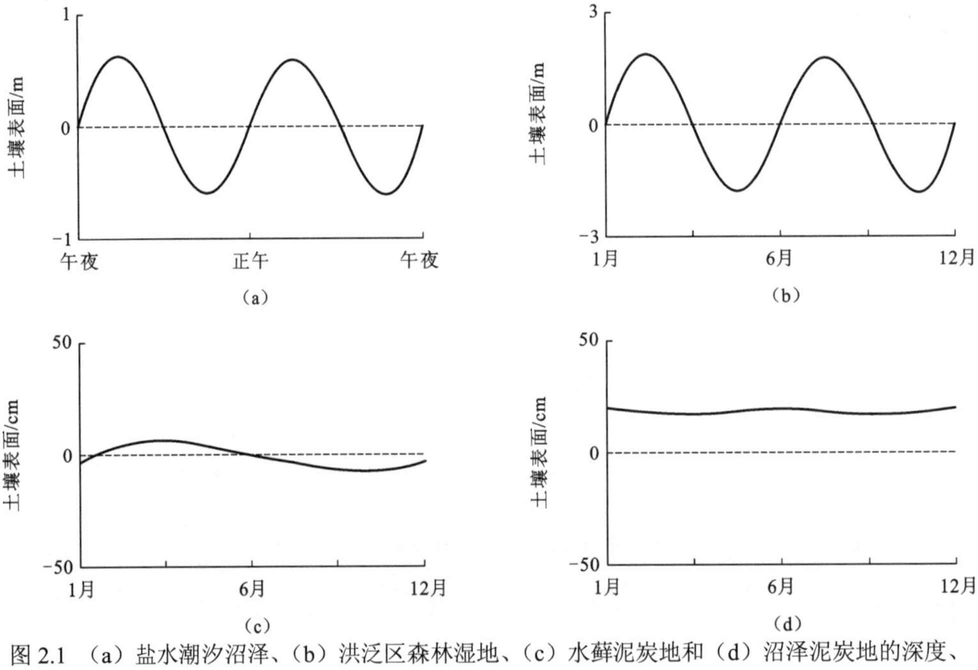

图 2.1 （a）盐水潮汐沼泽、（b）洪泛区森林湿地、（c）水藓泥炭地和（d）沼泽泥炭地的深度、频率和淹没持续时间的水文图

淹没的时间或季节很重要。当土壤在植被生长季节中长时间保持淹没或水分饱和的状态，才能起到环境限制因子的作用，有效地淘汰那些缺乏适应能力的物种，因为这些物种无法在处于周期性或者连续浸没状态的土壤中生存和繁殖。虽然不能从水文图上直接看出，但湿地系统中的水文周期和水化学成分往往由供给湿地的水源情况决定。湿地的水源主要有三个潜在来源：降水、地表水和地下水（图 2.2）（Brinson，1993）。从地表水中获取大部分水分的湿地包括洪泛区湿地和河口湿地，具体包含了河流湿地、潮汐沼泽和红树林。从降水中吸收大部分水分的湿地包括水藓泥炭地和封闭的孤立洼地。以地下水为主要水源

的湿地包括渗流湿地和沼泽泥炭地。水的来源及当地的土壤和地质条件决定了湿地水体的化学特性。降水基本上是通过大气过程蒸馏出来的水，几乎不含养分和溶解物质，因此，诸如孤立洼地受降水驱动的湿地往往缺乏养分和溶解盐。而从潮汐源和非潮汐源获取地表水的湿地通常含有大量的溶解盐，当水源中富含水体侵蚀的沉积物时，溶解盐含量更多。潮汐沼泽，特别是盐水潮汐沼泽和红树林，含有许多溶解盐，这主要归因于海水中的盐分。源于地下水的湿地如渗流湿地和沼泽泥炭地也可能含有大量溶解的物质，当该地区基础地质是由石灰石或其他钙质物质组成时，这一情况尤甚。

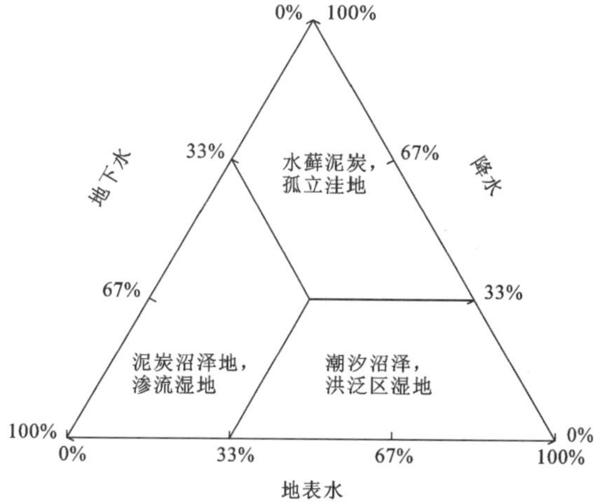

图 2.2 水源（降水、地表水、地下水）与湿地植被/植物群落之间的关系（Brinson，1993）

流体动力学（即流动的方向）也取决于湿地的水源（Brinson，1993）。流向可以是水平方向、侧向或垂向（图 2.3）。垂向径流通常与降水相关，但有时也与地下水有关。在河口和洪泛区湿地中，水平流通常是单向的并朝向下游方向。但如果在潮汐沼泽和红树林中，流向也可能是双向的。

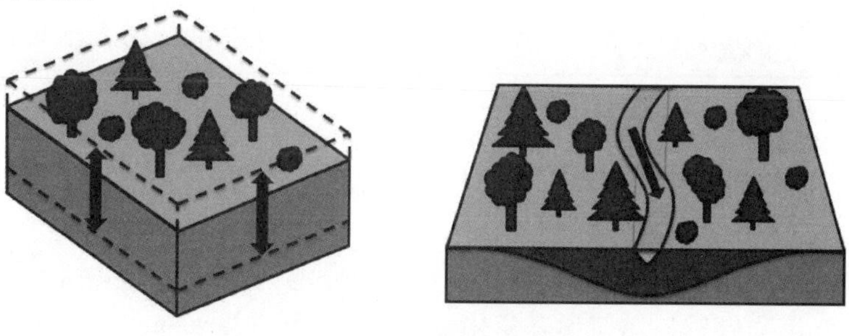

（a）　　　　（b）

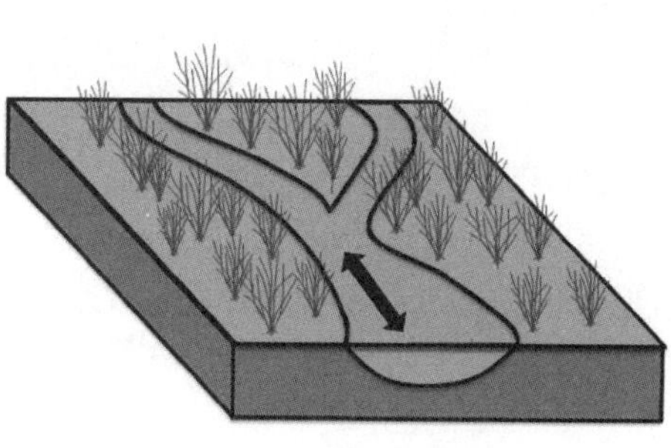

（c）

图 2.3 流体动力学图示（a）水藓泥炭地和封闭洼地的垂直流、（b）水平单向流（洪泛区湿地），以及（c）水平和双向流（潮汐沼泽、红树林）

2.2.2 植被

植物为了在湿地中生存和繁殖，至少需要适应周期性淹没土壤或水分饱和土壤的生长、繁殖环境。这种适应包含了形态学（植物物理结构的变化）和生理学的适应（代谢的变化）（表 2.1）。形态学适应包括改变根、茎或叶的结构，以促进氧气向根运输。许多湿地草本植物的一个共同特征是存在通气组织（Crawford，1983），在植物根和茎的海绵状组织中存储了大量空气。将茎沿横截面切成薄片后，可以发现其中大部分是中空的，这些部位可作为管道将空气和氧气输送到根部。某些物种的茎，如睡莲完全是空心的。就睡莲而言，温度和压力梯度会导致氧气扩散到嫩芽中，同时迫使诸如乙烯之类的废气通过成年的茎排出，这一过程称为加压通风（Dacey，1980）。许多挺水植物都表现出类似的气体传输机制，称为贯流对流（Armstrong and Armstrong，1991），具有圆柱形茎或线形叶片的植物尤其如此（Brix et al.，1992）。

表 2.1　湿地植物对厌氧土壤条件的形态和生理适应

	适应性变化	实例
形态学	通气组织	香蒲，多种芦苇等
	加压通风/贯通对流	睡莲（*Nuphar*），芦苇，香蒲，灯心草等
	起支撑作用（粗壮）的树干	秃柏（*Taxodium distichum*）以及许多落叶乔木
	呼吸根	秃柏，红树林，包括红树属和海榄雌属（*Avicennia*）
	不定根	草本和木本物种
	过度增大的皮孔	木本物种
	多条枝干	木本物种
生理学	厌氧（乙醇）代谢	大米草属（*Spartina* spp.）
	苹果酸积累	互花米草（*Spartina alterniflora*）

另一种形态学适应是产生不定根（Crawford，1983）。它们是作物地面以上的部分产生根，常见于遭受长时间淹没的植物。草本植物的茎在被淹没后迅速伸长，特别是在越冬后这一现象显著（Summers et al.，2000）。

草本植物的其他适应措施包括产生大量的（过度增大的）皮孔和由淹水诱导产生的多条枝干（Crawford，1983），这些形态变化多由乙烯介导（Jackson，1985），并促使氧气向根部流动。

木本植物虽然缺乏通气组织，但通常具有起支撑作用（粗壮）的树干，以此增加表面积、增加气孔数量，促使氧气从地上组织扩散到地下组织。树干粗壮是许多物种长期遭受水淹所产生的普遍特征。从地面以上的根部伸出的膝状呼吸根也增加了表面积，促进了氧气向地下组织的运输。秃柏、红豆杉（*Taxodium distichum*）和许多红树林都具有这种特性。

植物，就像动物及一部分的微生物一样，都需要氧气来支持有氧呼吸，从而为细胞生长持续提供能量。在没有氧气的情况下，植物只能依靠无氧呼吸，无氧呼吸会产生较少的能量，同时还会产生废弃物，如有毒的乙醛和乙醇。在水淹情况下，许多湿地植物都会产生乙醇脱氢酶，该酶催化乙醛向乙醇的转化（Mendelssohn et al.，1981）。乙醇从植物的根部扩散出来，由于其扩散速度快于乙醛，其毒性作用降低。尽管这些适应性的代谢变化暂时缓解了缺氧的胁迫，但除非植物能够维持或调整根部的氧气运输，否则它们终将死亡。Cronk 和 Fennessy（2001）全面总结了植物对厌氧条件的适应性变化。

显然，有些植物比其他植物更能耐受厌氧土壤。美国学者开发了一个识别植物种群对水淹条件的耐受性的分类系统。该分类系统将植物分成 5 类，从耐淹物种到不耐淹物种（Lichvar，2013）（表 2.2）。大规模植物种群的耐受性称为水生指示植物状态（hydrophytic indicator status）。专性和兼性喜湿物种通常生长在湿地，而兼性高地和高地物种主要生长在陆地。美国对湿地的法律定义共有 3 个基础指标，分别是水生植物作为优势物种、水文和（厌氧）土壤环境。

表 2.2　根据水生指示植物状态对植被的分类（Lichvar，2013）

分类	定义	实例
专性	＞99%在湿地中自然发现（未人工种植）	香蒲属，灯心草属，互花米草，落羽杉（*Taxodium distichum*），多种类薹草属（*Carex*），莎草属（*Cyperus* spp.）
兼性喜湿	在湿地中发现占 67%～99%	拂子茅属（*Calamagrostis* spp.），凤仙花（*Impatiens capensis*），水曲柳（*Fraxinus pennsylvanica*），多种类薹草属（*Carex*），莎草属（*Cyperus* spp.）
兼性	在湿地和高地上发现的可能性相近（33%～67%）	美国红枫（*Acer rubrum*），多花蓝果树（*Nyssa sylvatica*），一枝黄花属（*Solidago* spp.）
兼性高地	在湿地中发现占 1%～33%	东方红柏（*Juniperus virginiana*），美国檫树（*Sassafras albidum*）
高地	在湿地中很少发现（＜1%）	玉米（*Zea mays*），大豆（*Glycine max*）

2.2.3　土壤

湿地土壤不同于陆地土壤，因为它们处于厌氧环境中。缺氧条件会使湿地土壤与好氧条件下的陆地土壤不同，如土壤颜色和质地等方面存在差异。

在厌氧土壤中，微生物的代谢发生了变化：从一种由氧气驱动的新陈代谢转变为一种由其他产生能量的化合物驱动的新陈代谢。与需要氧气来支持新陈代谢的动植物不同，许多微生物是兼性好氧菌。在没有氧气的情况下，它们利用其他元素或化合物作为末端电子受体来支持呼吸作用。这些末端电子受体包括硝酸盐（NO_3^-）、氧化态铁（Fe^{3+}）、氧化态锰（Mn^{4+}）、硫酸盐（SO_4^{2-}）和某些有机化合物。陆地土壤，尤其是质地较细的土壤（含有大量的淤泥和黏土），含有大量的氧化铁，在有氧环境中氧化铁的形态差异使土壤呈现出黄色、橙色或淡红色。当土壤被淹时，微生物将氧化态的 Fe^{3+}（铁）还原为 Fe^{2+}（亚铁）以支持呼吸作用，此时土壤从黄色、橙色或淡红色变为灰色（USDA，2010；Vepraskas，1994）。灰色或低色度代表存在厌氧或含水的土壤。低色度在深色、黑色和棕色土壤中也很明显，表明有机物质积累，这是含水土壤的另一特征。持续处于水淹或水分饱和状态的矿质土壤可能呈现均匀的灰色，也称为潜育土。有时，土壤呈绿色或蓝色，表明土壤基质中 Fe^{3+}被完全还原。在周期性干燥的湿地中，还原的铁会重新氧化，土壤可能产生斑驳的颜色，呈现红色（氧化的铁）和灰色（还原的铁）区域。因此，土壤的颜色揭示了土壤是否处于厌氧条件，是发生淹没和水分饱和的体现，并定性说明了水文现象的持续时间。此外，

可以使用与 Fe^{2+}反应的二吡啶基染料检测土壤中还原铁的存在（Vepraskas，1994）。土壤还原指示器是一种涂有氧化铁的管，可用于检测土壤还原性（Jenkinson and Franzmeier，2006；Castenson and Rabenhorst，2006）。将土壤还原指示器长时间放置在土壤中，氧化铁涂层会发生还原作用并溶解到放置深度以下，因此可用于推断地下水位。

质地较粗或砂质的土壤不含大量的铁，因此，在这些情况下，土壤颜色从红色到灰色的转变并不一定代表了土壤含水条件的转变。这时土壤表层和地下层有机质的富集情况可用来推断土壤含水条件（USDA，2010）。厌氧的土壤条件降低了有机物的分解速度，使湿地土壤与陆地土壤相比含有更多的有机物。对于处于有氧环境的陆地土壤，微生物会完全分解有机物来产生能量，最终产物为 CO_2、水和能量。在厌氧条件下，有机物的分解显著减慢，一部分原因是末端电子受体（例如铁离子）的代谢产能少于氧气，另一部分原因是厌氧土壤缺乏大量专性好氧菌和真菌（Thormann，2006），它们可以在有氧环境的陆地土壤中分解有机物。在某些情况下，随着时间的推移会产生有机物堆积，导致枯死和腐烂的植被形成土壤，这些有机质土壤（Buol et al.，1980）通常被称为泥炭。一旦产生淹没的情况，土壤含水指标特征则可以很快表现出来。水文恢复后的 5 年内，低色度和有机质富集都可以观察到（Vepraskas et al.，1999）。

2.3 概　　念

湿地通常由其植被来描述。草本沼泽由以禾本科植物为主的挺水植物组成[图 2.4(a)]。木本沼泽是指以树木为主的湿地[图 2.4（b）]。水藓泥炭地是泥炭形成的湿地，主要由苔藓、泥炭藓、阔叶灌木和针叶树组成[图 2.4（c）]。另一种常见的是沼泽泥炭地，其植被以禾本科植物为主[图 2.4（d）]。

图 2.4　（a）草本沼泽、（b）木本沼泽、（c）水藓泥炭地和（d）沼泽泥炭地的照片

由 USFWS 出版，Shaw 和 Fredine（1956）撰写的著作 *Wetlands of the United States: Their Extent and Their Value to Other Wildlife*（《美国的湿地：其范围及其对其他野生生物的价值》）中的定义是最早的综合定义之一。

"湿地是指被浅水、临时性或间歇性水域覆盖的低地。湿地涉及草本沼泽、木本沼泽、水藓泥炭地、湿草甸、泡沼、泥沼和河流溢流的土地。这些名字来称呼本定义中包括以湿地自然生长的植物为突出特征的浅湖和池塘，但不包括河流、水库和深湖等永久水域。"

1979 年，USFWS 在《美国湿地和深水栖息地分类》中发布了更全面的定义（Cowardin et al.，1992），该定义不仅考虑了水文和植被，还考虑了土壤情况。

"湿地是陆地和水生系统之间的过渡区域，在这些系统中，地下水位通常在地表或地表附近，或者土地被浅水覆盖……湿地必须具有以下三个属性中的一项或多项：①至少在一定时间周期中，优势种为水生植物；②基质主要为不排水的水成土；③基质是非土壤，并且在每年生长季节中的某些时候水分饱和或被浅水覆盖。"

由于 USFWS 专注于水禽和渔业的保护和管理，1979 年的定义强调了生物可利用区，包括多石的浅水栖息地。值得注意的是，水体的存在是 USFWS 定义的重要组成部分，但植被或土壤条件则没那么重要。加拿大对湿地的定义类似于 USFWS 的定义，强调水文情况、土壤和水生植物，但也强调了湿地特有的过程（Zoltai and Vitt，1995；Tarnocai et al.，1988）。

"一种土地，其被水侵透了足够长的时间，足以促进湿地或水生过程，这些过程表现为排水不畅的土壤、水生植物和各种适应湿地环境的生物活动的存在。"

世界上没有统一的湿地定义。但是，《拉姆萨尔公约》提供了最广泛的定义。

"对于草本沼泽、泥炭沼泽或水体，无论是天然的还是人造的，永久性的还是暂时的，具有静态还是流动性的水，包含淡水、半咸水或咸水（含海水），其退潮时深度不超过 6 m 的均可称为湿地。"

《拉姆萨尔公约》定义的界限比美国和加拿大的定义更广泛，因为公约中湿地栖息地的下限为 6 m，而美国和加拿大的定义下限为 2 m（Cowardin et al.，1992）。《拉姆萨尔公约》在定义中也未明确提及水生植物和土壤含水情况。

2.4 分类系统

湿地分类系统多基于相对易观察的特征。植被类型、土壤情况、景观位置和水化学成分都已用于分类方案。分类的第一步通常是根据淹水水源分类，分成淡水和海水两个类别。盐度代表海水的浓度和离子组成，尽管在内陆盐水中，盐度主要由钠（Na^+）和氯化物（Cl^-）组成，但硫酸盐（SO_4^{2-}）、碳酸盐（CO_3^{2-}）和诸如 Ca^{2+} 和 Mg^{2+} 等碱性阳离子可能占主导地位。与淡水相比，盐度对湿地植物产生额外的胁迫，只有那些能忍受盐水淹没的物种才能生存和繁衍。分类的第二步是根据景观位置和植被类型对不同类型的湿地进行分类。

最全面的分类系统可能是 USFWS 提出的《美国湿地和深水栖息地分类》（表 2.3）（Cowardin et al.，1992）。该分类是 USFWS 39 号通告的延伸产物，其最初确定了 20 个湿地类别（Shaw and Fredine，1956）。在该分类中，是基于盐度差异在系统级别划分湿地，而在子系统级别则使用景观位置划分湿地，再往下一级别（类）是根据基质成分和植被类型划分湿地。同样，由于 USFWS 十分关注湿地作为水禽和渔业栖息地，该分类重点关注可能包含或不包含湿地植被和土壤条件的浅水生境。使用这种包括湿地植被和土壤含水情况的分类，苔藓地衣、挺水植物湿地、灌丛湿地和森林湿地（表 2.3）才被视为真正的湿地。

表 2.3　美国湿地和深水栖息地分类（Cowardin et al.，1992）

系统	子系统	分类
海洋	潮下带	岩石底部，非固结水底床，暗礁
	潮间带	水床，礁石，岩石海岸，松散海岸
河口	潮下带	岩石底部，非固结水底床，暗礁
	潮间带	水床，暗礁，多岩石海岸，松散海岸，河床，*挺水植物湿地*，*灌丛湿地*，*森林湿地*
河流	潮汐	岩石底部，松散的底部，水床，河床，岩石海岸，松散海岸，*挺水植物湿地*
	短时间持续	岩石底部，松散的底部，水床，岩石海岸，松散海岸，*挺水植物湿地*
	长时间持续	岩石底部，松散的底部，水床，岩石海岸，松散海岸
	间歇性的	河床
湖	淡水性的	岩石底部，松散的底部，水床
	滨海的	岩石底部，松散的底部，水床，岩石海岸，松散海岸，*挺水植物湿地*
沼泽湿地	无	岩石底部，松散的底部，水床，松散海岸，苔藓地衣、*挺水植物湿地*、*灌丛湿地*、*森林湿地*

湿地用斜体显示

除美国外，加拿大（Zoltai and Vitt，1995；Tarnocai et al.，1988；Zoltai and Pollett，1983），俄罗斯（Zhulidov et al.，1997）和中国（Lu，1995）等国家均提出了湿地分类系统。加拿大的分类系统基于 5 个类别，反映了水文情况（水源和地下水位）和植被类型的差异 National Wetlands Working Group，1997；Environment Canada，1996）。这 5 个类别是：①水藓泥炭地；②一种由地下水补给水分的沼泽泥炭地；③以草本植物为主的沼泽；④以森林植被为主的沼泽；⑤浅水域。如进一步划分，湿地可以根据地表形态和格局，水类型、土壤特性和植被来分类。加拿大系统非常重视泥炭地的分类，主要是因为泥洼地是寒冷气候中数量最多的淡水湿地。

同样，俄罗斯的分类也非常重视泥炭地（Botch and Masing，1983）。俄罗斯体系着重于水源和化学成分（富营养、中营养、贫营养）及其对植被和泥炭类型的影响。

在中国，湿地分为 4 个主要系统：①滨海和河口湿地；②河流和湖泊湿地；③泥炭沼泽；④人工湿地（Lu，1995）。中国还为滨海湿地建立了一种与《拉姆萨尔公约》系统兼容的分类系统（Zuo et al.，2013）。这种对滨海湿地的分类与 USFWS 分类系统相似，两者均根据植被类型和基质对湿地进行分类。但中国的分类系统中，湿地栖息地的下限更深（5～6 m），并且重点关注了在中国很普遍的人工湿地。

《拉姆萨尔公约》开发了一种湿地分类系统，该分类系统与 USFWS 分类系统有很多相似之处，它依靠水源（淡水或咸水）、基质和植被对湿地类型进行划分（Matthews，1993）。该分类系统包含 35 个类别，隶属于海洋和滨海湿地、内陆湿地和人工湿地（表 2.4）。因为其下限更深（低于平均水位以下 6 m）并且包含人工栖息地，所以该分类系统包括诸如珊瑚礁和三角洲，以及诸如水库、水产养殖池塘和运河等人工栖息地。

表 2.4 《拉姆萨尔公约》制定的湿地分类系统（Matthews，1993）

系统	类别
海洋和滨海湿地	浅海、海床、珊瑚礁、岩石海岸、沙滩/卵石海岸、河口水域、潮（泥）滩、盐沼、红树林、环礁湖、三角洲
内陆湿地	河流、溪流和小溪（永久和间歇）、淡水湖（永久和间歇）、盐湖（永久和间歇）、淡水沼泽、灌木湿地、森林湿地、泥炭地、苔原和高山湿地、淡水泉、地热湿地
人工湿地	水产养殖池塘、农场池塘、灌溉土地（水稻）、季节性淹没的农田、盐田、水库、取土坑、污水处理场、运河

在 20 世纪 90 年代，美国陆军工程兵团（U.S.Army Crops Engineers，The Crops）建立了基于描述湿地功能的分类系统。湿地的水文地貌分类（hydrogeomorphic，HGM）基于地貌背景、水源（图 2.2）和流体动力学（图 2.3）进行分类（Brinson，1993）。这一分类方案的思想是评估与湿地有关的功能，这些功能涉及水文学、生物地球化学、植物群落、食物网或栖息地。自此，人们普遍认识到，不同种类的湿地提供不同类型和级别的功能，这些功能取决于景观的位置及与相邻的陆地和水生生态系统的连通性。

HGM 由 7 个类别组成，它们主要依据水源和流体动力学不同进行分类（Smith et al.，1995），见表 2.5。地貌环境和水源的结合在很大程度上决定了湿地提供某些功能的能力。例如，由于河道的连通性，河流系统能够拦截诸如漫滩流中挟带的泥沙等污染物。相比之下，大部分降水的洼地和平原在去除沉积物和其他污染物方面效果很差，因为它们与作为这些物质来源的地表水体缺乏牢固的联系。河口和湖泊边缘的湿地也可能拦截污染物，但由于水流是双向的，它们的清除效果可能不如河流系统。以降水为主的系统（如有机土平原）去除污染物的效率很低，但对于固碳非常有效。

表 2.5 湿地的水文地貌分类及其水源（图 2.2）和流体动力学（图 2.3）关系（Smith et al.，1995）

水文地貌分类	主要水源	流体动力学
河流	河道漫滩流	单向、横向
洼地	地下水回流、径流、降水	垂向
坡	地下水回流	单向、横向
矿物质土平原	降水	垂向
有机土平原	降水	垂向
河口边缘	河口溢流	双向、横向
湖泊边缘	湖水溢流	双向、横向

Semeniuk 和 Semeniuk（1995）为澳大利亚湿地开发了一个类似于 HGM 的分类系统，将地貌和水文周期都纳入了分类标准。5 种地貌（流域、河道、平原、山坡、丘陵）和 4 个水文周期（永久性淹没、季节性淹没、间歇性淹没、季节性涝灾）共划分出 13 种常见的内陆湿地主要类型。该分类系统已经在澳大利亚、南非和北欧的干旱和潮湿地区进行了测试。

相对于传统的基于植被和土壤的分类系统来说，HGM、澳大利亚和加拿大等分类系统的优势在于它们为湿地功能和生态系统服务的半定量表征提供了有意义的框架。当然，缺点是它们缺乏基于植被的分类，无法获得更精细的湿地生境特征。

2.5 法律框架

2.5.1 美国

在美国，1934 年的《鱼类与野生动物协调法》及其修正案（USFWS，2013a）是保护湿地和其他水生生境的首批法律之一。该法案授权农业部和商业部部长向联邦和州立机构提供协助，以“保护、饲养、储存和增加狩猎动物和毛皮动物的供应”。该法案还指示渔业局“将蓄水水域用于鱼类养殖站建设和候鸟休息和筑巢。”

1972 年修订的《联邦水污染控制法》定义湿地是水生生态系统，并受到联邦法规的约束。1972 年的法案制定了宏大的国家目标，“恢复和维护国家水域的化学、物理和生物完整性”（USFWS，2013b）。法案第 404 节对于湿地保护尤为重要，因为它授权美国陆军工程兵团颁发许可证，拥有许可证才能对通航水域进行疏浚或填埋。1977 年，《联邦水污染控制法》更名为《清洁水法》（Environmental Law Institute，2007），此时，“可通航水域”一词被“美国水域”取代。新的定义和法案第 404 节中疏浚和填埋活动许可规定都表明，美国的湿地越来越受到立法管理和保护。

在 1970 年之前，湿地被排干用于农业生产或被填埋作为城市发展用地。现在，这些活动由《清洁水法》第 404 节规范。虽然《清洁水法》没有禁止对湿地进行排水或填埋，但它需要得到美国陆军工程兵团的批准并颁发许可证。美国陆军工程兵团可以拒绝批准申请，或要求通过建立补偿湿地或恢复湿地来避免、减少、减轻损害，从而补偿对环境的负面影响（National Research Council，2001）。时任美国总统布什 1989 年发表的声明强化了颁发许可后才能调整湿地的理念，声明指出，当时政府的目标是无湿地净损失（National Research Council，2001）。

减缓措施可能包括建造湿地、修复湿地、保护湿地及其他相关活动，例如改进公众对诸如河流或河口之类的自然资源的利用程度和方式。在颁发许可证之前，兵团会征求美国国家环境保护局（U.S. Environmental Protection Agency，USEPA）和 USFWS 等其他联邦机构的意见。管理和保护湿地是一个复杂的过程，因此需要对湿地进行准确的法律或司法定义。建立这样一个定义的过程耗时数年并一直持续到今天，下面将描述其中的一些过程。

在美国，湿地的司法定义有两个需要满足的要点。首先，湿地必须被《清洁水法》视为美国水域，其次需要满足基于湿地水文学、植被和原位土壤情况的生态定义。从法律角度来看，湿地保护需要维持美国水域的物理、化学和生物完整性。但是，什么构成了美国水域？美国陆军工程兵团参与水资源管理问题始于几百年前，当时军方保护国家水道以支持州际贸易。后来，根据 1899 年的《河流和港口法》，该兵团被授权规范通航水域的疏浚和填埋问题（USFWS，2013c），这意味着要保持河流和河口的通航性，从而使船只可以从事贸易活动，将货物从一个地方运到另一个地方。河流和河口显然是美国水域，因此在涨潮或河流洪水期间直接与这些水域相连的潮汐湿地和洪泛区等湿地也受到了法律的保护。

从 20 世纪 70 年代中期到 2000 年，美国水域的范围扩大，表 2.4 中所列的所有湿地几乎都受到了保护。但是，自 2001 年以来，由于美国最高法院裁定了几项法律质询，该定义的范围缩小到仅包括那些与传统通航水域或与水域支流相邻、相接的湿地（USACOE，2007）。如今，根据美国陆军工程兵团和美国国家环境保护局的定义，美国可航行水域的法律定义是：

“水体（a）受潮汐涨落的影响和/或水体（b）目前使用或过去使用过，或可能会（经过或未经过合理改进）用于运输州际或国外贸易。”（USACOE，2007）

这一定义包括潮汐湿地、多年河流湿地但不包括与流动水域隔离的湿地。未与通航水域相连的湿地不受《清洁水法》的保护，除非它们与传统通航水域相邻。相邻代表湿地必须影响传统通航水域的物理、化学及生物完整性（USACOE，2007）。根据目前对法律的解释，表 2.4 中所列的许多洼地、有机和矿物平地都不再受到保护。

湿地的生态定义比法律定义更容易处理，但精确的定义需要在现场进行定量记录。美国陆军工程兵团于 1987 年制定了《湿地划定手册》（USACOE，1987）。手册中明确列出了湿地的水文学指标（USACOE，1987）。水生植物（Lichvar，2013）和土壤水分情况（USDA，2010）都必须具备这些指标，才能考虑在《清洁水法》的法律规范下进行湿地保护。这通常被称为“三项测试规则”，必须符合所有三个条件，才能使一个地点成为司法意义上的湿地。多年来，随着对湿地法律定义的不断完善，湿地指标已经完善到针对具体地理区域制定指标的程度（USACOE，2010）。

在美国，对湿地的管理为湿地恢复和建设创造了许多机会。这是因为，当为疏浚和填埋活动颁发许可证时，《清洁水法》的第 404 节要求减轻湿地生态影响（USACOE and USEPA，1990）。这促进了私人环境咨询机构蓬勃发展，该机构可以协助土地所有者和开发商申请许可证和制订缓解影响的计划。不幸的是，成功减少对湿地影响的案例很少，导致湿地持续减少和功能退化（Race and Fonseca，1996）。

2.5.2 加拿大

在 20 世纪 90 年代，加拿大政府制定了一项湿地保护政策（Environment Canada，1996；Government of Canada，1991），该政策包括一个主要目的和一组目标。目的是“促进加拿大湿地的保护，以维持现在和将来的生态和社会经济功能”。一组目标是：①维护湿地的功能和价值；②保障联邦土地上的湿地功能无净损失；③在丧失和退化的地区恢复湿地；④承认与联邦项目有关的湿地功能；⑤保护加拿大重要的湿地；⑥识别林业和农业方面合理的可持续管理做法，这些做法对湿地保护有积极贡献，同时也实现了对湿地资源的有效利用；⑦利用湿地，以增强其在未来的可持续和生产性利用。

该政策不对湿地保护和管理进行硬性要求，但鼓励这样做，尤其鼓励在联邦土地上保护和管理湿地。这些目标还提倡了美国湿地保护中提出的无净损失的概念，以及有效使用湿地，都是《拉姆萨尔公约》的重要组成部分。

2.5.3 欧洲国家

欧盟制定了几项保护环境的指令，包括水政策和生物多样性政策。《水框架指令》（2000 年）提出了保护水生生态系统的政策，并就用水需求、陆地生态系统和直接依赖水生生态系统的湿地提出了政策建议。该政策涵盖地表水、地下水和保护区，但该政策重点针对污染和水质，而不是水量（Meyerhoff and Dehnhardt，2007）。《水框架指令》也没有明确说明将如何通过保护和恢复湿地来实现这些目标，也没有量化湿地的经济价值（Meyerhoff and Dehnhardt，2007）。量化经济价值很重要，因为《水框架指令》需要进行经济分析，从而对水资源管理计划的执行进行决策部署（Meyerhoff and Dehnhardt，2007）。另一项欧盟指令，《洪水危害评价及管理指令（2007/60/EC）》，重点考量如何评估和管理洪水风险，包括寻找恢复湿地的机会（McInnes et al.，2013）。此外，《鸟类和栖息地指令》旨在减少或避免人类活动对自然栖息地及其物种的损害（McInnes et al.，2013）。该指令是为了保护“欧洲最佳野生动植物区”（European Commission，2000）。这些被称为“自然 2000”的保护区包括鸟类栖息地，因此可以保护一些湿地。该指令还涉及“补偿性措施”，包括当“自然 2000”保护区受到人类活动的不利影响时应改善和重建栖息地。

许多欧洲国家都有保护自然，特别是保护生物多样性的指令、策略和政策。例如，德国 1976 年《联邦自然保护法》通过兰德尔立法制定了自然保护框架，该立法与美国各州立法方式类似（Stoll-Kleeman，2010）。它与美国联邦和州立法的不同之处在于，如何执行该法案尚无全国共识。目前已根据《联邦自然保护法》展开了许多湿地恢复和自然保护项目。作为立法的一部分，水位调节和植被种植已用于恢复莎草沼泽、森林沼泽和芦苇湿地（Bruns and Gilcher，1995）。

2.5.4 其他国家

与加拿大一样，俄罗斯也有大量湿地，特别是泥炭地。俄罗斯法律也特别提到了湿地保护。《俄罗斯联邦水法》规定了包括沼泽在内的水体使用（Russian Federation Council，2006）。法规第 52 条要求在泥炭开采后要“通过蓄水和人工注水”进行修复。第 65 条要求在溪、河、湖沿岸及邻近的湿地设立水保区。

澳大利亚提出了保护河流、湿地和河口的重要建议（Kingsford et al.，2005）。1994 年，澳大利亚政府理事会一致同意自然环境是水的合法使用者（即生态需求），这为制定保护包括湿地在内的水环境准则铺平了道路。建议包括、将候选流域确定为澳大利亚传统河流；制订河流环境管理体系；建立保护区；制订法定资源和土地使用计划；以及为相关土地所有者制订环保税收激励措施。澳大利亚法律还为包括特有物种和稀有物种及重要动物栖息地在内的生物多样性恢复和环境补偿提供了指导（Australian Environmental Protection Authority，2008）。但指导文件中没有明确提及湿地。

2.5.5 国际性组织

1971 年多国在伊朗拉姆萨尔签署《拉姆萨尔公约》。该公约作为保护湿地的主要手段，重点阐述了湿地作为水禽栖息地的重要性。合约签署的地点位于里海的拉姆萨尔镇，它是亚洲迁徙水禽的重要飞行通道。

1971 年的原始签署国包括 18 个国家。第一个保护站点于 1974 年在澳大利亚建立（Frazier，1999）。该公约的主要执行者是自然与自然资源保护国际联盟（International Union for the Conservation of Nature and Natural Resources，IUCN）及其姊妹组织国际野禽研究局（International Wildfowl Research Bureau，IWRB）。

该公约包含 12 项条款。第 1 条提供了湿地和水禽的定义，而第 2～7 条则将责任分配给了缔约方。以下是对前 7 项条款的简要概述。

第 1 条：湿地（见定义）和水禽（生态上依赖湿地的鸟类）的定义。

第 2 条：缔约方应在其领土内指定合适的湿地，以列入《国际重要湿地清单》。

第 3 条：缔约方应制订和执行计划，以促进对清单上湿地的保护并合理利用湿地资源。

第 4 条：缔约方应通过在湿地上建立自然保护区，促进对湿地和水禽的保护。

第 5 条：缔约方应就履行义务相互协商，尤其是在缔约方共享湿地或水体时。

第 6 条：缔约方应召开湿地和水禽保护大会。

第 7 条：参加此类会议的缔约方代表应包括湿地和水禽专家。

其余 5 条，即第 8～12 条，涉及与公约监督有关的问题，以及加入与退出公约的程序有关的问题。

该公约的一个重要方面是促进明智、合理地使用湿地资源。这包含了湿地提供的全部利益和价值。具体涵盖了：泥沙和侵蚀控制，防洪，水质改善，对渔业、畜牧业和农业的支持，户外娱乐和教育，对气候稳定的贡献，最重要的是为野生生物（尤其是水禽）提供栖息地（Ramsar Convention Secretariat，2010）。

《拉姆萨尔公约》编制了一份手册，致力于帮助缔约方制定国家湿地政策（Ramsar Convention Secretariat，2010）。许多国家已经基于《拉姆萨尔公约》制定了国家的湿地保护战略或政策，它们包括澳大利亚、加拿大、哥斯达黎加、法国、牙买加、马来西亚、秘鲁、特立尼达、多巴哥及乌干达（Ramsar Convention Secretariat，2010）。这些国家最终（或草案）文件的共同主题包括：提高公众教育和意识，发展各级政府之间的伙伴关系，制定土地和水资源利用政策和法规，在健全科学的基础上履行湿地管理责任，提升政策履行的后勤和财政能力。《拉姆萨尔公约》还制定了决议（草案），缔约方将减轻和补偿具有国际重要意义的湿地损失。第 XI.9 号决议要求承诺避免对拉姆萨尔湿地的生态特性产生负面影响。如果无法避免，则应采取适当的缓解/补偿措施（Gardner et al.，2012）。《拉姆萨尔公约》还发布了有关湿地恢复效益的指南，让大家认识到湿地恢复固然重要，但不能代替湿地保护（Alexander and McInnes，2012）。

截至 2014 年 9 月，《拉姆萨尔公约》缔约方有 168 个。被列入《国际重要湿地清单》的湿地数量为 2186 个，面积超过 2.08 亿 hm^2。当然，《拉姆萨尔公约》的效力取决于缔约方对法律保护和管理所承担的义务（Pittock et al.，2006）。

2.6 湿地生态系统服务

自然生态系统（森林、草原、河流和溪流）和湿地可以为社会带来直接和间接的利益。例如，收获的鱼、食品和木材可以很容易地在市场上被赋予价值，带来直接收益。另外，诸如净化水或调节气候的间接利益对维持人类的生存系统也是必不可少的，但为其分配市场价值则较为复杂。生态系统服务源于自然和人为管理的生态系统所赋予的功能。Costanza 等（1997）将生态系统服务定义为“人类直接或间接地从生态系统功能中受益”，并列举了自然和人为管理的生态系统提供的 17 种服务（表 2.6）。在《湿地和水域千年生态系统评估》（Millennium Ecosystem Assessment of Wetlands and Waters，2005）中，有 20 种生态系统服务与 Costanza 等（1997）的描述大致相似，包含食物供给功能、调节功能、文化功能和辅助支持功能，见表 2.6。

表 2.6　内陆和滨海湿地提供的生态系统服务类型

功能	Costanza 等（1997）描述的类型	《湿地和水域千年生态系统评估》中的类型
食物供给功能	生产食物	食物
	供应水	淡水
	提供原料①	纤维和燃料生化产品
	遗传资源（种质资源）	遗传物质
调节功能	气候调节，大气调节	气候调节
	水资源调节	水文状况
	废物处理	污染控制与毒性降解
	侵蚀控制	侵蚀防护
	干扰调节	自然灾害
	生物防治	—
文化功能	—②	鼓舞人心和启发灵感
	休闲娱乐	休闲娱乐
	—②	自然美学
	—②	教育作用
辅助支持功能	生物多样性	生物多样性
	土壤构成	土壤构成
	营养物质循环	营养物质循环
	授粉	授粉
	提供避难所	—

注：①可以归入遗传资源；②包含在文化服务中。资料来自《湿地和水域千年生态系统评估》(2005) 和 Costanza 等 (1997)

与其他生态系统相比，在平均单位面积基础上，湿地及包括海草、河口和珊瑚礁在内的其他边缘生态系统提供的生态系统服务水平最高（Costanza et al.，1997）。潮汐沼泽和红树林对扰动调节和废物处理有很大贡献（Costanza et al.，1997）。洪泛区森林通过防洪来调节干扰，通过废物处理和供水等来提供生态系统服务功能。Costanza 等（1997）估计，潮汐沼泽和红树林每年贡献了将近 10 000 美元/hm^2 的生态系统服务。洪泛区森林提供的生态系统服务价值更高，接近每公顷每年 20 000 美元。

De Groot 等（2012）汇编了 320 多份出版物，重新评估生态系统生产的商品和服务。在他们的评估中，滨海湿地[293 845（美元/hm^2）/年]在提供生态系统服务价值方面仅次于珊瑚礁[352 249（美元/hm^2）/年]。滨海系统和内陆湿地分别位居第三[28 917（美元/hm^2）/年]和第四位[25 682（美元/hm^2）/年]，但远高于陆地生物群落、森林和草原的估值。Costanza 等（2014）根据对潮汐沼泽和红树林在风暴保护、侵蚀控制和废物处理方面价值的研究，估计其价值从 13 786（美元/hm^2）/年（2007 年）增加到 193 843（美元/hm^2）/年。虽然滨海湿地的经济价值巨大，但恢复这些生态系统的成本却比恢复内陆湿地的成本高（De Groot et al.，2013）。而且，在评估恢复的湿地时，废物处理功能占据非常重要的地位（Jenkins et al.，2010）。

尽管这些市场价值存在很大的不确定性，但它们突出了湿地和湿地恢复对支持社会和人类福祉的重要意义。这也说明，不同类型的湿地提供了不同种类和水平的生态系统服务。举例来说，如果恢复的主要目标是改善水质，那么恢复过程中重点关注的就是在景观角度上与其他陆地、水生生态系统紧密相连或相邻的湿地。但如果主要目标是固碳，那么连通性就不那么重要，甚至连通性强可能不利于固碳目标的实现。

恢复湿地的主要目标应该是尽可能高水平地恢复更多的功能和服务。此外还需认识到，基于景观环境，某些服务功能可能无法恢复。这和湿地在景观或水源中的位置密切相关。湿地退化的情况和程度决定了可以恢复的服务种类和级别，因为在恢复过程中可能无法消除或缓解某些胁迫。这一点尤其适用于水文条件发生显著变化的城市环境中，或非点源污染情况无法改善的农业景观中。关于这些约束和限制的更多信息，参见第 4 章。

参 考 文 献

AUSTRALIAN ENVIRONMENTAL PROTECTION AUTHORITY, 2008. Guidance for the assessment of environmental factors (in accordance with the environmental protection act 1986). Environmental offsets-biodiversity: 19.

ALEXANDER S, MCINNES R, 2012. The benefits of wetland restoration. Ramsar Convention on Wetlands. Scientific and Technical Review Panel, Briefing Note Number 4.

ARMSTRONG J, ARMSTRONG W, 1991. A convective through-flow of gases in *Phragmites austra-lis* (Cav.) Trin. Ex Steud. Aquatic botany, 39: 75-88.

BOTCH M S, MASING V V, 1983. Mire ecosystems in the U.S.S.R.//GORE A J P. Mires, Swamp, Bog, Fen and Moor, Ecosystems of the World, vol. 4B. Amsterdam: Elsevier Science: 95-152.

BRINSON M M, 1993. A hydrogeomorphic classification for wetlands. Technical report WRP-DE-4. Washington D. C.: U.S. Army Corps of Engineers.

BRIX H, SORRELL BK, ORR P T, 1992. Internal pressurization and convective flow in some emergent freshwater macrophytes. Limnology and oceanography, 37: 1420-1433.

BRUNS D, GILCHER S, 1995. Restoration and management of ecosystems for nature conser-vation in Germany//CAIRNS JR J. Rehabilitating Damaged Ecosystems. Boca Raton, Florida: Lewis Publishers: 133-164.

BUOL S W, HOLE F, MCCRACKEN R J, 1980. Soil Genesis and Classification. Ames, Iowa: The Iowa State University Press.

CASTENSON K L, RABENHORST M C, 2006. Indicator of reduction in soil (IRIS): evaluation of a new approach for assessing reduced conditions in soil. Soil science society of America journal, 70: 1222-1226.

COSTANZA R, DE GROOT R, SUTTON P, et al., 2014. Changes in the global value of ecosystem services. Global environmental change, 26: 152-158.

COSTANZA R, D'ARGE R, DE GROOT R, et al., 1997. The value of the world's ecosystem services and natural capital. Nature, 387: 253-260.

COWARDIN L M, CARTER V, GOLET F C, et al., 1992. Classification of Wetlands and Deepwater Habitats of the United States. United States Fish and Wildlife Service. Biological Services Program. FWS/OBS-79/31.

CRAWFORD R M M, 1983. Root survival in flooded soils//GORE A J P.Mires, swamp, bog, fen and moor, ecosystems of the world, vol. 4A. Amsterdam: Elsevier Science: 257-283.

CRONK J K, FENNESSY M S, 2001. Wetland Plants: Biology and Ecology. Boca Raton: Lewis Publishers.

DACEY J W H, 1980. Internal winds in water lilies: an adaptation to life in anaerobic sediments. Science, 210:

1017-1019.

DE GROOT R, BLIGNAUT J, VAN DER PLOEG S, et al., 2013. Benefits of investing in ecosystem restoration. Biological conservation, 27: 1286-1293.

DE GROOT R, BRANDER L, VAN DER PLOEG S, et al., 2012. Global estimates of the value of ecosystems. Ecosystem services, 1: 50-61.

ENVIRONMENT CANADA, 1996. The federal policy on wetland conservation implementation guide for federal land managers. Wildlife Conservation Branch, Canadian Wildlife Service. Environment Canada, Ottawa, Ontario.

ENVIRONMENTAL LAW INSTITUTE, 2007. The Clean Water Act jurisdictional handbook. Washington D. C.: Environmental Law Institute.

European Commission, 2000. Managing Natura 2000 Sites: The Provisions of Article 6 of the 'Habitats' Directive 92/43/EEC.

FRAZIER S, 1999. Ramsar Sites Overview: a synopsis of the world's wetlands of international importance. Lelystad: Wetlands International.

GARDNER R C, BONELLS M, OKUNO E, et al., 2012. Avoiding, Mitigating, and Compensating for Loss and Degradation of Wetlands in National Laws and Policies. Ramsar Convention on Wetlands. Scientific and Technical Review Panel, Briefing Note Number 3.

Government of Canada, 1991. The Federal Policy on Wetlands Conservation. Minister of Environment. Minister of Supply and Services, Canada.

JACKSON M B, 1985. Ethylene and responses of plants to soil waterlogging and submergence. Annual review of plant physiology, 36: 145-174.

JENKINS W A, MURRAY B C, KRAMER R A, et al., 2010. Valuing ecosystem services from wetlands restoration in the Mississippi alluvial valley. Ecological economics, 69: 1051-1061.

JENKINSON B J, FRANZMEIER D P, 2006. Development and evaluation of iron-coated tubes that indicate reduction in soils. Soil science society of America journal, 70: 183-191.

KEDDY P A, 2010. Wetland Ecology: Principles and Conservation. Oxford: Oxford University Press.

KINGSFORD R T, DUNN H, LOVE D, et al., 2005. Protecting australia's rivers, wetlands, and estuaries of high conservation value. Canberra, Australia: Department of Environment and Heritage.

LICHVAR R W, 2013. The national wetland plant list. 2013 wetland ratings. Phytoneuron, 49: 1-241.

LU J, 1995. Ecological significance and classification of Chinese wetlands. Vegetatio, 118: 49-56.

MCINNES R, JOYCE C, COMIN F A, et al., 2013. Perspectives on European wetland restoration. Wetland science and practice, 30: 4-11.

MATTHEWS G V T, 1993. The Ramsar convention on wetlands: its history and development. Ramsar Convention Bureau, Gland, Switzerland.

MENDELSSOHN I A, MCKEE K L, PATRICK JR W H, 1981. Oxygen deficiency in Spartina alterniflora roots； metabolic adaptation to anoxia. Science, 214: 439-441.

MEYERHOFF J, DEHNHARDT A, 2007. The European Water Framework Directive and economic valuation of wetlands: the restoration of floodplains along the river Elbe. European environment, 17: 18-36.

Millennium Ecosystem Assessment, 2005. Ecosystems and human well-being: wetlands and water synthesis. Washington D. C.: World Resources Institute.

National Research Council, 2001. Compensating for Wetland Losses under the Clean Water Act. Washington D. C.: National Academy of Sciences.

National Wetlands Working Group, 1997. The Canadian Wetland Classification System, second ed. Wetlands Research Centre, University of Waterloo, Waterloo, Ontario.

PITTOCK J, LEHNER B, LIFENG L, 2006. River basin management to conserve wetlands and water resources// BOBBINK R, BELTMAN B, VERHOEVEN J T A, et al., Wetlands: Functioning, Biodiversity Conservation, and Restoration. Ecological studies, vol. 191. Berlin: Springer: 169-196.

RACE M S, FONSECA M S, 1996. Fixing compensatory mitigation: what will it take? Ecological applications, 6: 94-101.

Ramsar Convention Secretariat, 2010. Handbook 2: National Wetland Policies: Developing and Implementing National Wetland Policies, 4th ed. Ramsar Handbooks for the Wise Use of Wetlands, vol. 2. Ramsar Convention Secretariat, Gland, Switzerland.

Russian Federation Council, 2006. Water code of the Russian Federation.

SEMENIUK C A, SEMENIUK V, 1995. A geomorphic approach to global classification for inland wetlands. Vegetatio, 118: 103-124.

SHAW S P, FREDINE C G, 1956. Wetlands of the United States: their extent and their value to other wildlife. Circular 39. Washington D. C.: United States Department of the Interior, Fish and Wildlife Service.

SMITH R D, AMMANN A, BARTOLDUS C, et al., 1995. An Approach for Assessing Wetland Functions Using Hydrogeomorphic Classification, Reference Wetlands, and Functional Indices. Technical Report WRP-DE-9. U.S. Army Corps of Engineers, Vicksburg, MS.

STOLL-KLEEMAN S, 2010. Reconciling opposition to protected areas management in Europe: the German experience. Environment: science and policy for sustainable development, 43: 32-44.

SUMMERS J E, RATCLIFFE R G, JACKSON M B, 2000. Anoxia tolerance in the aquatic monocot Potamogeton pectinatus: absence of oxygen stimulates elongation in association with an unusually large Pasteur effect. Journal of experimental botany, 51: 1413-1422.

TARNOCAI C, ADAMS G D, GLOOSCHENKO V, et al., 1988. The Canadian wetlands classification system// National Wetlands Working Group . Wetlands of Canada. Ecological Land Classification Series 24. Environment Canada, Ottawa, Ontario and Polyscience Publications, Montreal, Quebec.

THORMANN M N, 2006. Diversity and function of fungi in peatlands: a carbon cycling perspec-tive. Canadian journal of soil science, 86: 281-293.

U.S. Army Corps of Engineers, 1987. Wetlands Delineation Manual. Technical Report Y-87-1 Environmental Laboratory, U.S. Army Corps of Engineers. Waterways Experiment Station, Vicksburg, MS.

U.S. Army Corps of Engineers, 2010. Regional Supplement to the Corps of Engineers Wetland Delineation Manual: Midwest Region (Version 2.0). ERDC/EL TR-10-16 U.S. Army Corps of Engineers. U.S. Army Engineer Research and Development Center, Vicksburg, MS.

U.S. Army Corps of Engineers, U.S. Environmental Protection Agency, 1990. The Determination of Mitigation under the Clean Water Act Section Guidelines. Memorandum of Agreement.

U.S. Army Corps of Engineers, U.S. Environmental Protection Agency, 2007. U.S. Army Corps of Engineers Jurisdictional Determination Form Instructional Guidebook.

U.S. Fish and Wildlife Service (USFWS), 2013a. Digest of Federal Resource Laws of Interest to the U.S. Fish and Wildlife Service. Fish and Wildlife Coordination Act.

U.S. Fish and Wildlife Service, 2013b. Digest of Federal Resource Laws of Interest to the U.S. Fish and Wildlife Service. Federal Water Pollution Control Act (Clean Water Act).

U.S. Fish and Wildlife Service (USFWS), 2013c. Digest of Federal Resource Laws of Interest to the U.S. Fish and Wildlife Service. Rivers and Harbors Appropriation Act of 1899.

U.S. Department of Agriculture (USDA), 2010. Natural Resources Conservation Service//VASILAS L M, HURT G W, NOBLE C V. Field indicators of hydric soils in the United States, Version 7.0. USDA (NRCS in cooperation with the National Technical Committee for Hydric Soils).

VAN DER VALK A G, 1981. Succession in wetlands: a Gleasonian approach. Ecology, 62: 688-696.

VEPRASKAS M J, 1994. Redoximorphic Features for Identifying Aquic Conditions. Technical Bulletin 301. North Carolina Agricultural Research Service. Raleigh, NC: North Carolina State University.

VEPRASKAS M J, RICHARDSON J L, TANDARICH J P, et al., 1999. Dynamics of hydric soil formation across the edge of a created deep marsh. Wetlands, 19: 78-89.

Water Framework Directive, 2000. Directive 2000/60/EC of the European Parliament and of the Council of 23 October 2000 Establishing a Framework for Community Action in the Field of Water Policy, 2000. O.J. (L327). Water Framework Directive.

ZHULIDOV A V, HEADLEY J V, ROBERTS R D, et al., 1997, Atlas of Russian Wetlands//FLINGEFFMAN Y V, ZHULIDOV, Environment Canada, National Hydrol-ogy Research Institute. Saskatoon, Saskatchewan.

ZOLTAI S C, POLLETT F C, 1983. Wetlands in Canada: their classification, distribution, and use//GORE A J P. Mires, swamp, bog, fen and moor, ecosystems of the world, vol. 4B. Amsterdam: Elsevier Science: 245-268.

ZOLTAI S C, VITT D H, 1995. Canadian wetlands: environmental gradients and classification. Vegetatio, 118: 131-137.

ZUO P, LI Y, LIU C, et al., 2013. Coastal wetlands of China: changes from 1970's to 2007 based on a new wetland classification system. Estuaries and coasts, 36: 390-400.

第 3 章　生态理论与恢复

3.1　引　　言

恢复生态学的理论基础有三个基本概念：干扰、定植与维持、演替及生态系统发育。其他理论体系，如岛屿生物地理学（即扩散限制）、生态位理论（适应生境）、种群生态学（竞争、种群动态）、食物网和营养级理论（草食性、关键物种）也为生态恢复提供了理论支撑（Zedler，2000），在恢复生态系统时，最重要的是干扰理论和演替理论。

生态系统的恢复需要减少干扰系统的压力源，然后重建生物群落结构和生态系统功能。干扰的规模和强度决定了湿地的退化规模和程度，以及恢复该湿地所需的工作量和时间。植物在某一地点定植并生长的生命周期特征决定了哪些物种将在该湿地生境中定植，哪些物种需要人工辅助，哪些物种可能引发入侵问题。演替，即动物和植物群落随时间的变化，揭示生态系统恢复的途径或轨迹及恢复的速度。相关的概念是生态系统的功能、能量和营养循环的速率。最后，几乎所有的生态修复都要考虑的一个关键问题是外来物种入侵。湿地待修复区通常会因耕作、土壤去污和填土等活动而退化，因此特别容易受到新的、有害的外来物种的侵害。许多入侵植物都具有能够在湿地中轻易扩张的特性，那么它们一旦在湿地中定植就可与本地物种形成竞争。

3.2　干　　扰

从本质上讲，生态恢复是恢复退化湿地的水文和土壤环境要素，加速（相比自然恢复速度）促进本地物种的引入、定植和扩散（Odum and Barrett，2005）。需要生态恢复的地区受到人类活动的干扰，尤其在湿地中，其水文和土壤要素的变化是关键问题所在。在 Connell 和 Slatyer（1977）的演替讨论中，他们将干扰定义为相对较大空间的扰动，是人类活动引起的生态结构和功能的变化，导致区域生态系统的自然状态发生退化。

无论是自然还是人为干扰活动，可由以下 4 个特征来描述：①规模；②强度；③频率；④持续时间（Keddy，2010）。大多数自然干扰活动，如火、洪水和风，通常用前三个特征来描述。干旱是一种自然干扰，其持续时间是很重要的参数。胁迫的持续时间通常用短时脉冲或长时间的压力来描述（Smith et al.，2009）。自然与人为压力源相结合会导致生态系统退化为另一种稳定或动态或灾难性的状态，如果不付出巨大的努力，则很难扭转系统的退化状态（Scheffer and Carpenter，2003；Scheffer et al.，2001）。例如，在干旱地区，干旱加上放牧、耕作等农业活动会导致沙漠化（Kassas，1995），一旦植被退化，干燥多风的气候环境使其重建变得难以实现（Suding and Hobbs，2009）。其他有据可查的案例包括由于放牧和干旱造成半干旱草原转变为灌木地（Peters et al.，2006；Mayer and Rietkerk，2004），以及在不考虑火灾和放牧的情况下，林地转变为草地（Scheffer et al.，2001）。水生生态系统转变的一个典型例子是由富营养化引起的浅水清澈湖泊向浑浊沼泽化湖泊的转化，随着湖泊中养分含量的增加，水体从透明向浑浊的突然转变，导致沉水植被丧失（Scheffer et al.，

1993），这种损失可能是可逆的，也可能是不可逆的（Carpenter et al.，1999）。

湿地生态系统也会发生动态转变，一个典型的例子是佛罗里达大沼泽地中香蒲取代了富磷地区的天然锯齿草（*Cladium jamaicense* Crantz）和泥沼群落（Hagerthey et al.，2008）。另一个例子是加拿大哈得孙湾沼泽中小雪雁的放养破坏了盐沼植被，形成了植物不能重新定植的泥滩（Jefferies et al.，2006；Abraham et al.，2005）。在美国西南部，沙漠溪流表现出两种可相互替代的稳定状态：拥有茂盛湿地植被的环境和流速缓慢的溪流，以及由于过度放牧造成的沉积物累积、河道淤塞的无植被河流（Heffernan，2008）。

某学派认为，在诸如湿地和干旱地区等具有强烈潜在的非生物限制因子的生境中，更可能产生可替代的稳态转变或动态变化（Didham and Watts，2005）。另一学派认为，由竞争构成的生境更有可能表现出多稳态转变（Fukama and Lee，2006）。无论如何，湿地生态系统都存在可替代的稳定状态（表 3.1），可能需要进行积极的，有时是持续性的努力，才能推动处于不良状态的生态系统转变进入理想状态。这种转变通常是非线性的，可能比预期需要更多的资源、努力和时间（Mayer and Rietkerk，2004）。从恢复的视角来看，将生态系统从不良状态推向理想状态需要一些有针对性的工作，例如通过减轻外部压力并种植植被来促进生态系统的发育。当工作不足以使生态系统超过阈值或采取的措施没有集中到适当规模时，生态恢复项目就会失败（Mayer and Rietkerk，2004）。

表 3.1　湿地中理想的和可替代稳定状态的示例表

示例	理想状态	可替代的稳定状态	压力源
佛罗里达大沼泽地	原生锯齿草和泥沼	香蒲	磷富集
美国东部和墨西哥湾沿岸	潮汐淡水森林	沼泽，开阔水域	伐木，水稻种植
哈得孙湾低地	河口沼泽	泥滩	小雪雁放养
美国西南沙漠	溪流湿地	洗净砾石	放牧过度和沉积物累积

湿地生态系统的稳定状态与水文和营养养分的变化密切相关，这些变化导致了本地物种向入侵物种的转变。通过修复这些环境条件并加以适当管理（燃烧、割草、除草剂、生物防治），可以减轻这种不良状态，但收效甚微（Blossey et al.，2001）。砍伐森林湿地的林木资源，可能导致其转变为沼泽（Doyle et al.，2007）或开阔水域（Faulkner et al.，2007）。同样，如果不对水位进行管理，这种转变可能会不可逆，因为砍伐会破坏根垫，降低土壤表面高程，增加洪水水深并抑制树木种子的萌发。Hobbs 和 Norton（1996）认为，一旦转变到了另一种稳态，可能需要大量的管理工作才能将生态系统恢复到原始状态。

堪忧的是，现有的和新的生态恢复成果可能很难维持住，或者说新形成的生态系统，也就是那些与过去没有相似之处的生态系统（Hobbs and Cramer，2008），可能会随着剧烈的全球变化，例如农业和城市土地利用、气候变化、生物因素（物种入侵和灭绝）等，而发生较大的变化（Hobbs et al.，2014，2011，2009）。未来，要创造新的、不能类比的生态系统，需要摆脱专注于恢复现有或历史物种组合的传统方法（Hobbs et al.，2011，2009；Choi，2004）。

待恢复的湿地通常会受到慢性的或生态系统层面的压力，在进行修复之前必须加以改善。长期干扰湿地的例子包括排水或填埋、富营养化、重金属或挥发性有机物对土壤污染而引起的水文等环境要素的长期变化。

除长期干扰外，还必须考虑生态系统干扰的规模和强度，Connell 和 Slatyer（1977）描述了干扰的规模和强度如何决定演替的速率。根据干扰的规模和强度，演替会产生 4

种结果（图 3.1），第一种结果是，大规模受到强烈干扰的区域，演替将很慢且需要很长时间[图 3.1（a）]，强烈的干扰使得该区域不再有存活的繁殖体，并且繁殖体扩散到该区域的中心处是缓慢且困难的。第二种结果是，大规模受轻微干扰影响的区域会发生中等程度的演替，因为现有的一些繁殖体能够存活并且重新定植生长[图 3.1（b）]。第三种结果是，小规模受到强烈干扰的区域[图 3.1（c）]也会发生一些生态演替，这是由于周围的植被会逐渐生长到该区域且繁殖体很容易扩散生长。第四种结果是，一个很小的区域仅受到轻微的干扰，不会发生生态演替现象[图 3.1（d）]，因为周围成熟植被的生长很快填补了这个小缺口。在湿地恢复的情况中，前三种结果（大规模、强烈干扰；大规模、轻微干扰；小规模、强烈干扰）是相关的。

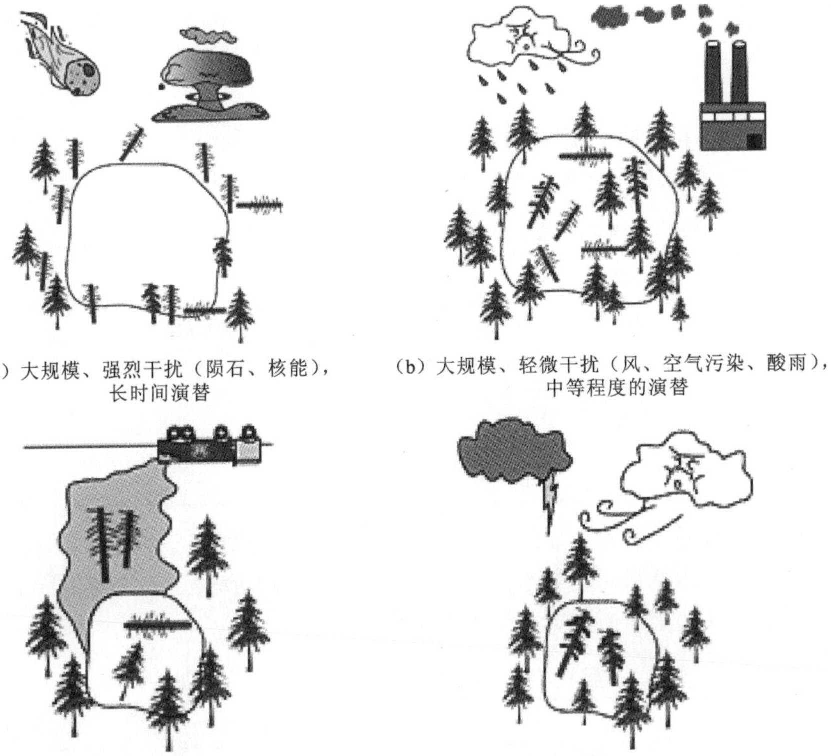

（a）大规模、强烈干扰（陨石、核能），长时间演替

（b）大规模、轻微干扰（风、空气污染、酸雨），中等程度的演替

（c）小规模、强烈干扰（漏酸），一些演替

（d）小规模、轻微干扰（大风，闪电），无演替

图 3.1　干扰与演替的规模和强度之间的关系示意图（Connell and Slatyer，1977））

然而，某些干扰有时会促进生态系统的恢复。例如，低强度、周期性的干扰会降低其他物种的优势地位，从而增强陆地生态系统（Huston，1979）和湿地生态系统（Joyce，2014）中的物种丰富度。另外，它可以限制入侵物种的繁殖或扩散。通过对湿地草原生态系统的长期研究结果表明，割草可以减少侵略物种虉草（*Phalaris arundinacea*）的优势度，并增加物种的整体丰富度（Straskrabova and Prach，1998）。

3.3　扩散与定植

在受干扰的区域重建植被生态系统取决于扩散到该区域的物种及区域存活物种的再定植。在受到严重干扰的区域或新生湿地上，裸露的土壤为植被定植提供了理想的机会，外来物种要成规模定植生长取决于 4 个连续的步骤：扩散、萌发、存活和成熟。依靠大量风媒或水媒扩散种子的物种是首批到达的物种。湿地中的种子扩散与荒地等陆地生态系统不同，因为被淹没的或水分饱和的土壤类似于环境筛（van der Valk，1981），厌氧的土壤条件将抑制陆地物种的种子萌发。

目前，已开发出一种分类方式，用来描述物种在某个区域的定植生长能力，例如，r 型策略物种是指那些能够产生大量后代（种子），易于扩散（它们的尺寸很小），并在短时间内完成其生命周期的物种（Odum and Barrett，2005；Pianka，1970；Harper，1965）。对于 r 型策略物种来说，虽然种子萌发率通常很低，但种子量很大，可抵消其低萌发率。因此，r 型策略物种往往可以在没有人类抚育的情况下在该区域定植生长。另一方面，K 型策略物种产生种子较少，通常种子较大，且不易扩散（Odum and Barrett，2005；Pianka，1970），它们的种子萌发率高于 r 型策略物种。K 型策略物种通常需要播种等措施才能在该区域定植生长。

Grime（1977）根据物种定植与持续生长情况，将这种分类的理论扩展为三种类别：①杂草型物种，②竞争型物种，③耐受型物种，并认为其分布与干扰和压力的强度有关（表 3.2）。

表 3.2　与干扰和压力有关的植物的定植与维持的三种策略（Grime，1977）

环境条件	植物策略	生命形式示例
压力小、干扰大	杂草型	一年生植物
压力小、干扰小	竞争型	多年生植物、灌木、乔木
压力大、干扰小	耐受型	地衣、苔藓、部分多年生植物、灌木、乔木
压力大、干扰大	没有可行的策略	—

杂草型物种偏好干扰大且胁迫小的环境，像 r 型策略物种一样，杂草型物种的生命周期很短，且将大量的能量用于种子生产（表 3.3）。它们一般是一年生物种，生长快速，在短暂的理想季节（如雨季或季风季节）结束后开花。

表 3.3　竞争型物种、耐受型物种和杂草型物种的某些特征

项目		竞争型物种	耐受型物种	杂草型物种
形态学	枝	高而密，被树叶遮蔽	多种生长形式	矮小、分布广
	叶	健壮，通常是同构的	小的或似革质的或针状的	多种，通常是同构的
	凋落物	量多、持久存在	量少、有时持久存在	量少、不能持久存在
成长性	相对成长速率	很快	慢	很快
	叶片寿命	相对较短	长	短
生活史	生命形式	多年生草本植物、灌木、乔木	地衣、部分多年生草本植物、灌木、乔木	一年生植物
	转化为种子的生产	小	小	大

在胁迫小且干扰小的环境中，竞争型物种占主导地位，它们由多年生植物、草本植物、灌木及乔木组成，能够产生大量的生物量且通常具有高而密的叶子遮住其他物种（表 3.3），竞争型物种还会产生大量凋落物，这些凋落物会持久地存在并抑制种子发芽，它们的大部分生产力转化为生物量，少部分转化为种子。无性繁殖的湿地物种，例如在某些湿地中占

主导地位的芦苇、香蒲和藨草，都是竞争型物种，它们通过遮蔽和产生抑制种子发芽的厚层凋落物来取得竞争优势（Larkin et al.，2012；Farrer and Goldberg，2009；Vaccaro et al.，2009）。

耐受型物种是指那些能生存于严重环境胁迫中的物种，包括干旱、极地-高山、少阳光和低营养的生境中（表 3.3）。耐受型物种的生命形式多种多样，包括地衣、苔藓、多年生草本植物、灌木和乔木，它们的叶子通常都很小，呈皮革状或针状，以避免暴露于极端温度下，减少水分流失。与竞争型物种相似，耐受型物种每年的产量只有一小部分转化为种子。

Boutin 和 Keddy（1993）延展了 Grime 的工作，开发了湿地植物功能的分类方法。他们根据植物寿命和生长状况（高度、生物量、光合面积、相对生长率）等性能特征，将植物分为基型、间型和杂型物种（表 3.4）。基型物种由生命力强且扎根较深的植物组成，其中包括无性繁殖的优势物种，以及 Grime 理论中的竞争型和耐受型物种。间型物种的特征在于其生长得较为紧密且扎根较浅，包括无性繁殖、类似芦苇的丛生物种，如薹草属中的某些种。杂型物种由专性和兼性的一年生植物组成。

表 3.4　按功能组对湿地植物进行分类（Boutin and Keddy，1993）

功能组		物种示例
杂型	专性一年生植物	鬼针草属（*Bidens* spp.），其他菊科
	兼性一年生植物	紫茎泽兰属（*Eupatorium* spp.），其他菊科
基型	无性繁殖的优势物种	蒲菜属（*Typha* spp.），藨草
	无性繁殖的耐受型物种	香蒲
间型	无性繁殖的物种	灯心草属，甜茅属（*Glyceria* spp.）
	类似芦苇的物种	灯心草属，毛茛属（*Eleocharis* spp.）
	丛生的物种	薹草（*Carex* spp.），拂子茅属（*Calamagrostis canadensis*）

包括 Chapin（1994）、Huston 和 Smith（1987）、McCook（1994）和其他人在内的许多著名生态学家都认为植物生活史特征在引导演替方面十分重要。驱动演替的生活史特征包括生长速率、尺寸、耐遮蔽性、寿命及传播机制，如繁殖能力、无性繁殖潜力、种子储存和对动物、植物和物理干扰的防御性（McCook，1994）。

综上所述，没有一种单一的演替理论可以完美地预测物种在植物群落中的位置及其生长状况。但是，每种理论都能告诉我们物种是否具有到达一个生态恢复区且在此定植并持续生长的能力，以及它是否能随时间增加而逐渐扩张。

3.4　演　　替

在一个生境中成功定植的物种可能会持续存在，也可能不会，而且其群落特征可能会随时间发生变化，这一过程称为演替。关于演替的概念，有两种思想流派，第一个是 Clements 的“机体论”或“促进论”观点。第二个是 Gleason 的“个体论”观点。这两种观点对于理解生态恢复后如何重新建立所需的植物群落非常重要。

3.4.1 机体论观点——促进

最早的演替理论之一是由 Frederick Clements 提出的，Clements（1916）认为植物群落以有序和可预测的方式随时间变化，最终到达终点或顶级群落状态[图 3.2（a）]。Clements 认为植物群落是一个有机实体，具有 4 个阶段：诞生、生长、成熟和死亡，最早到达某一生境环境中的物种被称为先锋种，主要由一年生植物和其他杂草型物种组成，随时间的流逝，先锋种被不同种类的物种所取代，一直持续到最终植物群落与环境条件达到某种平衡为止，这个终点群落被称为顶级群落。Clements（1916）认为“植被的发展研究必然基于这样的假设，即个体或顶级群落是一个有机实体，作为一个有机实体，这样的群落都会经历诞生、生长、成熟和死亡的阶段。”

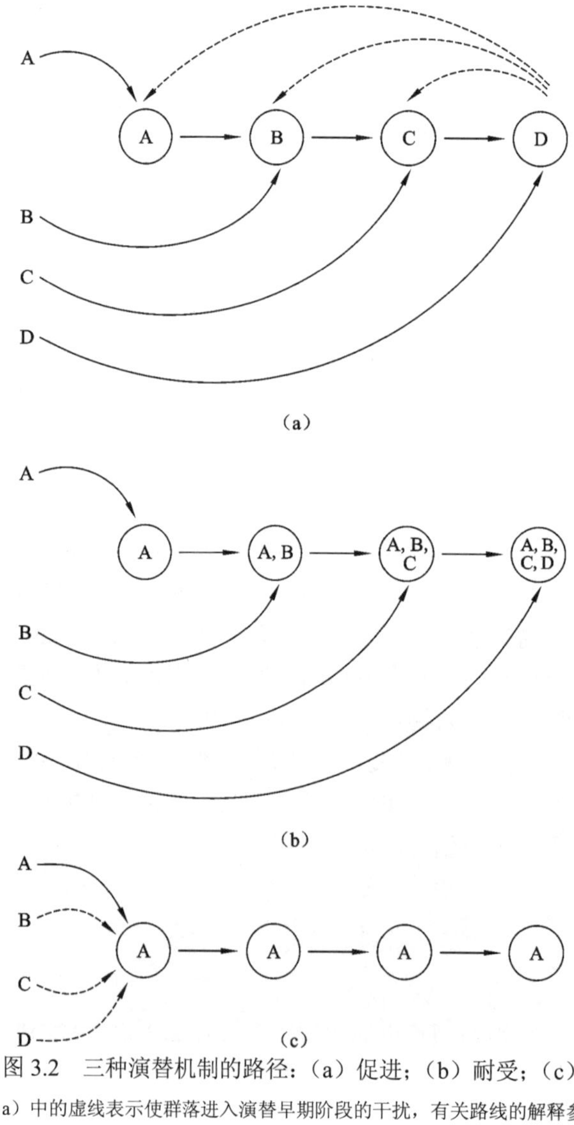

图 3.2　三种演替机制的路径：(a) 促进；(b) 耐受；(c) 抑制

(a) 中的虚线表示使群落进入演替早期阶段的干扰，有关路线的解释参见下文演替不仅会发生在没有植被的原生生境上，如沙丘、滩涂、熔岩流、冰盖和沉积物，也会发生在次生生境上，如荒地和原先由于人类活动而退化的区域。从荒地到灌丛再到森林的转变可能是最持久的演替案例。其他经过充分研究的演替案例有五大湖的沙丘（Olson，1958；Cowles，1899）和冰川消退区（Crocker and Major，1955）。

Clements 的演替观点可以很好地通过生物过程驱动的“机体论”来描述。据 Clements 的观点，某些早期演替物种在该区域定植后，然后改变环境，使其更适于后来的演替物种进行定植。在没有植被的地方，先锋物种增加了土壤中的有机质含量，从而提高了土壤的持水能力和氮含量（Olson，1958；Crocker and Major，1955），先锋物种还可以固定松散的砂粒和土壤。多年来，Clements 的机体论或者说自生法的观点（如今被称为促进模型）一直是生态学界关于演替的主流观点（Connell and Slatyer，1977），因此早期的定植物种促进了后续演替物种的定植和生长。

许多湿地，特别是泥炭地，能很好地用促进模型来解释。水生演替，即从池塘或开阔水域过渡到从地下水中汲取营养的沼泽，最终过渡到以泥炭藓为优势种的从降水中汲取营养的沼泽，是促进模型的典型例子，这个过程也被称为沼泽化（Glaser，1987）。促进模型的另一个例子是，通常情况下草本先锋物种在泥滩上定植，它们截留沉积物，增加地面高程并为木本植物的定植打下基础。

3.4.2 促进作用与保育植物

在恢复生态学中，保育植物是促进模型的典型案例，保育植物是一种成熟植物与另一个物种的幼苗在空间上紧密联系，并对这些幼苗具有正面影响（Padilla and Pugnaire，2006）。大多数关于物种相互作用的研究都倾向于集中在负面影响上，如竞争。然而，在过去的 20 年中，人们对植物之间的正相互作用重新产生了兴趣，保育植物的做法在非生物因素或植食行为限制植物生长和繁殖的环境中更为常见（Padilla and Pugnaire，2006）。这样的环境包括干旱地区（Flores and Jurado，2003；Niering et al.，1963）、盐沼（Bertness and Hacker，1994；Bertness and Callaway，1994）和红树林（Lewis and Gilmore，2007；McKee et al.，2007；Lewis，2005）及高山生境（Cavieres et al.，2006）。在这些环境中，保育植物（其中许多是灌木）通过遮荫、抵御霜冻、富集土壤中的养分（和水）及抵御放牧等行为（Padilla and Pugnaire，2006；Franco and Nobel，1988）对不利的环境条件起到缓冲作用。当目标物种在幼苗阶段，保育植物似乎能起到最好的促进效果（Padilla and Pugnaire，2006）。

保育植物用于各种陆地生态系统的修复，人们通常会播种固氮豆科植物来增加土壤中氮元素的含量（Bradshaw and Chadwick，1980）。在湿地中，有大量研究表明保育植物能够帮助目标物种定植（表 3.5）。例如，灯心草属之类的耐淹物种可以通过给土壤通气成为耐淹性较差物种的保育植物（Schat，1984）。互花米草、肉穗果和海马齿等许多物种能够加强红树林幼苗的定植生长（Lewis and Gilmore，2007；McKee et al.，2007；Lewis，2005）。虽然它们的机制各不相同，但都包含了截留繁殖体、提供结构支撑和增加地面高程的作用。在创建的盐沼湿地中，利用互花米草促进香根菊的生长（Egerova et al.，2003）。与在互花米草个体之间的空隙中生长相比，和互花米草一起生长的香根菊，能更好地存活与生长。在沼泽中，金发藓属通过创造更高湿度和更低温度的微气候条件，促进了泥炭地上的再生作用（Groeneveld et al.，2007）。

表 3.5 湿地恢复中的保育植物示例

保育植物	目标物种	效益
灯心草属和其他物种	许多物种	土壤通气
米草属、肉穗果属（*Batis*）、海马齿属（*Sesuvium*）	红树林	截留繁殖体、提供结构支撑、增加地面高程
互花米草	香根菊（*Baccharis halimifolia*）	改善微气候（降低温度）
金发藓属（*Polytrichum*）	泥炭藓属（泥炭地）	改善微气候（提高湿度、降低温度）

3.4.3 促进作用与菌根

通过向土壤或幼苗接种有益菌根也可增强本地物种的定植。菌根是与某些草本和木本植物的根形成共生关系的真菌（Harley and Smith，1983），真菌菌根的菌丝增强了植物的根系，促进了水分和养分尤其是磷元素的吸收。作为反馈，植物提供有机物来支持异养真菌的生长。接种菌根被证明可增加许多陆生草本植物、木本植物和 C4 草本植物的生长及其养分的吸收（Hoeksema et al.，2010）。

有证据表明，菌根与湿地植物也有关联（Turner et al.，2000；Cooke and Lefor，1998；Wetzel and van der Valk，1996），但这种关联小于菌根与陆生植物的关联，这是由于厌氧土壤条件限制了它们的存活率（Cornwell et al.，2001；Peat and Fitter，1993；Anderson et al.，1984）。Hoefnagels 等（1993）报道了潮汐盐沼互花米草中出现的菌根，这与 Wang 等（2011）在红树林中的研究类似。淡水物种也表现出了与菌根的关联，这包括薹草。据报道薹草属的 23 种受试物种中有 16 种有菌根感染（Miller et al.，1999）。泥炭地的植被，包括木本和草本植被，均与菌根有关联（Thormann et al.，1999）。菌根在湿地中干燥的区域更为常见，其数量随着土壤的水分饱和度和被水淹没程度的增加而下降（Miller and Bever，1999；Rickerl et al.，1994；Hoefnagels et al.，1993），季节性干燥会强化菌根在湿地的定植（Miller，2000）。因为菌根孢子会存在于淹没的土壤中，所以菌根的缺乏是厌氧条件的限制而不是扩散的限制（Miller，2000）。相关研究表明，在重建的淡水沼泽中，湿地植物，包括薹草、藨草和藨草，与菌根具有广泛的联系（Bauer et al.，2003）。虽尚未在野外证实菌根对促进湿地植物生长和吸收养分的好处，但有证据表明，在土壤湿度低和磷缺乏时期，菌根可有助于湿地植物的生长（Khan，2004）。

3.4.4 个体论观点——耐受与抑制

Gleason（1917，1926）根据植物群落的个体性质，提出了促进作用的另一种假设。根据 Gleason（1926）的说法，"每种植物都有其自身的规律，其空间分布取决于个体的迁移特性和环境要求。植物繁殖体可以到处扩散，且可在任何有利条件的地方生长。"

个体论观点认为，演替序列取决于第一个到达区域中的有机体，以及有利于萌发、生长和繁殖的环境条件（光照、水分、养分）。Gleason 的演替观有时被称为异源论，即演替是由环境因素而不是有机体控制的。

Connell 和 Slatyer（1977）通过建立两种截然不同的假设，即耐受和抑制，完善了 Gleason 个体论演替的概念。两种假设都以 Gleason 的前提开始，即演替从其繁殖体到达该区域并成功定植的物种开始。根据 Connell 和 Slatyer 的说法，在耐受理论中，早期定植者对环境进行了改造，改造后的环境不太适于早期演替物种的补充，但这种改造对后期演替物种几乎没有影响[图 3.2（b）]。根据抑制理论，早期的定植物种会改造环境，从而使其不适于早期和后期演替物种的生长[图 3.2（c）]，支持抑制理论的证据包括形成封闭的树冠并抑制树木生长的灌木（Niering and Goodwin，1974；Niering and Egler，1955）。在湿地中，像芦苇、香蒲和虉草这样具有较强竞争力的入侵物种（Grime，1977）可能符合这个模型。支持耐受理论的证据很少，但很可能存在。

3.4.5 其他 Gleason 式模型

Egler（1954）在荒地演替研究的基础上，提出了描述植物演替的两种假说。第一种称为接力植物区系假说，描述了植物种群的连续出现和消失[图 3.3（a）]。每组物种都是在特定的发展阶段定植该区域，随着时间的流逝和物种的生长，环境条件不再适合，但适合接下来的植物物种生长。第二种称为初始植物区系组成假说，它假定所有潜在的物种都存在于土壤种子库中，或者较易扩散到该区域，从而在演替开始时几乎所有的物种都存在，一年生植物首先占据主导地位，接着是草本植物，然后是木本植物。在演替过程中，每一个演替物种消失后，就会出现一组新的占主导地位的物种[图 3.3（b）]。初始植物区系组成假说强调了种子库在引导生态演替过程中的重要性（Cairns and Heckman，1996），这在人为改造多年的区域上不太可能发生，但对于一个世纪前就被排干的农田上的湿地恢复而言尤为如此。

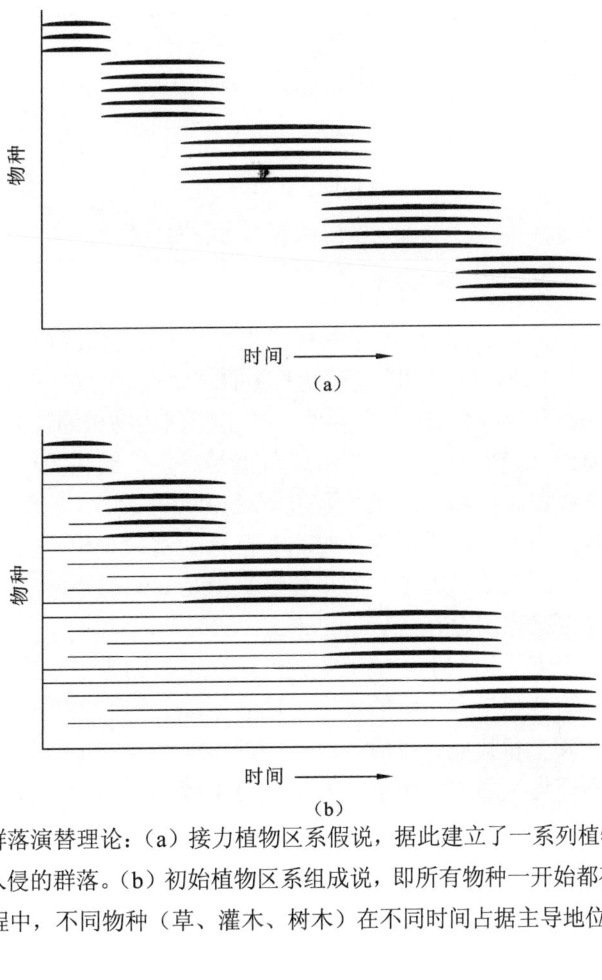

图 3.3　Egler 的植物群落演替理论：(a) 接力植物区系假说，据此建立了一系列植物群落，环境逐渐不适合每个群落，但适合入侵的群落。(b) 初始植物区系组成说，即所有物种一开始都存在于种子库中或能够散布于此，在演替过程中，不同物种（草、灌木、树木）在不同时间占据主导地位（Egler，1954）

另一种 Gleason 式模型是由 van der Valk（1981）提出的，该理论基于物种的生活史特征和对环境的适应性能力，被称为环境筛选模型，是针对淡水沼泽生态系统提出的，它利用水位变化（洪水、枯水）、成熟个体性状和种子库特征（例如是否存在某些物种）来定性地预测植物群落。Weiher 和 Keddy（1995）引入了群落组成规则的概念，以描述湿地植物群落的组成方式。在许多生态系统中，群落组合规则扩展了环境筛选模型，因为它关注影响群落组成的环境因素。在湿地中，一些环境因素，如水文、盐度、肥力，以及其他因素如掩埋、植食、干扰、竞争，通过筛选不适应这些条件的物种来决定植物群落组成（Keddy，2010）。这些因素的组合（如较深的洪水和较高的盐度）也限制了物种库的最终规模。

从生态修复的角度来看，Hobbs 和 Norton（2004）描述了三种决定其结果的筛选机制：非生物因素、生物因素和社会经济因素（表 3.6）。非生物因素包含气候、基质和包括斑块规模和隔离状态的地形结构。遗留效应，特别是通过耕作和肥料施用改变土壤环境的农业活动，与干扰一样重要，因为恢复区常会因土地开垦而退化。生物因素包括物种相互作用、竞争、捕食和共生，以及繁殖体扩散、物种生长和演替，此外还有生物遗留效应，如残存物种的存在/消失。Hobbs 和 Norton（2004）把社会经济因素也包括了进来，如生态群落的恢复目标和成本，这是生态恢复收益和成本的体现，决定了在何时、何种程度上实施、管理和监控生态恢复措施。

表 3.6　决定生态恢复结果的非生物因素、生物因素和社会经济因素

非生物因素	生物因素	社会经济因素
气候	竞争	群落的恢复目标
基质	捕食-营养相互作用	群落的恢复成本
地形结构	繁殖体可利用性	
干扰*	共生	
土地利用遗留效应*	演替（生物的）遗留效应	

资源来自 Hobbs 和 Norton（2004），标注*的除外

群落组成规则和其他 Gleason 式模型阐释了生态恢复后的成熟群落可由许多可替代的稳定状态组成，这取决于特定物种（即关键物种）的重要性和物种到达的顺序（Lockwood，1997）。这些模型还强调了在群落中占主导地位的早期到达物种的优先效应（Young et al.，2001）。Gleason 式模型进一步假设，群落组成可能是确定性的（受环境生境要素控制）或随机性的（受偶然事件控制，如突发洪水）（Trowbridge，2007）。然而，群落组成规则和传统演替模型有很多共同点，包括群落随时间的推移朝着相对稳定的状态发展，以及强调生物间相互作用（尤其是竞争和促进）的重要性，但是它们的不同之处在于，群落组成规则明确地允许多个稳定状态的存在（Young et al.，2001）。

有人可能会认为，恢复生态学传统上依赖促进模型，因为生态恢复的实施者会使用设计的手段来加速系统演替和生态系统的发展。这些活动包括引入繁殖体、种子或植物，增加氮养分、碳含量及表土和其他有机质等改良剂。即便如此，了解能够“筛选”物种的生境条件和理想（及不理想）物种的生活史特征，对了解哪些物种能够自我定植，哪些物种需要依靠外力到达，而一旦到达哪里就能生长繁殖，以及最后哪种物种可能会入侵等都至关重要。

3.5　生态系统发育

演替理论关注的是群落结构、物种更替和生态位随时间的变化。Odum（1969）扩展了这一理论，包含生态系统功能、能量流和营养循环的变化，他的想法完全属于促进模型。根据 Odum 的说法，生态系统发育是群落有序发育的过程，在一定程度上有方向性，因此是可预测的，这是由群落对物理环境的改造导致的。Odum 做出了许多生态系统属性（如能量学、群落结构、生活史和养分循环）在生态演替的发育阶段和成熟阶段之间如何随时间变化的一些预测（表 3.7）。

表 3.7　生态系统发育趋势的预测（Odum，1969）

生态系统属性		演替初期	演替后期
能量学	净生产量	高	低
	生物量	低	高
	食物链	线性，放牧	网状，碎屑
	总有机物量	低	高
群落结构	物种多样性	低	高
生活史	有机体大小	小	大
	生命周期	短、简单	长、复杂
	生态位	宽	窄
	成长形式	r 型	K 型
养分循环	矿物质循环	开放	闭合
	碎屑的作用	不重要	重要

在生态系统发育初期，净初级生产力较高，生物量和总有机物量较低；食物网简单，以食草动物为主，物种丰富度很低；生命周期短且简单，生态位较宽的小型生物占主导地位。随着生态系统的成熟，净初级生产力减少，而生物量和有机物量增加。在后期阶段，生态系统吸收的大部分二氧化碳用于维持现有生物量而不是用于生长。与初期阶段相比，有机体的规模更大，生命周期更长、更复杂，且生态位更窄。在早期阶段，生物趋向于 r 型策略，而在后期阶段，则倾向于 K 型策略。矿物质循环在生态系统发展的初期和后期也有所不同，在初期阶段，矿物质循环更加开放，即生态系统从系统外部获取大部分养分，而碎屑和有机质并不重要，随着生态系统的发育，矿物质循环变得更加闭合，通过碎屑和土壤有机物进行物质循环的过程变得更为重要。

生态系统演替初期的研究为 Odum 的某些观点提供了支持。氮通常是限制植物群落发展的主要营养元素，研究表明，要建立一个可以自我维持的生态系统，需要有维持系统运转的最低浓度的氮量，即储存在凋落物和土壤有机质中的氮。对于陆地生态系统，需要达到 70～100 g N/m^2 的阈值（Bradshaw，1983；Marrs et al.，1983），最低氮量不仅取决于碎屑和土壤中存储的量，还取决于物质分解速率（Bradshaw，1983；Marrs et al.，1983）。例如，在寒冷、潮湿且淹水的环境，包括许多湿地中，物质分解速率很低，因此需要更多的氮量来维持生态系统。在温暖和适度干燥的气候中，物质分解过程进行得更快，加上氮库的周转速度更快，因此所需的氮含量也更少。对于在生长季节干涸的湿地也是如此，因为在干燥期，好氧分解将占主导地位，从而氧化碎屑和土壤中的有机物，并且相比该区域被淹没时可以更快地循环利用氮元素（Weller，1978）。Odum 的一些假设也被质疑是不正确的（Smith，1996），然而，这种框架对于预测生态修复后系统发育的轨迹和时间轴是很有用的。

3.6 生 物 入 侵

生态系统恢复过程中普遍存在的问题是侵入性和侵略性植物物种在某一区域占主导地位，形成单一群落。淡水沼泽尤其容易受到这类竞争型物种的入侵和控制。例如香蒲、芦苇金丝雀草（*P. arundinacea*）、芦苇、紫色珍珠菜（*Lythrum salicaria*）等（Galatowitsch et al.，1999）。在河口环境中，盐碱化的潮汐沼泽受到非原生盐生植物（如互花米草或杂交的互花米草）的入侵。

人类活动对入侵动植物的传播扩散起到不可低估的作用（Mack et al.，2000；Elton，1958）。在世界各地具有远距离移动能力的人类成为动植物最大的传播者。如许多入侵植物的种子可到达船舶的压舱水中（Wilcox，1989；Harper，1965）；一些物种，如芦苇金丝雀草，作为饲料草被引入北美和其他地区（Galatowitsch et al.，1999；Wilkins and Hughes，1932），同样，紫色马鞭草（*purple loosestrife*）作为观赏、药用或养蜂植物被引入该地（Pellett，1966）。夏威夷滨海湿地是入侵植物扩散到陆地和湿地生态系统的典型例子。Bantilan-Smith 等（2009）对 35 个人工重建、恢复和天然的滨海湿地进行了调查，在确定的 85 个物种中，只有 16 个是本地物种，而 4 个优势物种中有 3 个是外来物种。除降低物种多样性外，入侵者还会改变生态系统过程，芦苇入侵盐沼湿地将通过增加植物吸收、氮矿化和硝酸盐还原过程来加速氮循环（Windham and Ehrenfeld，2003）。此外，更重要的是大多数新物种的引种都未成功，实际上，即使经过设计和反复的引种，只有大约 10%的引进物种得以定植（Williamson，1996），其中又只有 10%的引进物种是有害的，即成为入侵物种。

3.6.1 群落对入侵者的敏感性

裸露和受到物理扰动的土壤特别容易受到入侵（Harper，1965），它们提供了开放的空间和阳光，入侵这些区域通常被称为生态位空缺假说（Mack et al.，2000）（表 3.8）。一个案例是互花米草对太平洋东西岸盐沼的入侵，互花米草是美国东部沿海的一个本地物种，曾生长于以前没有植被的滩涂上（Daehler and Strong，1996；Callaway and Josselyn，1992），如今在许多陆地和湿地恢复区，特别是人工重建的湿地上，土壤裸露在外，极易受到互花米草入侵。

表 3.8　导致恢复区易被植物入侵的群落属性和物种特征

属性		特征
群落属性	生态位空缺	受干扰的地面/裸土，水文变化/沟渠，养分富集
	物种丰富度	丰富度低/更多空缺生态位
	天敌逃避	前往新区域来逃避竞争对手、捕食者，寄生虫、新型病菌
	连通性	路边沟渠、河岸地区

续表

属性		特征
物种特征	r 型策略	繁殖压力/大量种子生产、分散/风媒与水媒传播
	广泛的耐受	不同的水文、养分水平
	高效利用	资源/光、养分
	杂交优势	米草、芦苇、千屈菜属的杂交
	植物间毒素抑制	根、碎屑中的毒素

湿地生态恢复也会受到水文、水化学条件的影响。富含养分的湿地通常被竞争型物种所控制，如芦苇、香蒲、虉草和狐尾藻（*Myriophyllum*）（Galatowitsch et al.，1999），添加营养元素可以刺激虉草的生长，但会抑制本地的莎草等物种（Green and Galatowitsch，2002）。在盐沼潮汐湿地中，氮的添加会增强入侵物种互花米草向潮间带扩张（Tyler et al.，2007）。除冰盐的使用已经导致了淡水湿地中耐盐芦苇的生长更占优势（Richburg et al.，2001）。

水文情势也能影响入侵情况。例如，有水渠和暗沟改造的湿地比没有这些工程的湿地拥有更多的入侵物种（Kercher et al.，2004）。路边沟渠和河滨带是入侵物种的理想选择区域，因为它们与水体或人类活动的密集区（道路）紧密相连（Zedler and Kercher，2004）。通过建设水坝来稳定水位可能为入侵提供条件（Zedler and Kercher，2004），流域侵蚀和沉积过程也是如此（Stiles et al.，2008；Werner and Zedler，2002）。在加利福尼亚州的恢复湿地中，深水湿地比浅水湿地更能够抵御入侵（Collinge et al.，2011）。

人们认为物种丰富度会影响群落对入侵的抵抗力，物种丰富度高的群落对入侵的抵抗力更高（Mack et al.，2000；Elton，1958）。例如，在春季沼泽中，繁殖规模大增加了生物对入侵的抵抗力（Collinge et al.，2011）。物种有时会在没有本地原生控制的情况下到达新的地点，从而能够在新的生境中繁殖（即天敌逃避假说）（Mitchell and Power，2003；Klironomos，2002）。它们可能会从竞争对手、掠食者、寄生虫、病原体和控制系统种群生物量的捕食者那里逃脱（Elton，1958）。

3.6.2 入侵生物的生活史特征

许多入侵生物都具有能使它们轻易扩散并定植在某些区域的生活史特征（表 3.3）。一是具有产生大量易于扩散种子的能力。在湿地中，种子会通过水或水禽进行传播，从而被带到遥远的区域定植（Zedler and Kercher，2004）。物种繁殖压力（每个个体产生的子代或种子的数量）和种群增加的内在速率（r）（即世代时间）都增强了物种入侵的能力（Williamson，1996）。其他特征包括种群繁殖策略（即 r 型与 K 型）、本地栖息地的物种共同丰度、本地栖息地的分布范围、气候适应性（即来自相似气候的物种更可能成功入侵），以及在较大范围环境中的植物表型可塑性（Rejmanek，2000；Rejmanek and Richardson，1996；Williamson，1996）。入侵物种通常会表现出更大的表型可塑性，例如响应干扰状态下（尤其是养分），茎和根的形态会发生变化；例如，在低养分条件下，虉草将更多的生物量分配给根系（Maurer and Zedler，2002；Green and Galatowitsch，2001），但是当添加养分时，它分配给根系的生物量会少些，而更多地分配给地上生物量。当营养添加在一定范围内时，虉草在根冠分配方面比本地物种表现出更大的可塑性（Green and Galatowitsch，

2001）。

有证据表明，入侵植物和动物物种之间的互利共生现象并不少见，并且促进了两者的入侵（Simberloff and Von Holle，1999）。研究表明，外来草食动物促进了外来植物物种的入侵（Parker et al.，2006），这样的结果是一种毁灭性的入侵方式，两种入侵者增加了彼此生存的可能性和对本地物种的影响。因此，在入侵物种方面，物种的促进作用与逃避天敌一样重要。杂交也易引起物种入侵，湿地中的许多入侵性物种，包括香蒲、互花米草和千屈菜都是杂交物种（Ellstrand and Schierenbeck，2000；Galatowitsch et al.，1999），如果不加以控制，将在淡水和河口湿地生态系统中占据主导地位。大米草是本地互花米草物种和来自北美的互花米草的杂交种，很早以前就入侵了英国和西欧的滨海滩涂（Thompson，1991；Elton，1958）。最后，一些入侵物种可能会通过释放自有化学物质而占主导地位（Gallardo et al.，1998a，1998b），如 Gallardo 等（1998b）的研究表明香蒲的提取物能抑制水蕨的生长。

定植成功的入侵物种可以通过对洪涝和盐碱等环境因素具有更大的耐受性，或者通过更有效地利用光和养分等资源来保持其优势种群地位（Zedler and Kercher，2004）。如一些入侵物种，比本地物种更能忍受洪灾（Kercher and Zedler，2004）。例如，香蒲的入侵机制表明植物凋落物会降低本地物种的丰富度（Larkin et al.，2012；Farrer and Goldberg，2009；Vaccaro et al.，2009）。根据中型实验和现场采样，Larkin 等（2012）研究表明，植被和大量凋落物的遮蔽改变了光照和温度等环境条件，并降低了本地物种的丰富度。其中，凋落物的影响强于植被，香蒲的凋落物还增加了氮循环过程（氮矿化和土壤铵态氮转化过程），从而改变了生态系统进程，进一步促进了其物种的扩散（Farrer and Goldberg，2009）。虉草和芦苇等其他入侵生物也利用遮蔽效应来与较小的本地物种竞争。Wetzel 和 van der Valk（1998）的研究证明，具有高大水平分布树冠的虉草能够取代薹草和香蒲。

3.6.3 物种入侵与恢复

要成功恢复生态系统，尤其是湿地，几乎总是需要限制和控制入侵物种的扩散。正如 Zedler 和 Kercher（2004）指出的那样，许多湿地在地形上是“汇”，占据了最低的区域，干扰、营养物、沉积物和其他污染物顺流向下扩散分布，改变了环境要素特征，而且低洼地形也保证了区域内繁殖体的稳定数量。恢复湿地最好的办法是主动修复，改善压力源，如营养物、盐分和其他有助于入侵物种扩张的污染物；确保入侵物种繁殖体没有通过有机肥等土壤改良剂带入，以限制其进入湿地。在裸露的土壤上，要快速播种或种植起保育或覆盖作用的植物来填补空缺的生态位。最后，在看待入侵物种问题时，时刻保持警惕是至关重要的。

参考文献

ABRAHAM K F, JEFFERIES R L, ALISAUSKA R T, 2005. The dynamics of landscape change and snow geese in mid-continent North America. Global change biology, 11: 841-855.

ANDERSON R C, LIBERTA A E, DICKMAN L A, 1984. Interaction of vascular plants and vesicular-arbuscular mycorrhizal fungi across a soil moisture gradient. Oecologia, 64: 111-116.

BANTILAN-SMITH M, BRULAND G L, MACKENZIE R A, et al., 2009. A comparison of the vegetation and soils of natural, restored, and created coastal lowland wetlands in Hawaii. Wetlands, 29: 1023-1035.

BAUER C R, KELLOGG C H, BRIDGHAM S D, et al., 2003. Mycorrhizal colonization across hydrologic gradients. Wetlands, 23: 961-968.

BERTNESS M D, CALLAWAY R M, 1994. Positive interactions in communities. Trends in ecology and evolution, 5: 191-193.

BERTNESS M D, HACKER S D, 1994. Physical stress and positive associations among marsh plants. American naturalist, 144: 363-372.

BLOSSEY B, SKINNER L C, TAYLOR J, 2001. Impact and management of purple loosestrife (*Lythrum salicaria*) in North America. Biodiversity and conservation, 10: 1787-1807.

BOUTIN C, KEDDY P A, 1993. A functional classification of wetland plants. Journal of vegetation science, 4(5): 591-600.

BRADSHAW A D, 1983. The reconstruction of ecosystems. Journal of applied ecology, 20: 1-17.

BRADSHAW A D, CHADWICK M J, 1980. The Ecology and Reclamation of Derelict and Degraded Land. Berkeley: University of California Press.

CAIRNS JR J, HECKMAN J R, 1996. Restoration ecology: the state of an emerging field. Annual review of energy and the environment, 21: 167-189.

CALLAWAY J C, JOSSELYN M N, 1992. The introduction and spread of smooth cordgrass (*Spartina alterniflora*) in South San Francisco Bay. Estuaries, 15: 218-226.

CARPENTER S R, LUDWIG D, BROCK W A, 1999. Management of eutrophication for lakes subject to potentially irreversible change. Ecological applications, 9: 751-771.

CAVIERES L A, BANDANO E I, SIERRA-ALMEIDA A, et al., 2006. Positive interactions between alpine plant species and the nurse cushion plant *Laretia acaulis* do not increase with elevation in the Andes of central Chile. New phytologist, 169: 59-69.

CHAPIN III F S, WALKER L R, FASTIE C L, et al., 1994. Mechanisms of primary succession following deglaciation at Glacier Bay, Alaska. Ecological monographs, 64: 149-174.

CHOI Y D, 2004. Theories for ecological restoration in a changing environment: toward futuristic restoration. Ecological research, 19: 75-81.

CLEMENTS F E, 1916. Plant succession. Publication 242. Washington D. C.: Carnegie Institute.

COLLINGE S K, RAY C, GERHARDT F, 2011. Long-term dynamics of biotic and abiotic resistance to exotic species invasion in restored vernal pool plant communities. Ecological applications, 21: 2105-2118.

CONNELL J H, SLATYER R O, 1977. Mechanisms of succession in natural communities and their role in community stability and organization. American naturalist, 111: 1119-1144.

COOKE J C, LEFOR M W, 1998. The mycorrhizal status of selected plant species from Connecticut wetlands and transition zones. Restoration ecology, 6: 214-222.

CORNWELL W K, BEDFORD B L, CHAPIN C T, 2001. Occurrence of arbuscular mycorrhizal fungi in a phosphorus-poor wetland and mycorrhizal response to phosphorus fertilization. American journal of botany, 88: 1824-1829.

COWLES H C, 1899. The ecological relations of the vegetation on the sand dunes of Lake Michigan. Botanical gazette, 27: 97-117, 167-202, 281-308, 361-391.

CROCKER R L, MAJOR J, 1955. Soil development in relation to vegetation and surface age at Glacier Bay, Alaska. Journal of ecology, 43: 427-448.

DAEHLER C C, STRONG D R, 1996. Status, prediction, and prevention of introduced cordgrass *Spartina* spp. invasions in Pacific estuaries, USA. Biological conservation, 78: 51-58.

DIDHAM R K, WATTS C H, 2005. Are systems with strong underlying abiotic regimes more likely to exhibit alternative stable states? Oikos, 110: 409-416.

DOYLE T W, O'NEIL C P, MELDER M P V, et al., 2007. Tidal freshwater swamps of the southeastern United States: effects of land use, hurricanes, sea-level rise, and climate change//CONNER W H, DOYLE T W, KRAUSS K W. Ecology of Tidal Freshwater Forested Wetlands of the Southeastern United States. Dordrecht: Springer: 1-28.

EGEROVA J, PROFITT E, TRAVIS S E, 2003. Facilitation of survival and growth of *Baccharis halimifolia* L. by *Spartina alterniflora* Loisel in a created Louisiana salt marsh. Wetlands, 23: 250-256.

EGLER F E, 1954. Vegetation science concepts I. Initial floristic composition, a factor in old-field vegetation development. Vegetatio, 4: 412-417.

ELLSTRAND N C, SCHIERENBECK K A, 2000. Hybridization as a stimulus for the evolution of invasiveness in plants. Proceedings of the national academy of sciences USA, 97: 7043-7050.

ELTON C S, 1958. The Ecology of Invasions by Plants and Animals. London: Methuen and Co. Ltd.

FARRER E C, GOLDBERG D E, 2009. Litter drives ecosystem and plant community changes in cattail invasion. Ecological applications, 19: 398-412.

FAULKNER S P, CHAMBERS J L, CONNER W H, et al., 2007. Conservation and use of coastal wetland forest in Louisiana//CONNER W H, DOYLE T W, KRAUSS KW. Ecology of Tidal Freshwater Forested Wetlands of the Southeastern United States. Berlin: Springer: 447-460.

FLORES J, JURADO E, 2003. Are nurse-protégé interactions more common among plants from arid environments? Journal of vegetation science, 14: 911-916.

FRANCO A C, NOBEL P S, 1988. Interactions between seedlings of *Agave deserti* and the nurse plant *Hilaria rigida*. Ecology, 69: 1731-1740.

FUKAMA T, LE W G, 2006. Alternative stable states, trait dispersion and ecological restoration. Oikos, 113: 353-356.

GALATOWITSCH S M, ANDERSON N O, ASCHER P D, 1999. Invasiveness in wetland plants in temperate North America. Wetlands, 19: 733-755.

GALLARDO M T, MARTIN B B, MARTIN D F, 1998a. An annotated bibliography of allelopathic properties of cattails, *Typha* spp. Florida scientist, 61: 52-58.

GALLARDO M T, MARTIN B B, MARTIN D F, 1998b. Inhibition of water fern Salvinia minima by cattail (*Typha domingensis*) extracts and by 2-chlorophenol and salicylaldehyde. Journal of chemical ecology, 24: 1483-1490.

GLASER P H, 1987. The Ecology of Patterned Boreal Peatlands of Northern Minnesota: A Community Profile. Washington D.C.: U.S. Fish and Wildlife Service, Report, 85(7.14).

GLEASON H A, 1917. The structure and development of the plant association. Bulletin of the torrey botanical club, 43: 463-481.

GLEASON H A, 1926. The individualist concept of the plant association. Bulletin of the torrey botanical club, 53: 7-26.

GREEN E K, GALATOWITSCH S M, 2001. Differences in wetland plant community establishment with additions of nitrate-N and invasive species (*Phalaris arundinacea* and *Typha* × *glauca*). Canadian journal of botany, 79: 170-178.

GREEN E K, GALATOWITSCH S M, 2002. Effects of Phalaris arundinacea and nitrate-N addition on the establishment of wetland plant communities. Journal of applied ecology, 39: 134-144.

GRIME J P, 1977. Evidence for the existence of three primary strategies in plants and its relevance to ecological and evolutionary theory. The American naturalist, 111: 1169-1194.

GROENEVELD E V G, MASSE A, ROCHEFORT L, 2007. Polytrichum strictum as a nurse-plant in peatland restoration. Restoration ecology, 15: 709-719.

HAGERTHEY S E, NEWMAN S, RUTCHEY K, et al., 2008. Multiple regime shifts in a subtropical peatland: community-specific thresholds to eutrophication. Ecological monographs, 78: 547-565.

HARLEY J L, SMITH S E, 1983. Mycorrhizal Symbiosis. London : Academic Press.

HARPER J L, 1965. Establishment, aggression, and cohabitation in weedy species//BAKER H G, STEBBINS G L. The genetics of colonizing species. New York : Academic Press: 243-265.

HEFFERNAN J B, 2008. Wetlands as alternative stable state in desert streams. Ecology, 89: 1261-1271.

HOBBS R J, CRAMER V A, 2008. Restoration ecology: interventionist approaches for restoring and maintaining ecosystem function in the face of rapid environmental change. Annual review of environment and resources, 33: 39-61.

HOBBS R J, NORTON D A, 1996. Towards a conceptual framework for restoration ecology. Restoration ecology, 4: 93-110.

HOBBS R J, NORTON D A, 2004. Ecological filters, thresholds and gradients in resistance to ecological reassembly // TEMPERTON V M, HOBBS R J, NUTTLE T, et al., Assembly Rules and Ecological Restoration. Washington D. C.: Island Press: 72-95.

HOBBS R J, HIGGS E, HARRIS J A, 2009. Novel ecosystems: implications for conservation and restoration. Trends in ecology and evolution, 24: 599-605.

HOBBS R J, HALLETT L M, EHLICH P R, et al., 2011. Intervention ecology: applying ecological principles in the twenty-first century. Bioscience, 61: 442-450.

HOBBS R J, HIGGS E, HALL C M, et al., 2014. Managing the whole landscape: historical, hybrid and novel ecosystems. Frontiers in ecology and the environment, 12: 557-564.

HOEKSEMA J D, CHAUDHARY V B, GEHRING C A, et al., 2010. A meta-analysis of context-dependency in plant response to inoculation with mycorrhizal fungi. Ecology letters, 13: 394-407.

HOEFNAGELS M H, BROOME S W, SHAFER S R, 1993. Vescicular-arbuscular mycorrhizae in salt marshes in North Carolina. Estuaries, 16: 851-858.

HUSTON M, 1979. A general hypothesis of species diversity. American naturalist, 113: 81-101.

HUSTON M, SMITH T, 1987. Plant succession: life history and competition. The American naturalist, 130: 168-198.

JEFFERIES R L, JANO A P, ABRAHAM K M, 2006. A biotic agent promotes large-scale cata- strophic change in the coastal marshes of Hudson Bay. Journal of ecology, 94: 234-242.

JOYCE C B, 2014. Ecological consequences and restoration potential of abandoned wet grasslands. Ecological engineering, 66: 91-102.

KASSAS M, 1995. Desertification: a general review. Journal of arid environments, 30: 115-128.

KEDDY P A, 2010. Wetland Ecology: Principles and Conservation. Oxford: Oxford University Press.

KERCHER S M, ZEDLER J B, 2004. Flood tolerance in wetland angiosperms: a comparison of invasive and noninvasive species. Aquatic botany, 80: 89-102.

KERCHER S M, CARPENTER Q J, ZEDLER J B, 2004. Interrelationships of hydrologic disturbance, reed canary grass (*Phalaris arundinacea* L.) and native plants in Wisconsin wet meadows. Natural areas journal, 24: 316-325.

KHAN A G, 2004. Mycotrophy and its significance in wetland ecology and management// WONG M H. Developments in Ecosystems, vol. 1. Amsterdam: Elsevier: 95-114.

KLIRONOMOS J N, 2002. Feedback with soil biota contributes to plant rarity and invasiveness in communities. Nature, 47: 67-70.

LARKIN D J, FREYMAN M J, LISHAWA S C, et al., 2012. Mechanisms of dominance by the invasive hybrid cattail Typha×glauca. Biological invasions, 14: 65-77.

LEWIS III R R, 2005. Ecological engineering for successful management and restoration of mangrove forests. Ecological engineering, 24: 403-418.

LEWIS III R R, GILMORE R G, 2007. Important considerations to achieve successful mangrove forest restoration with optimum fish habitat. Bulletin of marine science, 80: 823-837.

LINDEMAN R L, 1941. The developmental history of Cedar Creek bog, Minnesota. American midland naturalist, 25: 101-112.

LOCKWOOD J L, 1997. An alternative to succession: assembly rules offer guide to restoration efforts. Restoration and management notes, 15: 45-50.

MCCOOK L J, 1994. Understanding ecological community succession: causal models and theories, a review. Vegetatio, 110: 115-147.

MCKEE K L, ROOTH J E, FELLER I C, 2007. Mangrove recruitment after forest disturbance is facilitated by herbaceous species in the Caribbean. Ecological applications, 17: 1678-1693.

MACK R N, SIMBERLOFF D, LONSDALE W M, et al., 2000. Biotic invasions: causes, epidemiology, global consequences and control. Ecological applications, 10: 689-710.

MARRS R H, ROBERTS R D, BRADSHAW A D, 1983. Nitrogen and the development of ecosystems//LEE J A, MCNEILL S, RORISON I H. Nitrogen as an Ecological Factor. Oxford: Blackwell Scientific Publications: 113-136.

MAURER D A, ZEDLER J B, 2002. Differential invasion of a wetland grass explained by tests of nutrients and light availability on establishment and clonal growth. Oecologia, 131: 279-288.

MAYER A L, RIETKERK M, 2004. The dynamic regime concept for ecosystem management and restoration. Bioscience, 54: 1013-1020.

MILLER R M, SMITH C I, JASTROW J D, et al., 1999. Mycorrhizal status of the genus *Carex*, Cyperaceae.

American journal of botany, 86: 547-553.

MILLER S P, 2000. Arbuscular mycorrhizal colonization of semi-aquatic grasses along a wide hydrologic gradient. New phytologist, 145: 145-155.

MILLER SP, BEVER J D, 1999. Distribution of arbuscular mycorrhizal fungi in stands of the wetland grass *Panicum hemitomon* along a wide hydrologic gradient. Oecologia, 119: 586-592.

MITCHELL C E, POWER A, 2003. Release of invasive plants from fungal and viral pathogens. Nature, 421: 625-627.

MOORE P D, BELLAMY D J, 1974. Peatlands. London: Elek Science.

NIERING W A, EGLER F E, 1955. A shrub community of *Viburnum lentago*, stable for twenty-five years. Ecology, 36: 356-360.

NIERING W A, GOODWIN B H, 1974. Creation of relatively stable shrublands with herbicides: arresting "succession" on rights-of-way and pastureland. Ecology, 55: 784-795.

NIERING W A, WHITTAKER R H, LOWE C W, 1963. The saguaro: a population in relation to the environment. Science, 142: 15-23.

ODUM E P, 1969. The strategy of ecosystem development. Science, 164: 262-270.

ODUM E P, BARRETT G W, 2005. Fundamentals of Ecology, Philadelphia: Saunders.

OLSON J S, 1958. Rates of succession and soil changes on Southern Lake Michigan sand dunes. Botanical gazette, 119: 125-190.

PADILLA F M, PUGNAIRE F I, 2006. The role of nurse plant in the restoration of degraded environments. Frontiers in ecology and the environment, 4: 196-202.

PARKER J D, BURKPILE D E, HAY M E, 2006. Opposing effects of native and exotic herbivores on plant invasions. Science, 311: 1459-1461.

PEAT A J, FITTER A H, 1993. The distribution of arbuscular mycorrhizae in the British flora. New phytologist, 125: 845-854.

PELLETT M, 1966. Purple loosestrife, colorful honey plant. American bee journal, 106: 134-135.

PETERS D P C, BESTELMEYER B T, HERRICK J E, et al., 2006. Disentangling complex landscapes: new insights into arid and semiarid system dynamics. Bioscience, 56: 491-501.

PIANKA E R, 1970. On r- and K-selection. American naturalist, 104: 592-597.

REJMANEK M, 2000. Invasive plants: approaches and predictions. Austral ecology, 25: 497-506.

REJMANEK M, RICHARDSON D M, 1996. What attributes make some plant species more invasive? Ecology, 77: 1655-1661.

RICHBURG J A, PATTERSON III W A, LOWENSTEIN F, 2001. Effect of road salt and *Phragmites auatralis* invasion on the vegetation of a western Massachusetts calcareous lake-basin fen. Wetlands, 21: 247-255.

RICKERL D H, SANCHO F O, ANANTH S, 1994. Vesicular-arbuscular endomycorrhizal colonization of wetland plants. Journal of environmental quality, 23: 913-916.

SCHAT H, 1984. A comparative ecophysiological study on the effects of waterlogging and submergence on dune slack plants: growth, survival, and mineral nutrition in sand culture experiments. Oecologia, 62: 279-286.

SCHEFFER M, CARPENTER S R, 2003. Catastrophic regime shifts in ecosystems: linking theory to observation. Trends in ecology and evolution, 18: 648-656.

SCHEFFER M, HOSPER S H, MEIJER M L, et al., 1993. Alternative equilibria in shallow lakes. Trends in ecology and evolution, 8: 275-279.

SCHEFFER M, CARPENTER S, FOLLEY J A, et al., 2001. Catastrophic shifts in ecosystems. Nature, 413: 591-596.

SIMBERLOFF D, VON HOLLE B, 1999. Positive interactions of nonindigenous species: invasional meltdown? Biological invasions 1: 21-32.

SMITH M D, KNAPP A K, COLLINS S L, 2009. A framework for assessing ecosystem dynamics in response to chronic resource alterations induced by global change. Ecology, 90: 3279-3289.

SMITH R L, 1996. Ecology and Field Biology. Menlo Park: Addison Wesley Longman, Inc.

STILES C A, BEMIS B, ZEDLER J B, 2008. Evaluating edaphic conditions favoring reed canary grass invasion in a restored native prairie. Ecological restoration, 26: 61-70.

STRASKRABOVA J, PRACH K, 1998. Five years of restoration of alluvial meadows: a case study from central Europe//JOYCE C B, WADE P M. European Wet Grasslands: Biodiversity, Management, and Restoration. New York: John Wiley and Sons: 295-303.

SUDING K N, HOBBS R J, 2009. Threshold models in restoration and conservation: a developing framework. Trends in ecology and evolution, 24: 271-279.

THOMPSON J D, 1991. The biology of an invasive plant. Bioscience, 41: 393-401.

THORMANN M N, CURRAH R S, BAYLEY S E, 1999. The mycorrhizal status of the dominant vegetation along a peatland gradient in southern boreal Alberta. Wetlands, 19: 438-450.

TROWBRIDGE W B, 2007. The role of stochasticity and priority effects in floodplain restoration. Ecological applications, 17: 1312-1324.

TURNER S D, AMON J P, SCHNEBLE R M, et al., 2000. Mycorrhizal fungi associated with plants in groundwater-fed fen wetlands. Wetlands, 20: 200-204.

TYLER A C, LAMBRINOS J G, GROSHOLZ E D, 2007. Nitrogen inputs promote the spread of an invasive marsh grass. Ecological applications, 17: 1886-1898.

VACCARO L E, BEDFORD B L, JOHNSTON C A, 2009. Litter accumulation promotes dominance of invasive species of cattails (*Typha* spp.) in Lake Ontario wetlands. Wetlands, 29: 1036-1048.

VAN DER VALK A G, 1981. Succession in wetlands: a Gleasonian approach. Ecology, 62: 688-696.

WANG Y, HUANG Y, QUI Q, et al., 2011. Flooding greatly affects the diversity of arbuscular mycorrhizal fungi communities in the roots of wetland plants. PLoS One, 6 (9): e24512.

WEIHER E, KEDDY P A, 1995. The assembly of experimental wetland plant communities. Oikos, 73: 323-335.

WELLER M W, 1978. Management of freshwater marshes for wildlife//GOOD R E, WHIGHAM D F, SIMPSON R L. Freshwater Wetlands: Ecological Processes and Management Potential. New York: Academic Press: 267-284.

WERNER K J, ZEDLER J B, 2002. How sedge meadow soils, microtopography, and vegetation respond to sedimentation. Wetlands, 22: 451-466.

WETZEL P R, VAN DER VALK A G, 1996. Vescicular-arbuscular mycorrhizae in prairie pothole wetland vegetation in Iowa and North Dakota. Canadian journal of botany, 74: 883-890.

WETZEL P R, VAN DER VALK A G, 1998. Effects of nutrient and soil moisture on competition between *Carex stricta, Phalaris arundinacea, and Typha latifolia*. Plant ecology, 138: 179-190.

WILCOX D A, 1989. Mitigation and control of purple loosestrife (*Lythrum salicaria* L.) along highway corridors. Environmental management, 13: 365-370.

WILKINS F S, HUGHES H D, 1932. Agronomic trials with reed canary grass. Journal of the American society of agronomy, 24: 18-28.

WILLIAMSON M, 1996. Biological Invasions. London: Chapman and Hall.

WINDHAM L, EHRENFELD J G, 2003. Net impact of plant invasion on nitrogen-cycling processes within a brackish tidal marsh. Ecological applications, 13: 883-897.

YOUNG T P, CHASE J M, HUDDLESTON R T, 2001. Community succession and assembly: comparing, contrasting and combining paradigms in the context of ecological restoration. Ecological restoration, 19: 5-18.

ZEDLER J B, 2000. Progress in wetland restoration ecology. Trends in ecology and evolution, 15: 402-407.

ZEDLER J B, KERCHER S, 2004. Causes and consequences of invasive plants in wetlands: opportunities, opportunists, and outcomes. Critical reviews in plant sciences, 23: 431-452.

第 4 章　对景观的思考

4.1　引　　言

在世界范围内，流域湿地普遍退化，水质自净、洪峰削减和生物多样性等景观功能丧失（Stein and Ambrose，2001；Brinson，1988；Hemond and Benoit，1988），人们逐渐认识到，需要一种景观修复方法来恢复这些功能。1992 年美国国家研究委员会的报告《水生生态系统恢复》中描述了有必要在景观和流域环境范围内考虑（提议）实施恢复项目，其规模应考虑受影响的动植物物种的生存需要。早期基于流域的湿地恢复方法是通过修复湿地来保护水质（USEPA，2013，2008；NRC，2001；Shabman，1995），基于流域的修复方法价值在于，它允许优先考虑湿地功能的恢复（对经济的重要思考），确定它们在景观恢复中的作用，并确定恢复功能的方法（通过什么技术）（Zedler，2006）。美国和澳大利亚等发达国家倾向于采用基于流域的方法（USEPA，2013，2008；Brierly and Fryirs，2005）进行修复，因为那里的农业发达，城市最为密集，法律工具和经济资源也十分丰富。

在美国，基于流域修复的方法来自这样的认识，即随着自然湿地失去开发潜力，它们被不同类型（通常是池塘）和不同数量、位置的人工湿地所取代，而人工湿地有时在流域范围之外（Bedford，1996）。从本质上讲，湿地功能的损失并没有通过人工创造和恢复湿地的方法来弥补。基于流域修复方法背后的思路是，根据过去对区域的评估（Bedford，1999），在湿地修复案例的基础上，在不同位置修复不同类型的湿地，从而恢复区域湿地的多样性。

在流域范围内，湿地恢复可能采用被动模式来改善或消除影响湿地的压力源（McIver and Starr，2001）。这种方法通过更好的管理来减少营养负荷，例如更有效地使用异地肥料或在河岸和洪泛区湿地中重新引入洪水和沉积物。一个经典的案例是在美国科罗拉多河上引入调节性洪水，进行冲刷、运输和沉淀来恢复河岸栖息地（Patten et al.，2001；Stevens et al.，2001）。湿地恢复还需要主动模式，包括堵塞排水沟、清除堵塞物、重新种植植被或清除入侵物种等。基于流域恢复湿地的方法还可能涉及被动和主动模式的组合，具体措施需优先考虑湿地在流域中的位置（河岸、河中、人工湿地）（Mitsch，1992）。

4.2　自然、农业和城市景观的压力源

湿地成功的恢复取决于改善或消除水文变化、污染物、沉积物、养分和其他外部压力源的影响。在几乎所有情况下，都必须恢复湿地水文，包括深度、时长、频率和流量时间。水文变化通常是一个原位问题，然而，上游水坝的调蓄可能会改变河流向湿地输送的水量，抑制洪水脉冲的年度循环并减少维持典型湿地群落的泥沙输送（Stevens et al.，2001）。其他外部压力源包括过量的沉积物和可能影响下游湿地的营养物质。恢复自然、农业和城市景观的湿地，需要增加对内部和外部压力源的关注（图 4.1）。随着人类对流域的开发，湿地的改变强度和程度也在增加，在高度变化的城市环境中湿地和流域的改变都达到高峰（图 4.1）。

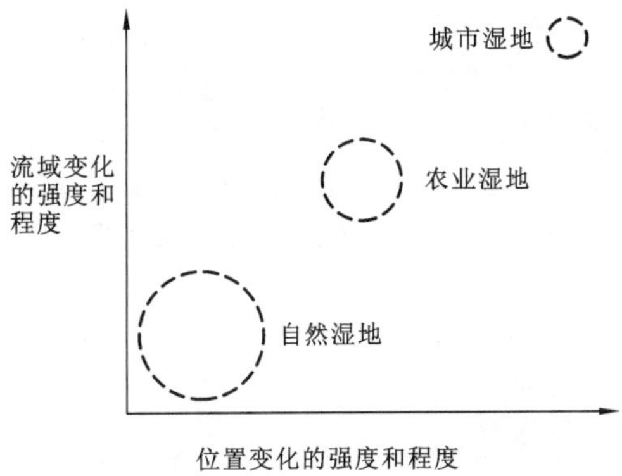

图 4.1　在自然、农业和城市景观中，位置变化和流域变化的强度和程度之间的关系及恢复湿地的难易程度之间的关系

“圆圈”越大，湿地恢复成功的可能性越大

在相对完整的自然景观中，大多数压力源（如果存在）都属于原位压力源，它们通常与水文变化有关，例如通过修建堤坝、水库和防潮汐闸门（表 4.1）限制水流流动。更常见的是采用沟渠、排水管道等构筑物加速水向区域外输送。因为大多数干预活动都在湿地原位发生，所以这些自然景观中的湿地最容易恢复。

表 4.1　影响农业和城市流域湿地的常见原位和外部压力源

领域	农业	城市
水文	开沟，排水管道，堤坝	沟渠，填料，蚊虫沟，堤防，潮汐闸门，瞬时（高峰）流量
化学	沉积物，营养物（氮、磷），除草剂，农药	沉积物，营养盐（氮、磷），重金属，碳氢化合物（油、油脂），除冰盐，药品和个人护理产品
生物	缺少生态交错区，入侵的植物和动物	缺少生态交错区，入侵的植物和动物

随着景观的不断发展，必须将更多的注意力和资源转移到外部压力源，这些压力源会影响水质和依赖于连通性的物种迁移。例如，农业湿地受到与农作物生产有关的过量沉积物、养分、除草剂和农药的影响（表 4.1）。由于农田水流（包括地下水和地表水）向外扩散，很难消除营养物等压力源。农业湿地原位变化也是重要的因素，农业景观中的湿地总是被开沟或排水，导致湿地水文条件被改变甚至完全消失。植被缓冲区几近消失，陆地景观同质化，严重制约了生物多样性的恢复。农业活动还导致河岸木本植被及鸟类和鱼类的多样性丧失（Mensing et al.，1998）。采取基于流域系统的方法来恢复农业景观中的湿地尤为重要，因为这些地区的湿地消失殆尽，对生物多样性、防洪和水质产生了不利的影响（Zedler，2003）。

由于压力源的数量及规模巨大，城市景观中的湿地恢复是最大的挑战。城市水文变化广泛而激烈，包括沿海地区的堤坝、沟渠、蚊虫沟和潮汐闸门，或在湿地上面放置填料。由于流域内普遍存在不透水表面，水流强度和时间也发生了显著改变。此外，不透水表面导致污染物输送至下游，从而降低了水质并影响水生生物的健康。在城市景观中，污染物不仅包括沉积物和营养值，还包括除冰盐、重金属等其他人工污染物，如油、油脂等碳氢化合物和包含医药和个人护理产品的化学药品。另外，几乎不存在城市湿地周围的边界和过渡带，除流经湿地的水以外，它与景观中其他完整自然要素之间没有连通性。

在更大的空间尺度上，空气污染可能是湿地和其他生态系统的压力源。诸如沼泽之类的营养贫瘠湿地可能特别容易受到氮在大气中沉积污染的影响，大气中氮污染通常由汽车和燃煤发电厂燃烧化石燃料产生。大气中的氮（如铵盐和氮氧化物）沉积，可能导致泥炭地和沼泽中的植物多样性下降（Bobbink and Lamers，2002；Bobbink et al.，1998），以及河口和浅海的富营养化（Howarth et al.，2002；Paerl and Whitall，1999；Paerl，1993）。在有些地区，发电厂和金属矿石冶炼厂散发出大量的酸性物质和二氧化硫，会降低生物的多样性，造成湿地富营养化（Lamers et al.，2002），而酸化的土壤会威胁植物生长甚至会导致植物死亡（Winterhalder，1996）。

恢复湿地的另一个制约因素是入侵植物和动物的普遍存在，这一影响在农业和城市景观中更为突出。几乎在所有的湿地恢复项目（陆地、湿地和水生生态系统）中，入侵物种都是一个难以根除的问题，因此需要经常保持警惕，采用除草剂等控制方法，来控制生物入侵。

4.3 湿地功能与景观定位

恢复湿地时，其景观定位决定了它们提供功能的类型和强度（如水文、水质、生物多样性和栖息地）。湿地发挥某些生态功能的能力取决于内部属性，如湿地大小、形态、水文、植被、土壤（Preston and Bedford，1988）和景观属性。与气候、地形、地质和土壤等因素一样，景观或外部属性（如流域的大小、流域中的位置及土地利用）决定了湿地从多大程度上具有特定功能。存在几种方法可以量化湿地的功能及认识景观位置是否决定了湿地提供多少既定的功能，最完善的方法可能是第 2 章中介绍的水文地貌方法，其他方法包括水文地质方法（Winter，2001，1986）、河岸地貌学（Harris，1988）和水文等效方法（Bedford，1999，1996）。

水文功能（如保水和储水）取决于湿地的大小及其在景观中的位置。源头湿地及沿小溪和河流的湿地能很好地发挥水文功能，这是因为它们能够拦截从陆地景观流出的水（NRC，2001）。但源头湿地面积很小，它们的积水能力可能受到限制。河岸和河畔湿地可以有效地改善水质（NRC，2001），这是因为它们是陆地和水生生态系统之间的边缘生态带。相对河岸和河畔湿地，它们具有很大的地表面积，可以增强沉积物的收集和营养物质的去除。河岸湿地可将多达 80%的地表磷带入河流中，并通过反硝化作用去除近 90%的氮（Peter and Correll，1984）。

水质能否改善是美国密西西比河流域的主要问题，美国中西部玉米带输出的营养物质（氮）导致墨西哥湾北部水域长期缺氧或低氧。美国国家海洋和大气管理局建议恢复或创建 9.9 万 km^2 的河岸、漫滩和湿地，用来减少海湾 40%的氮输入（Mitsch et al，2001）。人们认识到，不仅是湿地的面积，湿地在景观中的位置对减少营养物质也是至关重要的（NRC，2001）。Mitsch 和 Day（2006）建议采用更紧凑的方式布置已创建和恢复的湿地（2.2 万 km^2），使用田间湿地来拦截农业径流和湿地分流，以保留主要支流和河流中的洪水。

河岸和河畔湿地还提供其他功能，如遮阴使河流保持适中的温度，增加碎屑以支持水生食物网，稳定河岸和河道（NRC，2001；Naiman and Decamps，1997；Vannote et al.，1980）。它们是动植物物种扩散和流域内动物疏散的走廊（NRC，2001；Meffe and Carroll，1997；Naiman and Decamps，1997）。河岸植被的宽度和空间格局很重要，因为它不仅关系到营养物质的去除，而且影响河岸鸟类的多样性（Gergel et al.，2002；Mensing et al.，

1998）和碳向溪流出口的输送（Gergel et al.，1999）。河岸缓冲区缺乏连续性和宽度变化会减少水和污染物的停留，因此有必要创建更宽的缓冲带以达到减少污染物的管理目标（Weller et al.，1998）。

濒危物种鲑鱼等依赖于河流和溪流附近湿地的构造和连通性。在美国西北太平洋地区，幼年鲑鱼在向海洋迁移的过程中依赖相互连通的湿地（Simenstad et al.，2006，2000），它们的栖息地包括可以觅食的树枝状潮汐河道，以及可以长期生存的潮汐淡水泥沼。单个栖息地的恢复不足以拯救这些濒临灭绝的鱼类，修复项目的设计和实施必须包括恢复构成河口景观（包括湿地）栖息地的多样性（Simenstad et al.，2000）。

湿地对与水生生态系统缺乏紧密联系的动物，尤其是两栖动物很重要。典型的案例是地理上隔离或处于洼地的湿地，对两栖爬行类动物（两栖动物和某些爬行动物）至关重要。如没有捕食者（鱼类），两栖爬行类动物在孤立的湿地中繁殖（Semlitsch et al.，1996），湿地为它们提供了良好的繁殖环境（Snodgrass et al.，2000，1996）。两栖爬行动物通常只在有限的范围内活动，有时其一生中活动范围不到 1km，因此从景观中移除这些湿地会导致有些爬行动物栖息地的丧失或产生这些动物不可逾越的迁徙距离，从而导致两栖爬行动物无法繁殖和维持种群的整体生物多样性（Semlitsch and Bodie，1998），因此，洼地湿地及其周围完整的陆地缓冲区对许多两栖动物物种的生存都是必不可少的（Semlitsch，1998；Burke and Gibbons，1995）。

4.4 流域修复方法需求

我们认识到许多湿地与水生生态系统相关联，而水生生态系统充当了污染物和生物扩散的渠道，因此科研机构开发了基于流域的湿地恢复方法。在像美国这样的以恢复为缓解手段的国家中，需要一种基于流域的湿地恢复方法，因为湿地损失通常由缺乏景观多样性的湿地所替代，而这些湿地都处于合适的位置（Bedford，1996）。

流域范围内的湿地恢复通常着重于水质的改善，尽管也可以带来滞留/改变水流及促进物种移动和扩散等其他益处（Hoffman and Baattrup-Pederson，2007；NRC，2001；Cedfelt et al.，2000），可以根据水文（滞留时间）和负荷确定优先修复的地点（Newbold，2005；Almendinger，1999），地点可能位于已知水质问题的集水区，或者相对于其他集水区，接收更大量水和营养物质的集水区（Almendinger，1999）。水力停留时间、水力通量和湿地特性（面积、体积、平均深度）等现场特性对于营养物去除也很重要。

有时可采用组合修复技术来改善水质。Richardson 等（2011）使用了一种三阶段的方法来改善桑迪河的水质。桑迪河是美国北卡罗来纳州一个 600 hm^2 的城郊水域。修复工作包括重新勘察和建设 600 m 长的退化溪流河段，建造一个 1.6 hm^2 的雨水湿地池塘和一个 0.6 hm^2 的处理湿地，三期工程完成后，桑迪河中的沉积物、磷、氮和粪大肠杆菌的浓度显著降低。

为了改善景观和流域尺度的水质问题，需要创建和恢复大量湿地，所需数量取决于它们承载的营养负荷及其在景观恢复中的作用。例如，Mitsch 等（2001）建议通过恢复低阶河流河岸带和湿地来减少美国密西西比河 20%～50%的氮负荷（表 4.2），所需的土地占整个流域的 1%～2%。如果恢复流域 3%～7%的漫滩森林，去除的氮负荷可能会增加 1 倍。同样，Kovacic 等（2006）通过计算指出，建立 3%～4%流域面积的湿地可以减少 46%的氮负荷。

表 4.2 改善水质和接纳水所需的河岸/湿地面积估算

活动	流域恢复百分比/%	减少负荷/%	来源
河岸恢复（美国密西西比河流域）	0.7～1.8	19～50（N）	Mitsch 等（2001）
湿地创建和恢复（美国密西西比河流域）	2.7～6.6	19～50（N）	Mitsch 等（2001）
湿地的创造和恢复（美国密西西比河流域）	3～4	46（N）	Kovacic 等（2006）
湿地的创建和恢复（瑞典）	5～10	25～50（N） 85～100（P）	Tonderski 等（2005）
	5	75（N）	Arheimer 和 Wittgren（2002）
湿地创建（西班牙东北部）	1.4	50（N）	Moreno 等（2007）
湿地（中国）	～5	>90（P）	Yin 等（1993）

N 表示氮，P 表示磷

瑞典的模型研究表明，如果将 0.4%的流域恢复为湿地，则硝酸盐浓度可降低 6%（Arheimer and Wittgren，2002）。若进一步扩大规模，将 5%的流域恢复为湿地，那么氮负荷将减少 75%。Arheimer 和 Wittgren（1994）估计，将 1%的流域面积转化为湿地可以减少 10%～16%的氮向波罗的海（Baltic Sea）排放。Tonderski 等（2005）建议将 2%的流域耕地面积转换为湿地，可以减少 10%的人为氮负荷和 34%的磷负荷。将湿地面积扩大到流域面积的 5%～10%，流域对氮和磷的去除率分别达到 25%～50%和 85%～100%。

在中国，将 5%的流域转化为湿地和池塘可以显著降低营养盐浓度和富营养化的影响（Yan et al.，1998；Yin et al.，1993）。这些多池塘系统是一个古老的发明，由湿地、沟渠和开放水域混合组成，可用来为人类提供饮用水、农作物灌溉、鱼类生产及与湿地有关的功能（如保水和净化）（Yin and Shan，2001）。在西班牙东北部，在流域 3%～6%的面积上创建和恢复湿地可以去除农业废水中的大部分氮（Moreno et al.，2007）。在他们的研究中，人工湿地覆盖了 1.4%的水，而从农业废水中去除了 50%的总氮负荷。

恢复湿地的生物多样性比其他功能（如水质改善和洪水衰减）（Zedler，2003）要困难得多，后者主要取决于湿地的现场特征，如水力条件和养分负荷，以及湿地的大小/面积/深度和水力停留时间。有些动物需要大面积的区域连接，才能从一个地方迁移到另一个地方，植物也需要通过水或者河岸走廊迁移的鸟类进行种子传播。

流域尺度上的湿地恢复应努力整合多种功能和效益（Almendinger，1999）。西班牙废弃稻田的修复是多功能修复项目的一个典型案例。通过将稻田恢复成湿地，改善了水质，并使之成为鸟类栖息地（Comin et al.，2001）。湿地恢复工作也应该侧重于社会服务效益（Teal and Peterson，2005），这些效益包括木材采伐和放牧、娱乐性捕鱼、打猎、观鸟、划独木舟和皮划艇等活动及教育用途。Teal 和 Peterson（2005）等认为，如果要在更大的空间尺度上恢复湿地功能，社会的支持和投入是至关重要的。

大自然保护协会建立的美国印第安纳州西北部的坎卡基自然保护区，是对欧洲人定居之前的陆地（草原、橡树草原）和湿地（沼泽）景观进行大规模恢复后形成的。工程修复面积占地超过 3 100 hm^2，修复工作包括堵塞沟渠以恢复水文状况、清除入侵物种和重新引入种子。主要目标是通过重建一大片（12 000 hm^2）连续完整的自然栖息地来恢复这一以农业为主的景观湿地的生物多样性。坎卡基桑兹距离芝加哥市仅 100 km，也为该地区的人们提供了娱乐（观鸟）和环境教育机会。参见第 11 章的案例研究，了解更多关于坎卡基桑兹湿地恢复的详情。

4.5 修复区域选择与优先级确定

基于流域的湿地恢复方法需要确定候选区并确定其优先位置。要成功恢复区域的湿地功能，需要具备地形及与水生生境连通等原位属性，即该区域可以支持湿地水文、土壤和植被的发育。非原位属性需要体现景观特征和土地使用方式。如具有高营养负荷的集水区或完整的景观区域等条件是生物多样性的前提。确定区域之后，则可以根据拦截营养物、削减洪水及连接栖息地增强生物多样性从而恢复生态功能的能力等方面，进行优先排序。

4.5.1 依据水域和湿地特征，确定适宜位置

景观和流域特征可用于预测水质、鸟类和水生物种等生物多样性恢复的潜在效益。许多研究表明，湿地土地利用——特定土地利用类型（如农业用地）的大小和与特定土地的距离是河流营养负荷的主要驱动因子（Gergel et al.，2002；Jones et al.，2001；Johnson et al.，2001；Herlihy et al.，1998；Johnson et al.，1997；Lenat and Crawford，1994；Detenbeck et al.，1993；Osborne and Wiley，1988）。可开垦土地比例或耕地和蓄水池数量（Moreno-Mateos et al.，2008）也与河流营养物质含量有关，尤其是农业景观，给水生生态系统带来了大量的营养物质，因此将景观异质性纳入景观恢复考虑中可以提供有益的生态系统服务。Moreno-Mateos 等（2008）建议可以通过减少以农业为主的集水区面积增加自然植被的覆盖面积，以及在整个集水区创建大量湿地来增加景观异质性。

农业和城市土地使用（包括不透水的表面）也产生盐分、沉积物和金属等污染物，这些均会污染水质（Moreno-Mateos et al.，2008；Gergel et al.，2002）。防渗表面的百分比是影响水质和流量的重要预测指标。不透水表面通过增加地表径流量、缩短洪峰到达的时间、增加养分含量来改变水文状况（Paul and Meyer，2001），同时减少了湿地中水的滞留时间。

通过增加景观异质性，尤其是自然植被的数量，可以增强生物的多样性。水生无脊椎动物和鱼类的多样性与流域内森林的占比有关，特别是与河岸森林的数量和连通性有关（Jones et al.，1999；Harding et al.，1998；Wang et al.，1997）。河岸鸟类物种的丰富度和多样性与河岸缓冲带的宽度有关（Dickson etal.，1995；Stauffer and Best，1980）。研究表明，至少需要 25～100 m 的缓冲区来支持河岸鸟类群落的健康发展（Hodges and Krementz，1996；Darveau et al.，1995；Keller et al.，1993；Croonquist and Brooks，1993）。

许多水生生物对土地功能转化表现出非线性响应（Gergel et al.，2002）。就农业景观而言，一旦 50%的流域被转换，生物多样性就会下降。模拟研究表明，营养负荷存在阈值，在这种阈值下，直到一定比例（40%）的景观被转化为营养源之前，负荷不会显著地增加（Gergel，2005）。在城市流域中，一旦 20%的流域城市化，水生物种的多样性变化就很明显（Wang et al.，1997）。

Gergel（2005）评估了景观面积与异质性对水生生态系统营养负荷的影响。她发现，在农业和未受干扰的同质景观中，面积是营养负荷的良好预测因子。然而，在农业和自然区混合的景观中，土地覆盖类型和养分点源（沟渠、排水和污水管道及道路）的分布是更好的驱动因子。Moreno-Mateos 等（2008）利用农业集水区和湿地的许多景观特征，预测湿地建立和恢复对水质的影响。在流域尺度上，这些景观特征包括流域面积、耕地占比、蓄水池数量、自然植被和湿地面积、斑块数量、密度、平均面积、边缘密度和景观多样性。

对于湿地，还应考虑类似的指标量度，包括面积、斑块特性、周长/面积比和聚集指数（Moreno-Mateos et al.，2008）。

表 4.3 列出了流域和湿地的特征，这些特征可以为湿地水质改善提供信息。流域特征包括土地使用、土地使用率、与“源头”生态系统的距离及包括溪流和沟渠在内的连通度。当需要优先考虑河流的位置时，河流的支流级别也很重要，尤其体现在水质的改善方面。对于生物多样性来说，描述景观和湿地斑块及聚集的特征是重要的。在创建大型栖息地块和连通性时，斑块大小、面积、密度和聚集度是重要的考虑因素。土地的特征（例如地形和含水湿土的存在）对于湿地的存在和发展非常重要，如地块大小/面积、体积、水力滞留时间和养分负荷之类的特性对于营养物质去除非常重要。另外，土壤特性（如促进反硝化过程的有机物质含量）也非常重要。

表 4.3 景观/流域和湿地特征确定、识别和优先布置湿地恢复区域的位置

景观/流域特征	湿地特征
土地使用	地形
土地使用率	酸性土壤/饱和度指数
与“源头”生态系统的距离	尺寸、面积、体积、边缘面积、边缘体积
连通度（溪流、沟渠）	液压流量和停留时间、营养浓度和负荷
斑块数量，面积，密度	—
聚集指数	土壤特性（如有机物）、植被

4.5.2 优先恢复区域

有多种方法可用于识别湿地恢复的位置并确定其优先顺序，表 4.4 给出了其中的一些方法。尽管有些功能组合在一起（Verhoeven et al.，2008；Russell et al.，1997；Olson and Harris，1997），大多数方法倾向于关注单一的功能，如水质（Flanagan and Richardson，2010；White and Fennessy，2005；Almendinger，1999）、洪水削减（McAllister et al.，2000）或生境/生物多样性（Twedt et al.，2006；Llewellyn et al.，1996）。Almendinger（1999）开发了一种方法，可根据负荷因子、路径和处理因素对水质改善区域进行优先排序。负荷因子包括进水浓度和水力停留时间。负荷因子也称为湿地处理因素，是从人工湿地处理污水的经验中总结出来的（Kadlec and Wallace，2009；Newbold，2005）。路径因素由流域特征组成，包括地形、土壤和（农业）土地利用。处理因素包括湿地的水位稳定性和植被覆盖度。

表 4.4 识别和优先排序湿地恢复区的方法

定位	目标	方法
明尼苏达河（美国）湿地	水质	水质根据负荷（入水浓度、水力停留时间、湿地面积和深度），路径（地形、土壤、土地利用）和处理（水位稳定性、植被覆盖）因素选择区域并确定其优先级
俄亥俄州（美国）湿地	水质	根据地形、水土、河流等级饱和指数/土壤渗透性、土地利用等来确定合适的区域；恢复后根据对水资源完整性的贡献确定优先级

续表

定位	目标	方法
北部平原（美国）（草原坑洼湿地）	洪水削减	根据土地使用、土壤、河流和沟渠密度、降水量、财产价值进行选择和优先排序
美国南加利福尼亚州河岸湿地	组合	根据湿度指数（基于上坡贡献面积、地表坡度、土壤渗透性）、预期区域的大小、土地覆盖及与现有河岸植被的接近程度来选择优先级
美国南加利福尼亚州河岸湿地	组合	根据河道坡度和洪泛区宽度对河岸带进行识别和分类；优先考虑植被覆盖率、流域碎片化和连通程度
荷兰［湿地为业务景观单位（operational landscape units，OLUs）］	组合	确定恢复目标（如动植物物种、湿地相关功能）；确定对恢复目标至关重要的水文和扩散的空间配置；确定恢复目标所需的湿地为业务景观单位大小、形状和位置

White 和 Fennessy（2005）描述了一种恢复湿地来改善水质的两阶段方法。在阶段 1 中，确定了适合恢复的区域总数、流域和湿地的特征（如水土、地形、河流次序、饱和指数和土地利用等），以用于识别地点。在阶段 2 中，依据区域对水资源完整性的贡献来确定优先级，这可能取决于周围的土地利用或湿地所能承担的营养负荷。Flanagan 和 Richardson（2010）根据土地利用（即先前改造湿地的位置）和溪流缓冲区内的自然土地覆盖情况确定除磷地点。成功进行优先排序的一个案例是美国中西部的冰川内陆平原，也被称为玉米带，在那里恢复了 1 100 km^2 的湿地和河岸栖息地，主要是在营养负荷高的集水区和流域（Fennessy and Craft，2011）。

恢复区也应该优先考虑优化洪水削减等多方面的效益。McAllister 等（2000）利用气候（降水）和景观特征，如土地使用、土壤、溪流和沟渠密度及其属性，估算草原坑洼湿地的洪水削减。Russell 等（1997）描述了在加利福尼亚南部河岸恢复区域选择的方法，确定出最具潜力的地点是那些相对潜在湿度高（基于海拔高度）、面积大且与现有河岸植被相邻的地点；而具有高湿润潜力的农业或贫瘠土地也被定为目标，但优先级较低。Olson 和 Harris（1997）根据土地覆盖率、区域破碎程度和连通性对河岸进行分类来优先确定河岸恢复区，高质量的河岸湿地是指那些大于 90%滨岸植被，并确定为保护对象的湿地。沿岸植被占 60%～90%的地点是恢复的候选地点，而不可逆（不可渗透）表面大于 10%的地点不考虑恢复。

Verhoeven 等（2008）描述了基于业务景观单位（OLUs）的方法，用于识别景观联系并将其应用于概念化流域中的湿地恢复。OLUs 被定义为“景观斑块与其水文地质和生物联系的结合体”，考虑了水文联系（洪水和地下水流动路径）和生物联系（扩散和生物运输）。OLUs 的一个示例是溪谷、溪床和相关的河岸带，大小范围从几十公顷到数百公顷。Verhoeven 等（2008）描述了一种确定 OLUs 的三步法：①定义恢复的目标（动植物物种）或湿地的功能；②识别和分析对于成功恢复湿地水文和分散景观至关重要的空间机制；③定义所需的 OLUs 的位置和范围（大小和形状），作为重新建立所需动植物物种和/或湿地功能的基础。OLUs 方法旨在识别和优先考虑流域水文变化强烈和高度破碎化的流域恢复点，一个关键组成部分是确定源区域（如完整的物种丰富的自然保护区）及适合恢复的受体区域和连接路径（水流路径和完整的河岸缓冲带）的识别。如果水资源和自然资源管理者能够正确适当地使用这种方法，就可能大大改善濒危物种的状况，对生物多样性和清洁水质的保护和管理起到作用。

图 4.2 中展示了一个优先考虑流域恢复的假设示例。在图 4.2（a）中，流域在恢复之前就已存在，但其中包含一些高质量溪流残余和孤立的湿地。在图 4.2（b）中，恢复点的优先次序集中在改善水质上，由于氮和磷从陆地的迁移是通过不同的机制发生的，减少氮和磷的负荷需要在流域内进行湿地的差异化布置。磷从高地被输送到溪流中，主要与沉积物结合，特别是黏土颗粒，黏土移动的距离有限（Cooper and Gilliam，1987），因此，在较小的湿地，如河岸缓冲带，沿源头溪流位置增加黏土，用来吸附沉积物和磷。氮的扩散性更强，主要以溶解形式被大量输送，如硝酸盐或 NH_3 和大气沉积中的 NO_x（Goolsby et al.，1999；Howarth et al.，1996）。为了去除氮，将较大面积的湿地布置在流域中较低的地方，使水力停留时间变长，从而通过反硝化作用去除氮。瑞典的研究支持氮磷差异恢复的设想，重点是源头附近、源头溪流、流域出口和湖泊上游地区的磷去除（Tonderski et al.，2005），同时恢复流域下游的湿地进行氮的去除（Montreuil and Merot，2006；Arheimer and Wittgren，2002，1994）。

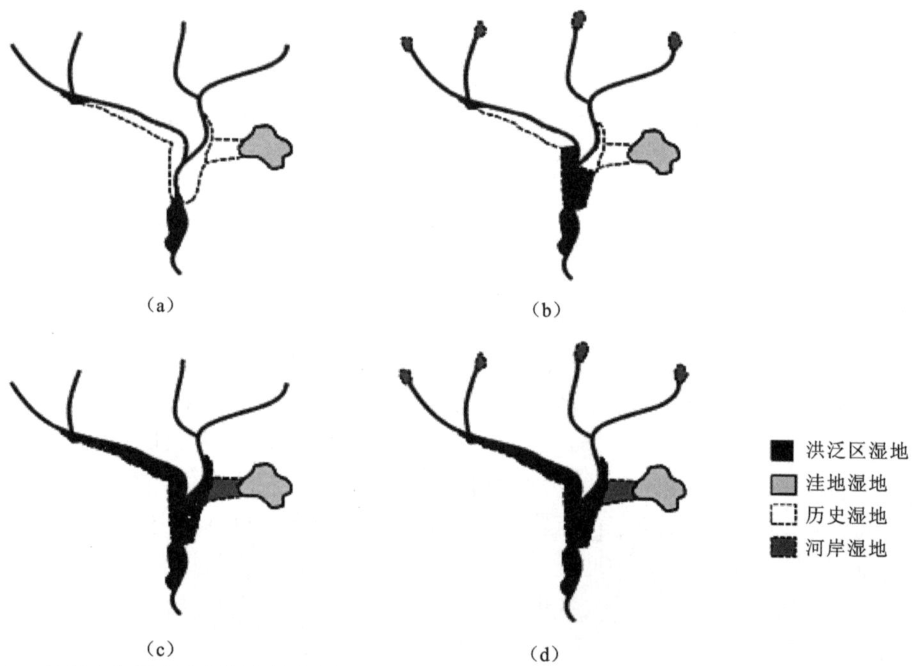

图 4.2　景观中设置和恢复湿地的位置，以改善水质和生物多样性。(a) 现有的流域，溪流不相连，湿地零散。(b) 沿上游水流创建湿地以去除磷，并恢复流域下部的洪泛区湿地去除氮。(c) 建立和恢复湿地，以连接现有的湿地（河边和偏远地区），以增强生物多样性。(d) 创建和恢复湿地，以改善水质和增强生物多样性

在图 4.2（c）中，工作重点是恢复野生生物的栖息地和生物多样性。沿着河流和河流走廊恢复湿地，连接现有完整的植被斑块或扩大剩余的湿地栖息地。在图 4.2（d）中，湿地恢复的目标是双重的，即改善水质和增强生物多样性。沿河源地设置河岸湿地以去除磷，将漫滩湿地放置在流域的上下游，以提供扩散的走廊和去除氮。大型湿地恢复与现有湿地相连，为生物避难、觅食和繁殖提供了更大的“岛”生境。

总而言之，景观方法要求：①评估湿地的历史损失、类型、数量、大小及其流域中的

位置；②确定这些损失对动植物及生态系统功能和服务的累积影响；③根据区域现场情况和景观特征，在最有可能成功恢复的类型、数量和位置上恢复湿地；④根据预先设定的目标、恢复成功潜力和最佳效益来优先考虑他们的位置。

参考文献

ALMENDINGER J E, 1999. A method to prioritize and monitor wetland restoration for water quality improvement. Wetlands ecology and management, 6: 241-251.

ARHEIMER B, WITTGREN H B, 1994. Modeling the effects of wetlands on regional nitrogen transport. Ambio, 23: 378-386.

ARHEIMER B, WITTGREN H B, 2002. Modeling nitrogen removal in potential wetlands at the catchment scale. Ecological engineering, 19: 63-80.

BEDFORD B L, 1996. The need to define hydrologic equivalence at the landscape scale for freshwater wetland mitigation. Ecological applications, 6: 57-68.

BEDFORD B L, 1999. Cumulative effects on wetland landscapes: links to wetland restoration in the United States and Canada. Wetlands, 19: 775-788.

BOBBINK R, LAMERS L P M, 2002. Effects of increased nitrogen deposition//BELL J N B, TRESHOW M. Air Pollution and Plant Life. New Jersey: John Wiley and Sons: 201-235.

BOBBINK R, HORNUNG M, ROELOFS J G M, 1998. The effects of air borne nitrogen pollutants on species diversity in natural and semi-natural European vegetation. Journal of ecology, 86: 717-738.

BRIERLEY G J, FRYIRS K A, 2005. Geomorphology and River Management. Malden: Blackwell Publishing.

BRINSON M M, 1988. Strategies for assessing the cumulative effects of wetland alteration on water quality. Environmental management, 12: 655-662.

BURKE V J, GIBBONS J W, 1995. Terrestrial buffer zones and wetland conservation: a case study of freshwater turtles in a Carolina Bay. Conservation biology, 9: 1365-1369.

CEDFELT P T, WATZIN M C, RICHARDSON B D, 2000. Using GIS to identify functionally significant wetlands in the northeastern United States. Environmental management, 26: 13-24.

COMIN F A, ROMERO J A, HERNADEZ O, et al., 2001. Restoration of wetlands from abandoned rice fields for nutrient removal, and biological community and landscape diversity. Restoration ecology, 9: 201-208.

COOPER J R, GILLIAM J W, 1987. Phosphorus redistribution from cultivated fields into riparian areas. Soil science society of America journal, 51: 1600-1604.

CROONQUIST M J, BROOKS R P, 1993. Effects of habitat disturbance on bird communities in riparian corridors. Journal of soil and water conservation, 48: 65-70.

DARVEAU M, BEAUCHESNE P, BELANGER L, et al., 1995. Riparian forest strips as habitat for breeding birds in boreal forest. Journal of wildlife management, 59: 67-78.

DETENBECK N E, JOHNSTON C A, NIEMI G J, 1993. Wetland effects on lake water quality in the Minneapolis/St. Paul metropolitan area. Landscape ecology, 8: 39-61.

DICKSON J G, WILLIAMSON J H, CONNER R N, et al., 1995. Streamside zones and breeding birds in eastern Texas. Wildlife society bulletin, 23: 750-755.

FENNESSY S, CRAFT C, 2011. Agricultural conservation practices increase wetland ecosystem services in the glaciated Interior Plains. Ecological applications, 21: S49-S64.

FLANAGAN N E, RICHARDSON C J, 2010. A multi-scale approach to prioritize wetland restoration for watershed-level water quality improvement. Wetlands ecology and management, 18: 695-706.

GERGEL S E, TURNER M G, KRATZ T K, 1999. Dissolved organic carbon as an indicator of the scale of watershed influence on lakes and rivers. Ecological applications, 9: 1377-1390.

GERGEL S E, TURNER M G, MILLER J R, et al., 2002. Landscape indicators of human impacts to riverine systems. Aquatic sciences, 64: 118-128.

GERGEL S E, 2005. Spatial and non-spatial factors: when do they affect landscape indicators of watershed loading? Landscape ecology, 20: 177-189.

GOOLSBY DA, BATTAGLIN W A, LAWRENCE G B, et al., 1999. Flux and Sources of Nutrients in the Mississippi-Atchafalaya River Basin: Topic 3 for the Integrated Assessment on Hypoxia in the Gulf of Mexico.

NOAA Coastal Ocean Program Decision Analysis Series No. 17. NOAA Coastal Ocean Program, Silver Spring, MD.

HARDING J S, BENFIELD E F, BOLSTAD P V, et al., 1998. Stream biodiversity: the ghost of land use past. Proceedings of the national academy of sciences, 95: 14843-14847.

HARRIS R R, 1988. Associations between stream valley geomorphology and riparian vegetation as a basis for landscape analysis in the eastern Sierra Nevada, California. USA environmental management, 12: 219-228.

HEMOND H F, BENOIT J, 1988. Cumulative impacts on water quality functions of wetlands. Environmental management, 12: 639-653.

HERLIHY A T, STODDARD J L, JOHNSON C B, 1998. The relationship between stream chemistry and watershed land-cover data in the mid-Atlantic region, U.S. water, air, and soil pollution, 105: 377-386.

HODGES J R M F, KREMENTZ D G, 1996. Neotropical migratory breeding bird communities in riparian forests of different widths along the Altamaha River, Georgia. Wilson bulletin, 108: 496-506.

HOFFMAN C C, BAATTRUP-PEDERSON A, 2007. Re-establishing freshwater wetlands in Denmark. Ecological engineering, 30: 157-166.

HOWARTH R W, SHARPLEY A, WALKER D, 2002. Sources of nutrient pollution to coastal waters in the United States: implications for achieving coastal water quality goals. Estuaries, 25: 656-676.

HOWARTH R W, BILLEN G, SWANEY D, et al., 1996. Regional nitrogen budget and riverine N and P fluxes for drainages to the North Atlantic Ocean: natural and human influences. Biogeochemistry, 35: 75-139.

JOHNSON G D, MEYERS W L, PATIL G P, 2001. Predictability of surface water pollution loading in Pennsylvania using watershed-based landscape measurements. Journal of the American water resources association, 37: 821-835.

JOHNSON L B, RICHARDS C, HOST G E, et al, 1997. Landscape influences on water chemistry in midwestern stream ecosystems. Freshwater biology, 37: 193-208.

JONES III E B D, HELFMAN G S, HARPER J O, et al., 1999. Effects of riparian forest removal on fish assemblages in southern Appalachian streams. Conservation biology, 13: 1454-1465.

JONES K B, NEALE A C, NASH M S, et al., 2001. Predicting nutrient and sediment loading to streams from landscape metrics: a multiple watershed study from the Mid-Atlantic region. Landscape ecology, 16: 301-312.

KADLEC R H, WALLACE S D, 2009. Treatment Wetlands. Boca Raton, Florida: CRC Press.

KELLER C M E, ROBBINS C S, HATFIELD J S, 1993. Avian communities in riparian forests of different widths in Maryland and Delaware. Wetlands, 13: 137-144.

KOVACIC D A, TWAIT R M, WALLACE M, et al., 2006. Use of created wetlands to improve water quality in the Midwest - Lake Bloomington case study. Ecological engineering, 28: 258-270.

LAMERS L P M, FALLA S J, SAMBORSKA E M, et al., 2002. Factors controlling the extent of eutrophication and toxicity in sulfate-polluted freshwater wetlands. Limnology and oceanography, 47: 585-593.

LENAT D R, CRAWFORD J K, 1994. Effects of land use on water quality and aquatic biota of three North Carolina Piedmont streams. Hydrobiologia, 294: 185-199.

LLEWELLYN D W, SHAFFER G P, CRAIG N J, et al., 1996. A decision support system for prioritization restoration sites on the Mississippi alluvial plain. Conservation biology, 10: 1446-1455.

MCALLISTER L S, PENISTON B E, LEIBOWITZ S G, et al., 2000. A synoptic assessment for prioritizing wetland restoration efforts to optimize flood attenuation. Wetlands, 20: 70-83.

MCIVER J, STARR L, 2001. Restoration of degraded lands in the interior Columbia River basin: passive versus active approaches. Forest ecology and management, 153: 15-28.

MEFFE G K, CARROLL G R, 1997. Principles of Conservation Biology. Sunderland: Sinauer Associates Ltd.

MENSING D M, GALATOWITSCH S M, TESTER J R, 1998. Anthropogenic effects on the biodiversity of riparian wetlands of a northern temperate landscape. Journal of environmental management, 53: 349-377.

MITSCH W J, 1992. Landscape design and the role of created, restored and natural riparian wetlands in controlling nonpoint source pollution. Ecological engineering, 1: 27-47.

MITSCH W J, DAY JR J W, 2006. Restoration of Wetlands in the Mississippi-Ohio-Missouri (MOM) River basin: experience and needed research. Ecological engineering, 26: 55-69.

MITSCH W J, DAY JR J W, GILLIAM J W, et al., 2001. Reducing nitrogen loading to the Gulf of Mexico from the Mississippi River basin: strategies to counter a persistent ecological problem. Bioscience, 51: 373-388.

MONTREUIL O, MEROT P, 2006. Nitrogen removal in valley bottom wetlands: assessment in headwater catchments distributed throughout a large basin. Journal of environmental quality, 35: 2113-2122.

MORENO D, PEDROCCHI C, COMIN F A, et al., 2007. Creating wetlands for improvement of water quality and landscape restoration in semi-arid zones degraded by intensive agricultural use. Ecological engineering, 30: 103-111.

MORENO-MATEOS D, MANDER U, COMIN F A, et al., 2008. Relationships between landscape pattern, wetland characteristics, and water quality in agricultural catchments. Journal of environmental quality, 37: 2170-2180.

NAIMAN R J, DECAMPS H, 1997. The ecology of interfaces: riparian zones. Annual review of ecology and systematics, 28: 621-658.

National Research Council (NRC), 2001. Compensating for Wetland Losses under the Clean Water Act. Washington D. C.: National Academy Press.

National Research Council (NRC), 1992. Restoration of Aquatic Ecosystems. Washington D. C: National Academy Press.

NEWBOLD S C, 2005. A combined hydrologic simulation and landscape design model to prioritize sites for wetlands restoration. Environmental modeling and assessment, 10: 251-263.

OLSON C, HARRIS R, 1997. Applying a two-stage system to prioritize riparian restoration at the San Luis Rey River, San Diego County, California. Restoration ecology, 5: 43-55.

OSBORNE L L, WILEY M J, 1988. Empirical relationships between land use/cover and stream water quality in an agricultural watershed. Journal of environmental management, 26: 9-27.

PAERL H W, 1993. Emerging role of atmospheric nitrogen deposition in coastal eutrophication: biogeochemical and trophic perspectives. Canadian journal of fisheries and aquatic sciences, 50: 2254-2269.

PAERL H W, WHITALL D R, 1999. Anthropogenically-derived atmospheric nitrogen deposition, marine eutrophication and harmful algal bloom expansion: Is there a link? Ambio, 28: 307-311.

PATTEN D T, HARPMAN D A, VOITA M J, et al., 2001. A managed flood on the Colorado River: background, objectives, design, and implementation. Ecological applications, 11: 635-643.

PAUL M J, MEYER J L, 2001. Streams in urban landscapes. Annual review of ecology and systematics, 32: 333-365.

PETERJOHN W T, CORRELL D L, 1984. Nutrient dynamics in an agricultural watershed: observations on the role of a riparian forest. Ecology, 65: 1466-1475.

PRESTON E M, BEDFORD B L, 1988. Evaluating cumulative effects on wetland functions: a conceptual overview and genetic framework. Environmental management, 12: 565-583.

RICHARDSON C J, FLANAGAN N E, HO M, et al., 2011. Integrated stream and wetland restoration: a watershed approach to improved water quality on the landscape. Ecological engineering, 37: 25-39.

RUSSELL G D, HAWKINS C P, O'NEILL M P, 1997. The role of GIS in selecting sites for riparian restoration based on hydrology and land use. Restoration ecology, 5: 56-68.

SEMLITSCH R D, 1998. Biological delineation of terrestrial buffer zones for pond-breeding salamanders. Conservation biology, 12: 1113-1119.

SEMLITSCH R D, BODIE J R, 1998. Are small, isolated wetlands expendable? Conservation biology, 12: 1129-1133.

SEMLITSCH R D, SCOTT D E, PECHMANN J H K, et al., 1996. Structure and dynamics of an amphibian community: evidence from a 16-year study of a natural pond//CODY M L, SMALLWOOD J A. Long-term Studies of Vertebrate Communities. New York: Academic Press: 217-247.

SHABMAN L A, 1995. Making watershed restoration happen: what does economics offer?// CAIRNS JR J. Rehabilitating Damaged Ecosystems. Boca Raton: Lewis Publishers : 35-47.

SIMENSTAD C A, REED D, FORD M, 2006. When is restoration not? Incorporating landscape-scale processes to restore self-sustaining ecosystems in coastal wetland restoration. Ecological engineering, 26: 27-39.

SIMENSTAD C A, HOOD W G, THOM R M, et al., 2000. Landscape structure and scale constraints on restoring estuarine wetlands for Pacific coast juvenile salmon// WEINSTEIN M P, KREEGER D A. Concepts and Controversies in Tidal Marsh Ecology. Dordrecht : Kluwer Academic Publishers: 597-630.

SNODGRASS J W, BRYAN A L, LIDE R F, et al., 1996. Factors affecting the occurrence and structure of fish assemblages in isolated wetlands of the upper coastal plain, USA. Canadian journal of fisheries and aquatic sciences, 53: 443-454.

SNODGRASS J W, KOMOROSKI M J, BRYAN JR A L, et al., 2000. Relationships among isolated wetland size, hydroperiod and amphibian species richness: implications for wetland regulation. Conservation biology, 14: 414-419.

STAUFFER D F, BEST L B, 1980. Habitat selection by birds of riparian communities: evaluating effects of habitat alterations. Journal of wildlife management, 44: 1-15.

STEIN E D, AMBROSE R F, 2001. Landscape-scale analysis and management of cumulative impacts to riparian ecosystems: past, present, and future. Journal of the American water resources association, 37: 1597-1614.

STEVENS L E, AYERS T J, BENNETT J B, et al., 2001. Planned flooding and Colorado river trade-offs downstream from Glen Canyon dam, Arizona. Ecological applications, 11: 701-710.

TEAL J M, PETERSON S, 2005. Restoration benefits in a watershed context. Journal of coastal research, 40: 132-140.

TONDERSKI K S, ARHEIMER B, PERS C B, 2005. Modeling the impact of potential wetlands on phosphorus retention in a Swedish catchment. Ambio, 34: 544-551.

TWEDT D J, UIHLEIN III W B, ELLIOT A B, 2006. A spatially explicit decision support model for reforestation of bird habitat. Conservation biology, 20: 100-110.

U.S. Environmental Protection Agency (USEPA), 2008. Handbook for Developing Plans to Restore and Protect Our Waters. EPA 841-B-08-002. U.S. EPA, Washington D.C..

U.S. Environmental Protection Agency (USEPA), 2013. EPA Region 5 Wetlands Supplement: Incorporating Wetlands into Watershed Planning. U.S. EPA, Washington D.C..

VANNOTE R L, MINSHALL G W, CUMMINS K W, et al., 1980. The river continuum concept. Canadian journal of fisheries and aquatic sciences, 37: 130-137.

VERHOEVEN J T A, YIN B C, HEFTING M M, 2006. Regional and global concerns over wetlands and water quality. Trends in ecology and evolution, 21: 96-103.

VERHOEVEN J T A, SOOBS M B, JANNSEN R, et al., 2008. An operation landscape unit approach for identifying key landscape connections in wetland restoration. Journal of applied ecology, 45: 1496-1503.

WANG L, LYONS J, KANEHL P, et al., 1997. Influences of watershed land use on habitat quality and biotic integrity in Wisconsin streams. Fisheries, 22: 6-12.

WELLER D E, JORDAN T E, CORRELL D L, 1998. Heuristic models for materia landscapes with riparian buffers. Ecological applications, 8: 1156-1169.

WHITE D, FENNESSY S, 2005. Modeling the suitability of wetland restoration potential at the watershed scale. Ecological engineering, 24: 359-377.

WINTER T C, 1986. Effects of ground-water recharge on configuration of the water table beneath sand dunes and on seepage in lakes in the sandhills of Nebraska, USA. Journal of hydrology, 86: 221-237.

WINTER T C, 2001. The concept of hydrologic landscapes. Journal of the American water resources association, 37: 335-349.

WINTERHALDER K, 1996. Environmental degradation and rehabilitation of the landscape around Sudbury, a major mining and smelting area. Environmental reviews, 4: 185-224.

YAN W, YIN C, TANG H, 1998. Nutrient retention by multipond systems: mechanisms for the control of nonpoint source pollution. Journal of environmental quality, 27: 1009-1017.

YIN C, SHAN B, 2001. Multipond systems: a sustainable way to control diffuse phosphorus pollution. Ambio, 30: 369-375.

YIN C, ZHAO M, JIN W, et al., 1993. A multi-pond system as a protective zone for the management of lakes in China. Hydrobiologia, 251: 321-329.

ZEDLER J B, 2003. Wetlands at your service: reducing impacts of agriculture at the watershed scale. Frontiers in ecology and the environment, 1: 65-72.

ZEDLER J, 2006. Taking a Watershed Approach in the Absence of a Watershed Plan. Presentation at the Fifth Stakeholder's Forum of Federal Wetlands Mitigation. Environmental Law Institute, Washington D.C..

第二篇

淡水湿地恢复

第5章 内陆湿地

5.1 引　　言

内陆湿地包含多种湿地类型，但均以草本植物为主，主要由不同比例的草（禾本科）、莎草（莎草科）和灯心草（灯心草科）混杂在一起。湿地土壤是高度可变的，从矿物质土壤到富含有机质土壤，甚至是泥炭。景观位置、水源、降水、地表水及地下水等也各不相同，导致水文周期（水深、淹没持续时间和淹没频率）及水化学也不同。北美地区的内陆湿地包括美国中北部和加拿大的草原坑洼湿地、南部平原的盐湖、美国东南部的石灰石湿地、五大湖湿地和密西西比河三角洲的滨海湿地。在世界范围内，南美洲的潘塔纳尔湿地、非洲南部的奥卡万戈三角洲及欧洲的多瑙河和伏尔加河三角洲的芦苇湿地都是内陆湿地的典型案例。

内陆湿地多存在于具有明显雨季和旱季的季节性降雨地区。在干旱气候条件下，以草原为主的陆地景观，以及森林植被极其稀疏甚至缺失的区域，火灾对于维持湿地植被具有重要的作用。内陆湿地也常见于湖滨带，其水位波动限制了树木的定植。在美国和加拿大边境的五大湖地区，湿地位于受保护的海湾及其他受保护区域。在许多地区，湿地受放牧、割草等人为干扰而持续存在。从本质上讲，内陆湿地几乎随处可见，且其由于水位波动、火灾、放牧或割草等干扰而处于演替的中间阶段。

内陆湿地占据着各种各样的景观位置，且水资源补给来源广泛。湖滨和河流湿地具有很强的地表水连通性，控制着水文周期。河流湿地的水文是由河流脉动的季节驱动，而湖滨湿地的水文受随降水而季节性变化的湖泊水位控制，包括温度升高的季节（图 5.1）。相比之下，洼地湿地的地表水连通性较差，大部分水由供应稳定的地下水或季节性降水补给。

水源和土壤决定了内陆湿地的化学性质和肥力。在河岸泛洪期间，河流湿地往往会汇集大量的沉积物、碱性阳离子（Ca^{2+}、Mg^{2+}、K^{+}）和磷（P）。从降水中获得大部分水分的湿地其营养含量相对较低（表 5.1）。特别的，降水中的碱性阳离子的含量远低于溪水或河流中的。洪水中碳酸氢盐的浓度取决于深层土壤以及石灰岩喀斯特地貌中高浓度的地质条件。在干旱和半干旱地区，湿地可能被不同盐度和含有 Na^{+}、Cl^{-}和 SO_4^{2-} 等不同离子组成的水所淹没。

像所有湿地植物一样，内陆湿地的植物也可以适应周期性被水淹没或者处于水分饱和状态的土壤。植物和动物一样，需要吸收氧气来进行呼吸作用，以产生维持细胞生长所需的能量。氧气需要供应到植物根系，以维持地下呼吸作用。为适应淹水条件，草本植物的茎和叶会形成通气组织，富含氧气的空气可通过细胞之间很大的空腔输送到地下部分的植物组织（Burdick and Mendelssohn，1990）；叶片气孔和根部的温度差会迫使新鲜空气从叶柄进入根部，同时排出废气，以此实现加压通气（Brix et al.，1992；Dacey，1980）；不定根直接从水体中吸取氧气（Jackson，1985；Wample and Reid，1979）；径向氧损失（即根系泌氧）使根部附近的土壤氧化（Mendelssohn and Postek，1982；Teal and Kanwisher，1966）。湿地植物也具有代谢适应性，使其在缺氧条件下得以生存。代谢适应性体现在植物从有氧

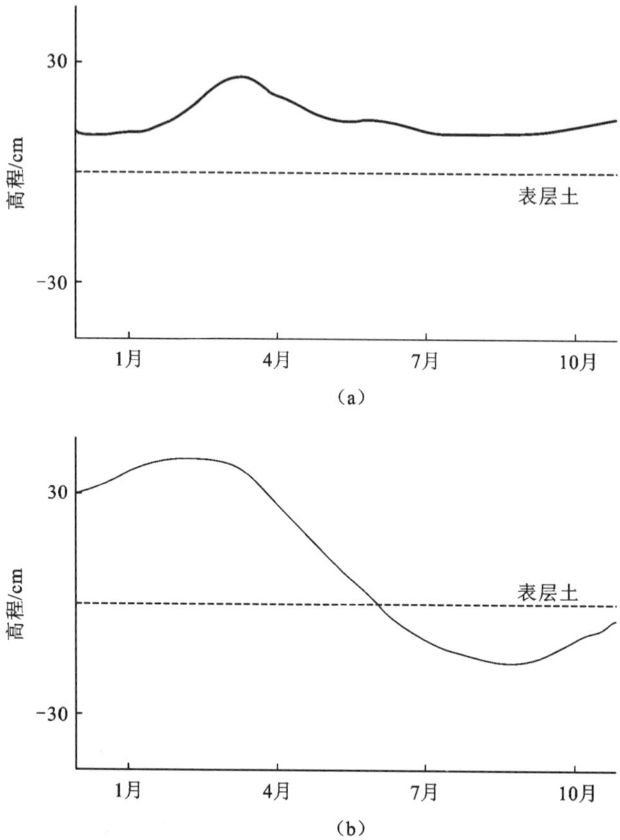

图 5.1 湖滨湿地（五大湖）(a) 和洼地湿地（印第安纳州西北部）(b) 的水文周期—淹没深度、淹没持续时间和淹没频率

呼吸到无氧呼吸的转化，中间产物和最终产物分别是乙醛和乙醇，不产生 CO_2（Mendelssohn et al.，1981）。乙醛和乙醇在植物组织中积累会产生毒性作用，水稻和大米草等湿地植物中含有乙醇脱氢酶，能够将乙醛催化转化为乙醇，而后从植物根部扩散出去（Bertani et al.，1980）。

表 5.1 降水与河水中的离子浓度比较 （单位：mg/L）

离子	降水①	溪流/河流淡水②
Na^{+}	0.1～5	1～6
K^{+}	<0.1～0.3	0.2～2
Cu^{2+}	0.2～1.2	1.6～15
Mg^{2+}	<0.1～0.3	0.4～4
Cl^{-}	0.1～9	0.5～8
SO_4^{2-}	1.3～2.9	6.3～11
HCO_3^{-}	<0.1	0.9～58
PO_4^{3+}	<0.01～0.02	0.02
NH_4^{+}	0.2～0.22	0.04
NO_3^{-}	0.3～1.5	1～2

① 引自 Gorham（1961）、Likens and Bormann（1977）、Schlesinger（1978）

②引自 Livingstone（1963）、Likens and Bormann（1977）、Meybeck （1979）

尽管内陆湿地存在于不同的气候、景观和土壤类型中，但植被却惊人的统一，均为世界广泛分布科属，如香蒲、芦苇、灯心草、蝴蝶兰、薹草、莎草及其他禾本科、莎草科和灯心草科等植物（表 5.2）。即便是那些在生长季节干涸的湿地，也具有种类繁多的开花植物，包括菊科（*Bidens* sp.）、蓼科（*Polygonum* sp.）和柳叶菜科（*Ludwigia* sp.）等。这些植物会在生长季节的不同时期开花，产生色彩鲜艳的花朵，吸引蝴蝶、蜜蜂和其他昆虫传播花粉。

表 5.2　内陆淡水湿地的常见植物

科	属
泽泻科（Alismataceae）	泽泻属（*Alisma*），刺果泽泻属（*Echinodorus*），慈姑属（*Sagittaria*）
苋科（Amaranthaceae）	苋属（*Amaranthus*）
莎草科（Cyperaceae）	薹草属，一本芒属（*Cladium*），莎草属，藨草属，拟莞属（*Schoenoplectus*），荸荠属（*Eleocharis*），甜茅属（*Glyceria*）
灯心草科（Juncaceae）	灯心草属
睡莲科（Nymphaeaceae）	睡莲属，萍蓬草属（*Nuphar*）
莲科（Nelumbonaceae）	莲属
柳叶菜科（Onagraceae）	丁香蓼属（*Ludwigia*）
禾本科（Poaceae）	拂子茅属（*Calamagrostis*），假稻属（*Leersia*），水稻，黍属（*Panicum*），雀稗属（*Paspalum*），蝴蝶兰属（*Phalaris*），芦苇属，米草属，鼠尾粟属（*Sporobolus*），菰属（*Zizania*），拟菰属（*Zizaniopsis*），盐草属（*Distichlis*）等
雨久花科（Pontedariaceae）	凤眼蓝属（*Eichhornia*），梭鱼草属（*Pontedaria*）
蓼科（Polygonaceae）	蓼属（*Polygonum*）
黑三棱科（Sparganiaceae）	黑三棱属（*Sparganium*）
香蒲科（Typhaceae）	香蒲属

水位变化会引起水文周期和淹水时间的差异，从而导致内陆湿地的植被呈明显的带状分布（图 5.2）。这些区域通常以环状或带状的形式出现在湖泊和池塘等水体周围。香蒲属、芦苇属、灯心草属生长在静水中，通常生长在湿地的最深处。在海拔较高处于水分饱和但未淹水的土壤中生长有藨草属、拟莞属和薹草属植物。在海拔更高且干燥时间更长的湿地中，以生长假稻属和紫菀属植物为主。在湿地边缘，土壤可能没有足够长的时间被淹没或饱和以支持水生植被，旱地草本、灌木或乔木植物可能占主导地位。湿地植被也会随着生长季节的变化而改变。植物发生抽生叶片、达到最大生长量、开花和结果等变化的现象称为物候，因物种而异。例如，梭鱼草属、慈姑属和拟莞属等植物在初夏时开花，夏至结果、衰老。其他种类通常是一年生植物（如鬼针草属），开花、结果，在生长季节快结束时衰老。因此，内陆湿地是具有独特时空特征的物种和植物群落的镶嵌体。

目前已经开发了几种主要基于水文周期的内陆沼泽分类系统（表 5.3）。Shaw 和 Fredine（1956）将湿地划分为 6 种类型，其中 5 种是基于水文、季节性洪水、草甸、浅水沼泽、深水沼泽和开阔水域。Stewart 和 Kantrud（1971）的分类方案中也相应确定出类似的湿地类型，有草原低湿地、湿草甸、浅水沼泽、深水沼泽和永久开阔水域。除此，还有间歇性碱性沼泽和碱性沼泽两种类型，性质从半咸水到咸水。两种分类系统采用盐度等级或碱性等级来表征盐度。

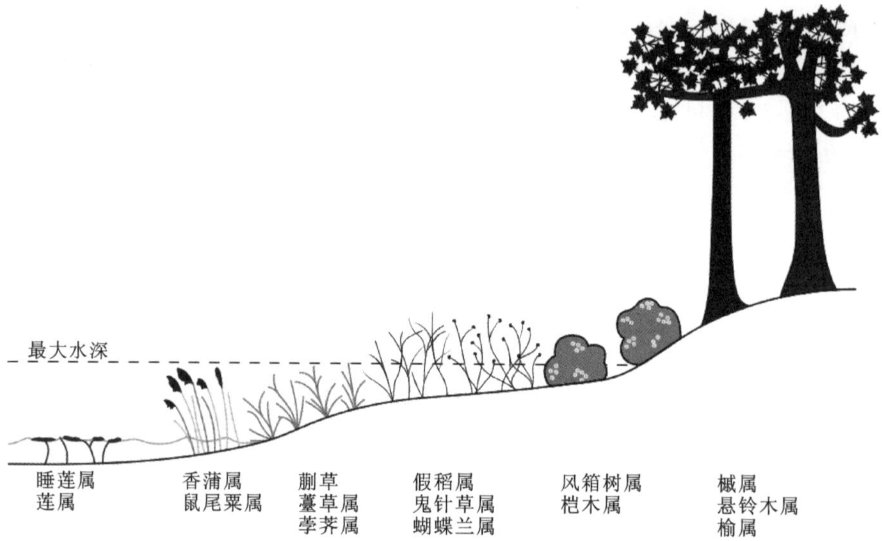

图 5.2 美国印第安纳州中南部淡水湿地沿高程或水文周期梯度的植物群落分带

表 5.3 基于水文周期和盐度的两种淡水湿地分类系统

	Shaw 和 Fredine（1956）	Stewart 和 Kantrud（1971）	优势植被
水文周期	季节性洪水	草原低湿地	一年生植物，禾本科植物
	草甸	湿草甸	莎草，禾本科植物
	浅水沼泽	浅水沼泽	假稻属，蓼属
	深水沼泽	深水沼泽	香蒲属，灯心草科
	开阔水域	永久开阔水域	沿岸带的开放水域
盐度	咸水	碱性	蔓藻属
		碱性沼泽	

Euliss 等（2004）根据地下水（排放与补给）和大气水（干旱与洪水）等与水文有关的两个属性，开发了一个可以描述内陆湿地植物和动物群落的分类系统。Euliss 等（2004）在“湿地连续”中阐述了沿两个轴出现的 16 个植物群落。在连续体的洪水结束期，湿地植被由开阔水域或水下水生生物栖息地组成；而在干旱期结束时，陆地和湿地以一年生植物占优势。沿地下水轴线存在泛洪湿地，即地下水会排入这些湿地，其特点为开放水域或淹水湿地以多年生植物为主。干旱期间，湿地则以一年生植物为主。补给湿地是指能够补给地下水的湿地，比泛洪湿地相对较干。干旱期间，补给湿地以陆生一年生植物为主；洪水期间，补给湿地由开阔水域或淹没的多年生湿地植物组成。Euliss 等（2004）进一步阐述了无脊椎动物、两栖动物和鸟类群落对水位变化的响应。干旱期间，陆生无脊椎动物、带有耐旱卵或包囊的被动散布者，以及具有 r 型策略的生物（如短生命周期、出生率高、子代存活率低）占主导地位。在洪水期，具有水生特性的生物（如藻类、端足类和两栖类动物）以及生命周期更长、产生的后代数量更少、存活率更高的活跃的传播者和具有 K 型策略选择的物种是湿地的主要生命体。

许多内陆湿地都历经了数年甚至数十年的干旱期和洪水的交替循环。Voigts（1976）跟踪研究了一个草原坑洼湿地 5～20 年干旱期和洪水期无脊椎动物群落的变化。干旱期间，无脊椎动物群落以等足类为主。随着气候湿润以及水位上升，挺水植被在湿地中大量生长，端足类、摇蚊幼虫及其他昆虫幼虫也在湿地定居。在洪水期，漂浮植物取代挺水植物，游动的桡足类占主导地位（图 5.3）。

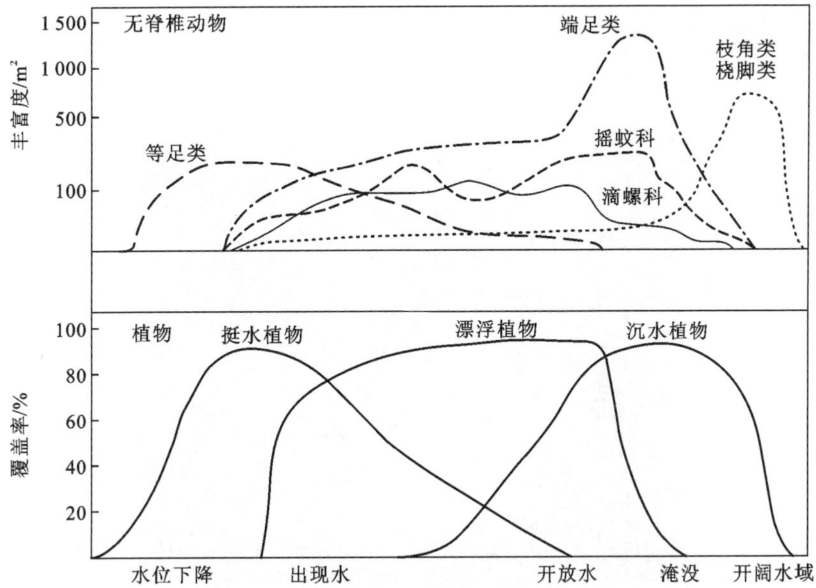

图 5.3　旱涝气候循环中内陆湿地植物和无脊椎动物群落的变化（Voigts，1976）

在北美西部、欧洲东部和地中海、中东和中国内陆等干旱和半干旱地区（Chapman，1974），内陆湿地受半咸水或咸水影响，处于浸湿或水分饱和状态。内陆咸水的化学成分各异，但总体来说，含有较少量的 Na^+和 Cl^-及更多的 SO_4^{2-}、Ca^{2+}和 Mg^{2+}，与海水的化学组成有所差异（Chapman，1974）。与海水相同的是，内陆盐沼水的 pH 高于淡水沼泽，一般大于 7。Stewart 和 Kantrud（1972）将草原坑洼地带的盐沼划分为六种类型：淡水湿地、轻度半咸水湿地、中度半咸水湿地、半咸水湿地和咸水湿地。在他们的分类系统中（见第 2 章），美国鱼类和野生动物管理局利用盐度对淡水（和河口）湿地进行了分类（Cowardin et al.，1979），分别为淡水湿地（盐度＜0 ppt①）、微咸湿地（盐度 0.5～5 ppt）、中咸湿地（盐度 5～18 ppt）、多盐湿地（盐度 18～30 ppt）、较高盐湿地（盐度 30～40 ppt）和高盐湿地（盐度＞40 ppt）。低盐度湿地的水中主要含 Ca^{2+}和 CO_3^{2-}，而大多数盐碱湿地的水中主要含有 Na^+和 SO_4^{2-}（LaBaugh，1989）。

欧洲有一种特殊类型的内陆湿地——湿草地，它是人类活动的产物（Joyce，2014）。湿草地是由于森林砍伐、沼泽和湿地排干而形成的，之后通过放牧或割草来维持干草的生产（Joyce and Wade，1998）。在水文周期处于较干旱期时，湿草地有多种植物、鸟类和无脊椎动物，其中无脊椎动物中蝴蝶种类尤其多（Joyce and Wade，1998）。在过去的半个世纪，由于农业集约化导致许多湿草地消失，其他湿草地则被遗弃（Luoto et al.，2003；Joyce，2014）。在被废弃的湿草地区域，通过重新放牧或割草来恢复动植物的栖息地及生物多样性（Joyce，2014；Schaich et al.，2010；Luoto et al.，2003；Joyce and Wade，1998）。土壤中残留的营养物质，特别是过去所施用化肥中的磷，往往会减缓系统的恢复速度（Tallowin et al.，1998）。

① 1 ppt=1×10^{-12} ng/L

在世界范围内，内陆湿地消失的主要原因是农业开垦。美国中西部的玉米带、大片沼泽和森林湿地经开沟排水和排水系统抽干水，即在地表浅层 1～1.5 m 深度铺设地下砖或管道将水从地面输送出去（图 5.4）。例如，自欧洲殖民者进入印第安纳州以来，超过 19 000 km^2（87%）的湿地消失（Dahl，1990）；美国中北部和加拿大中部的小麦种植区是北美最重要的水禽繁殖区（Batt et al.，1989），湿地损失虽小，但仍相当严重。

图 5.4　在印第安纳州本顿县，水经排水砖注入排水沟

图片来源：Todd Royer

在过去 200 年里，北达科他州的草原坑洼地带有近 10 000 km^2（49%）的沼泽湿地被排干后用于农业（Dahl，1990）。如今，美国湿地的消失速度已减缓（Dahl，2011），但随着人口增长和全球粮食需求的增加，其他地区的湿地仍持续被排干。例如，在过去 50 年，我国东北三江源淡水湿地大面积用于种植大米、玉米、大豆和其他农产品（图 5.5），这与一个多世纪前美国所发生的情况类似。

（a）　　（b）

图 5.5　（a）农田中为恢复水文而新堵塞的排水沟；（b）两年后同一地点

5.2 理　　论

大多数湿地生态系统的演替与发展都受到外来因素的驱动，包括水文周期、盐度（对于内陆盐碱沼泽）、火灾、放牧、割草等因素的干扰，使得草本植物不会被木本植物所取代。Gleason 的演替理论比 Clements 的演替理论更好地解释了演替动力学（van der Valk，1982）。根据 van der Valk（1981）的研究，种子的生活史特征如种子寿命、繁殖体寿命和环境要求等，决定了在洪水和干旱期进行循环交替的同时会发生物种更替，而不会出现明显的顶极群落（van der Valk，1982）。

水文周期是影响湿地生态系统结构的主要驱动力，在气候不稳定（干旱、洪水）的地区表现最为显著（Weller，1978）。在不稳定的气候条件下，湿地可能会在一段时间内完成从有植被覆盖的湿地到开阔水域再到干涸地区的过渡，同时会伴随着挺水植物到漂浮植物和沉水植物的转变，最终转变为以一年生植物为主的陆地生态系统（图 5.3）。落干期是湿地种子萌发的关键时期（Weller，1978），同时还会通过氧化有机物和堆积起来的腐殖质来促进养分循环。在为野生动物栖息地修复的湿地中，要控制水位以模拟自然水位下降循环的影响。Weller（1978）指出，“稳定性对于湿地系统而言似乎是致命的”，而水位波动却会使湿地生产力提高。不断波动的水位及干湿循环条件下所产生的一系列栖息地和食物来源使鸟类从中受益（Murkin et al.，1997）。

火灾也是一种重要的干扰因素，可使草本植物不会被灌木和乔木取代，这一点在降水量少、季节性降水或干旱频发的地区尤其重要。此外，草本植物在干燥时高度可燃，但在燃烧后能够快速再生。已能够适应火灾的湿地有美国东南部的坑洼湿地、草原湿地、路易斯安那州滨海淡水湿地，还有佛罗里达大沼泽的泥炭湿地。火有利于湿地植被减少与木本植物的竞争作用而建群生长，还能够促进植被开花。火可以增加光照和改善养分供应，尤其是碱性阳离子和磷等养分，还能提高土壤温度以促进种子萌发（Whelan，1995；Christensen，1993，1977）。

与火相同，放牧也会促进草本植物的生长。几千年来，山羊、牛、绵羊、马等家畜都以湿地中的草为食。有研究表明，放牧可增加物种多样性，促进植被带之间复杂分布格局的形成，且使植被带之间的边界更清晰（Bakker and Ruyter，1981）。在世界许多地区，过度放牧导致湿地植被退化，产生剥蚀作用。当地的鹅、麝鼠等食草动物也会破坏植被（Weller，1994；O'Neil，1949；Lynch et al.，1947）。

在食物充足的情况下，麝鼠繁殖很快，可能会将大面积的植被作为食物来源和筑穴场所。从南美洲引进的海狸鼠与麝鼠相似，但体型更大（Kinler et al.，1987）。当种群数量很大且环境条件适当时，海狸鼠也可能会占用大片淡水湿地和半咸水湿地（Weller，1994；Odum et al.，1984）。海狸鼠在路易斯安那州等墨西哥湾沿岸各州普遍存在，在太平洋西北地区的切萨皮克湾也有分布（Kinler et al.，1987），在加拿大至少 20 个省和地区也是如此（Evans，1970）。此外，海狸鼠被引入苏联，并在里海的芦苇湿地建立了种群（Aliev，1965）。与麝鼠和海狸鼠相似的还有小雪雁。小雪雁的放养导致加拿大哈得孙湾湿地大面积破坏（Jefferies et al.，2006）。毛皮兽和雁族优先以生长的嫩枝、根茎和块茎为食。这些食物中含有大量的营养物质和碳水化合物，是植物受到动物取食和火灾等干扰后恢复所必需的条件（Weller，1994；Lynch et al.，1947）。毛皮兽和雁族喜欢以寡盐和半咸的植物物种为食，如三棱、香蒲属等植物（Kinler et al.，1987；Palmisano，1972；Lynch et al.，1947）。O'Neil

（1949）的研究表明，麝鼠外出觅食更倾向去以三棱而不是其他植物物种为主的湿地。麝鼠会咬烂植物根系，同时疏松土壤，使其形成淤泥质土，不利于滨海湿地的长期稳定。

欧洲及其他一些地方以割草的方式恢复和维护湿草地（Joyce and Wade，1998）。这些栖息地是欧洲大陆古老而高度管理的地貌中的生物多样性热区。定期割草增加了植物物种丰富度和地上生物量（Straskrabova and Prach，1998），而采用引入种子组合播种的养护植物已被证明可增强目标物种的建立（Manchester et al.，1998）。

5.3 实 践

内陆湿地的恢复通常包括：①为水禽建立浅水或湿润的土壤蓄水池；②通过堵住排水沟或拆除排水砖来恢复农业用地上的湿地水文；③减轻对现存湿地环境的破坏作用。许多早期的恢复工程包括为满足水禽的休息、繁殖和喂养而建立蓄水池。从 20 世纪 30 年代开始，美国鱼类和野生动物管理局在许多国家野生动物保护区修建了湿润土壤蓄水池。这些项目背后的真相是为了便于人类对健康的鸭群进行狩猎活动。同样，加拿大的一个非政府机构——“鸭子无限”（Ducks Unlimited）多年来一直与草原坑洼及一些地区的农民和土地拥有者合作，以恢复湿地（Lietch，1989）。2013 年，“鸭子无限”修复或改善北美超过 50 000 acre[①]的湿地（资料简报：www.Ducks.org）。

美国的许多内陆湿地是通过美国农业部（U.S. Department of Agriculture，USDA）的政府资助项目进行修复的。历史上，美国大片的耕地之前都是湿地，而在 19 世纪和 20 世纪被用于农业。中西部和北部平原玉米带是高产的农业用地，在对湿地进行开沟及铺设排水砖后，富含有机质的肥沃土壤被用来耕种玉米、大豆和小麦。旧金山湾三角洲和佛罗里达大沼泽地的泥炭地被排干，如今为北美很多地区提供冬季蔬菜。20 世纪 70 年代和 80 年代美国通过了《清洁水法》及其他的湿地保护措施，美国农业部的土地休耕保护计划（Conservation Reserve Program，CRP）和农业湿地保护区计划（Agricultural Wetland Reserve Program，WRP）的资金可用于恢复这些地区的湿地。

5.3.1 水文恢复

恢复自然条件下的淹没模式是恢复湿地植被关键性的第一步。许多湿地的恢复是为了给水禽提供栖息地，这部分湿地都通过控制结构来调节水位。调节水位能够加速理想植被出现、促进湿地种子的萌发、氧化累积的有机质和植物碎屑及控制有害的动植物物种。在温带及寒冷的气候区，冬季水位下降可以杀死狐尾藻等有害的沉水植物，并且减少麝鼠和鲤鱼等动物种群（Weller，1994）。理想情况下，水位下降的方式和时间与该地区的自然湿地相一致。自然湿地的水位通常在生长季的后期下降，此时较暖的气温和高的蒸散发共同导致水位下降和土壤干燥，进而促进湿地种子和其他植物种子的萌发。

将农业用地恢复为湿地通常采用堵住排水沟（图 5.5）或拆除排水砖（见图 5.4）的方式来实现。排水沟有时被完全堵住，但更常见和更为经济的方法是只堵住排水沟的出口。在美国中西部及其他地方，排水砖通常是由穿孔的塑料管制成，埋入地下形成网状结构，

① 1 acre = 0.404 686 hm^2

可快速收集地表水并将其排出。有时，排水砖并不是以系统的方式埋设的，因此很难被找到并拆除。

5.3.2 植被重建

依靠植物的自然生长或自组织很难实现湿地植被的重建（Mitsch et al.，1998；Galatowitsch and van der Valk，1996b；Mitsch and Wilson，1996）；而通过原位预处理、直接播种或平铺含繁殖体的新鲜表层土（Parikh and Gale，1998；Erwin et al.，1994）或种植的方式实现植被重建更为有效。在农业用地的基础上，原位预处理可能包括用除草剂去除现有植被和种子库，移除表土或进行日晒（即用黑色薄膜覆盖）（Pfeifer-Meister et al.，2012a，2012b），然后播种。播种在欧洲并不常见，因为欧洲重点恢复的主要是自然的水文和水化学条件（Boers et al.，2006），大范围的播种或种植可能是不实际的，必须依靠植物的自然定植。然而，自然定植具有高度随机性，可能会使植物群落的生长达不到采用主动方式的预期。Streever 和 Zedler（2000）指出，只有更好地了解植物定植的动态，即哪些物种可以自然建群及哪些物种不会自然建群，除非有强有力的证据表明某一特定项目不需要种植，否则种植应该是必需的。

在自然定植的情况下，种子被风吹到各处，在所到之处大量繁殖，许多种子还会发芽。许多一年生植物的繁殖体靠风媒传播，是最早开始自然定植的物种之一。Noon（1996）在 8 个重建 2～11 年的湿地进行取样，结果表明，在最初的 3 年，一年生植物在湿地中占主导地位。随着湿地的年龄增长，多年生植物逐渐占据主导地位，植被覆盖率也随之增加（Noon，1996）。许多入侵性物种如多年生的香蒲属（*Typha*）、蝴蝶兰属（*Phalaris*）、芦苇属（*Phragmites*）和千屈菜属（*Lythrum*）（Zedler and Kercher，2004；Galatowitsch et al.，1999）靠风媒传播，在湿地重建和恢复中往往起到主导作用（Fink and Mitsch，2007；Campbell et al.，2002），尤其是那些自然定植的物种对于自然湿地的产生尤为重要（Combroux et al.，2002；Reinartz and Warne，1993）。

播种，尤其是种植已被证明能够增加植物多样性并且减缓入侵（Mahaney et al.，2004；Streever and Zedler，2000；Reinartz and Warne，1993）。依据 Egler（1954）最初的植物区系理论（见第 3 章），假设成熟植物群落的发展在很大程度上是由最先大批生长的植物物种决定的，得到这一结论并不奇怪。

薹草属、莎草属及其他莎草科等许多理想物种不易散播，如果不是有意引进，一般不会在一个地方大量生长（Budelsky and Galatowitsch，2000）。Kettenring 和 Galatowitsch（2011b）的研究结果表明，恢复的湿地和天然草原坑洼湿地中的种子主要是一年生植物和入侵的多年生植物（图 5.6），薹草属植物在其中只占一小部分。此外，van der Valk 等（1999）研究表明，薹草属植物的种子不会存活很久，仅有几个月[图 5.7（a）]，并且发芽率很低，不到 1%[图 5.7（b）]。研究认为，使用新鲜种子，保持高的土壤含水量，并将土壤有机质含量增加到天然莎草草甸中有机质的水平，可以最大限度地使薹草属植物的种子生长。经实验研究，结果表明不同薹草属植物种类的种子萌发对光照（Kettenring et al.，2006）、温度（Kettenring and Galatowitsch，2007a）和土壤地层（Kettenring and Galatowitsch，2011a，2007b）的要求不尽相同。许多薹草属植物的种子在湿冷或微湿冷的土壤地层发芽率最高（Budelsky and Galatowitsch，1999）。总之，这些研究表明，对于恢复的湿地来说，薹草属的大量生长受种子本身及其发芽要求的限制，需要通过播种或种植的方式对其进行重新引入。

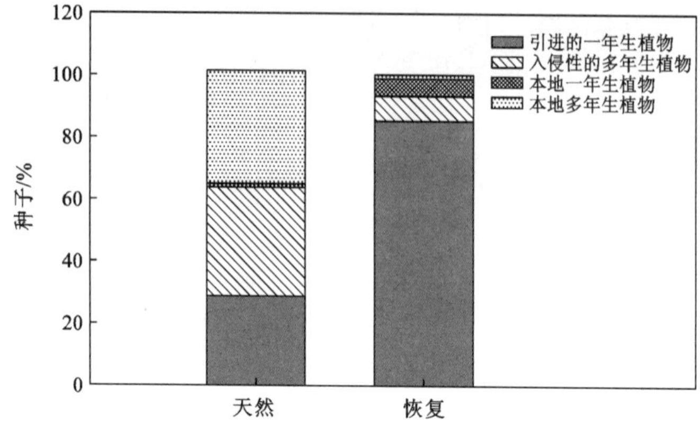

图 5.6　美国爱荷华州天然和恢复草原湿地的种子

引自 Kettenring 和 Galatowitsch（2011a）

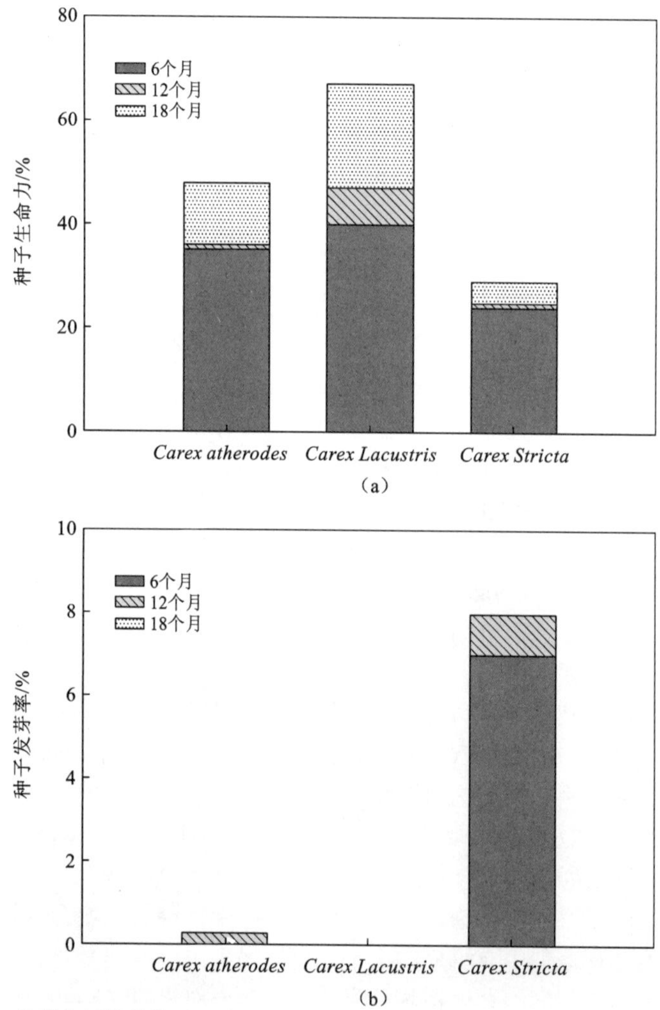

图 5.7　三种薹草属植物的种子生命力（a）和发芽率（b）（van der Valk et al.，1999）

增加植物物种多样性及促进理想物种的生长通常采用割草的方式，这种方法在欧洲被广泛用于恢复湿草地（Joyce，2014；Joyce and Wade，1998）。评估割草对爱沙尼亚 40 年前被荒废的两个湿草地群落的影响，物种稀少的地方定期会被淹没，而物种丰富度高的地方则很少被淹没。割草有利于矮小物种（如羊茅属）的蔓延，而芦苇属等较高的植物则被破坏，因此，在 5 年的研究中，周期性淹没的地区物种组成的变化程度更大。在这 5 年里，两个地方的物种丰富度都没有明显的增加，作者认为需经过更长的时间，也许是 10 年，才能够发现物种多样性的显著增加。Joyce（2014）建议，湿草地的修复工作应针对没有树木、土壤养分含量低并且被遗弃时间少于 20 年的地方。

5.3.3 土壤修复及再造

恢复的湿地土壤，特别是重建或新建湿地的土壤有一个共同特征，即含有的有机质和氮素比天然湿地的要少，但具有更高的堆积密度和更多的粗颗粒（砾石、沙子）（Marton et al.，2013a，2013b；Hossler and Bouchard，2010；Gutrich et al.，2009；Lu et al.，2007；Brooks et al.，2005；Nair et al.，2001；Whittecar and Daniels，1999；Noon，1996；Bischel-Machung et al.，1996；Galatowitsch and van der Valk，1996c）。Nair 等（2001）认为，对位于高海拔地区的湿地，在施工期间减少土壤压实度并在土壤中加入肥料和有机质，可以加速湿地土壤的发育。挖掘活动会使土壤的空间变异性趋向于均匀化，有研究表明，许多修复的区域微地形缺失（Hoeltje and Cole，2009；Whittecar and Daniels，1999）。微地形通过创造相互接近的好氧和厌氧条件，改善湿地功能，如提高湿地的保水性，促进反硝化等生物地球化学循环（Moser et al.，2009）。用圆盘耙耙地是在一种混合表层土壤去除现有植被的做法。相较于未耙地，用圆盘耙耙地能提高水生植物物种多样性和丰度（Moser et al.，2007）。

5.3.4 改良

将自然湿地中的土壤移到恢复的湿地中，可改善土壤的物理性质和营养条件（Anderson and Cowell，2004；Ashworth，1997；Stauffer and Brooks，1997），同时通过引入种子等繁殖体（Parikh and Gale，1998；Brown and Bedford，1997；Erwin et al.，1985；Erwin and Best，1985），加速植物种群的发展。湿地恢复中所用的土壤一般由采矿或开发活动影响的湿地中剥离而来，再将这些土壤储存，最后铺于待恢复湿地。Erwin 和 Best（1985）将存储的自然沼泽表层土用于佛罗里达中部地区重建的沼泽中，两年后，施用这些表层土的地区较没有施用的地区物种丰富度更高，拥有更多群落演替后新出现的物种，而香蒲属等入侵物种则更少。Stauffer 和 Brooks（1997）在宾夕法尼亚州测试了所收集的自然沼泽表层土壤的恢复效果。与佛罗里达州的研究类似，使用自然土壤的沼泽地物种丰富度和植被覆盖度更高，有害物种更少。在纽约，Brown 和 Bedford（1997）将排水沟中残存的小微湿地土壤移到待恢复的淡水沼泽中，接受移土的样地比未处理的样地拥有更多的沼泽植物种类和更高的植被盖度。

所移的表层土增添了促进植物生长的无机养分和供应异养生物群落的有机质，从而改善了修复湿地的营养条件。Stauffer 和 Brooks（1997）在沼泽湿地修复重建中添加了落叶层堆肥，以促进薹草群落的定植。在施加落叶堆肥的样地中，土壤有机质和总无机氮含量更多，人工栽培的薹草的成活率也更高。Anderson 和 Cowell（2004）将佛罗里达州 17 个覆盖了表层土的修复沼泽地与 16 个已存在 5～11 年的未覆盖表层土的沼泽湿地进行了比较分析，结果表明覆盖表层土的修复沼泽湿地具有更高的土壤有机质和碱性阳离子（Ca^{2+}、

Mg^{2+}、K^+)。Sutton-Grier 等（2009）将含有表层土、木屑和生物固体的混合堆肥移到北卡罗来纳州淡水沼泽恢复湿地中，并发现堆肥的添加能够增加有机质和植物速效氮和磷的含量。尽管堆肥的添加对植物生长的影响作用没有一致性，但随着堆肥的加入，微生物生物量增加，反硝化潜力也有所提高。Ballantine 等（2015）在纽约的修复沼泽中添加了秸秆、表层土和生物炭，特别是生物炭的添加，提高了有机质的含量[图 5.8（a）]。单独添加秸秆或者秸秆与生物炭同时添加，即使在 3 年之后，仍能促进微生物的呼吸作用[图 5.8（b）]；加入表层土也能够显著提高阳离子交换能力。Alsfeld 等（2008）评估了添加木质残体和有机物质（秸秆）并结合微地形（沟垄地形）对特拉华州修复沼泽湿地生物多样性的促进效果。木质残体的添加提高了昆虫多样性及其生物量。虽然改良后的土壤并没有提高有机质含量，但相比于未改良土壤仍具有较高的植物总体丰富度和本地种丰富度。从这些研究来看，添加含有机质的土壤具有以下累积效应：①有机质含量增加；②氮含量增加；③磷含量增加；④碱性阳离子增多。

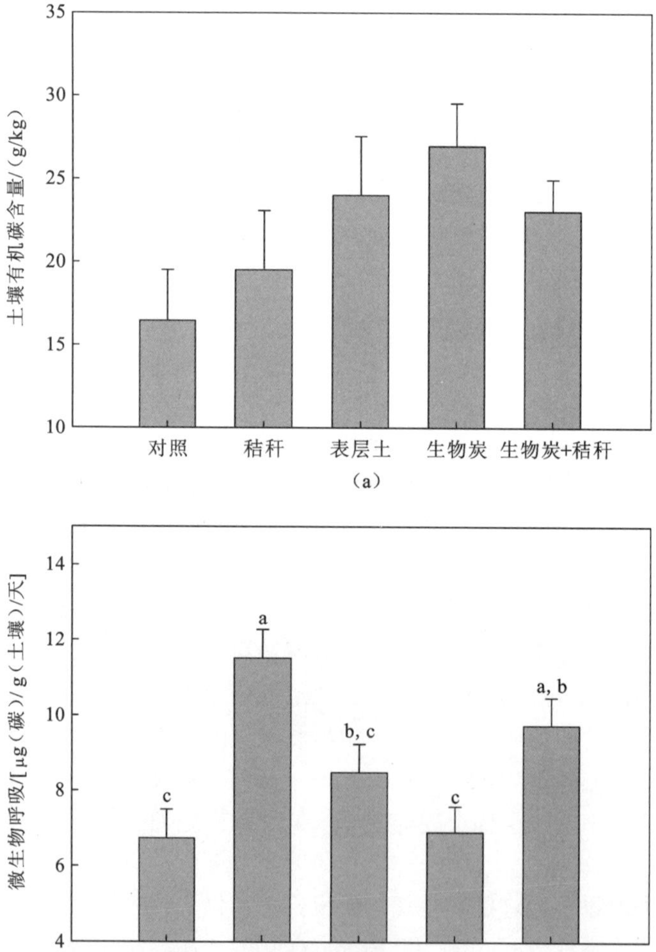

图 5.8 （a）处理 3 年后，对照和改良区土壤中的有机碳含量，（b）在对照和改良区第 1 年和第 3 年的土壤中微生物呼吸的平均值（Ballantine et al.，2015）

5.3.5 生态系统发育

生态系统演化通常采用水文调控的措施，包括维持适当的淹没深度、淹没持续时间及淹没的季节性，但往往受限于难以将区域水文条件恢复到适当水平。在缺少水文调控的情况下，恢复或重建的沼泽湿地可能过于湿润，以至于形成开阔的水域栖息地或池塘（Cole and Shafe，2002；Whittecar and Daniels，1999；Magee et al.，1999；Gwin et al.，1999；Bedford，1996；Confer and Niering，1992）；或者过于干旱，结果演替为陆生植物物种的植物群落（Hopple and Craft，2013；Whittecar and Daniels，1999）。在沼泽湿地修复或重建中，很多时候都趋于加强其水文特征，结果导致湿地在较长时间内水位过深、土壤过于潮湿（Hartzell et al.，2007；Cole and Brooks，2000；Shaffer et al.，1999）。相比于自然湿地较浅的水位与复杂的岸线（Shulse et al.，2012；Hansson et al.，2005），重建的沼泽湿地通常边坡更为陡峭且平直（Shulse et al.，2012），所以较自然湿地氮保留量可能更少，底栖动物、鸟类或爬行动物的营养级联更简单。

沼泽湿地植被是否能够成功定植取决于所采用的修复方法。主动修复技术，如播种和种植，通常能够更快地发挥修复效果，而被动修复技术，即通过种子扩散或种子库萌发进行植被恢复，见效会更慢。被动修复技术在美国中西部（Kellogg and Bridgham，2002）及美国东南部低洼湿地（De Steven et al.，2010，2006）的植被定植修复中得到了成功应用，而草原坑洼地带的湿地中却没有成功恢复植被的案例。De Steven 等（2010）指出被动修复效果的差异可能由区域土地利用强度不同所造成。由于美国东南部保留着森林、农业和湿地斑块的多种格局，繁殖体可以在湿地斑块间扩散，但这些区域的低洼沼泽采用被动修复技术恢复植被会缺少某些特征物种，如黍（*Panicum hemitomon*）、李氏禾（*Leersia hexandra*）和薹草（De Steven et al.，2006）。相比之下，草原坑洼地带的特点是集约农业广泛分布，仅存在很少的残余湿地斑块。O'Connell 等（2013）提出，在农业景观格局中，判断恢复湿地在自然条件下植被能够自组织还是需要种植，可依据其与未受损害参照湿地的距离来推测。

草原坑洼湿地的修复通常包括重新塑造水文过程（Seabloom and van der Valk，2003），而植物群落的恢复依赖于种子的扩散与土壤种子库的萌发[即 Galatowitsch 和 van der Valk（1996b）的有效群落假说]。草原坑洼湿地的沼泽植被生态系统演化缓慢，主要是因为缺少能够扩散进入沼泽湿地的植物繁殖体。研究表明，挺水植物和沉水植物在适当的水文条件下会演替出现，而在较干燥的植被带、沼泽化草甸和莎草草甸中则不会出现（Meyer et al.，2008b；Galatowitsch and van der Valk，1996a，1996b）。植物繁殖体扩散限制及外来物种竞争等生物因素都可能减缓或抑制本地物种的生长（Galatowitsch，2006；Donath et al.，2003）。水文过程扰动是限制农业景观格局中植物群落修复的另一因素，种植玉米、大豆等行间作物的农业活动需要排水，造成区域地下水位下降，这些地区沼泽湿地的修复或重建一般以耐旱植物、兼性耐旱植物为主，而天然沼泽则具有更多耐淹植物和兼性耐湿植物（Hopple and Craft，2013；Heaven et al.，2003）。

许多修复的沼泽湿地中，水文过程的重建会在 2～3 年内提高植物群落的多样性及生产力（Kellogg and Bridgham，2002）。在这项研究中，沼泽湿地中低密度播种和种植的措施并没有比单独进行水文修复的效果好，且这些措施都没有促进拂子茅属（*Calamagrostis*）等草本物种的恢复。Mulhouse 和 Galatowitsch（2003）对 12 年前通过水文过程重建的草原坑洼沼泽湿地的植被修复效果进行了评估，其中的很多研究地点与 9 年前 Galatowitsch 和 van der Valk（1996a，1996b）评估的地点是相同的，9 年间其物种丰富度提高，并开始形成明显的植被带。然而，适宜沼泽化草地和莎草沼泽生长的植物物种较少，反而一种多年生入侵草本物种虉草广泛分布于各个点位，并且成为所在区域的优势物种。即便经过 12 年的水文过程修复，任何修复区域也未出现莎草草甸沼泽。淹没恢复 19 年后，恢复湿地的这些区域，仍然没有出现莎草草甸沼泽和沼泽化草甸的典型多年生植物，而逐渐被虉草和香蒲属所演替（Aronson and Galatowitsch，2008）。Matthews 和 Spyreas（2010）报道了与伊利诺伊州类似的发现，在采用播种和植物种植的修复沼泽地中，虉草相对覆盖度越来越高。

待修复沼泽湿地的土壤中缺乏具有活性的繁殖体限制了植被的自然恢复。Wang 等（2013）对东北三江平原低强度耕种的大豆田、由农业用地经水文重建而修复的湿地及天然沼泽化草甸的地下繁殖体进行了比较，与天然沼泽化草甸相比，耕作区域与即使通过水文重建恢复了 14 年的湿地仍然缺乏关键物种——薹草和拂子茅的繁殖体。Mulhouse 和 Galatowitsch（2003）及 Aronson 和 Galatowitsch（2008）建议，在农业景观格局中，播种、种植和适应性管理（即入侵物种的移除）是重建与还原沼泽湿地历史植物群落所必需的。

其他地区修复的沼泽湿地中植物群落也很难与天然湿地植物群落有较高相似性。Confer 和 Niering（1992）将康涅狄格州交通部 5 个修复了 3 年或 4 年的淡水沼泽湿地与另外 5 个与修复沼泽大小和类型相似的天然沼泽湿地进行了比较，天然沼泽湿地的植物多样性更高，而修复的淡水沼泽湿地则具有更多的入侵物种，如宽叶香蒲（*Typha latifolia*）、芦苇和千屈菜，同时天然沼泽湿地也有更多的野生动植物。在 8 年后的一项跟踪研究中，Moore 等（1999）报道了这些修复淡水湿地和天然沼泽湿地的物种丰富度都有所增加，但入侵植物芦苇也相应增加。Balcombe 等（2005a）对西弗吉尼亚州 11 个缓慢恢复了 4～21 年的沼泽湿地植物群落和 4 个天然沼泽湿地的植物群落进行了对比分析，恢复沼泽湿地比天然沼泽湿地拥有更多的先锋种和非本地物种。另一项对美国威斯康星州 11 个湿地恢复项目的植物群落进行长达 12 年比较分析的研究表明，水生植物（专性耐淹和兼性耐淹）物种有所增加（Nedland et al.，2007），但总体的物种多样性和丰富度下降。Gutrich 等（2009）对美国俄亥俄州和科罗拉多州重建的低洼湿地中植物群落演替进行了一段时间的追踪研究，对这些修复湿地的每个研究点位已经持续开展了 5～19 年的多次采样，并分别将其与所在地区的参照湿地进行比较。结果表明在 10 年内，俄亥俄州重建湿地的植物区系组成（物种丰富度、本地物种数量、水生物种数量、植被覆盖率）与参照湿地相当，而在科罗拉多州，植物群落演替则更为缓慢。初始修复强度更大的湿地植被比未采用恢复技术的湿地发育更快，修复技术包括种植非木质物种及修复浅水岸线。Spieles（2005）比较了 21 个州的 17 个重建湿地和 19 个恢复湿地等 45 个湿地的植被演替情况，这些湿地的恢复实践是在 1993～2000 年实施的，随着时间的延长，湿地植被和本地物种均有普遍增加的趋势。低洼地貌的湿地中非本地物种所占比例更大，而河滨带湿地则有更多的本地物种，这表明水体流动对于本地物种的扩散具有重要作用。Matthews 和 Endress（2010）对伊利诺伊州农业区域中 24 个修复湿地的植被进行采样，以表征植被演替的速率。经过连续 4 年的采样，最终结果是一年生植物被无性繁殖的多年生植物取代。与沼泽湿地修复后的年限相比，区域特征，如距天然湿地、农业产区等的距离对物种组成的影响更大。

植被生境的多样性对湿地动物区系具有重要的作用，纽约北部的修复湿地在采用堤坝拆除恢复水文条件 3 年之后，其鸟类的总体密度和数量与天然湿地的相当，但其中湿地鸟类和与湿地相关的鸟类数量则较少（Brown and Smith，1998）。Delphey 和 Dinsmore（1993）

比较了已恢复1～3年的草原坑洼湿地与天然湿地的繁殖鸟类群落，恢复湿地的物种丰富度更低，黄喉地莺（*Geothlypis trichas*）、红翅黑鹂（*Agelaius phoeniceus*）、鹪鹩（*Cistothorus palustris*）和沼泽带鹀（*Melospiza georgiana*）更稀少。然而，鸟类对恢复湿地的利用程度随着时间的推移而增加。例如，VanRees-Siewert 和 Dinsmore（1996）的研究结果表明，艾奥瓦州恢复4年的湿地相比恢复1年的湿地具有更大的繁殖鸟类密度。同样，在加拿大爱德华王子岛，繁殖的鸭子更偏好小型恢复湿地而不是天然湿地（Stevens et al.，2003）。在恢复湿地中，水禽的密度和物种丰富度与湿地植被（香蒲属）的面积和植被覆盖率呈正相关。O'Neal 等（2008）评估了水鸟对于美国农业部伊利诺伊州保护区增强项目中淡水湿地修复的响应，水鸟对于湿地的偏好与湿地的水文特征和植被结构存在相关关系，水鸟更加喜好水文得到恢复并且开放水域面积与植被覆盖区域面积的比值达70%及以上的湿地。

有鳍鱼类在内陆沼泽中的生存与湿地水生生态系统的水文连通特征有关，一旦恢复湿地的水文条件得以重建，有鳍鱼种群将会在湿地中很快得到恢复（Langston and Kent，1997）。Streever 和 Crisman（1993）比较了佛罗里达州有鳍鱼类在恢复了8～20年的沼泽及在天然沼泽中的情况，尽管有许多物种在这两种沼泽中的数量相当，但恢复沼泽湿地中黑斑小日鲈（*Elassoma evergladei*）的数量始终较低。

恢复沼泽湿地中两栖动物的情况取决于植被的分布与结构。Lehtinen 和 Galatowitsch（2001）调查了明尼苏达州7个刚处于恢复阶段的沼泽湿地及5个参照沼泽湿地，两栖动物很快在恢复沼泽中繁殖，在2年的时间内，恢复沼泽就已经有8个物种，接近了参照湿地的12个物种。威斯康星州的沼泽湿地在恢复了3年和5年后，Nedland 等（2007）对其分别采样，研究结果表明，两栖动物和水禽在沼泽湿地不同的恢复阶段没有差异，这表明，动物区系对湿地恢复的适应相对较快。同样地，在弗吉尼亚州西部，两栖动物和水禽在恢复了4～21年的沼泽湿地中的群落情况与参照沼泽湿地相当或更大（Balcombe et al.，2005b）。Stevens 等（2002）通过电话调查并评估了加拿大爱德华王子岛修复沼泽中两栖动物（青蛙和蟾蜍）的数量，这些沼泽湿地已修复了2～7年，结果发现两栖动物对修复沼泽的喜好高于天然沼泽。Rowe 和 Garcia（2014）评估了美国农业部湿地保护项目中修复的26个沼泽湿地，这些沼泽已恢复了5～15年，本地两栖动物与沼泽湿地的恢复年限呈正相关，与入侵植物的盖度呈负相关。这些研究共同表明，一旦恢复了沼泽湿地的水文条件和植被，两栖动物在重建或恢复的沼泽地中将迅速增长。研究促进两栖动物群落发展有利因素的实验结果表明，在存在湿地植被、沼泽具有坡度缓慢的边坡，以及没有鱼类的情况下，沼泽的物种丰富度处于最高水平且物种的繁殖成功率最大（Shulse et al.，2012）。

蝙蝠种群对沼泽的恢复也有积极的响应。Menzel 等（2005）研究了蝙蝠对美国南卡罗来纳州卡罗来纳已排干的洼地沼泽修复的响应，随着沼泽的恢复，蝙蝠在恢复湿地的活动增加，与参照湿地中的活动相当或更为强烈。Menzel 认为，水文水资源的重建能够增加蝙蝠的食物来源。

随着沼泽湿地的恢复，植物群落的演替很缓慢，而重建水文条件可以促进生态系统功能的快速恢复，特别是促进初级生产力发展。例如，弗吉尼亚州某修复沼泽湿地的地上生物量在1年内与邻近自然湿地的地上生物量达到了同样的水平（DeBerry and Perry，2004）。Whigham 等（2002）在3年间测定了12个基于农田的修复沼泽湿地的地上生物量，1964～1993年通过堵塞排水沟，这些沼泽湿地的水文状况得到恢复，其地上生物量在空间上和不同恢复时间尺度上存在很大的异质性，因此生物量与沼泽修复年限之间没有明显的关系。一旦水文条件得以恢复，木本植物和沉水植物的生产力也迅速提高。McKenna（2003）发现，在利用结构调控实现水量控制的一个已恢复 1 年的沼泽湿地中，水生植物、草本植物和木质植物的初级生产力与附近参照湿地相当。

沼泽湿地修复后，其初级生产力迅速发展，但地上生物总量的增加却很缓慢。Hossler 和 Bouchard（2010）比较了俄亥俄州 5 个已修复 3～8 年的沼泽湿地和 4 个天然沼泽，研究发现，修复湿地的地上生物量及土壤有机碳和可矿化碳的含量更低。其他研究报告同样声称，虽然有证据表明生物量随着沼泽湿地修复时间的增加而增加（Meyer et al.，2008a），但恢复时间为 1～9 年的新修复湿地，其地上生物量低于天然沼泽湿地的地上生物量（Fennessy，2008）。

与初级生产力类似，修复湿地中水生生物和底栖生物的食物网也能较快形成。Mayer 和 Galatowitsch（1999）对比了 8 个恢复时间为 3～15 年的草原坑洼地带的沼泽湿地与 8 个参照沼泽中人工基质上附着的硅藻群落情况，结果表明，物种丰富度、物种多样性和均匀度在不同沼泽是没有显著差异的。同样，Dodson 和 Lillie（2001）的研究发现，恢复时间为 1～21 年的沼泽湿地的桡脚类、枝角类和水蚤等浮游动物的物种丰富度与天然对照湿地没有差异。Gleason 等（2004）对比了修复沼泽湿地与草原坑洼地带上不排水的天然沼泽湿地中无脊椎动物的“卵库”，发现两种湿地中所孵化无脊椎动物的丰富度和多样性没有差异。Stanczak 和 Keiper（2004）对比了俄亥俄州修复沼泽湿地和天然沼泽湿地中的无脊椎底栖动物，发现 4 年内修复湿地中蛤蜊的繁殖速度很慢，但其无脊椎动物群落与天然湿地相当。在佛罗里达州，Streever 等（1996）的研究表明，10 个已修复了 1～11 年的沼泽湿地与 10 个天然沼泽湿地中双翅目昆虫群落没有差异。同样，Meyer 和 Whiles（2008）发现，在美国内布拉斯加州，修复时间为 5～16 年的沼泽湿地和参照沼泽湿地中的大型底栖动物群落相似。但并不是所有研究都表明底栖生物可以快速地大量繁殖，在加利福尼亚州，季节性沼泽湿地在修复 10 年后，其中的大型水生无脊椎动物群落与参照沼泽湿地存在差异（Marchetti et al.，2010），这表明水文修复周期太短、连通性不足会减缓动物群落的恢复。

恢复湿地与天然湿地涉及碳循环和养分循环的生态功能往往不同，Fennessy 等（2008）比较了俄亥俄州 10 个缓慢恢复了 1～9 年的沼泽湿地与 9 个天然沼泽湿地的枯枝落叶分解情况及土壤的碳、氮和磷库，天然沼泽湿地的分解速度较低，土壤有机碳、氮和活性磷的含量较高。Fennessy 假设修复湿地的土壤营养含量很低，进而造成碳和养分循环的速率较低，然而，其他研究表明，重建或恢复的沼泽湿地的分解速率更高。Taylor 和 Middleton（2004）比较了伊利诺伊州南部一个天然沼泽湿地和一个已恢复 5 年的沼泽湿地的分解情况，结果发现，恢复沼泽湿地的分解速率更高。Atkinson 和 Cairns（2001）在已恢复了 2～20 年的重建沼泽湿地中观测了藨草（*Scirpus cyperinus*）和宽叶香蒲（*Typha latifolia*）枯枝败叶的分解情况，与 Taylor 和 Middleton 的研究结果相似，他们发现，恢复时间长的沼泽湿地中分解速度更快，恢复时间为 2 年的沼泽湿地中还剩 85%的生物量，而恢复时间为 20 年的沼泽湿地中仅剩 76%。水文条件的差异可能会造成淹水（厌氧）沼泽湿地的分解速率较低，而旱地（好氧）沼泽湿地的分解速率较快，因此水文条件的调控对于促进沼泽湿地的碳循环和养分循环至关重要。

水文条件对于兼性厌氧微生物群落的发育具有重要作用，而兼性厌氧微生物群落的出现是被水淹没或者处于水分饱和状态土壤的重要特征。Bossio 等（2006）对比了加利福尼亚州萨克拉门托-圣华金三角洲已恢复了 3 年的沼泽湿地中的微生物群落，几十年的农业排水重造了被淹没的沼泽湿地，根据磷脂脂肪酸分析结果表明，土壤微生物群落完成了从需氧微生物为主到厌氧微生物占优的迅速转变。随着水文条件的恢复，其他测定微生物活性的表征也迅速变化。例如，Duncan 和 Groffman（1994）的研究表明，在新英格兰，重建沼泽湿地和天然沼泽湿地中涉及碳循环和氮循环的微生物过程没有差异，这是由于已恢复了 3 年的重建沼泽湿地与天然沼泽湿地中呼吸作用、微生物生物量、氮矿化、硝化和反硝化等生态过程没有显著差异。他们认为微生物群落的快速发育是由密集种植在这些沼泽中 10 种植被的快速生长所引起的。

其他研究表明，随着湿地的恢复，碳循环和养分循环的速度变缓，事实上，重建或修复的湿地需要相当长的恢复时间才能与天然沼泽相比拟。Hossler 等（2011）对比了俄亥俄州 10 个恢复了 1～39 年的重建或修复淡水沼泽湿地和 5 个低洼自然湿地中碳、氮和磷的循环。重建或修复湿地中凋落物所含的碳含量比天然湿地的低 90%，土壤中的碳含量比天然湿地的低 80%，反硝化反应低了 60%。在内布拉斯加州，Meyer 等（2008a）探究了恢复时间为 1～10 年的沼泽化草甸和 3 个天然沼泽化草甸中与碳循环和氮循环相关的一些生态功能，与其他研究相似，在修复湿地的土壤中，有机碳和氮的含量较低。但也有证据表明，随着恢复时间的延长，土壤有机碳和氮的含量相应增加，这一结论在淹水时期更长的湿地中更为显著。土壤中可提取态氮和微生物氮也随着沼泽恢复时间的增加而增加。Marton 等（2013a）比较了印第安纳州已恢复 10 年的湿地和天然湿地的反硝化作用及土壤磷吸附作用，结果表明修复湿地的反硝化作用和磷吸附作用均没有天然湿地强烈。

湿地的恢复时间会影响土壤的发育，Bishel-Machung 等（1996）比较了宾夕法尼亚州已恢复 1～8 年的重建淡水沼泽湿地土壤有机质的含量，研究结果表明，重建沼泽中土壤有机质含量很低，在 8 年内没有增加。已恢复 20 年的沼泽湿地中土壤有机质含量（4.2%～6.5%）与该地区天然湿地（12%～21%）相比也要少很多（Cole et al.，2001）。Shaffer 和 Ernst（1999）在俄勒冈州的重建沼泽湿地中进行了取样并在 6 年后重新取样，两次测定的有机质含量没有显著增加。然而，也有研究表明，从长期看，随着沼泽恢复时间的延长，土壤有机质含量会增加。随着沼泽湿地恢复时间长达 16 年后，其土壤有机质（和氮）含量增加，但碳和氮含量仍比天然湿地的要低（Nair et al.，2001；Lu et al.，2007；Wolf et al.，2011）。与氮循环、矿化和反硝化有关的微生物过程也随着湿地恢复时间的延长而加强（Wolf et al.，2011），在加拿大，Card 等（2010），Card 和 Quideau（2010）对不同恢复时间的沼泽化草甸土壤中的碳和微生物群落结构进行了测定，已恢复 1～3 年的沼泽湿地中土壤有机碳含量为 4.8%，并且随恢复时间而增加；对于已恢复 7～11 年的沼泽湿地，其土壤有机碳含量（7.3%）与成熟参照沼泽的土壤有机碳含量（10.7%）接近。恢复时间小于 7 年的重建或修复沼泽湿地中，微生物生物量、均匀度和多样性也比参照湿地要低，但会随着时间的推移而增加。同样，Jinbo 等（2007）的研究表明，中国东北三江平原的废弃农田开始恢复后，大量的莎草生长，随之土壤有机碳含量增加，农田废弃 1 年、6 年和 13 年后 0～10 cm 土壤中平均有机碳含量分别为 3.1%、4.4%和 10.7%，而耕地土壤中平均有机碳含量仅为 2.8%。Anderson 等（2005）在俄亥俄州的奥兰滕吉河，对种植植物和未种植植物的两个修复后的淡水沼泽湿地，在恢复 2 年和 10 年后，测量了其土壤性质的时空变化，土壤有机质和磷含量随湿地恢复时间的延长和土壤空间异质性程度的增大而增加。Ballantine 和 Schneider（2009）比较了纽约 35 个已恢复了 3～55 年的低洼湿地的土壤性质，表层土（0～

5 cm、5～10 cm）的有机质含量随沼泽恢复时间而增加。即便如此，55 年后，修复的沼泽湿地所含的有机质含量仍低于该地区的天然沼泽湿地。这些研究及其他对重建或修复湿地的研究都表明，微生物过程相对来说发展较快，但有机质等总体的土壤特性需要几十年才能达到天然湿地的水平。

总的来说，内陆淡水沼泽湿地和盐沼湿地在修复后其生态系统发展变化很大，这与所采用的修复技术、种植植物或植被自然生长及水生生态系统的连通度有关。连通性差的沼泽湿地生态系统发展更缓慢。几年内，初级生产力等功能恢复相对较快，而植物物种组成的构建则较慢（表 5.4）。在农业用地区域中的湿地缺乏种子，且与天然沼泽湿地相对隔离，群落的物种丰富度发育尤为缓慢。一旦水文恢复、植被生长，修复湿地中水生大型无脊椎动物、两栖动物和鱼类等动物群开始出现。如果修复湿地具有了较高的植被覆盖率，湿地鸟类就会前来觅食。然而，鸟类能够在湿地中进行繁殖还需要更长的时间，这与植物群落的发展及其结构特征有关。修复湿地的分解过程和养分维持等生态系统功能的恢复也需要时间，当然，许多沼泽湿地恢复出有机肥沃的土壤很缓慢，大约需要几十年或更长时间。

表 5.4　内陆淡水沼泽湿地生态系统服务功能的建立与恢复

项目		恢复到与成熟天然湿地相当水平所需的时间/年
生产及栖息功能	初级生产力	1～3
	植物多样性	3～>20
	水生无脊椎动物	1～10
	两栖动物	2～20
	鱼类	5～10
湿地鸟类	摄食	3～5
	繁殖	3～20
调节功能	分解①	5～20
	养分（氮、磷）保留	>10
	土壤形成	10～100

①取决于重新恢复合适的水文条件

5.3.6　确保成功的关键

内陆沼泽湿地的成功修复在很大程度上取决于湿地所在地的历史和环境要素。农业景观中繁殖体缺乏、传播条件受限阻碍了植物的自然生长。特别是淡水沼泽湿地，极易受到虉草、香蒲、芦苇和千屈菜等外来物种的入侵，因此选择可抵御生物入侵的修复位置非常重要（见第 3 章）。应避免区域受到干扰，即避免裸露土壤接触到潜在的入侵物种（表 5.5），还应避免那些径流中含有大量营养物质（氮、磷）、过量沉积物和除冰盐等的区域，这些都会促进物种入侵（Miklovic and Galatowitsch，2005；Zedler and Kercher，2004）。确保修复湿地中没有入侵物种的繁殖体，并确保任何的修复活动，如添加的土壤有机质中不会将其引入。

表 5.5　确保成功的要点

项目	要点
区域	避免有土壤干扰（清理过的土地）或压力源（贫营养、盐碱化）的场地 避免包含无法消除压力源的场地，如富营养径流、泥沙淤积和盐碱化 根据需要重新引入干扰
施工注意事项	将场地设计为以开阔水域为中心区域，在周围形成同心圆一样植被地带的模式 开阔水域或湿地与高地之间设计缓坡 使用裂土器或凿行松土犁犁耕表层或地下土壤，以减少压实度（挖掘场地） 结合微地形特征 回填含有种子和土壤有机物的表层土，或添加有机物进行修复
种植考虑	依据淹水条件、水盐条件等不同环境要素来选择种子播撒和植物种植的适宜区域 防止水禽等食草动物破坏移栽的幼苗
保护	入侵物种的监测和清除 食草动物的监测和控制

将沼泽湿地进行分区，最终形成以开阔水域为中心区，在周围有同心圆一样的植被地带，并建造一个平缓的边坡，便于让陆生动物，特别是两栖动物靠近。若沼泽湿地是挖掘土壤所形成，则应使用裂土器或凿行松土犁进行犁耕，以减少土壤压实度。添加有机物或表层土等改良剂以改善土壤物理和营养特性（Whittecar and Daniels，1999）。考虑将微地形与土壤表层特征适当结合。

播撒种子或种植植物时，要选择适宜生境区域，需考虑淹没、干旱或半干旱、盐分含量等不同环境特点。幼苗比种子更昂贵，但也能更好地抵抗物种入侵。薹草等沼泽湿地的关键性物种，是沼泽化草甸和其他类型湿地的优势物种，需要进行种植。新移植的幼苗可能需要用网或临时围栏围挡，以防止被动物取食。在湿地系统发育稳定之前，需不断提高警惕，保护湿地不被入侵生物破坏，在早期阶段，可以动手移除入侵物种，然而，一旦入侵物种大量生长，则必须使用除草剂。在某些情况下，可能需要控制麝鼠和海狸鼠等食草动物种群和鹅等水禽的活动。

参 考 文 献

ALIEV F F, 1965. Dispersal of nutria in the USSR. Journal of mammalogy, 46: 101-102.

ALSFELD A J, BOWMAN J L, DELLER-JACOBS A, 2008. Effects of woody debris, microtopography, and organic matter amendments on the biotic community of constructed depressional wetlands. Biological conservation, 142: 247-255.

ANDERSON C J, COWELL B C, 2004. Mulching effects on the seasonally flooded zone of west-central Florida, USA, wetlands. Wetlands, 24: 811-819.

ANDERSON C J, MITSCH W J, NAIRN R W, 2005. Temporal and spatial development of surface soil conditions at two created riverine marshes. Journal of environmental quality, 34: 272-284.

ARONSON M F, GALATOWITSCH S M, 2008. Long-term vegetation development of restored prairie pothole wetlands. Wetlands, 28: 883-895.

ASHWORTH S M, 1997. Comparison between restored and reference sedge meadow wetlands in south-central Wisconsin. Wetlands, 17: 518-527.

ATKINSON R B, CAIRNS JR J, 2001. Plant decomposition and litter accumulation in depressional wetlands: functional performance of two wetland age classes that were created via excavation. Wetlands, 21: 354-362.

BAKKER J P, RUYTER J C, 1981. Effects of five years of grazing on salt-marsh vegetation. Vegetatio, 44: 81-100.

BALCOMBE C K, ANDERSON J T, FORTNEY R H, et al., 2005a. A comparison of plant communities of mitigation and reference wetlands in the mid-Appalachians. Wetlands, 25: 130-142.

BALCOMBE C K, ANDERSON J T, FORTNEY R H, et al., 2005b. Wildlife use of mitigation and reference wetlands in West Virginia. Ecological engineering, 25: 85-99.

BALLANTINE K, SCHNEIDER R, 2009. Fifty five years of soil development in restored freshwater depressional wetlands. Ecological applications, 19: 1467-1480.

BALLANTINE K A, LEHMANN J, SCHNEIDER R L, et al., 2015. Trade-offs between soil-based functions in wetlands restored with soil amendments of differing lability. Ecological applications, 25: 215-225.

BATT B J, ANDERSON M G, ANDERSON C D, et al., 1989. The use of prairie potholes by North American ducks//VAN DER VALK A. Northern prairie wetlands. Ames : Iowa State University: 204-227.

BEDFORD B L, 1996. The need to define hydrologic equivalence at the landscape scale for freshwater wetland mitigation. Ecological applications, 6: 57-68.

BERG M, JOYCE C, BURNSIDE N, 2012. Differential responses of abandoned wet grassland plant communities to reinstated cutting management. Hydrobiologia, 692: 83-97.

BERTANI A, BRAMBLILA I, MENEGUS F, 1980. Effect of anaerobiosis on rice seedlings: growth, metabolic rate, and rate of fermentation products. Journal of experimental botany, 3: 325-331.

BISHEL-MACHUNG L, BROOKS R P, YATES S S, et al., 1996. Soil properties of reference wetlands and wetland creation projects in Pennsylvania. Wetlands, 16: 532-544.

BOERS A M, FRIESWYK C B, VERHOEVEN J T A, et al., 2006. Contrasting approaches to the restoration of diverse vegetation in herbaceous wetlands//BOBBINK R, BELTMAN B, VERHOEVEN J T A, et al. Wetlands: Functioning, Biodiversity Conservation, and Restoration. Ecological Studies, vol. 191. Berlin: Springer-Verlag: 225-246.

BOSSIO D A, FLECK J A, SCOW K M, et al., 2006. Alteration of soil microbial communities and water quality in restored wetlands. Soil biology and biochemistry, 38: 1223-1233.

BROWN S C, BEDFORD B L, 1997. Restoration of wetland vegetation with transplanted wetland soil: an experimental study. Wetlands, 17: 424-437.

BROWN S C, SMITH C R, 1998. Breeding season bird use of recently restored versus natural wetlands in New York. Journal of wildlife management, 62: 1480-1491.

BRIX H, SORREL B K, ORR P T, 1992. Internal pressurization and convective gas flow in some emergent freshwater macrophytes. Limnology and oceanography, 37: 1420-1433.

BROOKS R P, WARDROP D H, COLE C A, et al., 2005. Are we purveyors of wetland homogeneity? A model of degradation and restoration to improve wetland mitigation performance. Ecological engineering, 24: 331-340.

BUDELSKY R A, GALATOWITSCH S M, 1999. Effects of moisture, temperature, and time on seed germination of five wetland Carices: implications for restoration. Restoration ecology, 7: 86-97.

BUDELSKY R A, GALATOWITSCH S M, 2000. Effects of water regime and competition on the establishment of a native sedge in restored wetlands. Journal of applied ecology, 37: 971-985.

BURDICK D M, MENDELSSOHN I A, 1990. Relation between anatomical and metabolic responses to soil waterlogging in the coastal grass Spartina patens. Journal of experimental botany, 41: 223-228.

CAMPBELL D A, COLE C A, BROOKS R P, 2002. A comparison of created and natural wetlands in Pennsylvania, USA. Wetlands ecology and management, 10: 41-49.

CARD S M, QUIDEAU S A, 2010. Microbial community structure in restored riparian soils of the Canadian prairie pothole region. Soil biology and biochemistry, 42: 1463-1471.

CARD S M, QUIDEAU S A, OH S W, 2010. Carbon characteristics in restored and reference riparian soils. Soil science society of America journal, 74: 1834-1843.

CHAPMAN V J, 1974. Salt Marshes and Salt Deserts of the World. New York: Interscience Press.

CHRISTENSEN N L, 1977. Fire and soil plant nutrient relations in a pine-wiregrass savanna on the coastal plain of North Carolina. Oecologia, 31: 27-44.

CHRISTENSEN N L, 1993. The effect of fire on nutrient cycles in longleaf pine ecosystems. Proceedings of the tall timbers fire ecology conference, 18: 205-214.

COLE C A, BROOKS R P, 2000. A comparison of the hydrologic characteristics of natural and created mainstem floodplain wetlands in Pennsylvania. Ecological engineering, 14: 221-231.

COLE C A, SHAFFER D, 2002. Section 404 wetland mitigation and permit success criteria in Pennsylvania, USA, 1986-1999. Environmental management, 30: 508-515.

COLE C A, BROOKS R P, WARDROP D H, 2001. Assessing the relationship between biomass and soil organic matter in created wetlands of central Pennsylvania, USA. Ecological engineering, 17: 423-428.

COMBROUX I C S, BORNETTE G, AMOROS C, 2002. Plant regenerative strategies after a major disturbance: the case of a riverine wetland restoration. Wetlands, 22: 234-246.

CONFER S R, NIERING W A, 1992. Comparison of created and natural freshwater emergent wetlands in Connecticut (USA). Wetlands ecology and management, 2: 143-156.

COWARDIN L M, CARTER V, GOLET F C, et al., 1979. Classification of Wetlands and Deepwater Habitats of the United States. Washington D. C.: U.S. Fish and Wildlife Service.

DACEY J W H, 1980. Internal winds in water lilies: an adaptation for life in anaerobic sediments. Science, 210: 1017-1019.

DAHL T E, 1990. Wetlands Losses in the United States 1780's to 1980's. Washington D. C.: U.S. Department of the Interior, Fish and Wildlife Service.

DAHL T E, 2011. Status and Trends of Wetlands in the Conterminous United States 2004 to 2009. Washington D. C.: U.S. Department of the Interior, Fish and Wildlife Service.

DEBERRY D A, PERRY J E, 2004. Primary succession in a created freshwater marsh. Castanea, 69: 185-193.

DELPHEY P J, DINSMORE J J, 1993. Breeding bird communities of recently restored and natural prairie potholes. Wetlands, 13: 200-206.

DE STEVEN D, SHARITZ R R, BARTON C D, 2010. Ecological outcomes and evaluation of success in passively restored southeastern depressional wetlands. Wetlands, 30: 1129-1140.

DE STEVEN D, SHARITZ R R, SINGER J H, et al., 2006. Testing a passive revegetation approach for restoring coastal plain depression wetlands. Restoration ecology, 14: 452-460.

DODSON S I, LILLIE R A, 2001. Zooplankton communities of restored depressional wetlands in Wisconsin, USA. Wetlands, 21: 292-300.

DONATH T W, HOZEL N, OTTE A, 2003. The impact of site conditions and seed dispersal on restoration success in alluvial meadows. Applied vegetation science, 6: 13-22.

DUNCAN C P, GROFFMAN P M, 1994. Comparing microbial parameters in natural and constructed wetlands. Journal of environmental quality, 23: 298-305.

EGLER F E, 1954. Vegetation science concepts I. Initial floristic composition. A factor in old field vegetation development. Vegetatio, 4: 412-417.

ERWIN K L, BEST G R, 1985. Marsh community development in a central Florida phosphate surface-mined reclaimed wetland. Wetlands, 5: 155-166.

ERWIN K L, BEST G R, DUNN W J, et al., 1985. Marsh and forest wetland reclamation of a central Florida phosphate mine. Wetlands, 4: 87-104.

ERWIN K L, SMITH C M, COX W R, et al., 1994. Successful construction of a freshwater herbaceous marsh in south Florida, USA//MITSCH W J. Global Wetlands: Old World and New. New York: Elsevier: 493-508.

EULISS JR N H, LABAUGH J W, FREDRICKSON L H, et al., 2004. The wetland continuum: a conceptual framework for interpreting biological studies. Wetlands, 24: 448-458.

EVANS J, 1970. About Nutria and Their Control. U.S. Department of the Interior. Bureau of Sport Fisheries and Wildlife. Resource Publication 86. Washington D. C.: U.S. Government Printing Office.

FENNESSY M S, ROKOSCH A, MACK J J, 2008. Patterns of plant decomposition and nutrient cycling in natural and created wetlands. Wetlands, 28: 300-310.

FINK D F, MITSCH W J, 2007. Hydrology and nutrient biogeochemistry in a created river diversion oxbow wetland. Ecological engineering, 30: 93-102.

GALATOWITSCH S M, 2006. Restoring prairie pothole wetlands: does the species pool concept offer decision-making guidance for re-vegetation? Applied vegetation science, 9: 261-270.

GALATOWITSCH S M, VAN DER VALK A G, 1996a. Characteristics of recently restored wetlands in the prairie pothole region. Wetlands, 16: 75-83.

GALATOWITSCH S M, VAN DER VALK A G, 1996b. The vegetation of restored and natural prairie wetlands. Ecological applications, 6: 102-112.

GALATOWITSCH S M, VAN DER VALK A G, 1996c. Vegetation and environmental conditions in recently restored wetlands in the prairie pothole region of the USA. Vegetatio, 126: 89-99.

GALATOWITSCH S M, ANDERSON N O, ASCHER P D, 1999. Invasiveness in wetland plants in temperate North America. Wetlands, 19: 733-755.

GLEASON R A, EULISS JR N H, HUBBARD D E, et al., 2004. Invertebrate egg banks of restored, natural and drained wetlands in the prairie pothole region of the United States. Wetlands, 24: 562-572.

GORHAM E, 1961. Factors influencing supply of major ions to inland waters, with special reference to the atmosphere. Geological society of america bulletin, 72: 795-840.

GUTRICH J J, TAYLOR K J, FENNESSY M S, 2009. Restoration of vegetation communities of created depressional wetlands in Ohio and Colorado (USA): the importance of initial effort for mitigation success. Ecological engineering, 35: 351-368.

GWIN S E, KENTULA M E, SCHAFFER P W, 1999. Evaluating the effects of wetland regulation through hydrogeomorphic classification and landscape profiles. Wetlands, 19: 477-489.

HANSSON L, BRONMARK C, NILSSON P A, et al., 2005. Conflicting demands on wetland ecosystem services: nutrient retention, biodiversity or both? Freshwater biology, 50: 705-714.

HARTZELL D, BIDWELL J R, DAVIS C A, 2007. A comparison of natural and created depressional wetlands in central Oklahoma using metrics from indices of biological integrity. Wetlands, 27: 794-805.

HEAVEN J B, GROSS F E, GANNON A T, 2003. Vegetation comparison of a natural and a created emergent marsh wetlands. Southeastern naturalist, 2: 195-206.

HOELTJE S M, COLE C A, 2009. Comparison of functions of created wetlands of two age classes in central Pennsylvania. Environmental management, 43: 597-608.

HOPPLE A, CRAFT C, 2013. Managed disturbance enhances biodiversity of restored wetlands in the agricultural Midwest. Ecological engineering, 61: 505-510.

HOSSLER K, BOUCHARD V, 2010. Soil development and establishment of carbon-based properties in created freshwater marshes. Ecological applications, 20: 539-553.

HOSSLER K, BOUCHARD V, FENNESSY M S, et al., Anemaet, E., Herbert, E., 2011. No-netloss not met for nutrient function in freshwater marshes: recommendations for wetland mitigation policies. Ecosphere, 2: 1-36.

JACKSON M B, 1985. Ethylene and responses of plants to soil waterlogging and submergence. Annual review of plant physiology, 36: 145-174.

JEFFERIES R L, JANO A P, ABRAHAM K M, 2006. A biotic agent promotes large-scale catastrophic change in the coastal marshes of Hudson Bay. Journal of ecology, 94: 234-242.

JINBO Z, CHANGCHUN S, SHENMIN W, 2007. Dynamics of soil organic carbon and its fractions after abandonment of cultivated wetlands in northeast China. Soil and tillage research, 96: 350-360.

JOYCE C B, 2014. Ecological consequences and restoration potential of abandoned wet grasslands. Ecological engineering, 66: 91-102.

JOYCE C B, WADE P M, 1998. European Wet Grasslands: Biodiversity, Management, and Restoration. New Jersey: John Wiley and Sons.

KELLOGG C H, BRIDGHAM S D, 2002. Colonization during early succession of restored freshwater marshes. Canadian journal of botany, 80: 176-185.

KETTENRING K M, GALATOWITSCH S M, 2007a. Temperature requirements for dormancy break and seed germination vary greatly among 14 wetland Carex species. Aquatic botany, 87: 209-220.

KETTENRING K M, GALATOWITSCH S M, 2007b. Tools for Carex revegetation in freshwater wetlands: understanding dormancy loss and germination temperature requirements. Plant ecology, 193: 157-169.

KETTENRING K M, GALATOWITSCH S M, 2011a. Carex seedling emergence in restored and natural prairie wetlands. Wetlands, 31: 273-281.

KETTENRING K M, GALATOWITSCH S M, 2011b. Seed rain of restored and natural prairie wetlands. Wetlands, 31: 283-294.

KETTENRING K M, GARDNER G, GALATOWITSCH S M, 2006. Effect of light on seed germination of eight wetland Carex species. Annals of botany, 98: 869-874.

KINLER N W, LINSCOMBE G, RAMSEY P R, 1987. Nutria//MOVAK M, OBBARD M E, MALLOCH B. Wild furbearer management and conservation in North America. Ontario. Ontario Ministry of Natural Resources: 327-343.

LABAUGH J W, 1989. Chemical characteristics of water in northern prairie pothole wetlands//VAN DER VALK A . Northern prairie wetlands. Ames, IA: Iowa State University: 56-90.

LANGSTON M A, KENT D M, 1997. Fish recruitment to a constructed wetland. Journal of freshwater ecology, 12: 123-129.

LEHTINEN R M, GALATOWITSCH S M, 2001. Colonization of restored wetlands by amphibians in Minnesota. American midland naturalist, 145: 388-396.

LIETCH J A, 1989. Politicoeconomic overview of prairie potholes//VAN DE V ALK A. Northern Prairie Wetlands. Ames, IA: Iowa State University Press: 2-14.

LIKENS G E, BORMANN F H, 1977. Biogeochemistry of a Forested Ecosystem. New York : Springer-Verlag.

LIVINGSTONE D A, 1963. Chapter G. chemical composition of rivers and lakes//FLEISCHER M. Data of geochemistry. Geological Survey Professional Paper 440-G. Washington D. C.: United States Government Printing Office.

LU J, WANG H, WANG W, et al., 2007. Vegetation and soil properties in restored wetlands near Lake Taihu, China. Hydrobiologia, 581: 151-159.

LUOTO M, PYKALA J, KUUSSAARI M, 2003. Decline of landscape-scale habitat and species diversity after the end of cattle grazing. Journal of nature conservation, 11: 171-178.

LYNCH J J, O'NEIL T, LAY D W, 1947. Management significance of damage by geese and muskrats to Gulf coast marshes. Journal of wildlife management, 11: 50-76.

MCKENNA JR, J E, 2003. Community metabolism during early development of a restored wetland. Wetlands, 23: 35-50.

MANCHESTER S, TREWEEK J, MOUNTFORD O, et al., 1998. Restoration of a target wet grassland community on ex-arable land//JOYCE C B, WADE P M. European Wet Grasslands: Biodiversity, Management, and Restoration. New Jersey: John Wiley and Sons: 277-294.

MAGEE T K, ERNEST T L, KENTULA M E, et al., 1999. Floristic comparison of freshwater wetlands in an urbanizing environment. Wetlands, 19: 517-534.

MAHANEY W M, WARDROP D H, BROOKS R H, 2004. Impacts of sedimentation and nitrogen enrichment on wetland plant community development. Plant ecology, 175: 227-243.

MARCHETTI M P, GARR M, SMITH A D H, 2010. Evaluating wetland restoration success using aquatic macroinvertebrate assemblages in the Sacramento Valley, California. Restoration ecology, 18: 457-466.

MARTON J M, FENNESSY M S, CRAFT C B, 2013a. Restoring nutrient removal and carbon sequestration in the Glaciated Interior Plains. Journal of environmental quality, 43: 409-417.

MARTON J M, FENNESSY M S, CRAFT C B, 2013b. The restoration of wetland ecosystem services by USDA conservation practices: an example from Ohio. Restoration ecology, 22: 117-124.

MATTHEWS J W, ENDRESS A G, 2010. Rate of succession in restored wetlands and the role of site context. Applied vegetation science, 13: 346-355.

MATTHEWS J W, SPYREAS G, 2010. Convergence and divergence in plant community trajectories as a framework for monitoring wetland restoration progress. Journal of applied ecology, 47: 1128-1136.

MAYER P M, GALATOWITSCH S M, 1999. Diatom communities as ecological indicators of recovery in restored prairie wetlands. Wetlands, 19: 765-774.

MENDELSSOHN I A, POSTEK J W, 1982. Elemental analysis of deposits on the roots of Spartina alterniflora

Loisel. American journal of botany, 69: 904-912.

MENDELSSOHN I A, MCKEE K L, PATRICK JR W H, 1981. Oxygen deficiency in Spartina alterniflora roots: metabolic adaptation to anoxia. Science, 214: 439-441.

MENZEL J M, MENZEL M A, KILGO J C, et al., 2005. Bat response to Carolina Bays and wetland restoration in the southeastern U.S. Coastal Plain. Wetlands, 25: 542-550.

MEYBECK M, 1979. Concentrations des eaux fluviales en elements majeurs et apports en solution aux oceans. Review de geologie dynamique et de geographie physique, 21: 215-246.

MEYER C K, WHILES M R, 2008. Macroinvertebrate communities in restored and natural Platte River slough wetlands. Journal of the North American benthological society, 27: 626-639.

MEYER C K, BAUER S G, WHILES M R, 2008a. Ecosystem recovery across a chronosequence of restored wetlands in the Platte River valley. Ecosystems, 11: 193-208.

MEYER C K, WHILES M R, BAER S G, 2008b. Plant community recovery following restoration in temporally variable riparian wetlands. Restoration ecology, 18: 52-64.

MIKLOVIC S, GALATOWITSCH S M, 2005. Effect of NaCl and *Typha angustifolia* L. on marsh community establishment: a greenhouse study. Wetlands, 25: 420-429.

MITSCH W J, WILSON R F, 1996. Improving the success of wetland creation and restoration with know-how, time, and self-design. Ecological applications, 6: 77-83.

MITSCH W J, WU X, NAIRN R W, et al, 1998. Creating and restoring wetlands: a whole-ecosystem experiment in self-design. Bioscience, 48: 1019-1030.

MOORE H H, NIERING W A, MARSICANO L J, et al., 1999. Vegetation change in created emergent wetlands (1988-1996) in Connecticut (USA). Wetlands ecology and management, 7: 177-191.

MOSER K F, AHN C, NOE G B, 2007. Characterization of microtopography and its influence on vegetation patterns in created wetlands. Wetlands, 27: 1081-1097.

MOSER K F, AHN C, NOE G B, 2009. The influence of microtopography on soil nutrients in created mitigation wetlands. Restoration ecology, 17: 641-651.

MULHOUSE J M, GALATOWITSCH S M, 2003. Revegetation of prairie pothole wetlands in the mid-continental US: twelve years post-flooding. Plant ecology, 169: 143-159.

MURKIN H R, MURKIN E J, BALL J P, 1997. Avian habitat selection and wetland dynamics: a 10-year experiment. Ecological applications, 7: 1144-1159.

NAIR V D, GRAETZ D A, REDDY K R, et al., 2001. Soil development in phosphate-mined created wetlands of Florida, USA. Wetlands, 21: 232-239.

NEDLAND T S, WOLF A, REED T, 2007. A reexamination of restored wetlands in Manitowoc County, Wisconsin. Wetlands, 27: 999-1015.

NOON K F, 1996. A model of created wetland primary succession. Landscape and urban planning, 34: 97-123.

ODUM W E, SMITH III T J, HOOVER J K, et al., 1984. The Ecology of Tidal Freshwater Marshes of the United States East Coast: A Community Profile. Washington D.C.: U.S. Fish and Wildlife Service.

O'CONNELL J L, JOHNSON L A, BEAS B A, et al., 2013. Predicting dispersal limitation in plants: optimizing planting decisions for isolated wetland restoration in agricultural landscapes. Biological conservation, 159: 343-354.

O'NEAL B J, HESKE E J, STAFFORD J D, 2008. Waterbird response to wetlands restored through the conservation reserve enhancement program. Journal of wildlife management, 72: 654-664.

O'NEIL T, 1949. The Muskrat in the Louisiana Coastal Marshes. New Orleans, LA: Louisiana Department of Wildlife and Fisheries.

PALMISANO A W, 1972. Habitat preference of waterfowl and fur animals in the northern Gulf coast marshes// Proceedings of the Coastal Marsh and Estuary Management Symposium. Baton Rouge, LA: Louisiana State University: 163-190.

PARIKH A, GALE N, 1998. Vegetation monitoring of created dune swale wetlands, V andenberg Air Force Base, California. Restoration ecology, 6: 83-93.

PFEIFER-MEISTER L, ROY B A, JOHNSON B R, et al., 2012a. Dominance of native grasses leads to community convergence in wetland restoration. Plant ecology, 213: 637-647.

PFEIFER-MEISTER L, JOHNSON B R, ROY B A, et al., 2012b. Restoring wetland prairies: tradeoffs among native plant cover, community composition, and ecosystem functioning. Ecosphere, 3: 1-19.

REINARTZ J A, WARNE E L, 1993. Development of vegetation in small created wetlands in southeastern Wisconsin. Wetlands, 13: 153-164.

ROWE J C, GARCIA T S, 2014. Impacts of wetland restoration efforts on an amphibian assemblage in a multi-invader community. Wetlands, 34: 141-153.

SCHAICH H, RUDNER M, KONOLD W, 2010. Short-term impact of river restoration and grazing on floodplain vegetation in Luxembourg. Agriculture, ecosystems, and environment, 139: 142-149.

SCHLESINGER W H, 1978. Community structure, dynamics and nutrient cycling in the Okefenokee swamp-forest. Ecological monographs, 48: 43-65.

SEABLOOM E W, VAN DER V ALK A G, 2003. Plant diversity, composition and invasion of restored and natural prairie pothole wetlands: implications for restoration. Wetlands, 23: 1-12.

SHAFFER P W, ERNST T L, 1999. Distribution of soil organic matter in freshwater emergent/open water wetlands in the Portland, Oregon metropolitan area. Wetlands, 19: 505-516.

SHAFFER P W, KENTULA M E, GWIN S E, 1999. Characterization of wetland hydrology using hydrogeomorphic classification. Wetlands, 19: 490-504.

SHAW S P, FREDINE C G, 1956. Wetlands of the United States: Their Extent and Their Value to Other Wildlife. Circular 39. Washington D. C.: United States Department of the Interior, Fish and Wildlife Service.

SHULSE C D, SEMLITSCH R D, TRAUTH K M, et al., 2012. Testing wetland features to increase amphibian success and species richness for mitigation and restoration. Ecological applications, 22: 1675-1688.

SPIELES D J, 2005. Vegetation development in created, restored, and enhanced mitigation wetland banks of the United States. Wetlands, 25: 51-63.

STANCZAK M, KEIPER J B, 2004. Benthic invertebrates in created and adjacent natural wetlands in northeastern Ohio, USA. Wetlands, 24: 212-218.

STAUFFER A L, BROOKS R P, 1997. Plant and soil responses to salvaged marsh surface and organic matter amendments at a created wetland in central Pennsylvania. Wetlands, 17: 90-105.

STEVENS C E, DIAMOND A W, GABOR T S, 2002. Anuran call surveys on small wetlands in Prince Edward Island, Canada restored by dredging of sediments. Wetlands, 22: 90-99.

STEVENS C E, GABOR T S, DIAMOND A W, 2003. Use of restored small wetlands by breeding waterfowl in Prince Edward Island, Canada. Restoration ecology, 11: 3-12.

STEWART R E, KANTRUD H A, 1971. Classification of Natural Ponds and Lakes in the Glaciated Prairie Region. U.S. Department of the Interior. Fish and Wildlife Service. Washington D.C.: Bureau of Sport Fisheries and Wildlife.

STEWART R E, KANTRUD H A, 1972. Vegetation of Prairie Potholes, North Dakota, in Relation to Quality of Water and Other Environmental Factors. Washington D.C.: U.S. Geological Survey Professional.

STRASKRABOVA J, PRACH K, 1998. Five years of restoration of alluvial meadows: a case study from Central Europe//JOYCE C B, WADE P M. European Wet Grasslands: Biodiversity, Management, and Restoration. New Jersey: John Wiley and Sons: 295-303.

STREEVER W J, CRISMAN T L, 1993. A comparison of fish populations from natural and constructed freshwater marshes in central Florida. Journal of freshwater ecology, 8: 149-153.

STREEVER B, ZEDLER J, 2000. To plant or not to plant. Bioscience, 50: 188-189.

STREEVER W J, PORTIER K M, CRISMAN T L., 1996. A comparison of dipterans from ten created and ten natural wetlands. Wetlands, 16: 416-428.

SUTTON-GRIER A, HO M, RICHARDSON C J, 2009. Organic amendments improve soil conditions and denitrification in a restored riparian wetland. Wetlands, 29: 343-352.

TALLOWIN J, KIRKHAM F, SMITH R, et al., 1998. Residual effects of phosphorus fertilization on the restoration of floristic diversity to wet grassland//JOYCE C B, WADE P M. European Wet Grasslands: Biodiversity, Management, and Restoration. New Jersey: John Wiley and Sons: 249-263.

TAYLOR J, MIDDLETON B A, 2004. Comparison of litter decomposition in a natural versus coalslurry pond reclaimed as wetland. Land degradation and development, 15: 439-446.

TEAL J M, KANWISHER J W, 1966. Gas transport in the marsh grass, Spartina alterniflora. Journal of experimental botany, 17: 355-361.

VAN DER V ALK A G, 1981. Succession in wetlands: a Gleasonian approach. Ecology, 62: 688-696.

VAN DER V ALK A G, 1982. Succession in temperate North America wetlands//GOPAL B, TURNER R E, WETZEL R G, et al. Wetlands Ecology and Management. Jaipur: National Institute of Ecology and International Scientific Publications: 169-179.

VAN DER V ALK A G, BREMHOLM T L, GORDON E, 1999. The restoration of sedge meadows: seed viability, seed germination requirements, and seedling growth of Carex species. Wetlands, 19: 756-764.

VANREES-SIEWERT K L, DINSMORE J J, 1996. Influence of wetland age on bird use of restored wetlands in Iowa. Wetlands, 16: 577-582.

VOIGTS D K, 1976. Aquatic invertebrate abundance in relation to changing marsh vegetation. American midland naturalist, 95: 312-322.

WANG G, MIDDLETON B, JIANG M, 2013. Restoration potential of sedge meadows in hand- cultivated fields in northeastern China. Restoration ecology, 21: 801-808.

WAMPLE R L, REID D M, 1979. The role of endogenous auxins and ethylene in the formation of adventitious roots and hypocotyls hypertrophy in flooded sunflower plants (*Helianthus annuus* L.). Physiologia plantarum, 45: 219-226.

WELLER M W, 1978. Management of freshwater marshes for wildlife//GOOD R E, WHIGHAM D F, SIMPSON R L. Freshwater wetlands: ecological processes and management potentia. New York: Academic Press: 267-284.

WELLER W W, 1994. Freshwater Marshes: Ecology and Wildlife Management. Minneapolis, MN: University of Minnesota Press.

WHELAN R J, 1995. The Ecology of Fire. Cambridge: Cambridge University Press.

WHIGHAM D F, PITTEK M, HOFFMOCKEL K H, et al., 2002. Biomass and nutrient dynamics in restored wetlands on the outer coastal plain of Maryland, USA. Wetlands, 22: 562-574.

WHITTECAR G R, DANIELS W L, 1999. Use of hydrogeomorphic concepts to design created wetlands in southeastern Virginia. Geomorphology, 31: 355-371.

WOLF K L, AHN C, NOE G B, 2011. Development of soil properties and nitrogen cycling in created wetlands. Wetlands, 31: 699-712.

ZEDLER J B, KERCHER S, 2004. Causes and consequences of invasive plants in wetlands: opportunities, opportunists, and outcomes. Critical reviews in plant sciences, 23: 431-452.

第6章 森林湿地

6.1 引　　言

森林湿地和内陆湿地一样，由许多不同的植物群落组成，具有多种水文周期与水源特征。森林湿地分布于多种地貌或景观中，或沿着溪流和河流，或在洼地和平原上。河滨带林地分布于河流的源头和次级河流，其大部分的水资源来自邻近地表径流（Brinson，1993）。河滨带林地是否具有第 2 章“定义”中描述的湿地水文、水生植物、水生土壤的特征，取决于淹水的频率和持续时间。洪泛林地位于更大的溪流和高级河流，其水量大多来自漫滩洪水（Brinson，1993），其淹水的时间长于河滨带林地（图 6.1）。

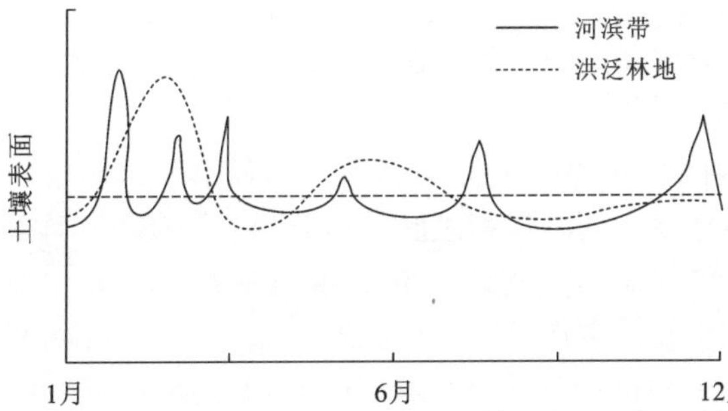

图 6.1　水位图展示了河滨带和洪泛林地洪水的深度、周期、频率和季节性

河滨带和洪泛林地从河流源头直到下游的汇集水域、湖泊和河口呈纵向连续分布[图 6.2（a）]。河滨带林地是从流域输送物质的一个短暂的汇[图 6.2（b）]，特别是累积的沉积物和磷。流域较低的洪泛林地可作为从陆地到海洋物质输出过程中长期的输送汇[图 6.2（b）]。

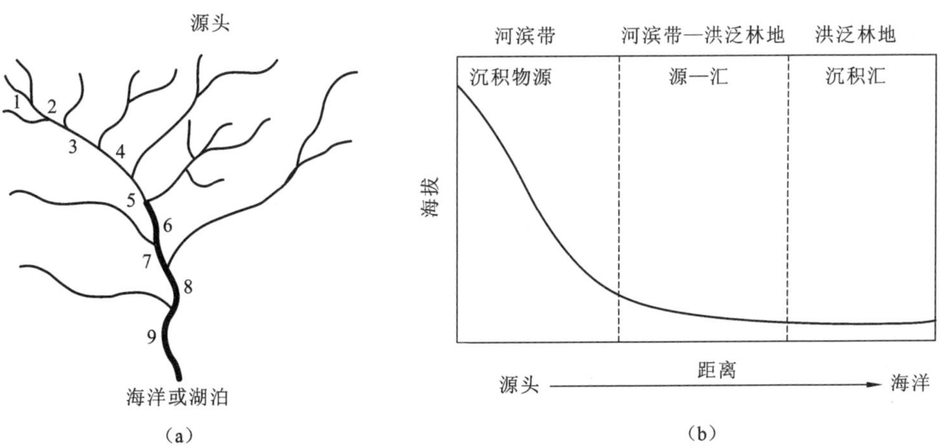

图 6.2　（a）流域的鸟瞰图展示了溪流的布局，低阶溪流位于水源和上游流域，数量和规模不断增加。扩大后，高阶溪流在流域下游汇集形成河流。（b）从源头到汇集水体在海拔和森林湿地（河滨带、洪泛林地）的普遍变化

洪泛林地及小范围的河滨带，都暴露在周期性的河流洪水脉冲中。Junk 等（1989）提出的洪水脉冲概念指出可预测的洪水事件形成了河流及与之相关的陆地和湿地栖息地的生物物理特征。在以河滨带林地为主的次级河流上，洪水的脉冲是短暂而不可预测的。在上一级河流上，洪水脉冲的持续时间长且可预测。在某一流域范围内，洪水脉冲一般在每年的同一时间出现，这与当地气候模式有关，如季风或“春季”融雪（Junk et al.，1989）。洪水脉冲的概念是 Odum（1969）研究脉冲范式的产物，他首次用其描述滨海盐沼中潮汐的可预测脉动，之后又描述了淡水沼泽如美国佛罗里达州“大沼泽”随干湿季节的变化而升降的水位。洪泛林地季节性的“洪水脉冲”通过补充土壤水分、创造干湿交替循环、促进好氧-厌氧分解和硝化-反硝化等耦合过程，对维持自身和其他洪泛湿地的高生产力和活力非常重要。淡水沼泽的干涸阶段与之类似（Weller，1978），是许多森林湿地物种种子萌发的关键因素（Middleton，2002，1999）。

河滨带和洪泛林地的植被类型与塑造地貌和水文条件的河流过程密切相关。Hupp 和 Osterkamp（1985）调查了美国弗吉尼亚州帕西奇溪的洪泛林地植被分布，确定了四种河流地貌：沉积沙坝、河道隔断（堤坝）、洪泛区和台田，每一种地貌上的植被都是不同的。土壤性质对植被组成的影响弱于河流地貌，这也支持了水文及其相关扰动脉冲驱动植物群落发展的观点。

河滨带和洪泛林地因与陆地和水生生态系统都有很强的联系，且对拦沙除肥非常重要，因此恢复它们非常重要。河滨带和洪泛林地充当着短期沉积库和长期泥沙存储地等功能，储存了陆地总产沙量的 14%～58%（Phillips，1989）。Kleiss（1996）的研究指出，洪泛区阔叶林的泥沙淤积主要发生在洪泛区最底层，即洪泛区最低处的内陆，而不是天然堤岸上。距主河道的距离、淹水持续时间、树木基茎面积都是增加沉积物积累的因素（Bannister et al.，2014；Kleiss，1996）。湿地和河道之间的连通性同样决定养分氮和磷的去除。在具有自然水文条件的洪泛区，氮、磷的沉积量大于连通性受堤坝限制的洪泛区（Noe and Hupp，2005）。当沉积物在河滨带和洪泛林地中累积，大量的磷被吸收去除。利用河滨带植被过滤作用可以作为一种修复管理措施，已被广泛用于减少农田磷的输出（Sharpley et al.，2000；Lowrance et al.，1986）。农田排放的 50%～80%沉积物被附近河滨带林地拦截，农田排放磷的大约 50%随沉积物沉降（Daniels and Gilliam，1996；Cooper and Gilliam，1987）。

沉积物中也累积了土壤有机质和氮。研究估计，每年在洪泛区土壤中大约有 1～8 g N/m^2 和 0.1～1.5 g P/m^2 被埋（Bannister et al.，2014；Craft and Casey，2000）。

河滨带还通过反硝化作用去除了土壤汇集的大量氮。河滨带的修复经常为反硝化去除农业用地浅层地下水中的氮（Mitsch et al.，2001；Sidle et al.，2000；Verchot et al.，1997；Hill，1996；Pinay et al.，1993；Jacobs and Gilliam，1985；Lowrance et al.，1984）。在高硝酸盐负荷的地区反硝化速率为 3～4(g N/m^2)/a（NRC，2000），甚至更高[13(g N/m^2)/a]（Walbridge and Lockaby，1994；Brinson et al.，1984）。反硝化作用与土壤含水率呈正相关，排水性差的土壤比一些排水良好的土壤表现出更强的反硝化作用（Clement et al.，2002；Groffman et al.，1992），反硝化也与土壤中的有机质含量呈正相关（Marton et al.，2014；Clement et al.，2002）。同时，洪泛林地也是反硝化作用发生的重要场所。Ullah 和 Faulkner（2006）比较了包括森林湿地、草本植物为主的湿地，植被覆盖和未覆盖的沟渠，以及农田在内的各种土地利用中的反硝化潜力，得出森林湿地的脱氮率最高。植被覆盖、潮湿且含有细颗粒（黏质）土壤的洪泛林地的共同特征是具有很高的反硝化速率。

6.1.1 河滨带林地

河滨带位于河流和陆地的交界处（图 6.3）。“河滨”一词在《韦氏辞典》的定义是位于天然河道（如河流）的岸区（http://www.merriam-webster.com）。美国国家研究委员会（National Research Council，2002）对河滨带的定义如下。

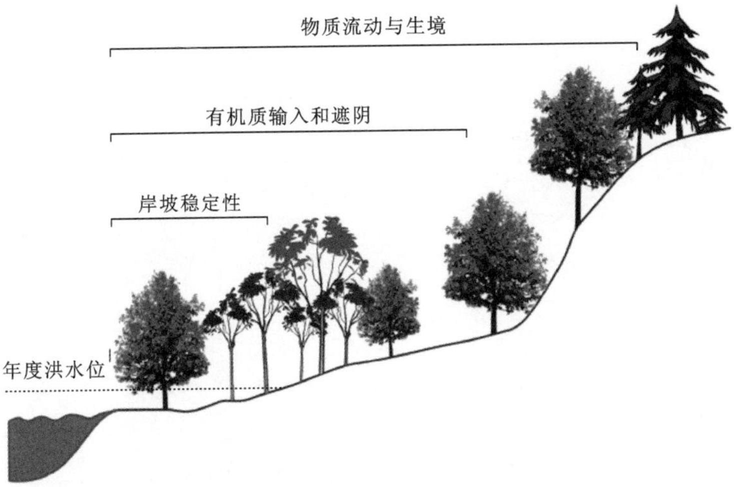

图 6.3 河岸地区的横断面显示了不同植被所提供的生境、有机质输入和河岸稳定性过程（Ilhardt et al.，2000）

河滨带是陆地和水生生态系统之间的过渡带，有其独特的生物物理条件，生态过程和生物群落梯度。河滨带是水体与相邻高地之间地表水和地下水水文特征连通的区域，河滨带对陆地生态系统与水生生态系统间的能量和物质交换起到重要影响。河滨带与永久河、季节河、湖泊和河口海岸线相毗邻。

河滨带可以描述为陆地和水生生态系统之间的过渡区、群落交错带、边缘或边界。Naiman 和 Decamps（1997）将河滨带描述为类似于调节相邻环境斑块之间能量和物质流动的半透膜。河滨带通常长且曲折，与河流平行，并且具有较大的边面积比以便促进能量和物质的交换和利用。

河滨带林地遮住了溪流，抑制水温的波动（NRC，2002）。它们为河流群落提供有机物质（落叶）、过滤养分和沉积物，并为物种的迁移和扩散提供通道（Naiman and Decamps，1997；Vannote et al.，1980）。作为通道，他们有助于维持区域生物多样性（Naiman et al.，1993）。河滨带林地的不同部分提供了不同的功能（图 6.3）：与河流相邻的树木保持了河岸的稳定性；靠近河道的部分遮蔽了河流，同时枯枝落叶等凋落物增加了河流中的有机质含量，促进河流中的异养过程；整个区域的树木发挥调节物质流动的作用，包括拦截沉积物和养分，并为物种迁移扩散提供廊道和栖息地。一级河流上的河滨带林地是景观中特别重要的元素，它们支持了高水平的生物多样性，相比于其他类型湿地受到人类活动的影响更大（Whigham，1999）。

河滨带林地由许多物种组成，尽管几种常见属几乎总代表了各种的气候和地理区（表 6.1），包括杨树（*Populus*）、柳树（*Salix*）、梧桐（*Platanus*）、桤木（*Alnus*）和桦树（*Betula*）。由于河滨带林地与其他生态系统的紧密连接，入侵物种经常在河滨带林地聚集。人为干扰如放牧、渠道化及地表水和地下水抽取引起的水文改变（主要是干旱）促进了入侵。在美国西南部干旱地区和其他干旱地区内，柽柳（*Tamarix*）、胡颓子（*Eleagnus*）和其他入侵物种已经大范围扩张（NRC，2002）。

表 6.1　美国东部、西南部、西北部和阿拉斯加常见河滨带树种（NRC，2002；Stromberg，2001；Brinson et al.，1981）

东部	西南部	西北部[①]	阿拉斯加
银白槭 *Acer saccharinum*	长叶桤木 *Alnus oblongofolia*	红桤木 *Alnus rubra*	香桤木 *Alnus crispa*
红桤木 *Alnus serrulata*	悬铃木 *Platanus wrightii*	细叶桤木 *Alnus tenuifolia*	南桦 *Betula nana*
黑桦 *Betula nigra*	佛蒙特杨 *Populus fremontii*	狭叶杨 *Populus angustifolia*	红柳 *Salix alaxensis*
美洲黑杨 *Populus deltoides*	小叶石楠 *Prosopsis juliflora*	美洲山杨 *Populus tremuloides*	杨柳 *Salix arbuculoides*
杨树 *P. heterophylla*	凤仙花 *Prosopsis pubensens*	毛果杨 *Populus trichocarpa*	灰蓝柳 *Salix glauca*
美国梧桐 *Platanus occidentalis*	沙柳 *Salix bonplandiana*	斯考勒氏柳 *Salix scouleriana*	绵毛柳 *Salix lanata*
黑柳 *Salix nigra*	古丁氏柳 *Salix goodingii*		沙柳 *Salix pulchra*
	沙枣[②] *Eleagnus angustifolia*		
	柽柳[②] *Tamarix pentandra*		
	柽柳[②] *Tamarix chiensis*		

①包括落基山脉；②入侵物种

6.1.2　洪泛林地

高阶溪流和河流上都有洪泛林地，洪泛林地最常见于降水量超过蒸散发量的地区，即使在较干燥的气候时期，它们也可以由上游雨水和融雪产生的洪水脉冲来维持。《韦氏辞典》（http://www.merriam-Webster.com）将洪泛湿地定义为低洼、平坦、沿河或溪流可能被洪水淹没的区域。本书中将洪泛湿地的定义细化为包括河道漫滩上能够被洪水淹没的林地，即洪泛林地。

洪泛林地在不同宽度的冲积台地上延伸，具体取决于河流大小及其地貌特征（图 6.4）。洪泛林地由不同年份的台地组成，最新的或最低的台地最靠近河道，被天然形成的堤坝隔开。最低的台地每年被淹没数次，一次被淹没数周至数月。研究发现台地随着时间和高度的增加逐渐远离河道，它们被淹没的频率较低且持续时间较短，淹没深度也较小。洪泛湿地经常保留了故道特征，几乎永久淹没，且专性水生植物为优势物种。

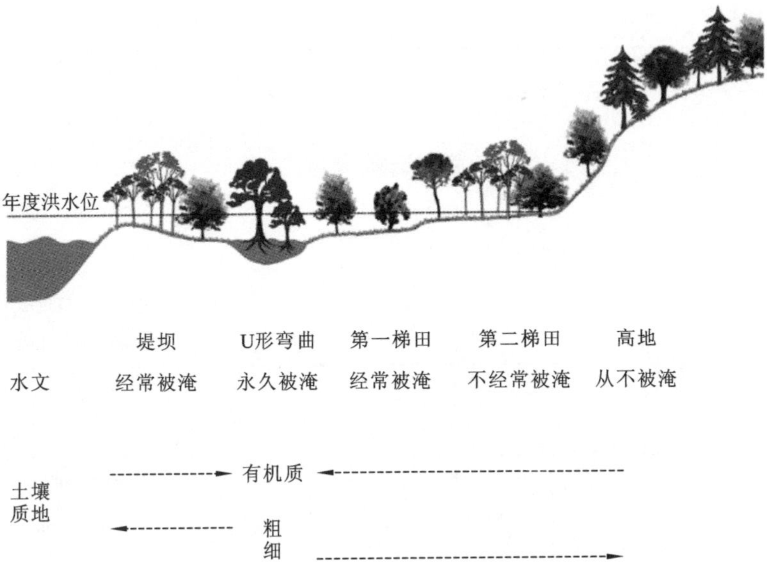

图 6.4 洪泛林地地形及年均洪水脉动水位的剖面图

不同的乔木群落占据着不同的生境区域，这些区域随着洪水水位与持续时间而变化。关于地形和生境类型的详细说明见正文

具有不同生境、堤坝、台地和故道等的洪泛湿地其水动力条件有所差异。河堤漫滩洪水十分活跃，而故道中的洪水则较为平静。水动力的差异导致了土壤性质的不同，堤坝区域包含更多粗糙的基质，如沙子（Faulkner et al.，2011）。较细的土壤颗粒、淤泥和黏土通常随着距河道距离的增加而增加，特别是低洼区域（Bannister et al.，2014；Hodges，1997）。洪泛湿地中故道区域和其他低洼区域的土壤有机质含量相对更高（Bannister et al.，2014；Wharton et al.，1982）。

水文周期也是影响洪泛湿地中植物群落构建的重要因素。在美国东南部和中西部，沙柳、悬铃木、桦木和杨树等树种在堤坝上很常见（表 6.2）（Wharton et al.，1982）；故道区域中主要是专性水生植物，如落羽杉属（*Taxodium*）和蓝果树属（*Nyssa*）的植物；台地中拥有物种丰度最高的植物群落，较低的台地主要有槭树（*Acer*）、白蜡树（*Fraxinus*）、枫香树（*Liquidambar*）、栎树[*Quercus*（oak）]和山核桃[*Carya*（hickory）]，更高更干燥的台地有橡树等其他物种。在洪泛湿地之上的高地区域，以山毛榉（*Fagus*）、鹅掌楸（*Liriodendron*）、松树（*Pinus*）和橡树等中生植物为主。

表 6.2 美国东南部与中西部洪泛湿地及其邻近高地的常见树种

类型	物种	拉丁名
堤坝	黑桦	*Betula nigra*
	美洲黑杨	*Populus deltoids*
	杨树	*Populus heterophylla*
	美国梧桐	*Platanus occidentalis*
	黑柳	*Salix nigra*
低层台地	红槭木	*Acer rubrum*
	银白槭	*Acer saccharinum*
	水山核桃	*Carya aquatica*

续表

类型	物种	拉丁名
低层台地	糖朴	*Celtis laevigata*
	宾夕法尼亚白蜡	*Fraxinus pennsylvanicus*
	北美枫香	*Liquidambar styraciflua*
	二花紫树	*Nyssa biflora*
	琴叶栎	*Quercus lyrata*
	美洲榆	*Ulmus americanus*
故道	水紫树	*Nyssa aquatica*
	落羽杉	*Taxodium distichum*
上层台地	红槭木	*Acer rubrum*
	银白槭	*Acer saccharinum*
	北美枫香	*Liquidambar styraciflua*
	二花紫树	*Nyssa biflora*
	密丘栎	*Quercus michauxii*
	黑栎	*Quercus nigra*
	柳叶栎	*Quercus phellos*
高地	加拿大紫荆	*Cercis Canadensis*
	大花四照花	*Cornus florida*
	山毛榉	*Fagus grandifolia*
	鹅掌楸	*Liriodendon tulipifera*
	火炬松	*Pinus taeda*
	野黑樱桃	*Prunus serotina*
	白橡木	*Quercus alba*
	弗吉尼亚栎	*Quercus virginiana*

6.1.3 森林湿地栖息地

河滨带林地是两栖动物，特别是蝾螈的重要栖息地，Crawford 和 Semlitsch（2007）评估了美国北卡罗来纳州西部河流中滋生的 4 种蝾螈所需的湿地宽度，移动范围最远的物种能够到达距离溪流 43 m 的位置，基于此，建议湿地宽度应包括 93 m 的缓冲宽度，43 m 的物种活动范围，以及额外 50 m 的范围以缓冲边界效应。对缓冲区和海龟栖息地的研究建议需要 73 m 的缓冲宽度来支持它们的筑巢和冬眠（Burke and Gibbons，1995）。

洪泛林地是迁徙鸣禽尤其是新热带界候鸟的重要栖息地。迁徙鸣禽停歇在美国海湾沿岸以补充秋季和春季迁徙期间耗尽的能量储备，尤其喜好栖息在以水橡木（*Quercus nigra*）、蓝果树（*Nyssa biflora*）和北美枫香（*Liquidambar styraciflua*）等硬木林为主的洪泛林地（Brittain et al.，2010；Buler et al.，2007），并需要大面积的洪泛林地斑块来支持群落健康稳定。硬木森林的覆盖量，尤其是半径 5 km 内的林木数量是决定迁徙鸟类密度的最重要因素（Buler et al.，2007）。Wakeley 和 Roberts（1996）比较了阿肯色州卡奇河的洪泛林地的湿度梯度上鸣禽密度的变化，研究选择了 4 个不同的栖息地，以蓝果树和美国水松为主的故道区域，以及以琴叶栎-水栎，纳氏栎-柳栎-北美枫香，北美枫香-水栎-山核桃为主的台地，水紫树-美国水松为主的区域中鸟类的物种数比其他三个区域少很多。烟囱褐雨燕（*Chaetura pelagica*），远洋莺（*Protonotaria citrea*）和大朱捕鸟（*Myiarchus critinus*）更偏好湿润的图水紫树-美国水松林地，而玫红丽唐纳雀（*Piranga rubra*）和红眼莺雀（*Vireo olivaceus*）则更喜好台地。总的来说，洪泛林地中鸣禽群落的多样性与树种多样性、冠层盖度和中间林层密度呈正相关（Twedt et al.，1999）。

洪泛区和河滨带森林湿地为许多哺乳动物提供了栖息地，林中的小型哺乳动物包括鼩、鼹鼠、蝙蝠、松鼠、兔子、浣熊、水貂，水獭等（DeGraaf and Yamasaki，2000）。哺乳动物，如鹿、驼鹿和熊等则需要像洪泛林地等大型完整的森林（Faulkner et al.，2011）。

6.1.4 森林湿地的丧失

河滨带和洪泛林地提供了许多物理、化学和生物功能，但当这些生态系统转换为其他土地利用类型时其生态功能便会丧失（表 6.3）。自然植物岸线的损失导致河流变窄、生态服务功能营养过程在内等丧失（Sweeney et al.，2004）。森林湿地遭受了巨大损失的案例随处可见，在美国中南部的密西西比冲积河谷，森林覆盖率不足洪泛区域的 25%（Twedt and Loesch，1999），而过去洪泛区域是完全被森林所覆盖的，其中农业排水是森林湿地破坏的主要原因。剩余的森林支离破碎，面积很小，不到 100 个斑块。而只有面积足够大，超过 4 000 hm^2，才能保证鸟类（Twedt and Loesch，1999）和大型哺乳动物维持足够自我繁衍的密度。

表 6.3 河滨带和洪泛林地的物理、化学和生物功能

	河滨带林地	洪泛林地
物理	岸坡稳定	洪水蓄水
化学	泥沙淤积	泥沙淤积
	除磷	除磷
	除氮（埋藏、反硝化）	除氮（埋藏、反硝化）
生物	遮阴	
	碎屑（落叶层，粗糙的木屑）	栖息地——候鸟
	爬行动物栖息地	——大型哺乳动物
	栖息地廊道（生物扩散）	栖息地廊道

因为人类活动，如农业和城镇化对毗邻溪流和水道的开发，河滨带林地的损失更大。据 Swift（1984）估计，在欧洲移民之前，美国 48 个州有 3 000 万～4 000 万 hm^2 的河岸栖息地，目前仅剩 1 000 万～1 400 万 hm^2，其中密西西比河三角洲、农业开垦的中西部、沙漠化的西南部和加利福尼亚州的损失最大。在中西部，河滨带栖息地损失达到 70%～95%（Willard et al.，1989）；加利福尼亚州、亚利桑那州和新墨西哥州的河滨带林地减少了 85%～95%，大部分是由放牧造成的（NRC，2002）。据估计，在过去 200 年中，欧洲已损失了 80%的河岸栖息地（Naiman et al.，1993）。在世界范围内，造成这些损失的原因包括水坝

的建造、岸线硬质化、河流渠道化、堤防建设、地下水和地表水资源开采及植被砍伐（NRC，2002；Goodwin et al.，1997；Brinson et al.，1981）。出于河滨带和洪泛林地对河流水质和整体河流健康价值的考虑，森林湿地生态系统的恢复目前受到了高度重视（NRC，2001）。

6.2 理　　论

河滨带和洪泛林地演替本质上是自然状态下的同种演替或 Gleason“个体”演替，其结构取决于林地与洪水脉冲的相对高差。演替的聚集原则或环境筛模型对于洪水影响下的森林湿地最为适用（见第 3 章），洪水的深度、持续时间、频率和时机决定了物种组成及其稳定性。堤防对水动力条件具有很强的扰动，周期性强烈的漫堤洪水使堤外森林湿地演替处于早期阶段。河流故道由于几乎永久性淹水，只有 10 年或 10 年以上一遇的干旱期或极低流量期间，个别物种才会有定植的机会。因为淹水和干旱的交替循环使有机质氧化，土壤中有机质难以累积，并且间歇式洪水也将泥沙输送并分散到土壤表面，使土壤处于演替的早期阶段。

Keddy（2010）指出洪水、沉积和干扰是洪泛湿地物种繁衍的主导因素，因此洪泛湿地几乎不存在自发演替。Toner 和 Keddy（1997）发现，加拿大河滨带湿地和洪泛湿地中决定植被组成的是洪水泛滥的时间而不是洪水的深度或频率。同种演替在淹水强烈但短暂的河滨带尤为重要。在美国西南部干旱地区，受到长期淹水后水位回落和沉积物大量沉积（＞1 m）的影响高能洪水，使演替回到一个更早的阶段（Stromberg and Chew，2002）。低能洪水沉积的泥沙要少得多（1～10 cm），洪水退却的速度也更快，因此演替退化程度较少。Beavers 指出，砍树和筑坝造成的水文周期增加，是森林湿地和河滨带的重要干扰因素（Middleton，1999）。

通过自然演替恢复洪泛区域和河滨带区域的过程是随机的，依赖于偶然事件的不确定性。Trowbridge（2007）比较了美国加利福尼亚州两个恢复后的洪泛湿地，在 1995～1997 年，将漫滩与河流重新连通并引入季节性洪水。Trowbridge 对植物群落长达 6 年（2000～2005 年）的监测显示出两条不同的恢复轨迹。在一个区域上，植物群落随着时间的推移变得更加相似，而在另一个区域，长期观测样方中的植被发现这些植被变得差异更大。Trowbridge（2007）提出，洪泛湿地植物群落的构成是随机的，简单地恢复物理过程（即水文）不一定会恢复到期望的群落。非生物因素，如洪水频率的差异、沉积作用、土壤和干扰历史，这些非生物因素相互作用产生了组成和结构不同的洪泛林地（图 6.5）。

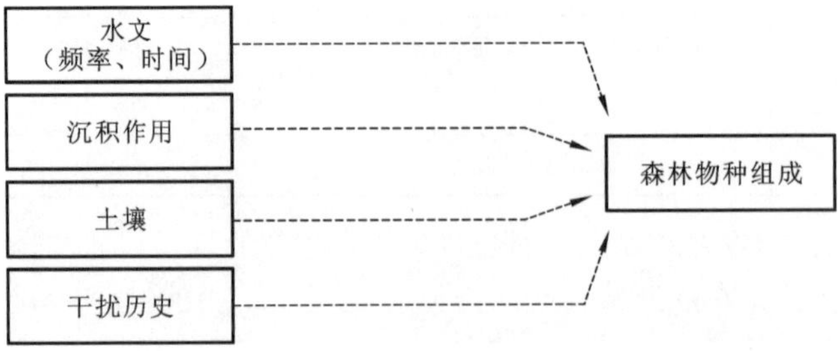

图 6.5　驱动洪泛林地和河滨带林地同种演替的非生物因素

Hodges（1997）描述了美国南部和东南部受洪水和沉积作用驱动的洪泛森林的三种演替模式。在永久性洪水泛滥的地区，几乎没有沉积物，优势群落主要是水紫树-美国水松，这些区域的演替停止，可能会使森林在 200～300 年内保持不变。在低海拔排水不良的地区，沉积减缓甚至停止演替，而在高海拔排水良好的地区，演替沿着陆域森林的方向进行。

洪泛区和河滨带森林特别容易受到外来物种的入侵。频繁的自然干扰、与其他生态系统的高度连通性及河岸的人为干扰，使这些区域为植物定植提供了良好条件。有许多诸如此类的植物，包括干旱地区的盐杉（NRC，2002），温带地区的禾本科植物[如柔枝莠竹（*Microstegium vimineum*）]和灌木[如胡颓子（*Elaeagnus* spp.）和女贞（*Lagustrum* spp.）]（Hoand Richardson，2013；Osland et al.，2009；Vidra et al.，2006），以及城市中园艺引种植物如英国常春藤（*Hedera helix*）、小蔓长春花（*Vinca minor*）和日本忍冬（*Lonicera japonica*）。

6.3 实　践

早期森林湿地恢复项目以木材生产和造林为主。在20世纪40年代的美国，湿地树木被种植在水位起伏的蓄水池边缘，用作木材（Silker，1948）的如水松（*Taxodium distichum*）、水紫树（*Nyssa aquatica*）、美国红梣（*Fraxinus pennsylvanica*）、甜胶树（*L.Styracifula*）、梧桐树（*Platanus occidenalis*）、大西洋白雪松（*Chamacyparis thyoides*）和橡树（*Quercus nigra*、*Quercus phellos*）等物种，并就物种特定高度和洪水状况给出了种植建议（Silker，1948）。目前森林湿地的恢复被广泛实施，常采用的措施是通过将洪泛湿地与河流或溪流重新连通来修复水文条件，然后播种或种植木本物种。在农业用地上，利用插板立管等控制结构重新恢复水文要素，并增加微地形特征（Tweedy and Evans，2001）。对伐木和收割等干扰，经常采用的措施是进行植物再种植。河滨带的修复是重建河滨带森林植被以稳定河岸和改善水质（Vellidis et al.，2003，1994；NRC，2002，1992）。

在美国，如保护区规划和湿地保护区规划等政府项目将修复洪泛区和河滨带森林的重点放在重新造林。为了恢复密西西比州冲积河谷，在那里进行了大量排水并采伐了低洼地区林木，开展了大量恢复工作（Faulkner et al.，2011）。历史上洪泛森林从伊利诺伊州南部一直延伸到路易斯安那州海岸，是北美最大的连片洪泛森林（Haynes，2004），如今，它的面积减少了90%（Faulkner et al.，2011）。在密西西比州冲积河谷，通过恢复水文条件及播种/种植本地物种，已经恢复了41 000多公顷的湿地。该地区超过15 000 hm^2的河滨带森林缓冲区已通过天然和人工重建本地乔木和灌木群而得以恢复（Faulkner et al.，2011），其中大部分位于边缘或废弃的农业用地上（Twedt，2004；Toliver，1986）。

在欧洲，森林湿地是通过将河流与其洪泛区和河滨带重新连通来恢复的。在丹麦，河流的弯曲化是为了将河滨带湿地与其河道连通，以改善水质（Hoffman et al.，2011；Pederson et al.，2007）。在欧洲大型河流如罗纳河（Henry et al.，2002）、莱茵河（Cals et al.，1998）和多瑙河（Tockner et al.，1998）中，已努力将河流与洪泛区重新连通，为濒危动植物提供栖息地。例如，在多瑙河上，653种维管植物中16%的物种和19种两栖动物中的50%需要洪泛区栖息地（Tockner et al.，1998）。修复工作包括将河流故道与主河道重新连通，疏浚泥沙以减少富营养化，以及修复河岸和海岸带（Acreman et al.，2007；Cals et al.，1998）。在英国、荷兰、意大利和其他地方，还对较小的河流进行了河流和洪泛湿地修复（Mant and Janes，2006）。1980年代世界自然基金会（World Wide Fund for Nature）在洪泛湿地合理利用项目支持下开始对多处河流进行修复，并得到欧盟生命环境规划的支持（Zockler，2000）。日本同样开展了洪泛湿地的修复工作（Yoshimura et al.，2005）。由于人口密度大，城市化程度高，洪泛湿地被大量稻田耕地开垦，加上陡峭的山地地形，日本面临比其他国家更大的挑战（Nakamura et al.，2006）。

在美国，河流和洪泛湿地连通性的大规模修复最好的案例是佛罗里达州的基西梅河和科罗拉多河。基西梅河的修复内容包括恢复 70 km 的河道，并将其与 11 000 hm^2 洪泛湿地进行连通（Toth et al.，2002）。这条河流于 1962～1971 年改道，目前正在进行修复，目的是恢复洪泛湿地植被和生物群落，包括水生无脊椎动物、两栖动物、爬行动物、鱼类及鸟类群落。在科罗拉多河，大峡谷上游的格伦峡谷大坝的水量调度被用来修复沙洲及河滨带濒危物种的栖息地，包括卡纳布琥珀蜗牛（*Kanab ambersnail*）、弓背鲦鱼（*humpback chub*）和西南柳树鹟鹟（*southwestern willow flycatcher*）（Pennisi，2004；Cohn，2001；Wuethrich，1998）。大坝建设后洪水持续时间和深度的减少改善了河滨带栖息地（Webb et al.，1999），但以杨树和柳树为主的原生河滨带植被消失，取而代之的是入侵物种多枝柽柳（*Tamarix ramosissima*）（Cohn，2001）。1996～2004 年鲍威尔湖进行了水和沉积物的释放，被调控的洪水将河滨带草本植被掩埋在 1 m 或 1 m 以上的沙地下，但对河滨带木本植被几乎没有负面影响（Stevens et al.，2001）。如果没有每年或每几年释放的水量和充足的沉积物，沿着河流的河滨带栖息地的永久性恢复不会成功。

与草本湿地如浅水草本沼泽相比，森林湿地的恢复更为困难。这很大程度上是因为形成一个成熟的森林需要很长的时间，而且也难以在某些区域恢复到合适的水文条件。Brown 和 Veneman（2001）的报道说明，在美国马萨诸塞州，受损湿地中的 71%是森林湿地，通过减轻损失的措施恢复了 39%的非湿地、37%的沼泽化草甸和 24%的其他湿地类型。Robb（2002）报道了美国印第安纳州森林湿地恢复项目的结果，森林湿地的恢复失败率为 71%。这些研究强调了恢复森林湿地的困难，并指出必须保护现有的湿地。

6.3.1 洪泛林地

一旦重新引入洪水条件，修复措施通常包括通过直接播种和种植（King and Keeland，1999；Allen，1990）。通常种植裸根苗木[图 6.6（a）]（King and Keeland，1999），并主要种植硬杆、大种子物种如栎树，以改善野生动物栖息地并加速演替（Haynes，2004；Schoenholtz et al.，2001；Clewell and Lea，1989）。然而，这种种植方式通常导致森林老化、物种多样性降低（Faulkner et al.，2011）。最新的恢复措施包括混合种植大种子、小种子和轻种子物种，如美国红梣（*Fraxinus pennsylvanica*）、落羽杉（*T. distichum*）[图 6.6（b）]和山核桃（*Carya aquatica*），以达到更自然的再生过程（Schoenholtz et al.，2001）。

（a）　　　　　　　　　　　　（b）

图 6.6　（a）佐治亚州 Penholloway 沼泽中麦克米伦溪种植落羽杉幼苗。（b）种植 8 年后的同一位置的恢复情况

（a）由 Mark Jicha 提供

对不同种植技术如直接播种与裸根苗和种植季节的研究表明，各种植技术或种植季节的效果没有明显的区别（Schoenholtz et al.，2001）。然而其他研究显示，种植裸根苗尽管比直接播种更昂贵，但总体上在植被建立和生长上具有优势（Haynes，2004；Allen，1990），并且幼苗种植也会产生高度更高和直径更大的林木。Allen（1990）比较了亚祖河上 4～8 年直接播种和裸根苗种植的橡树，种植裸根苗林的生长高度和直径明显高于直接播种林。播种苗木生长不良的主要原因是草本植被层过密，阻碍了苗木的生长发育。相反，种植的幼苗很少受到来自草本植物竞争的影响（McLeod et al.，2000）。此外，在育苗过程中的环境因素，包括生长季节的干旱，种植后的晚冻、高温、积水，以及啮齿动物、兔子或鹿的植食，都会影响幼苗和幼树的生长（Haynes and Moore，1988）。

恢复区植被的自然繁衍通常仅限于白蜡树（*Fraxinus*）、枫香（*Liquidambar*）和其他产生轻种子的物种（Twedt，2004；Shear et al.，1996；Allen，1990），这些物种极大地减缓了森林群落物种多样性的发展。研究表明，即使在 25～50 年后，也不能期望依靠自然产生混合物种的森林（Haynes，2004；Allen，1997）。在距离现有洪泛区森林 60 m 以上的区域尤其如此。Twedt（2004）提出，为了增加森林物种多样性，需要在林冠郁闭期间增加种植物种的多样性并且适当间伐树木。Allen（1997）建议，应实施减缓林冠郁闭速度并为自然繁殖创造更多机会以增强林木物种多样性。这些做法包括直接播种，而不是移栽，留下空隙并种植大重量种子的物种，如不常种植的山核桃（*Carya*）。

自然繁殖依赖于有利的种子萌发条件。洪水和沉积作用是影响种子萌发和建立洪泛区（Keddy，2010；Pierce and King，2007；Middleton，1999）与河滨带（Brooks，2005）植被的两个干扰因素。不同的物种对这些干扰的响应不同。在温室实验中，Walls 等（2005）评价了洪水和沉积作用对红枫（*Acer rubrum*）、美国红梣（*Fraxinus pennsylvanica*）和栓皮栎（*Quercus palustris*）三种河滨带树木萌发和幼树生长的影响。洪水和沉积作用都延迟了美国红梣和栓皮栎的发芽，但只有栓皮栎的萌发率降低（图 6.7）。2 岁幼树的生长不受周期性淹水的影响，但连续淹水和泥沙沉淀联合作用降低了幼树的生长。沉积作用也导致三种植物产生不定根。Pierce 和 King（2007）评价了淹水（0 天、15 天、30 天）、沉降厚度（2 cm、8 cm）和沉积物类型（表土、沙）对两种栎树种子萌发的影响。栎树幼苗的萌发率随淹水持续时长而增加。与之相反，沼泽栗栎（*Quercus michauxii*）幼苗在 30 天淹水处理中的发芽率下降。沉降是次要的影响因素，其主要影响是降低了幼苗的高度。总之，这些研究突出了同种异体漫滩森林中演替的性质。

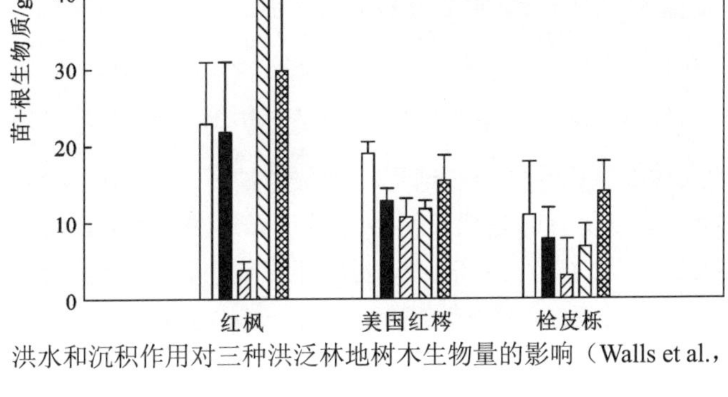

图 6.7　洪水和沉积作用对三种洪泛林地树木生物量的影响（Walls et al.，2005）

用稳定河岸和种植植被两种方法来恢复河滨带林地。在岸坡种植柳树（*Salix*）用于河岸稳定（NRC，1992），而单一和多种树种的种植用于恢复表 6.3 中所述的功能。在美国东部和中西部，种植的树种包括红枫、银白槭（*Acer saccharinum*）、桦树（*Betula nigra*）、北美枫香（*L.styraciflua*）、美国红岑（*Fraxinus pennsylanica*）、山楂（*Crataegus* sp.）和其他物种（Niswander and Mitsch，1995；Willard et al.，1989）。在美国干旱和半干旱地区，种植了柳树、三角叶杨（*Populus fremontii*）、梧桐（*Platanus wrightii*）、牧豆树（*Prosopsis* spp.）、绒毛白蜡（Fraxinus velutina）和魁胡桃（*Juglans major*）（Carothers et al.，1990）。

通常，用 1 gal①盆栽植物用于种植。沿着河岸，河流与农田之间，或者在河滨林地相邻区域种植树苗。恢复缓冲区的宽度取决于可用的土地，尽管更宽的缓冲区（≥100 m）有利于提供扩散廊道和支持候鸟，但通常认为缓冲区需要至少 15 m（50 ft）来保护溪流（NRC，2002；Castelle et al.，1994）。

6.3.2 微地形的重要性

洪泛林地和其他森林湿地的特征是具有明显的微地形，由凸微地形和凹微地形组成（Day et al.，2007；Barry et al.，1996）。这些特征对地表高程和淹没程度影响很大。Bledsoe 和 Shear（2000）发现，在北卡罗来纳州的洪泛林地中，仅仅 10 cm 的高程变化会导致生长季节 20%的淹水频率差异。微地形为植物群落（Titus，1990）、土壤（Stolt et al.，2001）、植物生产力和生物地球化学过程（Schilling and Lockaby，2005）提供了空间变异性，增强了植物物种多样性和养分循环（Bannister et al.，2014；Courtwright and Findley，2011）。凸微地形和其他较高海拔的微型生境是建立木本物种的重要地带（Vivian-Smith，1997；Titus，1990）（图 6.8）。

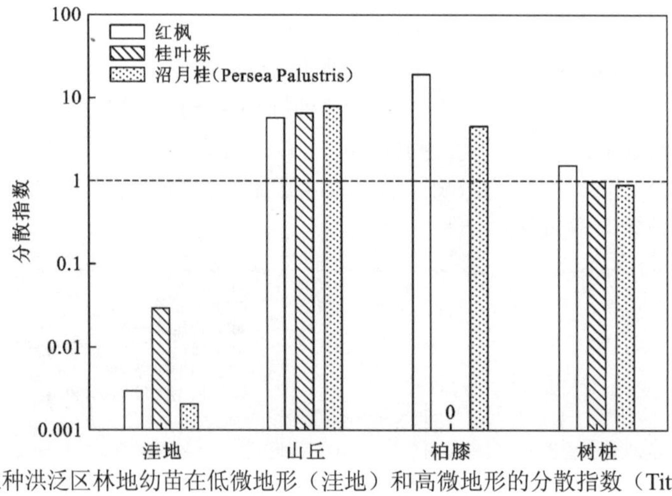

图 6.8　三种洪泛区林地幼苗在低微地形（洼地）和高微地形的分散指数（Titus，1990）

当分散指数大于 1 时，表明该物种在给定的微地形站点上的数量过多；分散指数小于 1 表示代表性不足

创建和恢复的森林湿地往往缺乏微地形，导致植被、土壤和微生物过程的空间变异性降低。这是农业排水的结果，有时是梯田耕种等活动导致的（Unghire et al.，2011）。Bruland 和 Richardson（2005b）比较了北卡罗来纳州创建和恢复的森林湿地与天然森林湿地土壤性

① 1 gal ≈ 3.785 L

质的空间变异性。与创建和恢复的森林湿地相比，天然森林湿地在堆积密度、土壤有机质和土壤 pH 方面具有更精细的变化。微生物过程如反硝化潜力在天然森林湿地具有明显的空间差异性，这与土壤中硝酸盐的空间分布有关（Bruland et al.，2006）。

引入微地形会导致水文、土壤温度和养分循环的空间变化更大。在北卡罗来纳州农田恢复的森林湿地中，粗糙的土壤表面形成的微地形导致水从当地流出率减少 30%（Tweedy and Evans，2001）。Bruland 和 Richardson（2005a）比较了一个具有 3 年恢复历史的森林湿地的水文、植被和养分循环，其中引入了微地貌景观、山丘地、洼地和平地。相对于未引入微地貌景观的恢复区域，相对于山丘地，平地具有更湿冷的土壤条件特征，洼地的地上植物生物量也更大，这是因为生长了更多的草本植物。在淹没较少的山丘地上，木本植被的繁衍和物种丰富度更大，产生相对于洼地更富氧的土壤环境。山丘地土壤中的硝酸盐和铵含量也较高。这些研究阐明了微地形在恢复森林湿地的群落结构和生态系统功能的重要性。

6.3.3 改良方案

改良方案有时用于加速森林湿地的生态系统发育。大多数包括添加表层土壤以增加土壤有机质并提高土壤肥力。Bruland 和 Richardson（2004）评估了表土添加对弗吉尼亚州森林湿地的影响，表土添加增加了土壤有机质、水分含量和磷吸附能力。Bailey 等（2007）比较了同一地区森林湿地的有机质负荷率。以 0～336 mg/hm^2 的比率添加堆肥木材和落叶等垃圾。土壤有机碳、总氮和有效磷随着添加量的增加而增加。湿地木本物种的最佳添加比率为适中的 112 Mg/hm^2。较高的添加比例和添加速率增加了土壤表面高度并促进了陆地树木的生长。改良方案对木本物种的多样性没有影响。Bailey 等（2007）表明，中间速率提供了额外的土壤养分而不会增加地表高度，避免淹没减少使土壤变干。类似的研究还有 Bruland 等（2009）评估了有机质负荷增加对水质改善功能、微生物生物量、反硝化和磷吸附的影响。微生物生物量随有机物添加呈线性增加，而反硝化在中等负荷时达到峰值（图 6.9）。相反，磷吸附随着有机物的添加而降低。

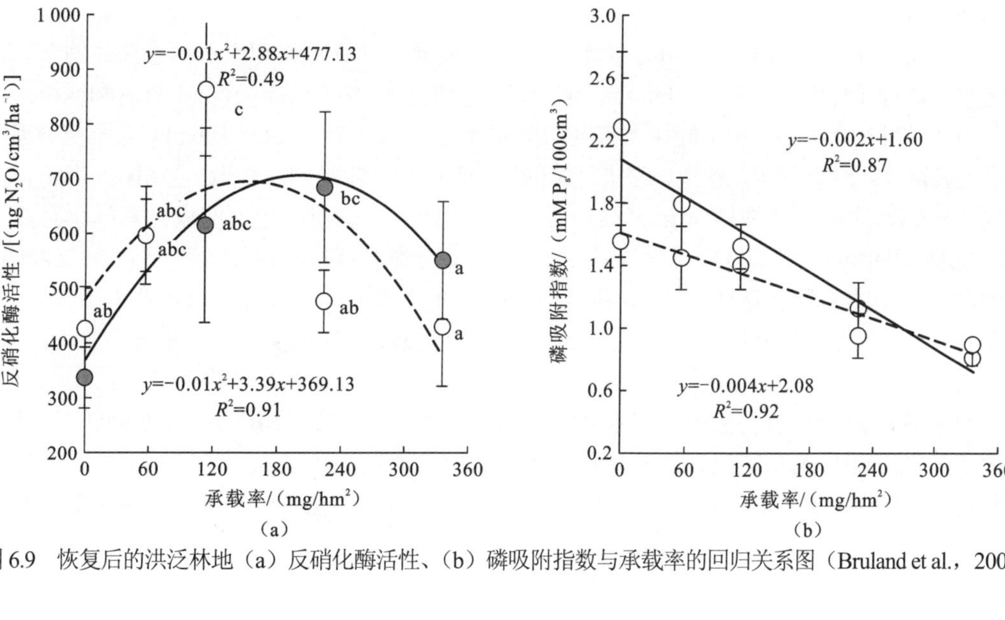

图 6.9　恢复后的洪泛林地（a）反硝化酶活性、（b）磷吸附指数与承载率的回归关系图（Bruland et al.，2009）

向恢复的河岸湿地添加有机质（堆肥）改良剂的研究产生了类似的结果。添加堆肥增强了土壤养分和微生物过程，包括反硝化作用，但植被的响应有限（Sutton-Grier et al.，2009）。综上研究所示，表土和有机质的增加加速了生态系统的发育，但不同的服务功能反应不同。理想情况下，适量地实施表层土壤改良能保证一些功能的最优化而不会损害其他功能。

6.3.4 生态系统发育

众所周知，木本植物生长的速度很慢。种植的幼苗在潮湿但未淹水的土壤上生长状态最佳。Niswander 和 Mitsch（1995）评估了俄亥俄州一个具有两年历史的人工林湿地上的木本幼树的建立。该湿地种植了多种物种：红桤木（*A. rubrum*）、银白槭、黑桦（*B. nigra*）、美国红梣、北美枫香、紫树（*Nyssa sylvatica*）和水橡树。两年后，除种植在积水的树苗，其他大多数都活着。

对新建和恢复的森林的研究表明，迅速增加的生物量与年轻的堆积天然林类似。Clewell（1999）比较了佛罗里达州开垦的磷酸盐矿山上建造了 11 年的森林湿地的植被和土壤。11 年后，种植的树木，包括槭属、梣属（*Fraxinus*）、枫香树属（*Liquidambar*）、栎属（*Quercus*）和落羽杉属（*Taxodium*），在该区域占主导地位。一些树木高达 12.5 m，一些产生了种子和幼苗。该湿地已经形成了健康的地表覆盖层及表土层和初期底土层。恢复湿地中 73%的木本和草本物种在附近的森林中可以发现。Battaglia 等（2002）定期评估了路易斯安那州东北部 16 年前建立在废弃农田上的森林湿地。该湿地种植了许多种橡树和山核桃及秃树。16 年后，森林以洋白蜡树（*Fraxinus pennsylvanica*）为主，其种子从堤坝上的树木中散落，种植的物种存在但不常见。树木的高度 3～5 m。Shear 等（1996）比较了种植 50 年的洪泛林地和自然繁殖的年龄相似的肯塔基州西部成熟的森林。人工种植和自然繁殖的森林的地上生物量（181～194 t/hm^2）比成熟森林更少（239 t/hm^2）。人工种植和自然繁殖的森林具有更高的生物量累积速率，这表明森林的碳汇功能很快就会达到与成熟森林相当的水平。然而，森林组成是不同的，因为恢复的森林缺乏支持野生动物栖息所需的重型种子树种如橡树和山核桃。这些研究表明，重型种子物种如橡树和山核桃等难以迁移到当地，或者难以达到种植条件。

Oelbermann 和 Gordon（2000）对加拿大安大略省南部恢复林和天然河岸森林的溪流凋落物输入进行了比较。1985～1990 年，河岸地区种植了醛木（*Alnus* spp.）、杨树和枫树。测量了 1996 年和 1997 年三种不同树木密度和缓冲带宽度（2～5 m，50～100 m）及种植处理中不同的凋落物。结果表明，较宽、密集种植的缓冲带区域产生的凋落物最多[161(g/m^2)/a]，但它仅占成熟河岸林凋落物[314(g/m^2)/a]的约 50%。建立具有封闭冠层的成熟森林也有益于河流生物。Parkyn 等（2003）使用定量大型无脊椎动物群落指数比较了新西兰 2～24 年种植的河岸林中的大型无脊椎动物。成熟河岸林的存在改善了大型无脊椎动物群落指数评分，但即使在 24 年历史的森林中，也不足以缓冲温暖的溪流温度，以支持高质量的“清洁水”大型无脊椎动物组成。

许多森林湿地在过去保留传统农业实践的农田上得到恢复。Bruland 等（2003）评估了一个具有两年历史的森林湿地的植被和土壤，该湿地通过停止农业，填充 3 300 m 的沟渠和种植 192 000 株木本幼苗而恢复。该地有 250 hm^2，历史上是一个孤立的卡罗来纳湾森林湿地，其中的一部分从 20 世纪 60 年代开始排水种植。该地种植了许多湿地物种，包括秃树、水紫树、加罗林白蜡树（*Fraxinus caroliniana*）和一些橡树物种。两年后，该湿地符合当地湿地的定义（见第 2 章）。然而，相对于卡罗来纳湾，恢复地的土壤含有高堆积密度、pH、磷和碱阳离子（Ca^{2+}、Mg^{2+}），反映了过去农业活动的化学残留。

当土壤回流时，在农田旧址上的湿地恢复往往会导致磷输出。在许多森林和沼泽修复中都观察到这种现象，包括佛罗里达州（Pant and Reddy，2003；D'Angelo and Reddy，1994）、俄勒冈州（Aldous et al.，2005）和北卡罗来纳州（Ardon et al.，2010b）的项目。在北卡罗莱纳州，2007 年通过填沟渠、种植树苗和安装水控制结构恢复的一大片 440 hm^2 的森林湿地输出大量的磷酸盐，尤其是在夏季干旱期间（Ardon et al.，2010a）。有研究称所有遗留磷被释放可能要过十多年（Ardon et al.，2010a）。

恢复的洪泛林地土壤中的有机质含量通常低于天然森林，这是因为许多湿地在排水和过去种植的农田上被修复。Bruland 和 Richardson（2006）比较了 11 个在北卡罗来纳州建立和恢复的森林湿地和成对的自然森林湿地中的有机质。天然森林湿地（约 30%）比建立和恢复森林湿地（12%）含有将近三倍的有机质。天然林中也比恢复的森林含有更多的无机氮、铵盐、硝酸盐（Bruland et al.，2006）。Stolt 等（2000）比较了弗吉尼亚州 3 个恢复 4～7 年的人工森林湿地和自然对照湿地的土壤。人工森林湿地土壤有机碳、氮含量低于自然对照湿地。人工湿地土壤中阳离子交换容量、粉土和黏土的含量也较低。印第安纳州一处恢复了 10 年的河岸森林，尽管与该地区的天然森林水文条件相似，但其土壤有机质含量低于天然森林的土壤有机质含量（Vidon et al.，2014）。不同的是，Hunter 等（2008）报告指出，在路易斯安那州密西西比河冲积层中，恢复年限较短（4～7 年）的洪泛区森林与天然森林的土壤有机碳和氮含量没有差异。

根据时间序列研究，自恢复以来，土壤中的有机质和氮随时间增加而增加。Wigginton 等（2000）比较了南卡罗来纳州 7 年、9 年和 11 年恢复的低地阔叶林和 75 年的天然林的土壤碳。土壤碳（0～0.7 m 深）从 7 年生森林的 15.6 kg/m^2 增加到 11 年生森林的 23.3 kg/m^2，但仍明显低于成熟森林的碳含量（55.9 kg/m^2）。Stanturf 等（2001）报道了土壤有机碳从 2%增加到 3.5%的时间顺序为 5～8 年、18～25 年的纳塔栎（坚果栎 *Quercus nuttalli*）及 60 年的密西西比州冲积河谷天然林。

有机质的增加导致微生物活性和养分（磷）的保留。D'Angelo 等（2005）比较了肯塔基州西部早期演替恢复森林和 8 个后期演替洼地洪泛区林地的土壤碳、水分和微生物活性。恢复林凋落物和土壤碳含量、含水率、微生物呼吸和微生物生物量均低于成熟森林。森林土壤微生物活性的降低是因为水分的含量降低，湿润时间短，厌氧微生物活性低。D'Angelo（2005）比较了同一幼龄（<10 年）恢复洪泛平原森林和成熟洪泛平原森林的磷吸收。天然林对磷的吸附量较大，这是由土壤中有机质含量高和有机结合铝所致。使用 ^{31}P 核磁共振波谱，Sundareshwar 等（2009）发现有机形式的磷（单酯、聚酯、聚磷酸盐）随着森林恢复年龄的增长而增加。

Hunter 和 Faulkner（2001）及 Hunter 等（2008）比较了种植恢复的 5～10 年人工洪泛林地和天然洪泛区森林的异养微生物活性和反硝化潜力。一些区域恢复了水文，但其他区域没有恢复。与水文恢复的人工洪泛林地和天然洪泛林地相比，未重新引入水文的恢复林地的反硝化潜力显著降低，沉积物沉积量减少（Hunter et al.，2008；Hunter and Faulkner，2001）。相比黏灰水文，水文恢复的人工洪泛林地天然洪泛林地和具有 97～104 洪水/饱和的相似水文条件的人工洪泛林地和天然洪泛林地之间的反硝化作用没有区别（Hunter et al.，2008）。各地区的异养微生物总活性差异不显著。美国东南部和中西部的研究表明，新近恢复的河岸林土壤中的反硝化作用也与天然河岸林相当（Marton et al.，2014；Lowrance et al.，1995）。这些研究共同表明，随着水文的重新引入和充足的有机质，厌氧微生物过程如反硝化作用迅速恢复。

关于恢复的洪泛林地和河岸林地的无脊椎动物的参考案例信息有限。Ettema 等（1998）在格鲁吉亚一个恢复 3 年的河岸森林中测量了线虫的密度和多样性。发现了丰富多样的线虫种群，鉴定出 68 个类群，每平方米有 10 000～1 000 000 个个体。

两栖爬行动物能很快利用恢复的森林湿地的相关池塘。Petranka 等（2003a，2003b）将 22 个人工池塘湿地与北卡罗来纳州西部的对照池塘进行了比较。基于两种物种（木蛙、林蛙，斑点蝾螈、斑囊蟾蜍）的卵团表现，在填充后几个月内观察到繁殖种群（Petranak et al.，2003b）。恢复池塘和对照池塘的幼鱼产量没有差异。在填充的第一年，丰度和物种丰富度与池塘大小、深度和水文周期呈正相关（Petranaka et al.，2003a）。尽管这些区域在地理上与其他种群隔离，但是一些池塘的恢复有利于种群的长期存在，即便该区域遭受了多年的干旱影响（Petranka et al.，2007）。

在一定时间内，森林湿地的恢复促进爬行动物的显著利用。Gibbons 等（2006）监测了美国南卡罗来纳州埃伦顿湾和卡罗莱纳湾 10 hm^2 森林的两栖青蛙、蟾蜍和蝾螈。在 1951 年之前，这里是一块农田，种植棉花、花生和玉米。从 1951 年起，农田被遗弃，湿地及其周围的陆地开始自然发展，共鉴定出 24 种两栖动物，个体数量（＞36 万）和生物量（＞1 400 kg）也十分显著。这项研究阐明了两个关键点：①孤立的森林湿地及其相关的河岸缓冲区是两栖爬行动物的重要栖息地；②森林湿地-高地复合体的恢复使两栖爬行动物的生产力和生物多样性都恢复到较高水平。

森林湿地的建立和恢复为鸟类提供迅速可利用的栖息环境，但毫无疑问，幼林和成熟森林湿地之间群落结构不同，以及种植不同植物导致形成的植物物种群落结构组成也不同。Twedt 等（2002）比较了鸟类对恢复 2～10 年的湿地的利用情况，在密西西比州冲积河谷中种植了快速生长的美洲黑杨（*Populus deltoides*）或生长较慢的橡树。美洲黑杨的快速垂直生长很快产生了一个具有相当结构的森林，与橡树相比，它产生了更大的物种丰富度和多样性。在弗吉尼亚州的一项研究中，Snell-Rood 和 Cristol（2003）比较了恢复 8 年的人工洪泛区森林和成熟洪泛区对照森林的鸟类群落。六种人工森林的物种丰富度、多样性和群落组成均显著低于对照森林。新热带候鸟在人工林中的数量也较少。对照森林包含的物种比人工森林具有更高的栖息地特异性、湿地依赖性和营养水平。恢复森林和对照森林之间的差异归因于森林结构的减少和水文差异。Snell-Rood 和 Cristol（2003）观察到，包含在对照森林的人工森林未发现较深的开阔水域，但在许多湿地恢复项目的人工森林中很常见。基于这些差异，他们认为人工林的发展落后于相同年龄的天然林，或者遵循不同的发育轨迹。

Berkowitz（2013）采用了一种快速评估方法，评估了通过重新种植恢复的密西西比州冲积河谷中许多森林湿地的生态系统发育。人工林的年龄从 1～20 岁不等。测量了 17 个变量，灌木树苗密度、草本植被覆盖率、有机质和水平面发育 4 个变量得到了 20 年时间序列的正轨迹。令人惊讶的是，当地年龄与森林组成（包括树密度、基底面积和冠层组成）的测量之间没有关系。

综上所述，由于木本物种的巨大规模和寿命，恢复的森林湿地的生态系统发育必然缓慢（表 6.4），取决于对野生动物重要的重种子物种的引进，以及为候鸟提供河流内适合栖息地的封闭树冠（表 6.4）。初级生产和微生物活性等功能在 10～15 年内发展起来。关于恢复的森林洪泛区平原的沉积和氮、磷的保留，几乎没有可用的数据，但只要水文恢复，这些过程很可能会随森林生产力和生物量发展。随着草本地面覆盖层的发展，沉积作用最初可能很高，但随着树冠的发育和森林地面的遮阴，沉积速率下降。可能需要10～20年的时间来积累生物量并将其埋在土壤中。木本生物量和碳吸收以及向河流输入的凋落物需要的成熟森林，可能需要50年以上的时间才能形成。人们认为洪泛平原森林需要40～60年形成封闭的冠层（Stanturf et al.，2001），支持健康的野生动物种群（Haynes and Moore，1988）。底栖无脊椎动物和两栖爬行动物群落也依赖于封闭的冠层来遮蔽土壤，所需时间大致相同，为30～60年。发育一个具有高度木本物种丰富度的多样化森林可能需要100年或更长时间，除非引进重种子物种。森林湿地的土壤生成速度因每年的洪涝和干旱循环所变缓。洪泛区洪水的泥沙输入也使漫滩土壤处于相对年轻的演替阶段，高强度、短时间的河岸森林的洪水也是如此。

表6.4 创建或恢复后森林湿地生态系统服务的发展

功能		相当于成熟天然沼泽的时间/年
生产力和生境功能	初级生产	10～15
	凋落物	40～45
	木质生物量	＞50
	树木多样性	＞100（如果没有播种或种植重种子的物种）
	河内栖息地	＞50
	微生物活性	＞10
	底栖无脊椎动物	30～＞50
	两栖爬行动物	30～＞50
	候鸟	50～100（如果没有播种或种植）
调节功能	沉积作用	在第一阶段处于高位，10～20年后降至可持续水平
	营养（N、P）保留率	10～20
	碳螯合①	＞50
	N循环/反硝化	有适当的水文条件下1～3
	土壤形成	10～＞100

①大多数碳在木材中而不是土壤中

6.3.5 确保成功恢复的关键

森林河岸湿地和洪泛区湿地的成功恢复涉及漫滩与河流连通来重新引入洪水脉冲。这是通过拆除堤坝、重新连接渠道和恢复季节性洪水（表6.5）来实现的。选择与其他森林相邻的区域，为候鸟和大型哺乳动物提供大片的栖息地。对于河岸地区，确保森林缓冲区的宽度为50～100 m，以完全保护溪流，并为两栖爬行动物和其他动物的迁移扩散提供生态廊道。如果种子源在附近，则轻质种子如白蜡树（梣属）、枫树（槭属）、白杨（杨属）等树种将很快恢复。对于重质种子，如橡树（栎属）、山核桃（山核桃属）和胡桃（胡桃属）对野生动物重要但不易散播，必须播种或种植。注意保护幼苗和树苗免受动物植食。控制草本和木本等入侵植物是必要的，特别是在幼苗和幼树初建过程中。在原有的农业用地上，引入微地形（山丘和洼地）是重建养分循环空间异质性和植物物种多样性、提高木本幼苗萌发和存活的必要条件。适量添加表土或有机堆肥可以增强土壤的微地形肥力和营养物去除（反硝化），但大量增加用量会使海拔升高而且有可能会抑制湿地木本物种的建群能力，通过直接播种、创造林隙和引入更多的重质种子物种可以提高森林的物种多样性。恢复森林湿地与自然森林湿地相同，所需的时间从 40～60 年到 100 年或更长，以便形成所需的封闭冠层和物种丰富的森林，以支持候鸟、两栖爬行动物和哺乳动物的繁殖。

表 6.5　确保森林湿地恢复成功的关键特征

项目	特征
选址	选择具有适当水文、河流和河岸带的连通性和适当水文脉冲的地点 选择与其他森林湿地相邻并用作廊道的区域。对于河岸湿地，确保有至少 50 m 的缓冲带宽度 确保有种子源可用于轻种和理想的重种定植
施工注意事项	通过移除堤坝和渠道，恢复水文脉冲，将河岸区与河流重新连接起来 在筑坝的河流上重新引入洪水脉冲 结合小山丘和洼地的微地形，特别是对于洪泛森林 适量添加表土或有机堆肥可提高微地形和土壤肥力
种植注意事项	根据适当的淹没条件和地理区域选择种子和植物 对野生动物重要的种子或植物重种子物种（如橡树、栎树、山核桃等） 防止啮齿动物、兔子、鹿和其他动物的植食
维护	幼苗期和幼树期的食草动物监测与控制 监测和清除入侵物种，尤其是在河岸湿地

参 考 文 献

ACREMAN M C, FISHER J, STRATFORD C J, et al., 2007. Hydrological science and wetland restoration: some case studies from Europe. Hydrology and earth system sciences, 11: 158-169.

ALDOUS A, MCCORMICK P, FERGUSON C, et al., 2005. Hydrologic regime controls soil phosphorus fluxes in restoration and undisturbed wetlands. Restoration ecology, 13: 341-347.

ALLEN J A, 1990. Establishment of bottomland oak plantations on the Yazoo National Wildlife Refuge Complex. Southern journal of applied forestry, 14: 206-210.

ALLEN J A, 1997. Reforestation of bottomland hardwoods and the issue of woody species diversity. Restoration ecology, 5: 125-134.

ARDON M, MONTANARI S, MORSE J L, et al., 2010a. Phosphorus export from a restored wetland ecosystem in response to natural and experimental hydrologic fluctuations. Journal of geophysical research: biogeosciences, 115: 1-12.

ARDON M, MORSE J L, DOYLE M W, et al., 2010b. The water quality consequences of restoring wetland hydrology in a large agricultural watershed in the southeastern Coastal plain. Ecosystems, 13: 1060-1078.

BAILEY D E, PERRY J E, DANIELS W L, 2007. Vegetation dynamics in response to organic matter loading rates in a created freshwater wetland in southeastern Virginia. Wetlands, 27: 936-950.

BANNISTER J M, HERBERT E R, Craft C B, 2014. Spatial variability in sedimentation, carbon sequestration, and nutrient accumulation in an alluvial floodplain forest//VYMAZAL J. The Role of Natural and Constructed Wetlands in Nutrient Cycling and Retention on the Landscape. Berlin: Springer: 41-55.

BARRY W J, GARLO A S, WOOD C A, 1996. Duplicating the mound and pool microtopography of forested wetlands. Restoration and management notes, 14: 15-21.

BATTAGLIA L L, MINCHIN P R, PRICHETT D W, 2002. Sixteen years of old-field succession and reestablishment of a bottomland hardwood forest in the Lower Mississippi Alluvial Valley.Wetlands, 22: 1-17.

BERKOWITZ J F, 2013. Development of restoration trajectory metrics in reforested bottom land hardwood forests applying a rapid assessment approach. Ecological indicators, 34: 600-606.

BLEDSOE B P, SHEAR T H, 2000. Vegetation along hydrologic and edaphic gradients in a North Carolina coastal plain creek bottom: Implications for restoration. Wetlands, 20: 126-147.

BRINSON M M, 1993. Changes in the functioning of wetlands along environmental gradients. Wetlands, 13: 65-74.

BRINSON M M, BRADSHAW H D, KANE E S, 1984. Nutrient assimilative capacity of an alluvial floodplain swamp. Journal of applied ecology, 21: 1041-1058.

BRINSON M M., SWIFT B L, PLANTICO R C, et al., 1981. Riparian Ecosystems: Their Ecology and Status. U.S. Fish and Wildlife Service, Kearneysville, West Virginia.

BRITTAIN R A, MERETSKY V, CRAFT C B, 2010. Avian communities of the Altamaha River estuary in Georgia USA. The wilson journal of ornithology, 122: 532-544.

BROOKS R P, WARDROP D H, COLE C A, et al., 2005. Are we purveyors of wetland homogeneity? A model of degradation and restoration to improve wetland mitigation performance. Ecological engineering, 24: 331-340.

BROWN S C, VENEMAN P L M, 2001. Effectiveness of compensatory wetland mitigation in Massachusetts, USA. Wetlands, 21: 508-518.

BRULAND G L, RICHARDSON C J, 2004. Hydrologic gradients and topsoil additions affect soil properties of Virginia created wetlands. Soil science society of America, 68: 2069-2077.

BRULAND G L, RICHARDSON C J, 2005a. Hydrologic, edaphic, and vegetative responses to microtopographic reestablishment in a restored wetland. Restoration ecology, 13: 515-523.

BRULAND G L, RICHARDSON C J, 2005b. Spatial variability of soil properties in created, restored, and paired natural wetlands. Soil science society of America journal, 69: 273-284.

BRULAND G L, RICHARDSON C J, 2006. Comparison of soil organic matter in created, restored, and paired natural wetlands in North Carolina. Wetlands ecology and management, 14: 245-251.

BRULAND G L, HANCHEY M F, RICHARDSON C J, 2003. Effects of agriculture and wetland restoration on hydrology, soils, and water quality of a Carolina Bay complex. Wetlands ecology and management, 11: 141-156.

BRULAND G L, RICHARDSON C J, DANIELS W L, 2009. Microbial and geochemical responses to organic matter amendments in a created wetland. Wetlands, 29: 1153-1165.

BRULAND G L, RICHARDSON C J, WHALEN S C, 2006. Spatial variability of denitrification potential and related soil properties in created, restored, and paired natural wetlands. Wetlands, 26: 1042-1056.

BULER J J, MOORE F R, WOLTMANN S, 2007. A multi-scale examination of stopver habitat use by birds. Ecology, 88: 1789-1802.

BURKE V J, GIBBONS J W, 1995. Terrestrial buffer zone sand wetland conservation: a case study of freshwater turtles in a Carolina Bay. Conservation biology, 9: 1365-1369.

CALS M J R, POSTMA R, BUIJSE A D, et al., 1998. Habitat restoration along the Rhine River in the Netherlands: putting ideas into practice. Aquatic conservation: marine and freshwater ecosystems, 8: 61-70.

CAROTHERS S W, MILLS G S, JOHNSON R R, 1990. The creation and restoration of riparian habitat in southwestern arid and semi-arid regions//KUSLER J A, KENTULA M E. Wetland Creation and Restoration: the Status of the Science. Corvallis: U.S. Environmental Protection Agency: 359-376.

CASTELLE A J, JOHNSON A W, CONOLLY C, 1994. Wetland and stream buffer size requirements: a review. Journal of environmental quality, 23: 878-882.

CLEMENT J C, PINAY G, MARMONIER P, 2002. Seasonal patterns of denitrification along topohydrosequences in three different riparian wetlands. Journal of environmental quality, 31: 1025-1037.

CLEWELL A F, 1999. Restoration of riverine forest at Hall Branch on phosphate-mined land, Florida. Restoration ecology, 7: 1-14.

CLEWELL A F, LEA R, 1989. Creation and restoration of forested wetland vegetation in the southeastern United States//KUSLER J A, KENTULA M E. Wetland Creation and Restoration: The Status of the Science. U.S. Environmental Protection Agency, Corvallis, Oregon: 199-237.

COHN J P, 2001. Resurrecting the dammed: a look at the Colorado River restoration. Bioscience, 51: 998-1003.

COOPER J R, GILLIAM J W, 1987. Phosphorus redistribution from cultivated fields into riparian areas. Soil science society of America journal, 51: 1600-1604.

COURTWRIGHT J, FINDLAY S E G, 2011. Effects of microtopography on hydrology, physiochemistry, and vegetation in a tidal swamp of the Hudson River. Wetlands, 31: 239-249.

CRAFT C B, CASEY W P, 2000. Sediment and nutrient accumulation in floodplain and depressional freshwater wetlands of Georgia, USA. Wetlands, 20: 323-332.

CRAWFORD J A, SEMLITSCH R D, 2007. Estimation of core terrestrial habitat for stream-breeding salamanders and delineation of riparian buffers for protection of biodiversity. Conservation biology, 21: 152-158.

D'ANGELO E M, 2005. Phosphorus sorption capacity and exchange by soils from mitigated and late successional bottomland forest wetlands. Wetlands, 25: 297-305.

D'ANGELO E M, REDDY K R, 1994. Diagenesis of organic matter in a wetland receiving hyper eutrophic lake water: I. Distribution of dissolved nutrients in the soil and water column. Journal of environmental quality, 23: 928-936.

D'ANGELO E M, KARATHANASIS A D, SPARKS E J, et al., 2005. Soil carbon and microbial communities at mitigated and late successional bottomland forest wetlands. Wetlands, 25: 162-175.

DANIELS R B, GILLIAM J W, 1996. Sediment and chemical load reduction by grass and riparian filters. Soil science society of America journal, 60: 246-251.

DAY R H, WILLIAMS T M, SWARZENSKI C M, 2007. Hydrology of tidal freshwater forested wetlands of the southeastern United States//CONNER W H, DOYLE T W, KRAUSS K W. Ecology of Tidal Freshwater Forested Wetlands of the Southeastern United States. Berlin: Springer: 29-63.

DEGRAAF R M, YAMASAKI M, 2000. Bird and mammal habitat in riparian areas//VERRY E S, HORNECK J W, DOLLOF C A. Riparian Management in Forests of the Continental Eastern United States. Boca Raton: Lewis Publishers: 139-156.

ETTEMA C H, COLEMAN D C, VELLIDIS G, et al., 1998. Spatiotemporal distributions of bacterivorous nematodes and soil resources in a restored riparian wetland. Ecology, 79: 2721-2734.

FAULKNER S, BARROW JR, KEELAND W, et al., 2011. Effects of conservation practices on wetland

ecosystem services in the Mississippi Alluvial Valley. Ecological applications, 21: S31-S48.
GIBBONS J W, WINNE C T, SCOTT D E, et al., 2006. Remarkable amphibian biomass and abundance in an isolated wetland: Implications for wetland conservation. Conservation biology, 20: 1457-1465.
GOODWIN C N, HAWKINS C P, KERSHNER J L, 1997. Riparian restoration in the western United States: overview and perspective. Restoration ecology, 5: 4-14.
GROFFMAN P M, GOLD A J, SIMMONS R C, 1992. Nitrate dynamics in riparian forests: microbial studies. Journal of environmental quality, 21: 666-671.
HAYNES R J, MOORE L, 1988. Reestablishment of bottomland hardwoods within National Wildlife Refuges in the southeast//ZELAZNY J, FIERABEND J S. Increasing Our Wetland Resources. Washington D. C.: National Wildlife Federation: 95-103.
HAYNES R J, 2004. The development of bottomland forest restoration in the lower Mississippi alluvial valley. Ecological restoration, 22: 170-182.
HENRY C P, AMOROS C, ROSET N, 2002. Restoration ecology of riverine wetlands: a 5-year post-operation survey on the Rhone River, France. Ecological engineering, 18: 543-554.
HILL A C, 1996. Nitrate removal in stream riparian zones. Journal of environmental quality, 23: 743-755.
HO M, RICHARDSON C J, 2013. A five year study of the floristic succession in a restored urban wetland. Ecological engineering, 61B: 511-518.
HODGES J D, 1997. Development and ecology of bottomland hardwood sites. Forest ecology and management, 90: 117-125.
HOFFMAN C C, KRONVANG B, AUDET J, 2011. Evaluation of nutrient retention in four Danish riparian wetlands. Hydrobiologia, 674: 5-24.
HUNTER R G, FAULKNER S P, 2001. Denitrification potentials in restored and natural bottomland hardwood wetlands. Soil science society of America journal, 65: 1865-1872.
HUNTER R G, FAULKNER S P, GIBSON K A, 2008. The importance of hydrology in restoration of bottomland hardwood wetland functions. Wetlands, 28: 605-615.
HUPP C R, OSTERKAMP W R, 1985. Bottomland vegetation distribution along Passage Creek, Virginia, in relation to fluvial landforms. Ecology, 66: 670-681.
ILHARDT B L, VERRY E S, PALIK B J, 2000. Defining riparian areas//VERRY E S, HORNECK J W, DOLLOF C A. Riparian Management in Forests of the Continental Eastern United States. Boca Raton: Lewis Publishers: 23-42.
JACOBS T C, GILLIAM J W, 1985. Riparian losses of nitrate from agricultural drainage waters. Journal of environmental quality, 14: 472-478.
JUNK W J, BAYLEY P B, SPARKS R E, 1989. The flood pulse concept in river-floodplain systems. Canadian special publication of fisheries and aquatic sciences, 106: 110-127.
KEDDY P A, 2010. Wetland Ecology: Principles and Conservation. Oxford: Oxford University Press.
KING S L, KEELAND B D, 1999. Evaluation of reforestation in the lower Mississippi River Alluvial Valley. Restoration ecology, 7: 348-359.
KLEISS B A, 1996. Sediment retention in a bottomland hardwood wetland in eastern Arkansas. Wetlands, 16: 321-333.
LOWRANCE R, VELLIDIS G, HUBBARD R K, 1995. Denitrification in a restored riparian forest wetland. Journal of environmental quality, 24: 808-815.
LOWRANCE R, SHARPE J K, SHERIDAN J M, 1986. Long-term sediment deposition in the riparian zone of a

coastal plain watershed. Journal of soil and water conservation, 41: 266-271.

LOWRANCE R, TODD R, FAIL J R J, et al., 1984. Riparian forests as nutrient filters in agricultural watersheds. Bioscience, 34: 374-377.

MANT J, JANES M, 2006. Restoration of rivers and floodplains//VAN ANDEL J, ARONSON J. Restoration ecology: the new frontier. Malden: Blackwell Publishing: 141-157.

MARTON J M, FENNESSY S, CRAFT C B, 2014. Functional differences between natural and restored wetlands in the Glaciated Interior Plains. Journal of environmental quality, 43: 409-417.

MCLEOD K W, REED M R, WIKE L D, 2000. Elevation, competition control, and species affect bottomland forest restoration. Wetlands, 20: 162-168.

MIDDLETON B, 1999. Wetland Restoration: Flood Pulsing and Disturbance Dynamics. New Jersey: John Wiley and Sons.

MIDDLETON B, 2002. Flood pulsing in the regeneration and maintenance of species in riverine forested wetlands of the southeastern United States//MIDDLETON B. Flood Pulsing in Wetlands: Restoring the Natural Hydrological Balance. New Jersey: John Wiley and Sons: 223-294.

MITSCH W J, DAY JR J W, GILLIAM P M, et al., 2001. Reducing nitrogen loading to the Gulf of Mexico from the Mississippi River basin: strategies to counter a persistent ecological problem. Bioscience, 51: 373-388.

NAIMAN R J, DECAMPS H, 1997. The ecology of interfaces: riparian zones. Annual review of ecology and systematics, 28, 621-658.

NAIMAN R J, DECAMPS H, POLLOCK M, 1993. The role of riparian corridors in maintaining regional biodiversity. Ecological applications, 3: 209-212.

NAKAMURA K, TOCKNER K, AMANO K, 2006. River and wetland restoration: lessons from Japan. Bioscience, 56: 419-429.

National Research Council, 1992. Restoration of Aquatic Ecosystems. Washington D. C.: National Academy Press.

National Research Council, 2000. Clean Coastal Waters: Understanding and Reducing the Effects of Nutrient Pollution. Washington D.C.: National Academy Press.

National Research Council, 2001. Compensating for Wetland Losses under the Clean Water Act. Washington D. C.: National Academy of Sciences.

National Research Council, 2002. Riparian Areas: Functions and Strategies for Management. Washington D. C.: National Academy Press.

NISWANDER S F, MITSCH W J, 1995. Functional analysis of a two-year-old created in-stream wetland: hydrology, phosphorus retention, and vegetation growth and survival. Wetlands, 15: 212-225.

NOE G B, HUPP C R, 2005. Carbon, nitrogen and phosphorus accumulation in floodplains of Atlantic Coastal Plain Rivers. Ecological applications, 15: 1178-1190.

ODUM E P, 1969. The strategy of ecosystem development. Science, 164: 262-270.

OELBERMANN M, GORDON A M, 2000. Quantity and quality of litterfall into a rehabilitated agricultural stream. Journal of environmental quality, 29: 603-611.

OSLAND M J, PAHL J W, RICHARDSON C J, 2009. Native bamboo [Arundinaria gigantea (Walter) Muhl., Poaceae] establishment and growth after the removal of an invasive non-native shrub restoration. Castanea, 74: 247-258.

PANT H K, REDDY K R, 2003. Potential internal loading of phosphorus in a wetland constructed in agricultural land. Water research, 37: 965-972.

PARKYN S M, DAVIES-COLLEY R J, HALLIDAY N J, et al., 2003. Planted riparian buffer zones in New

Zealand: do they live up to expectation? Restoration ecology, 11: 436-447.

PEDERSEN M L, ANDERSEN J M, NIELSEN K, et al., 2007. Restoration of Skjern River and its valley: project description and general ecological changes in the area. Ecological engineering, 30: 131-144.

PENNISI E, 2004. The grand (Canyon) experiment. Science, 306: 1884-1886.

PETRANKA J W, KENNEDY C A, MURRAY S S, 2003a. Response of amphibians to restoration of a southern Appalachian wetland: a long-term analysis of community dynamics. Wetlands, 23: 1030-1042.

PETRANKA J W, MURRAY S S, KENNEDY C A, 2003b. Response of amphibians to restoration of a southern Appalachian wetland: perturbations confound post-restoration assessment. Wetlands, 23: 278-290.

PETRANKA J W, HARP E M, HOLBROOK C T, et al., 2007. Long-term persistence of amphibian populations in a restored wetland complex. Biological conservation, 138: 371-380.

PHILLIPS J D, 1989. Fluvial sediment storage in wetlands. Water resources bulletin, 25: 867-873.

PIERCE A R, KING S L, 2007. The effects of flooding and sedimentation on seed germination of two bottomland hardwood tree species. Wetlands, 27: 588-594.

PINAY G, ROQUES L, FABRE A, 1993. Spatial and temporal patterns of denitrification in a riparian forest. Journal of applied ecology, 30: 581-591.

ROBB J T, 2002. Assessing wetland compensatory mitigation sites to aid in establishing mitigation ratios. Wetlands, 22: 435-440.

SCHILLING E B, LOCKABY B G, 2005. Microsite influences on productivity and nutrient circulation within two southeastern floodplain forests. Soil sciences society of America journal, 69: 1185-1195.

SCHOENHOLTZ S H, JAMES J P, KAMINSKI R M, et al., 2001. Afforestation of bottomland hardwoods in the lower Mississippi alluvial valley: status and trends. Wetlands, 21, 602-613.

SHARPLEY A, FOY B, WITHERS P, 2000. Practical and innovative measures for the control of agricultural phosphorus losses to water: an overview. Journal of environmental quality, 29: 1-9.

SHEAR T H, LENT T J, FRAVER S, 1996. Comparison of restored and mature bottomland hardwood forests of southwestern Kentucky. Restoration ecology, 4: 111-123.

SIDLE W C, ROOSE D L, YZERMAN V T, 2000. Isotope evaluation of nitrate attenuation in restored and native riparian zones in the Kankakee watershed, Indiana. Wetlands, 20: 333-345.

SILKER T H, 1948. Planting of water-tolerant trees along margins of fluctuating-level reservoirs. Iowa state college journal of science, 22: 431-448.

SNELL-ROOD E C, CRISTOL D A, 2003. Avian communities of created and natural wetlands: bottomland forests in Virginia. The condor, 105: 303-315.

STANTURF J A, SCHOENHOLTZ S H, SCHWEITZER C J, et al., 2001. Achieving restoration success: myths in bottomland hardwood forests. Restoration ecology, 9: 189-200.

STEVENS L E, AYERS T J, BENNETT J B, et al., 2001. Planned flooding and Colorado River riparian trade-offs downstream from Glen Canyon Dam, Arizona. Ecological applications, 11: 701-710.

STOLT M H, GENTHNER M H, DANIELS W L, et al., 2001. Spatial variability in palustrine wetlands. Soil science society of America journal, 65: 527-535.

STOLT M H, GENTHNER M H, DANIELS W L, et al., 2000. Comparison of soil and other environmental conditions in constructed and adjacent palustrine reference wetlands. Wetlands 20: 671-683.

STROMBERG J C, 2001. Biotic integrity ofriparian forests in Arizona: first approximation. Forest ecology and management, 142: 251-266.

STROMBERG J C, CHEW M K, 2002. Flood pulses and restoration of riparian vegetation in the American southwest//MIDDLETON B. Flood Pulsing in Wetlands: Restoring the Natural Hydrological Balance. New Jersey: John Wiley and Sons: 11-50.

SUNDARESHWAR P V, RICHARDSON C, GLEASON R A, et al., 2009. Nature versus nurture: functional assessment of restoration efforts on wetland services using Nuclear Magnetic Resonance Spectroscopy. Geophysical research letters, 36: L03402.

SUTTON-GRIER A E, HO M, RICHARDSON C J, 2009. Organic amendments improve soil conditions and denitrification in a restored riparian wetland. Wetlands, 29: 343-352.

SWEENEY B W, BOTT T L, JACKSON J K, et al., 2004. Riparian deforestation, stream narrowing, and loss of stream ecosystem services. Proceedings of the national Academy of sciences, 101: 14132-14137.

SWIFT B L, 1984. Status of riparian ecosystems in the United States. Water resources bulletin, 20: 223-228.

TITUS J H, 1990. Microtopography and woody plant regeneration in a hardwood floodplain swamp in Florida. Bulletin of the torrey botanical club, 117: 429-437.

TOCKNER K, SCHIEMER F, WARD J V, 1998. Conservation by restoration: the management concept for a river-floodplain system on the Danube River in Austria. Aquatic conservation: marine and freshwater ecosystems, 8: 71-86.

TOLIVER J R, 1986. Survival and growth of hardwoods planted on abandoned fields. Louisiana agriculture, 30: 10-11.

TONER M, KEDDY P, 1997. River hydrology and riparian wetlands: a predictive model for ecological assembly. Ecological applications, 7: 236-246.

TOTH L A, KOEBEL JR, J W, et al., 2002. Implications of reestablishing prolonged flood pulse characteristics of the Kissimmee River and floodplain ecosystem//MIDDLETON B. Flood Pulsing in Wetlands: Restoring the Natural Hydrological Balance. New Jersey: John Wiley and Sons: 191-221.

TROWBRIDGE W B, 2007. The role of stochasticity and priority effects in floodplain restoration. Ecological Applications, 17: 1312-1324.

TWEEDY K L, EVANS R O, 2001. Hydrologic characterization of two prior converted wetland restoration sites in eastern North Carolina. Transactions of the American society of agricultural engineers, 44: 1135-1142.

TWEDT D J, 2004. Stand development on reforested bottomlands in the Mississippi alluvial valley. Plant ecology, 172: 251-263.

TWEDT D J, LOESCH C R, 1999. Forest area and distribution in the Mississippi alluvial valley: Implications for breeding bird conservation. Journal of biogeography, 26: 1215-1224.

TWEDT D J, WILSON R R, HENNE-KERR J L, et al., 2002. Avian response to bottomland hardwood restoration: the first 10 years. Restoration ecology, 10: 645-655.

TWEDT D J, WILSON R R, HENNE-KERR J L, et al., 1999. Impact of forest type and management strategy on avian densities in the Mississippi Alluvial Valley. USA. forest ecology and management, 123: 261-274.

ULLAH S, FAULKNER S P, 2006. Denitrification potential of different land-use types in an agricultural watershed, lower Mississippi valley. Ecological engineering, 28: 131-140.

UNGHIRE J M, SUTTON-GRIER A E, FLANAGAN N E, et al., 2011. Spatial impacts of stream and wetland restoration on riparian soil properties in the North Carolina Piedmont. Restoration ecology, 19: 738-746.

VANNOTE RL, MINSHALL G W, CUMMINS K W, et al., 1980. The river continuum concept. Canadian journal of fisheries and aquatic sciences, 37: 130-137.

VELLIDIS G, LOWRANCE R, SMITH M C, 1994. A quantitative approach for measuring N and Pconcentration changes in surface runoff from a restored riparian forest wetland. Wetlands, 14: 73-81.

VELLIDIS G, LOWRANCE R, GAY P, et al., 2003. Nutrient transport in a restored riparian wetland. Journal of environmental quality, 32: 711-726.

VERCHOT L V, FRANKLIN E C, GILLIAM J W, 1997. Nitrogen cycling in vegetated filter zones: II. Subsurface nitrate removal. Journal of environmental quality, 26: 337-347.

VIDON P, JACINTHE P A, LIU X, et al., 2014. Hydrobiogeochemical controls on riparian nutrient and greenhouse gas dynamics: 10 years post-restoration. Journal of the American water resources association, 50: 639-652.

VIDRA R L, SHEAR T H, WENTWORTH T R, 2006. Testing the paradigms of exotic species invasion in urban riparian forests. Natural areas journal, 26: 339-350.

VIVIAN-SMITH G, 1997. Microtopographic heterogeneity and floristic diversity in experimental wetland communities. Journal of ecology, 85: 71-82.

WAKELEY J S, ROBERTS T H, 1996. Bird distributions and forest zonation in a bottomland hardwood forest. Wetlands, 16: 296-308.

WALBRIDGE M R, LOCKABY B G, 1994. Effects of forest management on biogeochemical functions in southern forested wetlands. Wetlands, 14: 10-17.

WALLS R L, WARDROP D H, BROOKS R P, 2005. The impact of experimental sedimentation and flooding on the growth and germination of floodplain trees. Plant ecology, 176: 203-213.

WEBB R H, WEGNER D L, ANDREWS E D, et al., 1999. Downstream effects of glen Canyon dam on the Colorado river in the grand Canyon: a review//WEBB R H, SCHMIDT J C, MARZOLF G R, et al., The Controlled Flood in the Grand Canyon. Geophysical Monograph 110. Washington D. C.: American Geophysical Union: 1-21.

WELLER M W, 1978. Management of freshwater marshes for wildlife//GOOD R E, WHIGHAM D F, SIMPSON R L.Freshwater Wetlands: Ecological Processes and Management Potential. New York: Academic Press: 267-284.

WHARTON C H, KITCHENS W M, SIPE T W, 1982. The Ecology of Bottomland Hardwood Swamps of the Southeast: A Community Profile. FWS/OBS-81/37. Washington D. C.: U.S. Fish and Wildlife Service, Biological Services Program.

WHIGHAM D F, 1999. Ecological issues related to wetland preservation, restoration, creation and assessment. The science of the total environment, 240: 31-40.

WIGGINTON J D, LOCKABY B G, TRETTIN C C, 2000. Soil organic matter formation and sequestration across a forested floodplain chronosequence. Ecological engineering, 15: S141-S155.

WILLARD D E, FINN V M, LEVINE D A, et al., 1989. Creation and restoration of riparian wetlands in the agricultural Midwest.//KUSLER J A, KENTULA M E.Wetland Creation and Restoration: the Status of the Science. Corvallis: U.S. Environmental Protection Agency: 333-358.

WUETHRICH B, 1998. Deliberate flood renews habitat. Science, 272: 344-345.

YOSHIMURA C, OMURA T, FURUMAI H, et al., 2005. Present state of rivers and streams in Japan. River research and applications, 21: 93-112.

ZOCKLER C, 2000. Wise use of floodplains: review of river restoration projects in a number of european countries: a representative sample of WWF projects. WWF European Freshwater Programme, Cambridge.

第7章 泥 炭 地

7.1 引 言

泥炭地是由植物碎屑中有机质积累和埋藏形成的。一般在土壤饱和度接近完全饱和的环境形成，这种环境会导致厌氧条件，从而极大地减慢有机物的分解速度。泥炭地通常出现在具有淡水并且气候凉爽或潮湿的地区，如北半球的高纬度地区、海洋地区和潮湿的热带地区。尽管北欧，尤其是芬诺斯坎迪亚（Fennoscandia）和印度尼西亚的热带地区，也存在大面积的泥炭地，但是加拿大和俄罗斯的泥炭地面积是最大的。泥炭地土壤的有机质含量和厚度范围很广，其中有机质含量通常为80%～100%，厚度往往可以达到几米或更厚。国际泥炭学会（International Peat Society，IPS）将泥炭定义为“由至少30%（干重）的死有机物质组成的固定积累物质”（Joosten and Clark，2002）。虽然泥炭没有绝对的最小厚度，但在评估全球泥炭库存时使用30 cm作为最小厚度（Joosten and Clark，2002）。泥炭可能来自草本植物或木本植物，也可能来自泥炭藓（*Sphagnum*）——园艺泥炭苔藓的来源。在凉爽的气候中，泥炭的主要生产者是泥炭藓，而在温暖的气候中，禾本和木本植被提供了大部分有机质。许多热带泥炭地在红树林中形成（见第9章）。

泥炭地有着不同的名称，如水藓泥炭地（又称酸沼，以下用“酸沼”代表）、沼泽泥炭地（又称碱沼，以下用“碱沼”代表）和矿质泥炭地（又称泥沼）等。根据国际泥炭学会的定义，泥炭沼泽是指泥炭正在形成的泥炭沼泽（表7.1）。酸沼，又称雨源泥炭沼泽，高于周围的地形，主要水源来自降水。碱沼，又称地源泥炭沼泽，位于洼地中，接收与矿物基岩或土壤接触过的水。

表7.1 描述泥炭地的常用术语（Joosten and Clark，2002；USDA，1999）

术语	特征
泥炭沼泽	泥炭正在形成的活跃泥炭地
酸沼或雨源泥炭沼泽	高于周围地形，只从降水中获取水
碱沼或地源泥炭沼泽	位于洼地中，接收与矿物基岩或土壤接触过的水
过渡型泥炭沼泽	从降水和地表水中获取水
岩成碱沼	从降水和深层地下水中获取水
有机土	土壤至少含有12%～18%的有机碳，厚度至少为40 cm

碱沼可以进一步细分为过渡型泥炭沼泽和岩成碱沼，过渡型泥炭沼泽接受降水和地表径流的水，岩成碱沼主要接收降水和深层地下水（Joosten and Clark，2002）。在美国，泥炭有时被称为有机土（表7.1）。美国农业部对有机土的定义比国际泥炭学会的定义更精确，要求有机碳含量最低为12%，厚度为40 cm或更多，但如果直接覆盖在基岩上则其厚度可以相对小些（USDA，1999）。

泥炭地的分类与控制着水和营养物质的水源（雨源、地源）在演替过程中随时间的变化相关。富含矿质营养的泥炭地，也被称为碱沼，与地下水有很强的联系，这些泥炭地的

pH 接近中性，具有丰富的盐基阳离子——Ca^{2+}和 Mg^{2+}，植被以草、莎草和灯心草为主。随着时间的推移，泥炭变得越来越厚，它与地下水的隔绝程度越来越高，更多地依赖降水来获得水和养分。草、莎草和灯心草被泥炭藓和木本植物所取代。这些古老的中营养泥炭地，泥炭较厚，有机质含量较高，酸性较强，Ca^{2+}和 Mg^{2+}含量较少。酸沼的植被以泥炭藓为主要物种，几乎所有的水分都来自降水，它是一个酸性的、营养贫乏的泥炭地，代表着从富营养到贫营养这一连续演替的终点。厌氧土壤、酸性条件和低养分有效性相结合，可以保持泥炭藓属和其他物种输送到土壤中的年生产量。因为酸沼和碱沼代表着环境条件的梯度或连续变化，Bridgham 等（1995）建议根据水源（雨源、地源）和 pH（接近中性、中酸性、强酸性）来区分它们，而不是根据养分有效性。然而泥炭特性和植被类型的全球分布和变化与对泥炭地进行精确分类的方法并不契合，出于这个原因，许多权威人士建议在描述它们时使用通用术语——泥炭地，而不是酸沼或碱沼（Joosten and Clark，2002；Bridgham et al.，1995）。

泥炭地的演替是自生的，依靠积累有机质来提高所在位置，从而改变水源、养分供应和物种组成。泥炭的积累是一个缓慢的过程，泥炭的垂直积累速度为 1～2 mm/年。

因此，恢复泥炭地，或者形成至少一层实质性的泥炭层，需要几个世纪或更长的时间。然而，恢复泥炭藓和其他泥炭地物种所需的时间可能会相当短，并且使用保育植物或伴生植物可以加快恢复速度。

需要恢复泥炭地的地方有很多，例如被排水的农业用地或是泥炭被开采的土地。水文条件的恢复是成功恢复泥炭地的关键，但恢复泥炭地的水文条件比恢复矿质土壤覆盖的湿地水文条件更为困难。当泥炭被排干时，组成泥炭的有机物被氧化成 CO_2，并从系统中永久去除。随着时间的推移，泥炭会下沉，随之而来的是土壤的压实和下沉，如果没有对地下水位的管理，就很难恢复适当的水文条件。

7.2 泥炭的来源、组成和地理分布

泥炭地在世界各地都可以找到，一般分布在温暖、寒冷、潮湿和干燥的环境中。它们大多出现在降水量超过蒸散量的地区（van Breeman，1995）。这种情况容易发生在较凉爽的气候下，例如北方高纬度地区、潮湿的海洋环境（Taylor，1983），或发生在微湿乃至潮湿的山区中（Darlington，1943）。泥炭堆积在各种植物群落之下。许多北方泥炭地（如酸沼）的泥炭都是由泥炭藓形成的，其严酷的环境包括极低的温度、饱和的土壤、有限的养分和很低的 pH，使得除了石南、杜鹃科灌木和针叶树等耐酸的木本植物，大多数物种都无法生长（Heinselman，1970）。接收降水与地下水的碱沼的植被往往以草本或禾本科植物（如莎草）为主（Heinselman，1970），其泥炭主要由地下的根和根状茎的积累形成（Lindeman，1941）。在合适的条件下，木本植物也可以产生泥炭，红树林和沿海的淡水森林就是如此。在这些地方，树木产生的耐腐蚀的致密木质材料是泥炭形成的主要贡献者（见第 9 章）。由木本植物产生的泥炭比由草本植物产生的泥炭含有更多的地上物质、树叶和树枝（Cohen，1973）。潮汐沼泽同样可以产生泥炭，但这仅限于存在淡水和半咸水环境、较凉爽的气候及较低的潮汐能量和较少沉积物输入的地区（Craft，2007）。

泥炭就像一块海绵，它主要由空的孢子空间组成，干燥时紧凑而轻便，但当潮湿时，它会因充满水而膨胀。泥炭根据其纤维含量和分解程度来进行分类，存在着包括摩擦、离心、筛分或挤压在内的许多区分方法（Malterer et al.，1992）。两种常用的方法是 Von Post

法和 USDA 的土壤分类法。Von Post 法用于评价泥炭分解和腐殖化的程度，具体操作方式是用一只手挤压一块蛋形的泥炭，并观察拧出的游离水的成分（Verry et al.，2011）。Von Post 指数为 1～10，其中 1 为基本未分解，10 为高度分解（表 7.2）。一般来说，碱沼和富营养泥炭地的泥炭比酸沼的贫营养泥炭更容易分解，或更容易腐殖化。利用 Von Post 法很难对木本植物形成的泥炭进行分类（Malterer et al.，1992）。

表 7.2　表征泥炭分解程度的 Von Post 法（Verry et al.，2011）

Von Post 指数	经过手指的泥炭量/%	自由水的组成
1	0	纯净
2	0	接近纯净
3	0	浑浊的棕色
4	0	浑浊、泥泞
5	2～10	非常浑浊和泥泞
6	26～35	—
7	46～55	厚重、黏稠、非常黑
8	66～75	几乎没有游离水，全是无定形物质
9	76～95	没有游离水，全是无定形物质
10	95～100	没有游离水，全是无定形物质

在美国，美国农业部根据土壤的分解程度将泥炭分类为纤维泥炭、半纤维泥炭和高腐泥炭（USDA，1999）。这是通过在食指和拇指之间摩擦泥炭一小段时间（比如 30 s）来区分的。纤维泥炭未分解或仅轻微分解，摩擦后留有 2/3～3/4 以上的纤维，往往由泥炭藓产生。半纤维泥炭的分解程度中等，经摩擦后纤维含量为 1/6～2/3，常与草本植物的出现联系在一起。高腐泥炭是高度分解的，摩擦后剩余的纤维占比不到 1/6，高腐泥炭往往在泥炭剖面中更深的地方，与新沉积的表面泥炭相比，它尽管分解速度缓慢，但分解时间要长得多。USDA 土壤分类法比 Von Post 法简单方便，在泥炭地不常见的地区很有用处，但对于拥有大量泥炭地的地区，如加拿大、俄罗斯和北欧国家，Von Post 法更为适用，可以很好地反映这些地区泥炭地的丰富性和多样性。从泥炭地恢复的角度来看，泥炭分解的程度很重要。通常情况下，许多需要修复的泥炭地在过去都被排干了，泥炭长期氧化分解，随着时间的推移，分解程度变得越来越高。因此，在许多需要修复的泥炭地中，最初的泥炭被高度分解，腐烂程度比原来更高。

正如俄罗斯沼泽水文学家 Ivanov K E 所倡议的那样，泥炭剖面通常分为两层，表层称为第一锹土层，次表层称为黑泥炭层（Ingram，1978）。第一锹土层是最上层，由相对未分解的泥炭组成，特征是泥炭相对多孔，具有较高的水导率或传水性，其地下水位波动较大，同时会受到周期性空气进入的影响（Glaser，1987；Ingram，1978）。

第一锹土层含有大量的需氧细菌，并存在着正在生长的植物，被认为是生物活性最强的一层。黑泥炭层在第一锹土层之下，它含有长期饱和、高度腐烂的泥炭，导水率较低，生物活性极低（Glaser，1987）。黑泥炭层没有空气进入，因此缺乏好氧微生物（Ingram，1978）。

加拿大和俄罗斯拥有世界上大部分的泥炭地（Taylor，1983；Kivinen and Pakarinen，1981）。据国际泥炭学会估计，加拿大拥有 123.5 万 km^2 的泥炭地，俄罗斯拥有 139 万 km^2 的泥炭地，两国合计泥炭地可以占到世界泥炭地总量（393.5 万 km^2）的 67%（Joosten and

Clark，2002）。这些泥炭地主要存在于加拿大的哈得孙湾低地和俄罗斯的西西伯利亚平原。在热带地区，印度尼西亚的泥炭地面积为 27 万 km^2，约占世界泥炭地的 7%。热带泥炭地主要包括印度尼西亚和中美洲常见的红树林和棕榈沼泽（Ellison，2004；Morley，1981；Anderson，1964）。在热带地区，泥炭藓不再是低地泥炭地的重要组成部分，在山地和高原生境中仍可看到泥炭藓的存在（Whinam et al.，2003）。棕榈沼泽表现出雨源泥炭沼泽的特征：凸起的泥炭内部营养贫乏，周围还存在着一些薄薄的泥炭（Troxler，2007）。海洋环境中虽然泥炭地总面积很小，但如不列颠群岛、芬诺斯坎迪亚、加拿大东部和阿拉斯加西部等地区，都广泛分布着泥炭地（Taylor，1983；Heinselman，1975）。

7.3　泥炭地的演替

泥炭地的形成经历了陆质化和沼泽化两个过程（Glaser，1987；Gorham，1957）。陆质化又称水生演替是指在很长一段时间内沉积物和泥炭逐渐填充池塘或湖泊的过程（Darlington，1943；Lindeman，1941）（图 7.1）。最初，由于沉积物和钙质水生生物、藻类和硅藻沉积在池底，池塘变得越来越浅。在水生演替的早期阶段，湿地植被只在池塘周围生长，在那里沉积泥炭[图 7.1（a）]。随着时间的推移，泥炭开始从外向中心漫延，在填充的中间阶段，湿地植被在越来越小的池塘中心周围形成了一个漂浮的垫子[图 7.1（b）]。最后，池塘里堆满了碱沼具有草本植物特征的泥炭[图 7.1（c）]。随着泥炭的持续沉积，湿地表面与地下水的隔离程度越来越高，泥炭藓开始占据主导地位。演替的终点或者说“顶端群落”是一个由降水补给、营养贫乏、酸性的泥炭藓沼泽，同时可能还存在着喜酸的灌木和乔木[图 7.1（d）]。沼泽化是指泥炭直接堆积在平坦或缓坡的矿物土壤上的过程，与陆质化同步或发生在陆质化之后（Klinger，1996）[图 7.1（e）]。沼泽化过程产生的泥炭往往比陆质化过程产生的泥炭浅，因为它们在大片地区形成了连续的但不一定很厚的泥炭层，所以通常被称为毯状沼泽（Moore and Chater，1969）。

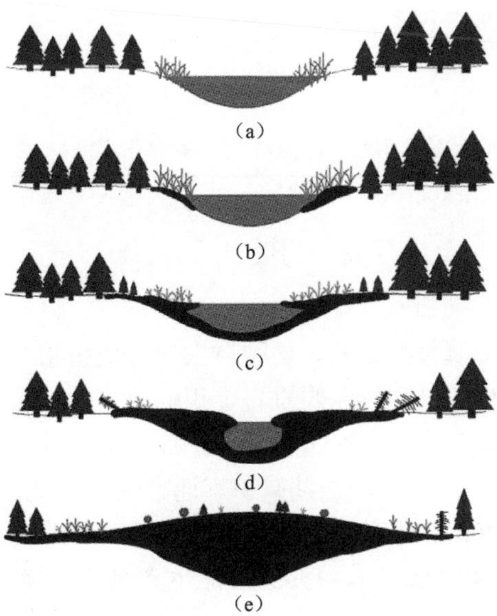

图 7.1　泥炭地演替：陆质化又称水生演替，池塘随着时间的推移而填满，形成泥炭地。（a）外围新生植被的生长；（b）泥炭藓的定植和泥炭的初期积累；（c）向中心漂浮的垫子；（d）几乎完全填满并向邻近森林发展；（e）完全填满并形成隆起的沼泽

泥炭的化学成分随着与地下水的隔离程度增加、对降水的依赖程度增加及植物群落的演替而发生变化。有机质含量和酸度随着时间的延长而增加，容重和养分（氮、磷）含量随着时间的延长而降低（表 7.3），并且表面泥炭的分解程度也会随着时间有所降低。

表 7.3　泥炭特性（pH、Von Post 指数、容重、C 含量、N 含量、P 含量）从（富营养）碱沼到（贫营养）酸沼的演替（测量深度为 0～25 cm）

沼泽类型	pH	Von Post 指数	容重/（g/cm^3）	C 含量/%	N 含量/%	P 含量/（μg/g）
碱沼	6.0	未测量	0.09	44	2.76	765
雪松沼泽	5.6	6.7	0.12	43	1.92	770
中营养碱沼	5.2	4.4	0.09	41	2.52	790
贫营养碱沼	4.1	3.7	0.02	42	1.51	630
酸沼	3.8	2.9	0.05	43	1.14	510

碱沼数据来自作者未发表数据，其他数据来自 Bridgham 等（1998）

泥炭藓一旦定植，其独特特性将提高它的留存能力，遏制其他物种的定植（van Breeman，1995）（表 7.4）。泥炭藓的难降解性在短期内会抑制植食活动，而在长期内会形成泥炭。它的透明细胞和下垂枝条增强了水分的利用和储存，并产生了一种多孔的、不透水的泥炭。由于泥炭藓可以从降水中吸收养分（氮），它比需要从矿物中吸收更多养分的维管植物更具竞争力（Malmer et al.，2003；Aldous，2002）。这样发展的结果是形成低养分、酸性、厌氧和寒冷的土壤环境，更加不利于维管植物的定植。

表 7.4　泥炭藓促进其留存并抑制其竞争对手的特性（Malmer et al.，2003；van Breeman，1995）

特性	短期作用	长期作用
有机化学成分	抑制植食活动	产生泥炭
透明细胞	节约水分	产生多孔的、不透水的、隔热的泥炭，创造寒冷的土壤条件
下垂枝条	毛细作用	容易塌陷以形成致密的泥炭
高营养留存	高效利用养分	对环境的养分供应不足
依赖降水中的氮	在氮的竞争中胜过维管植物	保持泥炭藓高养分保留率的优势

7.4　理　论

泥炭地的发育是由自生演替控制的，这种自生演替是植物有机质不完全分解并积累的结果。泥炭堆积是一个缓慢的过程，泥炭垂直堆积的速率以 mm/年或 cm/100 年表示。对基础泥炭进行 ^{14}C 测年得出的堆积速率低于 1 mm/年（Botch et al.，1995），相当于每 100 年泥炭堆积不到 10 cm。基于 ^{14}C 的长期碳积累速率的范围从 10 (g/m^2)/年～80 (g/m^2)/年（Yu，2012；Roulet et al.，2007；Schlesinger，1997；Turunen and Tolonen，1996；Belyea and Warner，1996；Francez and Vasander，1995）。净生态系统交换（net ecosystem exchange，NEE）的研究结果与之类似，速率为 20～105 (g/m^2) /年（Yu，2012；Koehler et al.，2011；Nilsson et al.，2008；Roulet et al.，2007）。亚北极气候的泥炭堆积速率通常比北方气候慢（Botch et al.，1995；Ovenden，1990）。一些证据表明：泥炭的积累随植被类型的不同而不

同，并且碱沼和阔叶林的堆积量比酸沼的堆积量更大（Botch et al.，1995）。

保育植物如羊胡子草（*Eriophorum vaginatum*）和金发藓（*Polytrichum*）可以加速泥炭藓和木本植物幼苗的定植和生长（Groeneveld and Rochefort，2002；Robert et al.，1999），在寒冷的气候中尤其如此，因为那里的冻胀会损害或杀死幼小的植物。研究表明：在受干扰的泥炭地中重新引入金发藓可以减少冻胀（Groeneveld and Rochefort，2005）。保育植物的其他好处还包括用作种子捕捉器、促进幼苗生长、整合松散的土壤、防止表面结皮和创造有利的小气候（Groenveld et al.，2007；Groeneveld and Rochefort，2002）。金发藓的隔热作用增加了土壤水分含量，减小了温度波动。在野外实验发现，金发藓毯的存在使泥炭藓部分比单独存在的裸露泥炭更加潮湿（Groeneveld et al.，2007）。随着时间的推移，偏爱干燥环境的金发藓会逐渐被泥炭藓所取代。

在羊胡子草下也常发生泥炭藓的定植（Grosvernier et al.，1995），实验研究表明：它有助于泥炭藓的定植（Ferland and Rochefort，1997）。泥炭藓的传播体被引入开采的泥炭地后，泥炭藓生长在白毛羊胡子草（*Eriophorum spissm*）和东方羊胡子草（*Eriophorum angustifolium*）覆盖下的数量比在杜鹃科（ericaceous）灌木覆盖下的数量更多（图 7.2）（Boudreau and Rochefort，1998）。在一块泥炭地废弃 20 年后，羊胡子草的草丛成为各种木本植物、杜鹃科灌木和苔藓聚集的焦点（Tuittila et al.，2000b）。但并不是所有的研究都支持羊胡子草作为保育植物的作用，Lavoie 等（2005b）的研究表明，在魁北克真空开采的泥炭地上，苔藓的恢复更多地与泥炭的水文特征有关，而与是否存在羊胡子草无关，因为泥炭藓更多的在含水量超过 85%的泥炭上定植。羊胡子草具有许多特性，使其成为一种有效的保育植物（图 7.3）：它很容易在裸露的泥炭和矿物土壤表面发芽（Gartner et al.，1986；Wein and MacLean，1973），并且能够创造比在单独的裸露泥炭上更潮湿的小气候（Grosvernier et al.，1995）；羊胡子草的遮阴作用缓解了太阳辐射、风和泥炭的低反照率所造成的干燥效应；羊胡子草是一种深根性的植物（Hunter and Knight，1958；Bliss，1956），能够吸收养分并将其浓缩到表层泥炭中（Chapin et al.，1979），使它们可供其他物种使用。菌根在促进泥炭地维管植物恢复中的作用尚不明确，Thormann 等（1999）观察到了一些植物中的菌根感染，包括羊胡子草、杜鹃科灌木和黑云杉（*Picea mariana*）。

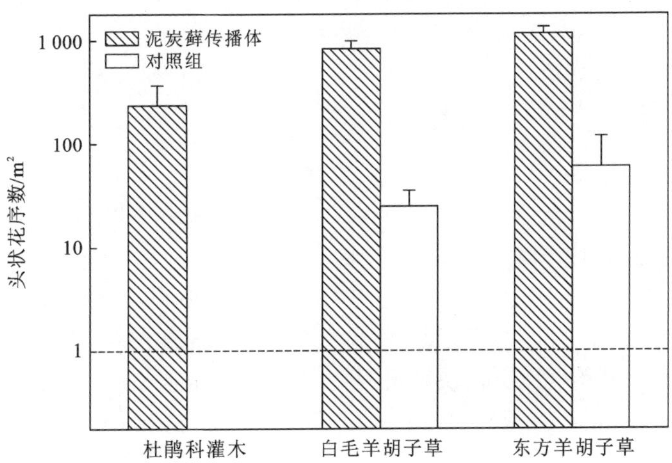

图 7.2　保育植物在泥炭藓生长过程中的作用（Boudreau and Rochefort，1998）

纵轴上的刻度为对数

（a）

（b）

图 7.3　捷克共和国境内 2000 年废弃的苏马斯基泥炭地。该泥炭地在 2000～2004 年通过堵塞沟渠、引入泥炭藓传播体和覆盖物进行了修复工作（Jongepierová et al.，2012）。（a）2011 年该泥炭地的移植情况；（b）一丛丛吸引其他物种定植的羊胡子草

照片由作者拍摄

在许多酸沼中，特别是在北方（较凉爽的）气候中，泥炭藓是一个关键物种（Rochefort，2000）。泥炭藓是这些湿地中泥炭的主要制造者，但有几个因素限制了它产生泥炭的能力：在从碱沼到酸沼的演化过程中，它出现得较晚，是该地点的后来者，同时也是生长缓慢的抗逆物种（Grime，1977）。

尽管泥炭藓作为一个关键物种很重要，但人们对它的扩散需求知之甚少（Rochefort，2000）。重新引入泥炭藓是恢复湿地重建生物群落的关键（Rochefort et al.，1995）。在开采过泥炭的地点，即使 15～20 年后泥炭藓也没有再次出现（Desrochers et al.，1998；Lavoie and Rochefort，1996），取而代之的是许多木本植物，如桦树、杨树和杜鹃科灌木，如山月桂（*Kalmia*）、杜香（*Ledum*）和麦氏草（*Molinia*）（Rochefort，2000）。

泥炭藓有很多品种，有些适应于低海拔的微型洼地，而有些适应于高海拔的丘陵和草甸（Smolders et al.，2003）。与洼地的品种相比，丘陵和草甸的品种定植更慢（Smolders et al.，2003）。泥炭藓可能以孢子或传播体、碎片或片段的形式散布到修复地点。自然分散的传播体不是太少就是太小，无法形成泥炭藓草地或地毯，这是许多酸沼的特点（Rochefort，2000）。孢子散布的可能性更大，但它们的定植能力却鲜有文献记载。从上述限制条件来看，在待修复的地点人工引入泥炭藓是很有必要的。

7.5　实　践

待恢复的泥炭地主要包括：被排水的农业与林业用地，过去通过手工切块开采泥炭的土地，以及现代使用真空技术开采泥炭的土地。恢复的目标包括：恢复泥炭沼泽（即泥炭积累系统）以支持生物多样性和泥炭地功能（Graf and Rochefort，2008；Smart et al.，1989），以及在林业作业和敏感的水生生态系统之间建立缓冲区（Vasander et al.，2003；Sallantaus et al.，1998）。从 20 世纪 80 年代欧洲切块开采泥炭地开始（Salonen and Laaksonen，1994；Meade，1992；Blankenburg and Kunze，1986），发展到 20 世纪 90 年代加拿大真空开采泥炭地（Rochefort and Price，2003），恢复开采后的泥炭地已成为一种普遍做法。泥炭地恢复的目标是形成富营养的泥炭地，通常是指碱沼，这在西欧尤其普遍。

恢复泥炭地首先需要重新引入适当的水源，以支持适当的物理化学条件。对于酸沼，

需要引入从微酸性和低营养的降水中获取的水。对于碱沼，则需要地下水来维持这些支持高度植物多样性系统的独特化学条件：微酸性或近中性的 pH、丰富的碱性阳离子（Ca^{2+}）和较低的养分（磷）有效性。

7.5.1 被开采的泥炭地

由于开采活动本身的干扰，被开采的泥炭地的恢复尤其困难。在世界范围内，泥炭开采活动集中在欧洲和北美（Lappalainen，1996），大约一半用于燃料（主要是在北欧和俄罗斯），另一半用于园艺或作为吸收剂（Nyronen，1996）。在爱尔兰、芬兰和俄罗斯，泥炭用来发电（Gottlich et al.，1993）。而北美几乎所有的泥炭都用于园艺及其产品的生产（Lappalainen，1996）。

在开采之前，首先要通过开沟降低地下水位，这增加了泥炭的有效厚度，使泥炭干燥，更容易开采。与农业和开采相关的排水会导致泥炭氧化、压实和下沉，从而降低泥炭表面高度，并极大地降低土壤的导水率。种子库中缺乏可存活的种子和繁殖体（Bakker et al.，1996；Jansen et al.，1996），与完整的泥炭地隔离等现象抑制了生物扩散，使问题更加复杂。废弃的泥炭开采地通常在几年内保持贫瘠或只有稀疏的植被，不会再次生长泥炭藓（Ferland and Rochefort，1997）。此外，开采通常会除去贫营养的泥炭，留下富营养的泥炭或矿质土壤，后两者符合演替的早期特征。具有这些先行条件，更明智的做法是：将沼泽恢复到演替的早期阶段，如碱沼（Meade，1992），然后让其自然演替。

在过去，泥炭的开采都是手工完成的，在 1970 年之前被广泛使用（Famous et al.，1991）。这会创造一个独特的地形条件：深 1～3 m 的平行沟渠与干燥、隆起的土埂交替出现。在任何时候，都只会有一小部分的泥炭表面受到扰动。一旦沟渠堵塞，这些地点的废弃可能导致泥炭藓和木本植物的定植，一个世纪或更长时间之后，废弃泥炭地的植被有可能会变得与该地区未开采的其他泥炭地类似。

1970 年以后，真空开采成为主要的泥炭开采方式（Famous et al.，1991）。此时，泥炭是在更大的面积上开采的，会留下一大片没有植被的土地。真空开采的泥炭地，首先需要通过挖沟和清除植被来排干水分（Frilander et al.，1996；Crum，1992），然后将泥炭表面磨至 5～10 cm 深，使泥炭破碎并干燥，最后使用机械方法挖掘、起垄、装载或使用真空收集器进行采收。北美的泥炭开采地每年可以采收多达 5 cm 厚的泥炭（Crum，1992）。芬兰也使用了类似的技术，经过排水和除草后，将泥炭碾磨到 2 cm 深，然后进行采收（Frilander et al.，1996）。泥炭开采地废弃后，在没有水文恢复的情况下，该地会慢慢地被木本植物占领，但几乎没有泥炭藓出现，从而形成一个较干燥的栖息环境（Kaine et al.，1995）。

泥炭开采增加了地表水与下层较老的泥炭或矿物土壤之间的接触，改变了水和泥炭的化学成分。其造成的结果是：被开采后的酸沼的特征与碱沼更为相似，与其他隆起的未被开采的酸沼相比，开采后的酸沼的 pH、溶解的盐基阳离子（Ca^{2+}、Mg^{2+}、K^{+}、Na^{+}）、硫酸盐和氯化物含量均更高（Wind-Mulder et al.，1996），也含有更多水溶性、植物可利用的 NH_4^+ 和 NO_3^-（Wind-Mulder and Vitt，2000）。Lally 等（2012）研究表明：爱尔兰的泥炭开采地部分或完全地去除了泥炭，将水与碱性底土重新联系起来，提高了 pH，将泥炭地内的化学反应转回趋向碱沼。这些泥炭开采措施将演替转回到了较早的阶段，减缓了泥炭藓的恢复速度，增加了相当大的修复成本（Lally et al.，2012）。

切块和真空开采的泥炭表面环境非常恶劣，不适合泥炭藓的生长（表 7.5）。由于水被排干，非扰动土层变厚且受到地下水位深度变化较大的影响。泥炭地表面植被缺乏和反照率低，导致昼夜温差大、蒸发率高、基质冻胀、传播体被风掩埋（Campbell et al.，2002；Salonen，1987）。Faubert 和 Rochefort（2002）的研究表明：被埋在 10 mm 深的地方就足以抑制大多数苔藓的生长。

表 7.5　泥炭开采地中泥炭藓自然定植的基质与传播的限制因素

基质	传播
低湿度	种子库中没有/很少有活的繁殖体
高温	附近没有种子供体
冻胀	—
被风掩埋	—
低磷	—

7.5.2　排水后的泥炭地

排水后的泥炭地的水文恢复通常包括：堵塞或填满沟渠以使泥炭重新湿润（Acreman et al.，2007；Price et al.，2003；Mawby，1995；Heikkila and Lindholm，1995）；修建堤坝以保持水分（Francez et al.，2000）。其他措施包括：使用堤坝、围塘或梯田来蓄水；在恢复地点和活跃的泥炭开采地点之间建立缓冲区；通过制造浅洼地来重新构造微地形（Price et al.，2003，2002）。废弃泥炭地的地下水位经常大幅波动（Price，1996；Schouwenaars，1993），必须加以修复。

排水后用于林业的泥炭地相对被开采的泥炭地更容易恢复，其水文条件可以通过在采伐后填满沟渠来恢复。在芬兰，以这种方式恢复富营养碱沼可以使羊胡子草迅速定植，在 3 年内，盖度达到 50%（Jauhiainen et al.，2002）。而泥炭藓和木本植物[帚石楠（*Calluna vulgaris*）]在采伐并填埋沟渠后恢复的酸沼中的定植过程则发展得较慢。Jauhiainen（2002）认为因为采伐后的泥炭地存在残留的繁殖体，所以采伐后的泥炭地比开采后的泥炭地更有可能自发恢复植被。

许多泥炭藓属植物在水分充足条件下生长良好，但在地势较高、较干燥的地方生长不佳或根本不生长（Mawby，1995）。Price 和 Whitehead（2001）评估了魁北克一个被采伐殆尽的废弃酸沼的水文条件，发现在废弃 30 年后，这个沼泽的泥炭藓只覆盖了现场的 10%。他们发现泥炭藓定植的区域坡度小，地下水位与地表的距离在 25 cm 以内，土壤含水量大于 50%，而不具备这些条件的地区则一般不生长泥炭藓。

其他用来提高土壤水分的技术（如添加秸秆覆盖）也都进行试验。与裸露的泥炭相比，秸秆覆盖的应用保持了地表土壤的湿润和较高的地下水位（Price et al.，1998）。同时秸秆的存在也促进了泥炭藓传播体的生长和散播（Boudreau and Rochefort，1998）（图 7.4），在引入传播体的第一年，这一作用尤其明显（Rochefort et al.，1997）。构造微地形（形成隆起和凹陷），特别是凹陷的湿润条件，为泥炭藓的恢复创造了更为有利的环境（图 7.5）（Campeau et al.，2004）。制造 20 cm 深、大小不一的浅洼地可以有效促进泥炭藓的恢复（Campeau et al.，2004）。经过 3～4 个生长季节后，机械引种的浅洼地泥炭藓盖度为 20%～25%，而人工引种的为 40%～60%。Price 等（2002）指出，洼地保留的额外水分可以保护泥炭藓在干旱时期不受干燥条件的影响。

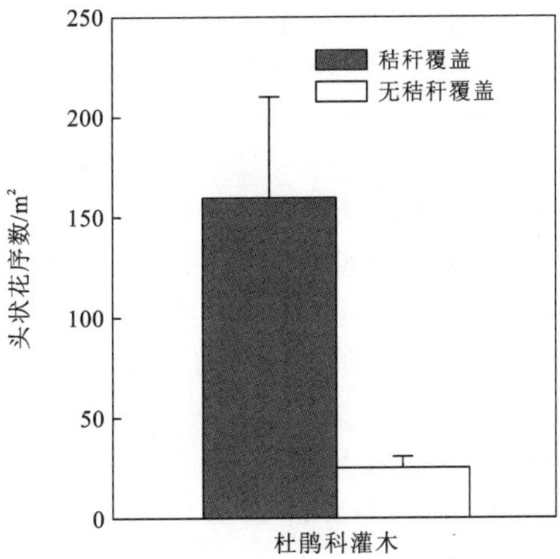

图 7.4　秸秆对杜鹃科灌木下泥炭藓生长的影响（Boudreau and Rochefort，1998）

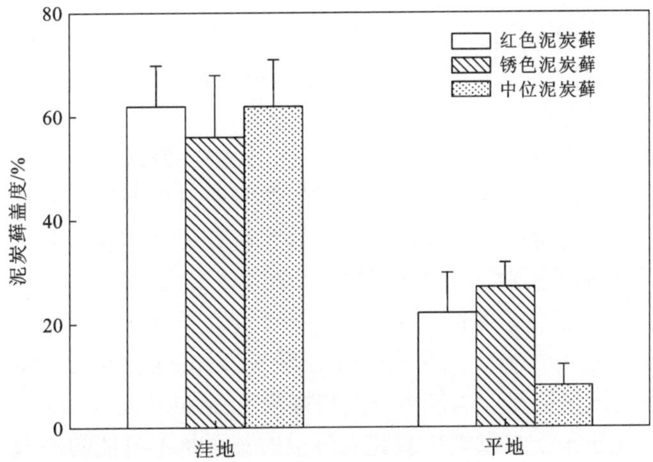

图 7.5　微地形（构建 20 cm 深的洼地）对三种泥炭藓生长的影响（Campeau et al.，2004）

与未开采的泥炭地相比，排水后和被开采的泥炭地通常含有较低的可溶性磷和钾（Basiliko et al.，2007；Andersen et al.，2006；Wind-Mulder and Vitt，2000；van Duren et al.，1997），因此可能需要施加肥料来加速泥炭藓的恢复。研究表明：石灰的添加对重新恢复泥炭藓覆盖有负面影响，而磷的添加有正面影响（Money，1995）。向含有泥炭藓残体的已开采泥炭地中添加磷可增加泥炭藓的盖度（Ferland and Rochefort，1997）。Rochefort 等（2003）和 Sottocornola 等（2007）的研究认为：磷的添加也有利于像直叶金发藓（*Polytrichum strictum*）这样的保育植物的生长。

具有典型酸沼物种的废弃泥炭地很少发生植被自然恢复的情况。开采并废弃的泥炭地上的种子库往往会变得贫瘠，而且很少有传播体会散播到此处（Salonen and Setala，1992；Salonen，1987）。德国南部阿尔卑斯山脚下散布了所有重要的泥炭藓属物种，但在长期废弃的泥炭地中却几乎没有泥炭沼泽物种生长（Poschlod，1995）。Huopalainen 等（1998）评估了芬兰一块废弃 20 年的切块开采泥炭地的种子库，该种子库主要由木本植物和杜鹃科植物组成，具有几种金发藓的传播体，但只有一种泥炭藓的传播体被发现。当传播体到达该地点时，由于土壤条件恶劣，通常不能萌发（Salonen，1987）。在某些情况下，泥炭藓的传播体会散布到废弃的真空开采泥炭地中。Campbell 等（2003）研究表明：如果附近有一个种子源，由于其散布在风中的孢子具有较高的繁殖能力，苔藓具有较高的散布潜力。

由于干扰的规模较小，在切块开采的泥炭地中比在真空开采的泥炭地中更容易观察到自发恢复的现象（Farrell and Doyle，2003；Lavoie et al.，2003；Robert et al.，1999）。维管植物很容易在废弃的切块开采泥炭地上定植，但泥炭藓的定植速度则要慢得多（Girard et al.，2002）。然而，Farrell 和 Doyle（2003）发现泥炭藓在爱尔兰一块切块开采的毯状酸沼上迅速定植，仅两年内，该泥炭地上的泥炭藓盖度从 1%增加到 31%。不足为奇的是，与酸沼相比，泥炭藓不太常见的碱沼更有可能自发恢复植被。Graf 等（2008）观察发现，切块开采的碱沼中维管植物的盖度为 50%～70%，远高于另一项研究中切块开采的酸沼的 25%（Poulin et al.，2005）。

即使在没有刻意重新引入植被的情况下，只需假以时日，尽管速度很慢，废弃的泥炭地同样会发生演替。Konvalinkova 和 Prach（2010）评估了捷克通过切块和/或真空技术开采的 17 块泥炭地上的植物定植情况。他们发现：一般情况下，这种演替会更容易发生在废弃 50 年以上的切块开采的泥炭地上。在爱沙尼亚，被废弃 26～31 年的碾磨泥炭地的种子库中含有大量的植物物种，但由于土壤水分低，种子的萌发受到了抑制（Triisberg et al.，2013）。这些研究均强调：在重新引入植物繁殖体和传播体之前，必须恢复适宜的水文环境和充足的土壤水分。

在一项关于废弃泥炭地的调查中，Poulin 等（2005）发现切块开采的泥炭地中杜鹃科灌木的盖度可以达到 50%或更多，而真空开采的泥炭地只有 16%。废弃泥炭地的草本盖度与天然泥炭地相当，而泥炭藓的盖度却很低。在真空开采的泥炭地中，泥炭藓的盖度只有 2%，而在切块开采的泥炭地中，盖度从开采较少部分中的 2%到沟渠中的 30%不等（Poulin et al.，2005）。在发生了自发恢复的真空开采泥炭地上，羊胡子草通常是先锋物种。真空开采泥炭地的植被恢复速度缓慢，这是大规模开采（Lavoie and Rochefort，1996；Money，1995）和支持机械化拖拉机作业的密集开挖和排水（Lavoie et al.，2003）共同作用的结果。

因为在废弃的泥炭地上自发地恢复泥炭藓很难甚至是不可能的，所以人为重新引入传播体是必要的。实验研究表明：碎片或传播体引入的效果优于整株引入（Money，1995），并且泥炭藓的恢复效果随着引入传播体密度的增加而增加（图 7.6），但是传播体的大小并不影响重新定植的成功率。Campeau 和 Rochefort（1996）研究发现：0.5 cm、1 cm 和 2 cm

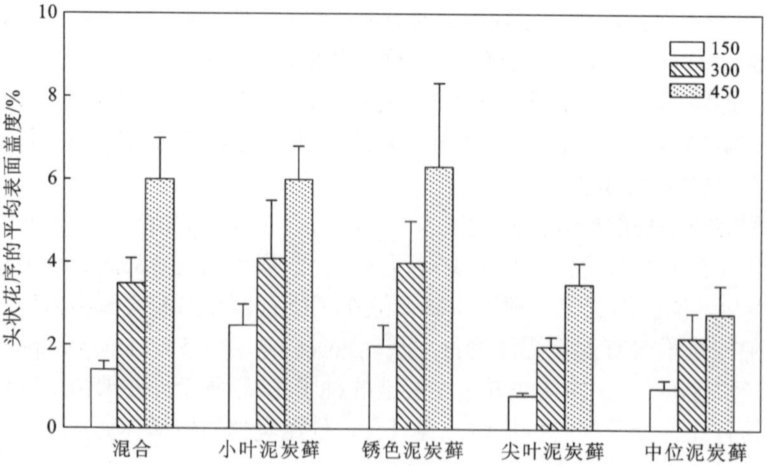

图 7.6　初次引种泥炭藓传播体（每平方米）生长一年后的盖度。对 4 个物种及其混合物进行了实验（Campeau and Rochefort，1996）

大小的传播体具有类似的定植效果。水分是定植的主要决定因素，潮湿的泥炭比干燥的泥炭具有更高的定植率（Campeau and Rochefort，1996）。

研究表明：泥炭地特色物种的成功恢复更多地取决于物种的引入，而不是原有传播体的数量。Chirino 等（2006）在开采后的泥炭地表面引入了四种泥炭藓的传播体，并对它们的发育进行了长达 4 年的跟踪观测。在引入的 4 种植物中，一种常见的泥炭藓——锈色泥炭藓（*Sphagnum Fuscum*）生长得最好。其他的研究发现：在潮湿的条件下，丘间种喙叶泥炭藓（*Sphagnum fallax*）比其他种类的泥炭藓生长得更好，同时，它也是酸沼的其他特征物种定植的跳板（Buttler et al.，1998；Grosvernier et al.，1997）。在干旱条件下，锈色泥炭藓更具优势（Chirino et al.，2006），对埋藏的抵抗力也更强（Faubert and Rochefort，2002）。

加速泥炭藓定植的一种方法是促进形成漂浮的泥炭垫。这项技术已经在欧洲进行了测试，用于当地切块开采的沼泽地恢复。木质素、酚类物质和碳氮含量低的低腐殖质泥炭，再加上碱性水的淹没，形成了适于泥炭藓生长的浮力垫（Tomassen et al.，2003；Smolders et al.，2002）。

同时为了确保垫子的浮力，需要厌氧条件来支持高速率生成 CH_4（Lamers et al.，1999）。腐殖化程度低、不稳定的泥炭和高 pH 的水也可以进一步提高 CH_4 的产量（Tomassen et al.，2004）。这项技术可能不适用于许多废弃的泥炭地，因为那里不存在适宜的水文条件（即足够的淹没深度以支撑漂浮的泥炭垫）、水化学条件和泥炭质量。

7.5.3 碱沼的复湿

北欧和中欧恢复泥炭地的常见做法是对退化的碱沼和荒地进行复湿。这些湿地或是多年前作为农业用地被排干（Schultz et al.，2011；Malson et al.，2008；Timmerman et al.，2006；Lamers et al.，2002a；Richert et al.，2000；Pfadenhauer and Grootjans，1999；Pfadenhauer and Klötzli，1996），或是被抽取地下水作为公共供水而降低了自身的水位（Kemmers et al.，2003）。这不仅导致常见的泥炭排水、氧化、压实和泥炭沉降外，还因为降水改变了富含碱的地下水的成分，导致湿地电导率降低（Okrusko，1995）并出现土壤酸化现象（Beltman et al.，1995；van Diggelen et al.，1991）。排水将导致有机结合态的磷转化为对氧化还原电位变化敏感的铁结合态，而在复湿并建立厌氧条件后，磷才会在内源富营养化（Venterink et al.，2002）的过程中被泥炭土壤再次释放（Zak et al.，2004）。由于受污染的地下水和大气沉降导致酸和硫酸盐输入增加（S 优先与 Fe 结合）（Lamers et al.，2002b；Bobbink et al.，1998）另外，高度分解的表面泥炭碳磷比较低（C∶P）（Zak et al.，2010），也使这一过程变得复杂。这些环境压力的累积效应会导致这些历史上物种丰富的湿地植物物种多样性急剧下降。如果没有播撒石灰、提高水位等干预措施，这样的磷浓度可能会持续数十年之久（Zak et al.，2008）。富营养碱沼的恢复措施包括：堵塞沟渠以恢复水文、增加与地下水的接触，并提高表层泥炭的水分含量（Cobbaert et al.，2004；Cooper et al.，1998；Pfadenhauer and Klötzli，1996），以及引入富含传播体的干草（Graf and Rochefort，2008；Patzelt et al.，2001）。如果地下水中含有足够的钙，该泥炭地可能会被成功恢复。其他研究表明：仅重新引入地下水可能不足以恢复这些湿地系统。van Dijk 等（2004）研究发现：恢复荷兰酸化泥炭土壤的渗流条件会导致土壤中磷的有效性增加一倍，磷的分解也受到促进，这与土壤 pH 的升高有关。Lamers 等（2014）调查了影响碱沼的环境压力及与其恢复相关的挑战。环境压力包括：排水、排水引起的酸化、外源磷的富营养化和泥炭氧化引起的内源富营养化。恢复措施包括：复湿以恢复水文和降低土壤酸度，停止磷的外部输入以改善富营养化，去除草皮以减少内部负荷，以及通过繁殖或种植来重新引入物种。

复湿的碱沼通常使用从高质量参照点割下的干草播种来增加物种丰富度（Rasran et al.，2007；Pfadenhauer and Grootjans，1999）。Cobbaert 等（2004）在魁北克贫营养沼泽恢复后，进行了引入传播体和覆盖物来恢复植被的实验，实验结果表明这两项措施都促进了碱沼植被的重建。表土去除和富含传播体的干草相结合，促进了德国废弃裸露碱沼的植被生长（Patzelt et al.，2001）。在瑞典，重新引入传播体加快了碱沼特有的褐色苔藓的恢复（Malson and Rydin，2007）。在田间试验中，添加石灰、凋落物（以提供遮蔽物）和传播体可以提高场地中四种褐色苔藓的存活率和盖度（Malson and Rydin，2007）。在美国的落基山脉，Cooper 和 MacDonald（2000）研究了通过复湿和人工种植来恢复高海拔碱沼的方法。结果发现，在这些环境压力很大的寒冷、半干旱的环境中，人工种植是必要的。他们认为，即使在人工种植之后，完全恢复这些湿地系统仍需要数百年的时间。

7.5.4 富营养化的泥炭地：草皮切割、表土清除和修剪

如果使用未受污染的水进行复湿依然不能恢复泥炭地的生态系统，则需要采取额外措施，如草皮切割或表土清除，以去除多余的养分，特别是磷（Malson et al.，2010；Rasran et al.，2007；Tallowin and Smith，2001；Mitchell et al.，2000；Pfadenhauer and Grootjans，1999；van Duren et al.，1998；Snow and Marrs，1997；Jansen et al.，1996；Beltman et al.，1996）。草皮切割也会使土壤裸露，有利于种子萌发和荒地植被恢复（Britton et al.，2000；De Graaf et al.，1998）。在英国，Tallowin 和 Smith（2001）进行了去除表层土壤以恢复农业改良牧场的碱沼植被的研究，结果显示去除 15～20 cm 的表土可以减少 85%的磷含量，降低磷的可利用性，促进麦氏草属-蓟属草甸（*Molinia caerulea-Circium dissectum*）的发育。在荷兰，Verhagen 等（2001）开展了前农业用地上的植物群落恢复研究，通过移除表层土壤促进植被恢复。在 9 年的时间里，恢复区中的植被与参照地点的相似性逐渐提高。然而，尽管许多目标物种存在于当地物种库中，但它们在 9 年后也没有在恢复区成功定植，这说明传播扩散也是限制植被恢复的因素之一。Beltman 等（1996）研究了草皮切割和排去酸性地表水两种措施对荷兰的碱沼特征植物恢复的影响。草皮切割去除了多余的养分，但只是暂时去除了酸沼特有的苔藓植物。排水和草皮切割都能够去除苔藓植物，促进碱沼植物的生长，并且草皮切割也被证明可以增加耐酸物种的物种丰富度，而恢复酸敏感物种则必须同时实施草皮切割和施用石灰两种措施（Dorland et al.，2005a）。Klimkowska 等（2007）进行了一项关于西欧碱沼和泛洪平原草甸恢复影响的荟萃分析，影响措施包括复湿、表土去除和传播体引入。分析结果表明：表土去除和传播体扩散对植物物种丰富度的正效应最大，而单独进行复湿对植物物种丰富度没有明显的促进作用。

在严重的富营养化情况下，可能需要施用石灰（van Diggelen et al.，2015；Dorland et al.，2004；De Graaf et al.，1998）。Dorland 等（2005b）在荷兰进行了流域石灰施用试验，以增加石南灌丛和沼泽地池塘的植物物种多样性。结果显示：施用石灰 2～6 t/hm^2 可提高土壤 pH 和盐基阳离子浓度；濒危物种红色名录中的物种在沼泽地大量增加，而施用石灰对石南灌丛恢复的效果相对要温和得多；另外，施用石灰后至少需要 6 年才能检测到这样的正效应。

割草和计划火烧也被用于增加沼泽和其他禾本科类湿地的物种丰富度。Billeter 等（2007）比较了瑞士 15 个废弃了 4～35 年的山地碱沼草甸上割草和未割草的地块。两年后，修剪过的地块与未修剪的地块相比，平均多了 11%的植物种类和 15%的碱沼指示物种。van

Diggelen 等（2015）调查了修剪、火烧和施石灰对荷兰酸化和富营养化的碱沼植被的影响。结果表明，夏季的修剪会导致不良碱沼植被的增加，包括苔藓植物，如泥炭藓。冬季修剪后再焚烧可以抵消酸化作用，但会增加养分的可利用性，并导致高产禾本科植物的优势生长，而这些禾本科植物并不符合碱沼的特征。石灰的施用形成了植被恢复所需的低酸度条件，但维持这些条件需要反复施用石灰。Bakker 和 Berendse（1999）的结论是：禾本科湿地（包括沼泽、荒地和湿草甸）生态多样性的恢复受到非生物限制如富营养化和酸化，以及生物性限制如种子库退化和传播体无法在湿地所在的高度破碎的地形中扩散。

7.5.5 生态系统演变

欧洲国家和加拿大已经采取了许多努力来恢复泥炭地，以重现功能正常、泥炭堆积的湿地。加拿大进行了广泛的研究，以评估泥炭地修复的限制条件和控制措施。芬兰和其他欧洲国家，包括德国、爱沙尼亚、英国和爱尔兰，也将重点放在恢复战略和评估恢复后生态系统演变的方法上。

Famous 等（1991）评估了加拿大和美国 35 个废弃 4～92 年的泥炭地的恢复模式。发现切块开采的泥炭地比真空开采的泥炭地植被恢复的速度要快得多，树木[黑云杉（*P. mariana*）、白桦（*Betula papyrifera*）、落叶松（*Larix laricinia*）]在地埂上定植，而泥炭藓与杜鹃科灌木在沟渠内定植。从 1970 年开始采收泥炭的真空开采泥炭地面积更大，主要定植了羊胡子草和白桦，泥炭藓在这些地方很少见（Famous et al.，1991）。Soro 等（1999）比较了瑞典废弃 50 年的切块开采泥炭地和天然泥炭地中的植物物种丰富度，发现即使在 50 年后，废弃的切块开采泥炭地的物种丰富度也较低。Lavoie 等（2005a）评估了魁北克南部真空开采泥炭地在废弃 14 年后的植被动态，发现在 5 年的监测期内，羊胡子草的盖度下降，而杜鹃科灌木的盖度增加。废弃 20 年后，植被覆盖仍然稀疏，没有任何证据表明该地的植物群落最终会演替到类似于未受干扰的泥炭地。这些调查结果表明，除非实施加速演替的措施，否则废弃泥炭地的恢复速度非常缓慢。

Salonen（1990）比较了芬兰两块废弃 8～9 年的切块开采泥炭地的演替。这两个地点的剩余泥炭厚度是不同的，其中一个地点的泥炭厚度超过 1 m，而另一个地点的泥炭厚度只有 17 cm。在泥炭较浅的地点有 62 种植物定植，其中苔藓 16 种，泥炭藓 2 种。而在泥炭较深的地点，只有 16 种植物定植，其中包括 3 种苔藓，但不包含泥炭藓。浅层泥炭的定植率更大可以归因于种子传播的差异及根系可以更多地进入营养丰富的矿质土壤。

泥炭开采不可避免地改变了水的化学成分，这是由于表层水与矿物基质接触的增加造成的，水和泥炭的化学特征更接近碱沼而不是酸沼（Lally et al.，2012）。经过对恢复后的酸沼的水化学环境长达 7 年的跟踪监测，结果表明，与未开采的酸沼相比，恢复后的酸沼具有更高的 pH、盐基阳离子浓度和电导率（Andersen et al.，2010a）。7 年后，也没有证据表明它的水化学环境正在向未开采的酸沼靠拢。Tuittila 等（2000a）跟踪研究了一个真空开采的贫营养酸沼复湿前 1 年和复湿后 4 年的植被变化。羊胡子草、薹草（*Carex*）和其他碱沼物种迅速在该地点定植。4 年后，泥炭藓逐渐在积水地区定植，但在较高的地区，只有受干扰的泥炭表面上才有苔藓定植。Tuittila 等（2000a）指出，富营养沼泽植被的恢复速度快于贫营养沼泽，因此应考虑利用地表径流和施用肥料来创建富营养沼泽以启动演替，经过一段时间后，碱沼将慢慢演替为酸沼。Pfadenhauer 和 Klötzli（1996）进一步指出，富营养沼泽代表了一种更早和更容易实现的演替状态，因此恢复工作应该针对需要养分的碱沼和过渡期的酸沼，以迅速恢复有效的泥炭生产。

泥炭地的开采，特别是真空开采，对微生物群落有显著的影响。与天然贫营养酸沼相比，加拿大真空开采后的泥炭地含有较少的细菌总数、纤维素降解菌和微生物生物量碳（Microbial biomass carbon，MBC）（Croft et al.，2001）。随着氮的矿化和 NH_4^+ 含量的增加，恢复地的氮循环增强。Andersen 等（2006）研究了废弃 20 年的真空开采泥炭地上的微生物生物量和 CO_2 产量，该泥炭地通过堵塞沟渠和引入泥炭藓繁殖体来恢复。恢复 3 年后，与天然泥炭地相比，恢复地和未恢复地的微生物生物量和土壤呼吸均较低。根据磷脂脂肪酸分析，三个区域的微生物群落结构没有明显差异（Andersen et al.，2010b）。恢复期间，恢复地的微生物生物量碳有随时间增加的趋势，但即使在 6 年后，微生物生物量碳也更类似于未恢复的真空开采泥炭地，而不是完整的贫营养酸沼（Croft et al.，2001）。对碱沼恢复的研究也表明：营养循环无法恢复到完整沼泽的水平。Richert 等（2000）研究发现：通过复湿恢复的碱沼中矿质氮水平有所下降，但即使在 3 年后，无机氮仍然远远高于天然沼泽中的水平。

不出所料，复湿会增加 CH_4 的排放。在芬兰，Tuittila 等（2000c）比较了泥炭地复湿前后 CH_4 通量的差异：CH_4 通量在恢复后有所增加，但始终没有达到完整沼泽的高水平。Tuittila 等（1999）还测量了同一泥炭地复湿后的 CO_2 通量：淹没区（即碳被隔离的区域）在两年内达到正的碳平衡，在复湿后的第三年 CO_2 通量增加得更多，而较高较干旱的区域仍然是大气中 CO_2 的净源。在魁北克，恢复后的切块和真空开采的泥炭地比天然泥炭地产生更少的 CO_2 和更多的 CH_4。这一不同之处可以归因于与天然泥炭地相比，恢复后的泥炭地环境更加潮湿（Basiliko et al.，2007）。

Waddington 等（2002）在魁北克较新的（废弃两年）和较久的（废弃 7～8 年）真空开采泥炭地测量了碳交换量。即使在恢复 8 年后，废弃的泥炭地依然是碳源。Waddington 和 Warner（2001）比较了裸露泥炭地、已恢复的泥炭地和未开采泥炭地的碳交换量。在已恢复的泥炭地上，泥炭藓的传播体广泛散布并在抽样调查时覆盖了大约 50%的区域。已恢复泥炭地的总光合作用几乎是未开采泥炭地的两倍和裸露泥炭地的三倍，但即便如此，已恢复泥炭地仍然是大气中 CO_2 的净源。这些研究表明：即使努力恢复植被，废弃的泥炭地在恢复后的几年内仍将是大气中 CO_2 的净源。

与植被相似，泥炭地恢复后动物群落的重建也很缓慢。van Duinen 等（2003）研究了荷兰 27 块通过复湿恢复的切块开采泥炭地的水生大型无脊椎动物多样性，恢复时间从 1～28 年不等，并与 20 个 50 多年前被开采的处于不同次生演替阶段的残留泥炭地进行了比较。与恢复泥炭地相比，残留泥炭地含有恢复泥炭地所没有的特有且稀有的沼泽物种，并且物种丰富度也较高。在恢复区，大型无脊椎动物多样性的大多数指标与典型的酸沼植被之间没有明显的关联，但珍稀物种数量和动物物种质量与恢复时间呈正相关（van Duinen et al.，2003）。然而，积极的恢复已经被证明可以加速无脊椎动物群落的发育。在新西兰，使用直接播种和草皮转移恢复开采的泥炭地可以促进甲虫（鞘翅目）群落的快速发育（Watts et al.，2008）。经过 7～9 年，恢复泥炭地的甲虫群落特征向未开采酸沼的特征靠拢，并且草皮转移比直接播种的效果更好。在加拿大新不伦瑞克东部，尽管在酸沼恢复期间建设浅池确实有效增加了节肢动物和两栖动物的数量，但在恢复 4 年后，恢复沼泽池和天然酸沼的动植物组成依然有所不同（Mazerolle et al.，2006）。

Desrochers 等（1998）比较了魁北克废弃的切块和真空开采的泥炭地与自然对照区的鸟类群落。20 年后，与天然泥炭地相比，开采后的泥炭地，特别是真空开采的泥炭地植被盖度更低。鸟类的数量和丰富度在废弃的真空开采的泥炭地较少，但在切块开采和天然泥炭地之间没有区别。

由于这一地区已经不再实行切块开采，Desrochers 等（1998）建议，对于真空开采的泥炭地，恢复工作应包括保护未开采的泥炭地区域，以补偿真空开采对鸟类群落造成的持久影响。

想要促进泥炭地结构和功能的发育，不仅仅需要进行复湿，还需要引入传播体、覆盖物和肥料。Waddington 等（2003）研究了在试验区通过复湿和引入传播体和覆盖物来进行恢复的泥炭地上泥炭藓的产生和分解。研究表明，恢复 8 年后，试验区生长出一层薄薄的泥炭藓，完全覆盖区域的生产率已经可以与附近的天然泥炭地相当。恢复区的水文条件比天然泥炭地更干燥，但生产力水平非常高，这可以归因于恢复区中高密度的头状花序。虽然只在恢复区中测量了分解率，但其分解率（在两年的研究期内为 13%～17%）与其他研究发表的未开采泥炭地的结果相当（Waddington et al.，2003）。

总之，切块开采的泥炭地，因为面积小，而且有淹水的沟渠，能够自然恢复植被，而工业开采的真空泥炭地和碾磨泥炭地则不能（表 7.6）。一般情况下，首先发生定植的是保育植物，如羊胡子草和金发藓。而其他植物的生产力和多样性，特别是泥炭藓，需要数十年的时间才能变得类似于未开采的泥炭地。

表 7.6　切块和真空开采泥炭地复湿后泥炭地生态系统演变

功能		与天然泥炭地相当的时间/年	
		切块开采	真空开采
生产力和生境功能	初级生产	3～10	＞20（在淹水的沟渠中速度更快）
	植被覆盖	＜20	＞20～50
	植物多样性		＞50
	水生无脊椎动物	＞30	＞50①
	鸟类群落	＜20	＞20（视植被而定）
调节功能	微生物活性	较快	＞10～20
	CH_4 通量	较快	＞20
	泥炭/碳积累	较快	＞20（视植被而定）
	氮循环	较快	＞20

① 通过主动恢复工作（如播种和草皮转移）速度更快

微生物过程、碳和氮循环和碳积累，也需要相当长的时间来发育。总体而言，衡量泥炭地修复成功的关键标准是修复泥炭地的泥炭积累系统。

7.5.6　恢复泥炭地成功的关键

由于泥炭的积累是一个缓慢的过程，成功地恢复这些泥炭地比恢复其他类型的湿地需要更长的时间。恢复废弃泥炭地可能需要重建水文环境、改变水化学条件（包括盐基状况和磷）、改善小气候及引入传播体（Gorham and Rochefort，2003）。在一些地方，特别是在欧洲，用富含硫酸盐的水复湿和用大气中的硫沉积改变了化学环境，使恢复过程变得更加复杂。在这些地方，可能需要采取补救措施[如施石灰来约束磷（Zak et al.，2008）]以增加物种多样性（Dorland et al.，2005a，2005b）。在需要恢复酸沼时，可能有必要退回到演替的较早阶段（Lally et al.，2012）——构建碱沼，以便在无法减轻富含碱和硫酸盐的水的影响情况下进行泥炭地恢复。研究表明，真空开采的泥炭地比切块开采的泥炭地更难恢复，因为它占用的空间更大，排水强度也更大（Lavoie et al.，2003）。

人们致力于开发加速泥炭地恢复的技术，特别是在欧洲和加拿大。Sliva 和 Pfadenhauer（1999）测试了各种技术来恢复德国碾磨开采的酸沼，包括水文恢复、播种、移栽、重新引入泥炭藓、种子覆盖和施肥。根据他们的实验，Sliva 和 Pfadenhauer（1999）推荐了以下恢复被开采酸沼的步骤：①复湿；②引入传播体；③覆盖；④施用磷肥。Poschlod（1995）进一步建议在开采前去除泥炭中富含传播体的"顶部唾液"，湿润储存，然后在开采停止后将其散布在现场。

在加拿大，Rochefort 和他的同事开发了恢复被开采的泥炭地的技术，这些技术在《湿地生态和管理》（*Wetlands Ecology and Management*）的一期特刊中进行了详细介绍（Rochefort et al.，2003，Rochefort and Price，2003）。加拿大的方法包括以下步骤：水文恢复、传播体采集和引入、传播体保护和施肥。Rochefort 还编制了泥炭地恢复的详细指南，其中包括工时和成本估算（Quinty and Rochefort，2003）。其建议按顺序排列包括：通过堵塞沟渠来恢复水文；适当建造浅洼地、池塘或等高表面以保持水分（Price et al.，2003）；收集和扩散传播体；使用秸秆覆盖；以及施用磷肥（表 7.7）。另一项关键建议是避免挖掘矿质土壤，因为它使泥炭地富含矿物质养分，并促进了非泥炭地物种的定植（Quinty and Rochefort，2003）。总而言之，泥炭地的成功恢复将取决于适当的水文周期和水源（酸沼为雨源，碱沼为地源），适当的基质（酸沼为高度腐殖化的泥炭，碱沼为腐殖化较差的泥炭），重新引入传播体并为它们提供适当的保护，使其不受其他因素的影响（包括有利于泥炭藓生长的保育植物和伴生植物），以及有足够的时间让泥炭积累。

表 7.7　北美恢复被采伐的泥炭地的方法

目标	行动
场地准备	使用湿泥炭堵塞沟渠，建造堤坝、等高面形成凸面和大小为 75～150 m^2 的浅洼地
传播体收集	确定高泥炭藓覆盖（＞50%）的地区，去除上部 10 cm，用旋耕机手动或机械收集＞2 cm 的碎片
传播体引入	传播体以及收集表面 1∶10 的比例传播：采用施肥机传播
传播体保护	以 3 000 kg/hm^2 的密度均匀铺设秸秆
肥料施用	施用磷矿粉 150 kg/hm^2（19.5 kg P/hm^2），避免施用富含钙的肥料，因为它对泥炭藓有害

转载自 Rochefort 等（2003），Price 等（2003），Quinty 和 Rochefort（2003），Sliva 和 Pfadenhauer（1999）.建议对欧洲被开采的酸沼采取类似的策略

参 考 文 献

ACREMAN M C, FISHER J, STRATFORD C J, et al., 2007. Hydrological science and wetland restoration: some case studies from Europe. Hydrology and earth system sciences, 11: 158-169.

ALDOUS A R, 2002. Nitrogen translocation in Sphagnum mosses: effects of atmospheric N deposition. New phytologist, 156: 241-253.

ANDERSEN R, FRANCEZ A J, ROCHEFORT L, 2006. The physicochemical and microbiological status of a restored bog in Quebec: identification of relevant criteria to monitor success. Soil biology and biochemistry, 38: 1375-1387.

ANDERSEN R, ROCHEFORT L, POULIN M, 2010a. Peat, water and plant tissue chemistry monitoring: a seven-year case study in a restored peatland. Wetlands, 30: 159-170.

ANDERSEN R, GRASSET L, THORMANN M N, et al., 2010b. Changes in microbial community structure and function following Sphagnum peatland restoration. Soil biology and biochemistry, 42: 291-301.

ANDERSON J A R, 1964. The structure and development of peat swamps of Sarawak and Brunei. Journal of tropical geography, 18: 7-16.

BAKKER J P, BERENDSE F, 1999. Constraints in the restoration of ecological diversity in grassland and heathland communities. Trends in ecology and evolution, 14: 63-68.

BAKKER J P, POSCHLOD P, STRYSTRA R J, et al., 1996. Seed banks and seed dispersal: implications for restoration. Acta botanica neerlandica, 45: 461-490.

BASILIKO N, BLODAU C, ROEHM C, et al., 2007. Regulation of decomposition and methane dynamics across natural, commercially mined and restored peatlands. Ecosystems, 10: 1148-1165.

BELTMAN B, VAN DEN BROEK, T, et al., 1995. Restoration of acidified rich fen ecosystems in the Vechtplassen area: successes and failures//WHEELER B D, SHAW S C, FOJT W J, et al. Restoration of Temperate Wetlands. New Jersey: John Wiley and Sons: 273-286.

BELTMAN B, VAN DER BROEK T, et al., 1996. Effects of restoration measurement on nutrient availability in a formerly nutrient-poor floating fen after acidification and eutrophication. Biological conservation, 78: 271-297.

BELYEA L R, WARNER B G, 1996. Temporal scale and the accumulation of peat in a Sphagnum bog. Canadian journal of botany, 74: 366-377.

BILLETER R, PEINTINGER M, DIEMER M, 2007. Restoration of montane fen meadows by mowing remains possible after 4-35 years of abandonment. Botanica helvatica, 117: 1-13.

BLANKENBURG J, KUNZE H, 1986. Aspects of future utilization of cut over bogs in western Germany. Socio-economic impacts of the utilization of peatlands in industry and forestry//Proceedings of the International Peat Society Symposium, Oulu, Finland: 219-226.

BLISS L C, 1956. A comparison of plant development in micro-environments of arctic and alpine tundra. Ecological monographs, 26: 303-337.

BOBBINK R, HORNUNG M, ROELOFS J G M, 1998. The effects of air borne nitrogen pollutants on species diversity in natural and seminatural European vegetation. Journal of ecology, 86: 717-738.

BOTCH M S, KOBAK K I, VINSON T S, et al., 1995. Carbon pools and accumulation in peatlands of the former Soviet Union. Global biogeochemical cycles, 9: 37-46.

BOUDREAU S, ROCHEFORT L, 1998. Restoration of post-mined peatlands: effect of vascular pioneer species on Sphagnum establishment//Proceedings of the International Peat Symposium, Peatland Restoration and Reclamation: Techniques and Regulatory Considerations, Jyvaskyla, Finland: 39-43.

BRIDGHAM S D, PASTOR J, JANSSENS J A, et al., 1995. Multiple limiting gradients in peatlands: a call for a new paradigm. Wetlands, 16: 45-65.

BRIDGHAM S D, UPDEGRAFF K, PASTOR J, 1998. Carbon, nitrogen and phosphorus mineralization in northern wetlands. Ecology, 79: 1545-1561.

BRITTON A J, MARRS R H, CARY P D, et al., 2000. Comparison of techniques to increase Calluna vulgaris cover on heathland invaded by grasses in Breckland, south east England. Biological conservation, 95: 227-232.

BUTTLER A, GROSVERNIER P, MATTHEY Y, 1998. Development of Sphagnum fallax diaspores on bare peat with implications for the restoration of cut-over bogs. Journal of applied ecology, 35: 800-810.

CAMPBELL D R, LAVOIE C, ROCHEFORT L, 2002. Wind erosion and surface stability in abandoned milled peatlands. Canadian journal of soil science, 82: 85-95.

CAMPBELL D R, ROCHEFORT L, LAVOIE C, 2003. Determining the immigration potential of plants colonizing disturbed environments: the case of milled peatlands in Quebec. Journal of applied ecology, 40: 78-91.

CAMPEAU S, ROCHEFORT L, 1996. Sphagnum regeneration on bare peat surfaces: field and greenhouse experiments. Journal of applied ecology, 33: 599-608.

CAMPEAU S, ROCHEFORT L, PRICE J S, 2004. On the use of shallow basins to restore cutover peatlands: plant establishment. Restoration ecology, 12: 471-482.

CHAPIN III F S, VAN KLEVE K, CHAPIN M C, 1979. Soil temperature and nutrient cycling in the tussock growth form of Eriophorum vaginatum. Journal of ecology, 67: 169-189.

CHIMNER R A, EWEL K C, 2005. A tropical freshwater wetland: II. Production, decomposition, and peat formation. Wetlands ecology and management, 13: 671-684.

CHIRINO C, CAMPEAU S, ROCHEFORT L, 2006. Sphagnum establishment on bare peat: the importance of climatic variability and Sphagnum species richness. Applied vegetation science, 9: 285-294.

COBBAERT D, ROCHEFORT L, PRICE J S, 2004. Experimental restoration of a fen plant community after peat mining. Applied vegetation science, 7: 209-220.

COHEN A D, 1973. Petrology of some Holocene peat sediments from the Okefenokee swamp-marsh complex of Southern Georgia. Geological society of America bulletin, 84: 3867-3878.

COOPER D J, MACDONALD L H, 2000. Restoring the vegetation of mined peatlands in the southern Rocky Mountains of Colorado, USA. Restoration ecology, 8: 103-111.

COOPER D J, MACDONALD L H, WENGER S K, et al., 1998. Hydrologic restoration of a fen in Rocky Mountain National Park, Colorado, USA. Wetlands, 18: 335-345.

CRAFT C B, 2007. Freshwater input structures soil properties, vertical accretion and nutrient accumulation of Georgia and United States(U.S.) tidal marshes. Limnology and oceanography, 52: 1220-1230.

CROFT M, ROCHEFORT L, BEAUCHAMP C J, 2001. Vacuum-extraction of peatlands disturbs bacterial population and microbial biomass carbon. Applied soil ecology, 18: 1-12.

CRUM H, 1992. A Focus on Peatlands and Peatmosses. The University of Michigan Press, Ann Arbor, Michigan.

DARLINGTON H C, 1943. Vegetation and substrate of Cranberry Glades, West Virginia. Botanical gazette, 163: 371-393.

DE GRAAF M C C, VERBEEK P J M, BOBBINK R, et al., 1998. Restoration of species-rich dry heaths: the importance of appropriate soil conditions. Acta botanica neerlandica, 47: 89-111.

DESROCHERS A, SAVARD J P L, ROCHEFORT L, 1998. Avian recolonization in eastern Canadian bogs after peat mining. Canadian journal of zoology, 76: 989-997.

DORLAND E, KERKOF A C, RULLI J M, et al., 2004. Mesocosm seepage experiment to restore the buffering capacity of acidified wet heath soils. Ecological engineering, 23: 221-229.

DORLAND E, HART M A C, VERMEER M L, et al., 2005a. Assessing the success of wet heath restoration by combined sod cutting and liming. Applied vegetation science, 8: 209-218.

DORLAND E, VAN DEN BERG L J L, BROUWER E, et al., 2005b. Catchment liming to restore degraded, acidified heathlands and moorland pools. Restoration ecology, 13: 302-311.

ELLISON A M, 2004. Wetlands of Central America. Wetlands ecology and management, 12: 3-55.

FAMOUS N C, SPENCER M, NILSSON H, 1991. Revegetation patterns in harvested peatlands in central and eastern North America//Proceedings of the International Peat Symposium, Duluth, MN: 48-66.

FARRELL C A, DOYLE G J, 2003. Rehabilitation of industrial cutaway blanket bog in County Mayo, north-west Ireland. Wetlands ecology and management, 11: 21-35.

FAUBERT P, ROCHEFORT L, 2002. Response of peatland mosses to burial by wind-dispersed peat. The bryologist, 105: 96-103.

FERLAND C, ROCHEFORT L, 1997. Restoration techniques for Sphagnum-dominated peatlands. Canadian journal of botany, 75: 1110-1118.

FRANCEZ A J, VASANDER H, 1995. Peat accumulation and peat decomposition after human disturbance in French and Finnish mires. Acta oecologia, 16: 599-608.

FRANCEZ A J, GOGO S, JOSSELIN N, 2000. Distribution of potential CO_2 and CH_4 productions, denitrification and microbial biomass C and N in the profile of a restored peatland in Brittany(France). European journal of soil science, 36: 161-168.

FRILANDER P, LEINONEN A, LAKANGAS E, 1996. Peat production technology//VASANDER H. Peatlands in Finland. Helsinki : Finnish Peat Society: 99-106.

GARTNER B L, CHAPIN III F S, SHAVER G R, 1986. Reproduction of Eriophorum vaginatum by seed in Alaskan tussock tundra. Journal of ecology, 74: 1-18.

GIRARD M, LAVOIE C, THRIAULT M, 2002. The regeneration of a highly disturbed ecosystem: a mined peatland in southern Quebec. Ecosystems, 5: 274-288.

GLASER P H, 1987. The Ecology of Patterned Boreal Peatlands of Northern Minnesota: A Community Profile. Washington D. C.: U.S. Fish and Wildlife Service.

GORHAM E, ROCHEFORT L, 2003. Peatland restoration: a brief assessment with special reference to Sphagnum bogs. Wetlands ecology and management, 11: 109-119.

GORHAM E, 1957. The development of peat lands. The quarterly review of biology, 32: 145-166.

GOTTLICH K H, RICHARD K-H, KUNTZE H, et al., 1993. Mire utilization//HEATHWAITE A L. Mires: Process, Exploitation, and Conservation. New Jersey: Wiley: 325-415.

GRAF M D, ROCHEFORT L, 2008. Techniques for restoring fen vegetation on cut-away peatlands in North America. Applied vegetation science, 11: 521-528.

GRAF M D, ROCHEFORT L, POULIN M, 2008. Spontaneous revegetation of cutaway peatlands of North America. Wetlands, 28: 28-39.

GRIME J P, 1977. Evidence for the existence of three primary strategies in plants and its relevance to ecological and evolutionary theory. The American naturalist, 111: 1169-1194.

GROENEVELD E V G, ROCHEFORT L, 2002. Nursing plants in peatland restoration: on their potential use to alleviate frost heaving problems. Suo, 53: 73-85.

GROENEVELD E V G, ROCHEFORT L, 2005. Polytrichum strictum as a solution to frost heaving in disturbed ecosystems: a case study with milled peatlands. Restoration ecology, 13: 74-82.

GROENEVELD E V G, MASSE A, ROCHEFORT L, 2007. Polytrichum strictum as a nurse-plant in peatland restoration. Restoration ecology, 15: 709-719.

GROSVERNIER P, MATTHEY Y, BUTLER A, 1995. Microclimate and physical properties of peat: new clues to the understanding of bog restoration processes//WHEELER B D, SHAW S C, FOJT W J, et al. Restoration of Temperate Wetlands. New Jersey: John Wiley and Sons: 435-450.

GROSVERNIER P, MATTHEY Y, BUTTLER A, 1997. Growth potential of three Sphagnum species in relation to water table level and peat properties with implications for their restoration in cut-over bogs. Journal of applied ecology, 34: 471-483.

HEIKKILA H, LINDHOLM T, 1995. The basis of mire restoration in Finland//WHEELER B D, SHAW S C, FOJT W J, et al. Restoration of Temperate Wetlands. New Jersey: John Wiley and Sons: 549-559.

HEINSELMAN M L, 1970. Landscape evolution, peatland types, and the environment in the Lake Agassiz peatlands natural area, Minnesota. Ecological monographs, 40: 235-261.

HEINSELMAN M L, 1975. Boreal peatlands in relation to environment//HASLER A D. Coupling of Land and Water Systems. Berlin: Springer-Verlag: 93-103.

HUNTER R F, KNIGHT A H, 1958. Studies of the root development in the field using radioactive tracers. II. Communities growing in deep peat. Journal of ecology, 44: 629-639.

HUOPALAINEN M, TUITTILA E S, LAINE J, et al., 1998. Seed and spore bank in a cutaway peatland twenty years after abandonment. International peat journal, 8: 42-51.

INGRAM H A P, 1978. Soil layers in mires: functions and terminology. Journal of soil science, 29: 224-227.

JANSEN A J M, DE GRAAF M C C, ROELOFS J G M, 1996. The restoration of species-rich heathland communities in the Netherlands. Vegetatio, 126: 73-88.

JAUHIAINEN S, LAIHO R, VASANDER H, 2002. Ecohydrological and vegetational change in a restored bog and fen. Annales botanici fennici, 39: 185-199.

JONGEPIEROV I, PEŜOUT P, JONGEPIER J W, et al., 2012. Ecological Restoration in the Czech Republic. Prague : Nature Conservation Agency of the Czech Republic.

JOOSTEN H, CLARK D, 2002. Wise Use of Mires and Peatlands-Background and Principles Including a Framework for Decision-Making. International Mire Conservation Group and International Peat Society. Saarijarven Offset Oy, Saarijarvi, Finland.

KAINE J, VASANDER H, LAIHO R, 1995. Long-term effects of water level drawdown on the vegetation of drained pine mires in southern Finland. Journal of applied ecology, 32: 785-802.

KEMMERS R H, VAN DELFT S P J, JANSEN P C, 2003. Iron and sulfate as possible key factors in the restoration ecology of rich fens in discharge areas. Wetlands ecology and management, 11: 367-381.

KIVINEN E, PAKARINEN P, 1981. Peatland areas and the proportion of virgin peatlands in different countries// Proceedings of the 6th International Peat Congress, Duluth, MN: 52-54.

KLIMKOWSKA A, VAN DIGGELEN R, BAKKER J P, et al., 2007. Wet meadow restoration in western Europe: a quantitative assessment of the effectiveness of several techniques. Biological conservation, 140: 318-328.

KLINGER L F, 1996. The myth of the classic hydrosere model of bog succession. Arctic and alpine research, 28: 1-9.

KOEHLER A -K, SOTTOCORNOLA M, KIELY G, 2011. How strong is the current carbon sequestration of an

Atlantic blanket bog? Global change biology, 17: 309-319.

KONVALINKOVA P, PRACH K, 2010. Spontaneous succession in mined peatlands: a multisite study. Preslia, 82: 423-435.

LALLY H, GORMALLY M, HIGGENS T, et al., 2012. Evaluating different wetland creation approaches for Irish cutaway peatlands using water chemical analysis. Wetlands, 32: 129-136.

LAMERS L P M, FARHOUSH C, VAN GROENENDAEL J M, et al., 1999. Calcareous groundwater raises bogs: the concept of ombrotrophy revisited. Journal of ecology, 87: 639-648.

LAMERS L P M, SMOLDERS A J P, ROELOFS J G M, 2002a. The restoration of fens in the Netherlands. Hydrobiologia, 478: 107-130.

LAMERS L P M, FALLA S J, SAMBORSKA E M, et al., 2002b. Factors controlling the extent of eutrophication and toxicity in sulfate- polluted freshwater wetlands. Limnology and oceanography, 47: 585-593.

LAMERS L P M, VILE M A, GROOTJANS A P, et al., 2014. Ecological restoration of rich fens in Europe and North America: from trial and error to an evidence-based approach. Biological reviews: 90(1): 1-22.

LAPPALAINEN E, 1996. General review on world peat and peatland resources// LAPPALAINEN E. Global Peat Resources. Jyska: International Peat Society: 53-56.

LAVOIE C, ROCHEFORT L, 1996. The natural revegetation of a harvested peatland in southern Quebec: a spatial and dendroecological analysis. Ecoscience, 3: 101-111.

LAVOIE C, GROSVERNIER P, GIRARD M, et al., 2003. Spontaneous revegetation of mined peatlands: a useful restoration tool. Wetlands ecology and management, 11: 97-107.

LAVOIE C, SAINT-LOUIS A, LACHANCE D, 2005a. Vegetation dynamics on an abandoned vacuum-mined peatland: 5 years of monitoring. Wetlands ecology and management, 13: 621-633.

LAVOIE C, MARCOUX K, SAINT-LOUIS A, et al., 2005b. The dynamics of a cotton-grass(Eriophorum vaginatum L.) cover expansion in a vacuum-mined peatland, southern Quebec.

MALSON K, RYDIN H, 2007. The regeneration capabilities of bryophytes for rich fen restoration. Biological conservation, 135: 435-442.

MALSON K, BACKEUS I, RYDIN H, 2008. Long-term effects of drainage and initial effects of hydrological restoration on rich fen vegetation. Applied vegetation science, 11: 99-106.

MALSON K, SUNDBERG S, RYDIN H, 2010. Peat disturbance, mowing and ditch blocking as tools in rich fen restoration. Restoration ecology, 18: 469-478.

MALTERER T J, VERRY E S, ERJAVEC J, 1992. Fiber content and degree of decomposition in peats: a review of national methods. Soil science society of America journal, 56: 1200-1211.

MAWBY F J, 1995. Effects of damming peat cuttings on Glassom Moss and Wedholme Flow, two lowland raised bogs in North-West England//WHEELER B D, SHAW S C, FOJT W J, et al. Restoration of temperate wetlands. New Jersey: John Wiley and Sons: 349-357.

MAZEROLLE M J, POULIN M, LAVOIE C, et al., 2006. Animal and vegetation patterns in natural and man-made bog pools: implications for restoration. Freshwater biology, 51: 333-350.

MEADE R, 1992. Some early changes following the rewetting of a vegetated cutover peatland surface at Danes Moss, Cheshire, UK, and their relevance to conservation management. Biological conservation, 61: 31-40.

MITCHELL R J, AULD M H D, HUGHES J M, et al., 2000. Estimates of nutrient removal during heathland restoration in successional sites in Dorset, southern England. Biological conservation, 95: 233-246.

MONEY R P, 1995. Re-establishment of a Sphagnum-dominated flora on cut-over lowland raised bogs//WHEELER B D, SHAW S C, FOJT W J, et al. Restoration of Temperate Wetlands. New Jersey: John Wiley and Sons: 405-422.

MOORE P D, CHATER E H, 1969. Studies in the vegetational history of mid-Wales. I. The post-glacial period in Cardiganshire. New phytologist, 68: 183-196.

MORLEY R J, 1981. Development and vegetation dynamics of a lowland ombrogenous peat swamp in Kalimantan Tengah, Indonesia. Journal of biogeography, 8: 383-404.

NILSSON M, SAGERFORS J, BUFFAM I, et al., 2008. Contemporary carbon accumulation in a boreal oligotrophic minerogenic mire-a significant sink after accounting for all C fluxes. Global change biology, 14: 2317-2332.

NYRONEN T, 1996. Peat production//LAPPALAINEN E. Global peat resources. Jyska: International Peat Society: 315-319.

OKRUSKO H, 1995. Influence of hydrological differentiation of fens on their transformation after dehydration and on possibilities for restoration//WHEELER B D, SHAW S C, FOJT W J, et al. Restoration of Temperate Wetlands. New Jersey: John Wiley and Sons: 113-119.

OVENDEN L, 1990. Peat accumulation in northern wetlands. Quaternary research, 33: 377-386.

PATZELT A, WILD U, PFADENHAUER J, 2001. Restoration of wet fen meadows by topsoil removal: vegetation development and germination biology of fen species. Restoration ecology, 9: 127-136.

PFADENHAUER J, GROOTJANS A, 1999. Wetland restoration in Central Europe: aims and methods. Applied vegetation science, 2: 95-106.

PFADENHAUER J, KLÖTZLI F, 1996. Restoration experiments in European wet terrestrial ecosystems: an overview. Vegetatio, 126: 101-115.

POSCHLOD P, 1995. Diaspore rain and diaspore bank in raised bogs and implications for the restoration of peat-mined sites//WHEELER B D, SHAW S C, FOJT W J, et al. Restoration of temperate wetlands. New Jersey: John Wiley and Sons: 471-494.

POULIN M, ROCHEFORT L, QUINTY F, et al., 2005. Spontaneous revegetation of mined peatlands in eastern Canada. Canadian journal of botany, 83: 539-557.

PRICE J S, WHITEHEAD G S, 2001. Developing hydrologic thresholds for Sphagnum recolonization on an abandoned cutover bog. Wetlands, 21: 32-40.

PRICE J, ROCHEFORT L, QUINTY F, 1998. Energy and moisture considerations on cutover peatlands: surface microtopography, mulch cover and Sphagnum revegetation. Ecological engineering, 10: 293-312.

PRICE J S, ROCHEFORT L, CAMPEAU S, 2002. Use of shallow basins to restore cutover peatlands: hydrology. Restoration ecology, 10: 259-266.

PRICE J S, HEATHWAITE A L, BAIRD A J, 2003. Hydrological processes in abandoned and restored peatlands: an overview of management approaches. Wetlands ecology and management, 11: 65-83.

PRICE J S, 1996. Hydrology and microclimate of a partly restored cutover bog, Quebec. Hydrological processes, 10: 1263-1272.

QUINTY F, ROCHEFORT L, 2003. Peatland Restoration Guide, second ed. Quebec Canadian Sphagnum Peat

Moss Association and New Brunswick Department of Natural Resources and Energy.

RASRAN L, VOGT K, JENSEN K, 2007. Effects of topsoil removal, seed transfer with plant material and moderate grazing on restoration of riparian fen grasslands. Applied vegetation science, 10: 451-460.

RICHERT M, DIETRICH O, KOPPISCH D, et al., 2000. The influence of rewetting on vegetation development and decomposition in a degraded fen. Restoration ecology, 8: 186-195.

ROBERT E C, ROCHEFORT L, GARNEAU M, 1999. Natural revegetation of two block-cut mined peatlands in eastern Canada. Canadian journal of botany, 77: 447-459.

ROCHEFORT L, PRICE J, 2003. Restoration of Sphagnum dominated peatlands. Wetlands ecology and management, 11: 1-2.

ROCHEFORT L, GAUTHIER R, LEQUERE D, 1995. Sphagnum regeneration-towards an optimization of bog restoration//WHEELER B D, SHAW S C, FOJT W J, et al. Restoration of temperate wetlands. New Jersey: John Wiley and Sons: 423-434.

ROCHEFORT L, QUINTY F, CAMPEAU S, 1997. Restoration of peatland vegetation: the case of damaged or completely removed acrotelm. International peat journa, l 7: 20-28.

ROCHEFORT L, QUINTY F, CAMPEAU S, et al., 2003. North American approach to the restoration of Sphagnum dominated peatlands. Wetlands ecology and management, 11: 3-20.

ROCHEFORT L, 2000. Sphagnum-a keystone genus in habitat restoration. The bryologist, 103: 503-508.

ROULET N T, LAFLEURS P M, RICHARD P J H, et al., 2007. Contemporary carbon balance and late Holocene carbon accumulation in a northern peatland. Global change biology, 13: 397-411.

SALLANTAUS T, VASANDER H, LAINE J, 1998. Prevention of detrimental impacts of forestry operations on water bodies using buffer zones created from drained peatlands. Suo, 49: 125-133.

SALONEN V, LAAKSONEN M, 1994. Effects of fertilization, liming, watering and tillage on plant colonization of bare peat surfaces. Annales botanici fennici(finland), 31: 29-36.

SALONEN V, SETALA H, 1992. Plant colonization of bare peat surface-relative importance of seed availability and soil. Ecography, 15: 199-204.

SALONEN V, 1987. Relationship between the seed rain and the establishment of vegetation in two areas abandoned after peat harvesting. Holarctic ecology, 10: 171-174.

SALONEN V, 1990. Early plant succession in two abandoned cut-over peatland areas. Holarctic ecology, 13: 217-223.

SCHLESINGER W H, 1997. Biogeochemistry: An Analysis of Global Change. New York : Academic Press.

SCHOUWENAARS J M, 1993. Hydrological differences between bog and bog-relicts and consequences for bog restoration. Hydrobiologia, 265: 217-224.

SCHULTZ K, TIMMERMAN T, STEFFENHAGEN P, et al., 2011. The effect of loading on carbon and nutrient stocks of helophyte biomass in rewetted fens. Hydrobiologia, 674: 25-40.

SLIVA J, PFADENHAUER J, 1999. Restoration of cut-over raised bogs in southern Germany-a comparison of methods. Applied vegetation science, 2: 137-148.

SMART P J, WHEELER B D, WILLIS A J, 1989. Revegetation of peat excavations in a derelict raised bog. New phytologist, 111: 733-748.

SMOLDERS A J P, TOMASSEN H B M, LAMERS L P M, et al., 2002. Peat bog restoration by floating mat formation: the effects of groundwater and peat quality. Journal of applied ecology, 39: 391-401.

SMOLDERS A J P, TOMASSEN H B M, VAN MULLEKOM M, et al., 2003. Mechanisms involved in the re-establishment of Sphagnum-dominated vegetation in rewetted bog remnants. Wetlands ecology and management, 11: 403-418.

SNOW C R S, MARRS R H, 1997. Restoration of Calluna heathland on a bracken Pteridium infested site. Biological conservation, 81: 35-42.

SORO A, SUNDBERG S, RYDKIN H, 1999. Species diversity, niche metrics and species associations in harvested and undisturbed bogs. Journal of vegetation science, 10: 549-560.

SOTTOCORNOLA M, BOUDREAU S, ROCHEFORT L, 2007. Peat bog restoration: effects of phosphorus on plant re-establishment. Ecological engineering, 31: 29-40.

TALLOWIN J R B, SMITH R E N, 2001. Restoration of a Cirsio-Molinietum fen meadow on agricultural improved pasture. Restoration ecology, 9: 167-178.

TAYLOR J A, 1983. The peatlands of Great Britain and Ireland//GORE A J P. Ecosystems of the World(4B), Mires: Swamp, Bog, Fen, and Moor. Amsterdam: Elsevier.

THORMANN M N, CURRAH R S, BAYLEY S E, 1999. The mycorrhizal status of the dominant vegetation along a peatland gradient in southern boreal Alberta. Wetlands, 19: 438-450.

TIMMERMAN T, MARGOCZI K, TAKACS G, et al., 2006. Restoration of peat-forming vegetation by rewetting species-poor fen grassland. Applied vegetation science, 9: 241-250.

TOMASSEN H B M, SMOLDERS A J P, VAN HERK J M, et al., 2003. Restoration of cut-over bogs by floating raft formation: an experimental feasibility study. Applied vegetation science, 6: 141-152.

TOMASSEN H B M, SMOLDERS A J P, LAMERS L P M, et al., 2004. Development of floating rafts after the rewetting of cut-over bogs: the importance of peat quality. Biogeochemistry, 71: 69-87.

TRIISBERG T, KAROFELD E, PAAL J, 2013. Factors affecting the revegetation of abandoned extracted peatlands in Estonia: a synthesis from field and greenhouse experiments. Estonian journal of ecology, 62: 192-211.

TROXLER T G, 2007. Patterns of phosphorus, nitrogen, and $\delta^{15}N$ along a peat development gradient in a coastal mire, Panama. Journal of tropical ecology, 23: 683-691.

TUITTILA E-S, KOMULAINEN V M, VASANDER H, et al., 1999. Restored cut-away peatland as a sink for atmospheric CO_2. Oecologia, 120: 563-574.

TUITTILA E-S, VASANDER H, LAINE J, 2000a. Impact of rewetting on the vegetation of a cutaway peatland. Applied vegetation science, 3: 205-212.

TUITTILA E-S, RITA H, VASANDER H, et al., 2000b. Vegetation patterns around Eriophorum vaginatum L. tussocks in a cut-away peatland in southern Finland. Canadian journal of botany, 78: 47-58.

TUITTILA E-S, KOMULAIENEN V M, VASANDER H, et al., 2000c. Methane dynamics of a restored cutaway peatland. Global change biology, 6: 569-581.

TURUNEN J, TOLONEN K, 1996. Rate of carbon accumulation in boreal peatlands and climate change// LAPPALAINEN E.Global peat resources. Jyska: International Peat Society: 21-28.

USDA(U.S. Department of Agriculture), Natural Resources Conservation Service, 1999. Soil Taxonomy. Agricultural Handbook No. 436. Washington D. C.: U.S. Government Printing Office.

VAN BREEMAN N, 1995. How Sphagnum bogs down other plants. Trends in ecology and evolution, 10: 270-275.

VAN DIGGELEN R, GROOTJANS A P, KEMMERS R H, et al., 1991. Hydroecological analysis of the fen system Lieper Posse(eastern Germany). Journal of vegetation science, 2: 465-476.

VAN DIGGELEN J M H, BENSE I H M, BROUWER E, et al., 2015. Restoration of acidized and eutrophied fens: long-term effects of traditional management and experimental liming. Ecological engineering, 75: 208-216.

VAN DIJK J, STROETGENGA M, BOS L, et al., 2004. Restoring natural seepage conditions on former agricultural grasslands does not lead to reduction of soil organic matter decomposition and soil nutrient dynamics. Biogeochemistry, 71: 317-337.

VAN DUINEN G J A, BROCK A M T, KUPER J T, et al., 2003. Do restoration measures rehabilitate faunal diversity in raised bogs? A comparative study on aquatic macroinvertebrates. Wetlands ecology and management, 11: 447-459.

VAN DUREN I C, BOEYE D, GROOTJANS A P, 1997. Nutrient limitations in an extant and drained poor fen: implications for restoration. Plant ecology, 133: 91-100.

VAN DUREN I C, STRYSTRA R J, GROOTJANS A P, et al., 1998. A multidisciplinary evaluation of restoration measures in a degraded Cirsio-Molinietum fen meadow. Applied vegetation science, 1: 115-130.

VASANDER H, TUITTILA E-S, LODE E, Lundein L, et al., 2003. Status and restoration of peatlands in northern Europe. Wetlands ecology and management, 11: 51-63.

VENTERINK H O, DAVIDSSON T E, KIEHL K, et al., 2002. Impact of drying and rewetting on N, P and K dynamics in a wetland soil. Plant and soil, 243: 119-130.

VERHAGEN R, KLOOKER J, BAKKER J P, et al., 2001. Restoration success of low production plant communities on former agricultural soils after topsoil removal. Applied vegetation science, 4: 73-82.

VERRY E S, BOELTER D H, PAIVANEN J, Nichols D S, et al., 2011. Physical properties of organic soils// KOLKA R, SEBESTYEN S, VERRY E S, et al. Peatland Biogeochemistry and Watershed Hydrology at the Marcell Experimental Forest. Boca Raton FL: CRC Press, 135-176.

WADDINGTON J M, WARNER K D, 2001. Atmospheric CO_2 sequestration in restored mined peatlands. Ecoscience, 8: 359-368.

WADDINGTON J M, WARNER K D, KENNEDY G W, 2002. Cutover peatlands: a persistent source of atmospheric CO_2. Global biogeochemical cycles, 16: 1-7.

WADDINGTON J M, ROCHEFORT L, CAMPEAU S, 2003. Sphagnum production and decomposition in a restored cutover peatland. Wetlands ecology and management, 11: 85-95.

WATTS C H, CLARKSON B R, DIDHAM R K, 2008. Rapid beetle community convergence following experimental habitat restoration in a mined peat bog. Biological conservation, 141: 568-579.

WEIN R W, MACLEAN D A, 1973. Cotton grass(Eriophorum vaginatum) germination requirements and colonization potential in the Arctic. Canadian journal of botany, 51: 2509-2513.

WHINAM J, HOPE G S, CLARKSON B R, Buxton, et al., 2003. Sphagnum in peatlands of Australasia: the distribution, utilization, and management. Wetlands ecology and management, 11: 37-49.

WIND-MULDER H L, VITT D H, 2000. Comparisons of water and peat chemistries of a post- harvested and undisturbed peatland with relevance to restoration. Wetlands, 20: 616-628.

WIND-MULDER H L, ROCHEFORT L, VITT D H, 1996. Water and peat chemistry comparisons of natural and post-harvested peatlands across Canada and their relevance to peatland restoration. Ecological engineering, 7: 161-181.

YU Z C, 2012. Northern peatland carbon stock and dynamics: a review. Biogeosciences, 9: 4071-4085.

ZAK D, GELBRECHT J, STEINBERG C E W, 2004. Phosphorus retention at the redox interface of peatlands adjacent to surface waters in northeast Germany. Biogeochemistry, 70: 357-368.

ZAK D, GELBRECHT J, WAGNER C, et al., 2008. Evaluation of phosphorus mobilization potential in rewetted fens by an improved sequential chemical extraction procedure. European journal of soil science, 59: 1191-1201.

ZAK D, WAGNER C, PAYER B, et al., 2010. Phosphorus mobilization in rewetted fens: the effect of altered peat properties and implications for their restoration. Ecological applications, 20: 1336-1349.

第三篇

河口湿地恢复

第8章 潮汐沼泽

8.1 引　　言

潮汐沼泽、盐沼、半咸水和潮汐淡水沼泽，是世界上生产力最高的生态系统之一。它们具有天文潮及淡水与海水交汇变化的特征。它们与非潮汐湿地的不同之处在于，淹没比较规律且频繁，通常是每天一次或每天两次。潮汐由月球引力驱动，其次是太阳引力。大约每 24 h 出现两个潮汐周期，每 12 h 25 min 出现一次高潮和一次低潮（图 8.1）。在高潮时，淹没持续时间为 3～6 h，这取决于湿地高程。日潮叠加在 26 天的月潮周期上，月潮周期与月亮的盈亏相对应。在一个月潮周期中，会出现两次大潮，相隔大约两周；在

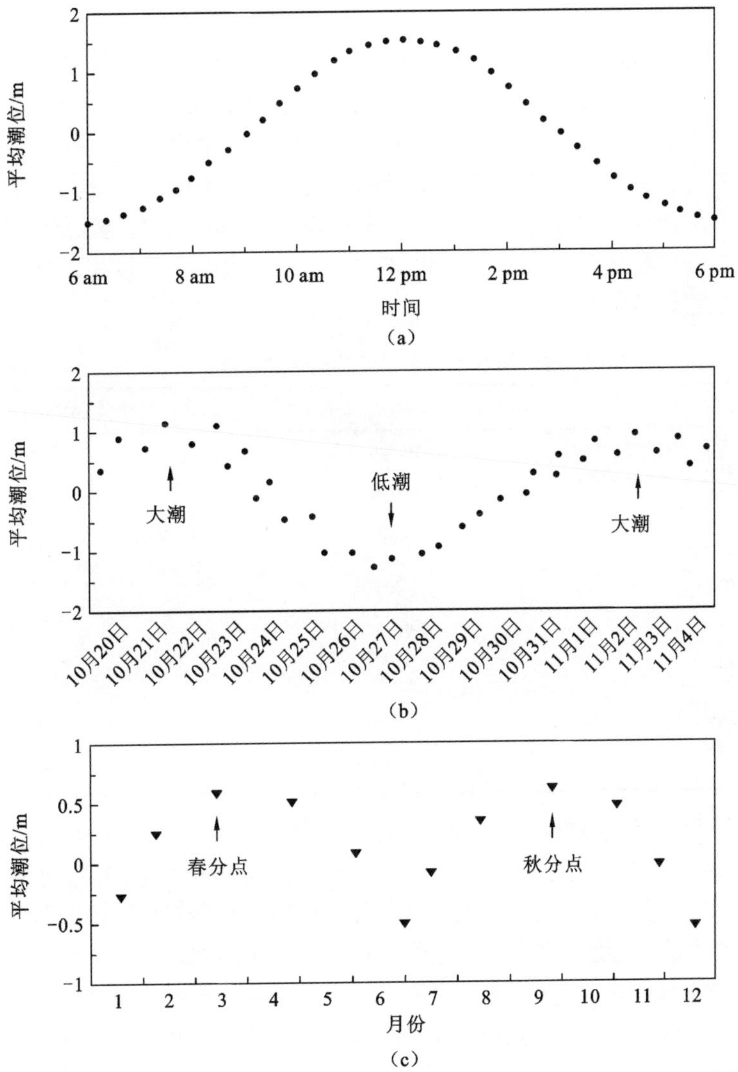

图 8.1　（a）潮汐盐沼湿地日潮周期；（b）月潮周期；（c）春分（秋分）潮周期

高度方面，潮汐最大值高于平均高潮，最小值低于平均低潮。大潮发生在满月相和新月相期间，每隔两周交替出现一次小潮，对应于月球的半盈期和半亏期。与平均潮和大潮相比，小潮的落差较小（图 8.1）。一年中的最高潮和最低潮出现在春分和秋分前后（图 8.1）。此时，地球的自转轴垂直于日地线和月地线，因此产生的引力比一年中的其他时候更大。最高（最低）的潮汐出现在大潮叠加在春分（秋分）潮汐上的时候。尽管一年之中淹没情况各不相同，但潮汐是可预测的，淹没频繁但持续时间短。潮汐沼泽湿地内的动植物很好地适应了潮汐可预测的淹没、衰退及其周期变化。

潮汐沼泽湿地为无脊椎动物和贝类提供栖息地，为鱼类提供育苗场所，从而促进了河口食物网的形成。它们通过向外排出碎屑（营养物）将植物生产直接转移到河口（Odum，2000），或者通过有鳍鱼类的营养传递间接地将其从沼泽潮间带转移到潮沟和河口中（Kneib，2000）。由于它们的高生产力和作为鱼苗栖息地的高生产力及价值，人们投入了大量的精力来创建和恢复潮汐沼泽湿地。

8.1.1 盐沼湿地和半咸水沼泽湿地

潮水的化学成分因海水与淡水的比例而异。海水中的溶解盐含量更高（表 8.1），特别是氯化钠（NaCl）会对大多数植物物种产生胁迫作用（Chapman，1974），并在一定程度上决定了植被的分布差异（Berness and Pennings，2000）。海水中溶解的盐分也造成了土壤化学性质的显著差异，尤其是盐沼和淡水沼泽的硫元素。海水中高浓度的硫浓度支持某种微生物联合体，其将硫酸盐（SO_4^{2-}）还原为对动植物有毒的硫化氢。铁、锰和磷等元素作为限制植物生长的营养物质，在海水中含量较高。由于海水中含有较高浓度的碳酸氢根和碱度，盐沼的 pH 高于淡水沼泽（表 8.1）。

表 8.1 海水和淡水中部分离子的浓度（单位：mg/L）

离子	海水（Holland，1978）	淡水（Meybeck，1979）
Na^+	10 760	5
K^+	399	1
Ca^{2+}	412	13
Mg^{2+}	1 294	3
Cl^-	19 350	6
SO_4^{2-}	2 712	8
HCO_3^-	145	52
Br^-	67	<1

海水中溶解盐的组成与内陆盐沼不同，海水的无机盐以 Na^+、Cl^-和其他卤化物（溴化物、碘化物、氟化物）为主，内陆盐沼的盐度因 SO_4^{2-}、Ca^{2+}和 Mg^{2+}浓度的不同而变化更大（Chapman，1974）。除了在湿地中厌氧土壤条件，动植物还需要适应因细胞内和外界环境之间盐度不同而产生的渗透差。许多盐沼植物在根界面代谢出 Na^+和 Cl^-，或者通过叶片上特殊的结构吸收和排泄 Na^+和 Cl^-（Phleger，1971）。相关的其他机制还包括吐水作用（排出盐分的水分泌途径）、去除盐分饱和的器官（即掉落叶子）和盐腺（Waisel，1972）。硫化氢（H_2S）是盐沼土壤微生物还原硫酸盐的产物，对湿地植物有毒害作用，盐沼湿地物种如米草属，要

比淡水植被如芦苇对 H_2S 的耐受性要强（Chambers et al.，2002；Bart and Hartman，2000）。动物对盐度的适应包括迁移到其他水域（盐度较低）的能力，然而，对于固着种，如软体动物（牡蛎、蛤蜊、贻贝），它们绝大多数无法迁徙，体内的浓度随外界盐度而改变。

因为盐沼湿地和半咸水沼泽湿地是有盐分胁迫的环境，所以栖息在那里的物种很少，但该类湿地在世界各地分布很广（Chapman，1974）。盐沼湿地内分布广泛的有米草属（*Spartina*）、灯心草属（*Juncus*）、盐角草属（*Salicornia*）、盐草属（*Distichlis*）等（表 8.2）。在东太平洋（美国和加拿大）和北大西洋（加拿大、西欧）这些较凉爽气候的地区中，碱茅属（*Puccinellia*）、水麦冬属（*Triglochin*）和盐角草属（*Salicornia*）是重要的盐沼物种（McDonald，1977；Chapman，1974）。一般来说，盐沼植被生长在平均低水位和平均高水位之间（McKee and Patrick，1989），植被栖息地的宽度随着潮差的增加而增加。在区域分布上，个别物种表现出强烈的地带性差异（图 8.2），通常位于沼泽湿地边缘靠近河流部分的植物生长更旺盛，并且随着与内陆距离的增加而减弱（Gallagher et al.，1980），这可能是因为靠近河流，有更强的土壤排水（King et al.，1982）和更适宜的有氧条件（Howes et al.，1986），导致根区内的毒素、盐和硫化物浓度较低（Mendelssohn and Morris，2000）。

表 8.2　潮汐盐沼湿地中常见植物种类

属	代表植物
大米草属（*Cordgrass*）	互花米草（北美），狐米草（*Spartina patens*）（北美），小叶草（*Spartina foliosa*）（北美西部），大米草（*Spartina anglica*）（西欧，亚洲），大米草（*Spartina towsendii*）（欧洲）
灯心草属（*Needlerush*）	灯心草（北美），团花灯心草（*Juncus gerardii*）（北美），灯心草（*Juncus maritimus*）（欧洲，澳大利亚）
盐草属（*Salt grass*）	海滨盐草（*Distichlis spicata*）（北美），二列盐草（*Distichlis distichopylla*）（澳大利亚）
盐角草属（*Glasswort*）	弗吉尼亚盐角草（*Salicornia virginica*）（北美），欧洲盐角草（*Salicornia europaea*）（欧洲），澳大利亚盐角草（*Salicornia australis*）（澳大利亚）
羊栖菜属（*Saltwort*）	裸花碱蓬（*Batis maritima*）（北美），巴提斯（*Batis argillicola*）（澳大利亚，亚洲）
海牛眼雏菊属（*Sea ox-eye daisy*）	波利奇番椒（*Borrichia frutescens*）（北美）
薰衣草属（*Sea lavender*）	卡罗林情人草（*Limonium carolinianum*）（北美），矮垂头菊（*Limonium humile*）（欧洲），海补血草（*Limonium vulgare*）（欧洲）
箭草属（*Arrow grass*）	箭草马里蒂马（*Triglochin maritima*）（欧洲）
小花碱茅属（*Alkali grass*）	碱毛马里蒂马（*Puccinellia maritima*）（欧洲，北美）
碱蓬属（*Seepweed*）	线形碱蓬（*Suaeda linearis*）（北美），碱蓬马里蒂马（*Suaeda maritima*）（欧洲），盐角芦苇（*Salicornia australis*）（澳大利亚）
海滨蚤缀（*Sea purslane*）	滨藜[*Halimione*（*Atriplex*）*portulacoides*]（欧洲）

在沼泽的中位高程区，植被长得较小，生产力较低。潮水冲刷去除毒素、盐类和硫化物类，也比滨海沼泽边缘的冲刷要少。沼泽中心地带内的洼地能够保存涨潮时带来的海水，当水蒸发时，盐分被浓缩，形成盐度远远超过海水的盐池。洼地和盐池内的植被分布稀疏，耐盐盐生植物如盐角草属（*Salicornia*）和肉穗果属（*Batis*）可在此生长。在沼泽的陆地边缘，潮汐淹没很少见，只在大潮和风暴潮期间发生，这种“高”沼泽地主要是适应较低盐度和较低厌氧土壤条件的植物物种生存。

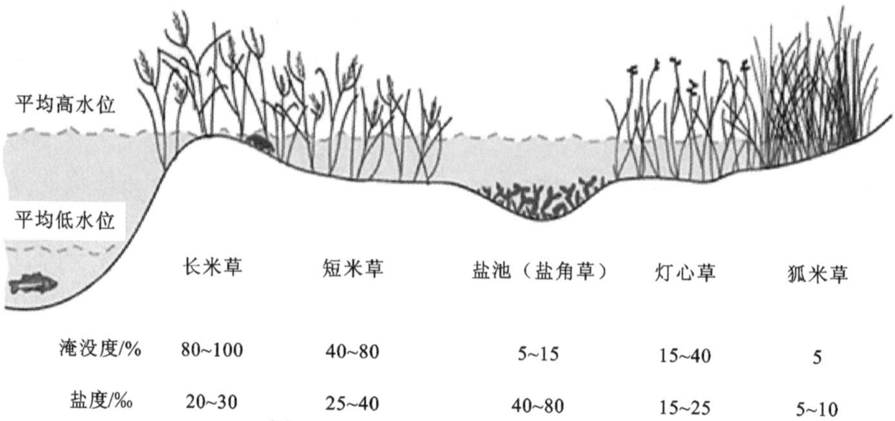

图 8.2　盐沼湿地植被分区与潮位的关系

随着潮汐沿着河口扩散，盐度对植物群落产生较大影响（图 8.3）。在坡度向海的一端，盐沼植被以米草和盐角草为主。向内陆的这部分是半咸水沼泽群落，盐度 5‰～30‰不等（Cowardin et al.，1992），与盐沼湿地相比，植物物种多样性更大。在半咸水沼泽湿地的上游，存在盐度为 0.5‰～5‰的低盐度沼泽湿地，这些沼泽湿地的植物物种多样性最大（Odum，1988）。少盐沼泽湿地的上游是潮汐淡水沼泽和潮汐森林，那里的盐分不会渗透，除非是在河流流量较低或干旱的时候。潮汐沼泽湿地的动物群落也沿河口纵向分布，沿着由海向陆的轴线有所变化，从海洋环境进化而来的生物，包括螃蟹、蜗牛和软体动物，在潮汐盐沼湿地中数量更多、种类更多，而从陆地环境进化而来的生物（如昆虫）在寡盐和淡水沼泽中种类更加多样化。

图 8.3　沿佐治亚州东南部河口的纵向坡度，植物分区和盐度的关系（Cowardin et al.，1992）

盐沼湿地的土壤通常是成矿的，以砂、粉砂或黏土颗粒为主。盐度促进黏土颗粒的絮凝，新兴植被的茎促进其沉降（Morris et al.，2002）。在较冷的气候和较少沉积物输入的沼泽湿地中，盐沼土壤含有较多有机质，在某些情况下可能会形成富含有机质的土壤，甚至可能形成泥炭地（Craft，2007）。低潮（微潮）范围的沼泽也可能发育成富含有机质的土壤（Pennings et al.，2012）。盐度同样影响沼泽土壤的有机质富集，因为潮汐淡水沼泽和半咸水沼泽中的土壤通常比盐沼土壤含有更多的有机质（Craft，2007）。

8.1.2 潮汐淡水沼泽湿地

潮汐淡水沼泽湿地与盐沼湿地和半咸水沼泽湿地不同，它们只被淡水淹没。潮汐淡水沼泽湿地通常位于大河河口的上游。在美国，三个海岸都有潮汐淡水沼泽（Odum，1988）。在欧洲，潮汐淡水沼泽湿地分布在莱茵河、泰晤士河和多瑙河三角洲（Barendregt，2005；Pringle et al.，1993；Odum，1988）。亚洲的黄河流域和恒河流域也包含大面积的潮汐淡水沼泽湿地（Odum，1988）。潮汐淡水沼泽湿地比盐沼湿地少得多，这在很大程度上是因为它们位于河口上部，通常远离海洋，位于主要港口和城市所在的潮汐上侧。

潮汐淡水沼泽湿地比盐沼湿地拥有更多的植物物种多样性，常见的物种包括莎草和灯心草等，其中也经常发现许多内陆淡水沼泽湿地中的物种（表 8.3）。在经常被淹没的低海拔地区，常见的肉质草本植物包括梭鱼草、鸭土豆等。

表 8.3 潮汐淡水沼泽湿地的常见种/属（Whigham et al.，2009；Neff and Baldwin，2005；Bouers，1995；Odum et al.，1984）

位置	学名	常用名
湿地下部	水花生（*Alternanthera philoxeriodes*）	鳄鱼草
	丁香蓼（*Ludwigia* spp.）	报春花
	萍蓬草（*Nuphar* spp.）①	牛百合
	睡莲（*Nymphaea* spp.）	睡莲
湿地中部	泽泻（*Alisma* spp.）	芭蕉
	加杨（*Calamagrostis canadensis*）	芦苇
	薹草（*Carex* spp.）	莎草
	荸荠（*Eleocharis* spp.）	穗
	鸢尾（*Iris* spp.）	野鸢尾
	灯心草（*Juncus* sp.）①	灯心草
	蓉草（*Leersia oryzoides*）	米糠
	坚尼草（*Panicum* spp.）	柳枝稷
	维尔吉妮卡（*Peltandra virginica*）①	茯苓
	法拉里斯（*Phalaris arundinacea*）②	草芦
	芦苇（*Phragmites australis*）②	芦苇
	梭鱼草（*Pontederia cordata*）	梭鱼草
	慈姑（*Sagittaria* spp.）①	鸭土豆
	三白草（*Saururus cernuus*）	蜥蜴尾
	芦苇（*Schoenoplectus* spp.）①	芦苇
	黑三稜（*Sparganium* spp.）	带刺芦苇

续表

位置	学名	常用名
湿地中部	香蒲（*Typha* spp.）	香蒲
	茭白（*Zizania aquatica*）	菰米
	拟菰（*Zizaniopsis miliacea*）	拟菰
湿地上部	苋菜（*Amaranthus cannabinus*）	水麻
	鬼针草（*Bidens* spp.）	鬼针草
	木槿（*Hibiscus* spp.）	芙蓉
	千屈菜（*Lythrum salicaria*）②	千屈菜
	凤仙花（*Impatiens capensis*）	凤仙花
	蓼（*Polygonum* spp.）	荨麻

①恢复工程中常用于种植的物种；②入侵物种

8.1.3 潮汐沼泽湿地减少

在世界范围内，潮汐沼泽湿地已经急剧减少，这在很大程度上是因为世界上大部分人口生活在海岸带（Culliton，1998），此外人类采用了填海造地的方式，另一些则被挖沟或排水以控制蚊子。据估计，20 世纪初，约占湿地面积 27%（8 000 km^2）的河口湿地、潮汐沼泽湿地，已经因人类活动而消失（Mitsch and Gosselink，2000），而且在那之前可能有更多的湿地被改造了。

未来，潮汐沼泽湿地将受到全球变暖相关的海平面加速上升的威胁（见第 13 章）。全球海平面目前正以每年约 3 mm 的速度上升（Rahmstorf，2007）。为了维持生态系统，沼泽湿地必须通过增加矿物沉积物和形成土壤有机质（McCaffrey and Thomson，1981）或者向内陆迁移（Craft et al.，2009）来保持其相对于潮汐架的高度，但这因城市化的过程而变得困难重重。

8.2 理 论

潮汐沼泽湿地的发育主要受异源性演替的影响，不过，在气候较冷的河口地区，有机质的积累可能是重要的。由于盐沼湿地和半咸水沼泽湿地对生物胁迫较强，所以几乎没有物种存在。该地区的植物带常被与潮汐高度和淹没相关的边界隔离开来（Ranwell，1972；Chapman，1940；Johnson and York，1915），由于动态的水文状况，很难从种子阶段就开始了解植物的变化。

盐沼湿地和半咸水沼泽湿地受到风浪作用的周期性自然干扰，边缘不断被侵蚀。较小规模的干扰包括枯死植物茎的堆积，这覆盖了较小范围（数十至数百平方米）的沼泽植被（Wiegert and Freeman，1990；Ranwell，1972）。

除非人为引进驯养的食草动物，如牛、马、猪或羊，否则食草动物在盐沼湿地和半咸水沼泽湿地数量很少（Bakker and Ruyter，1981；Reimold et al.，1975）。放牧损害了植被，减少了初级生产力，并改变了底栖无脊椎动物的群落及底栖环境（Reader and Craft，1999；

Reimold et al.，1975）。有些情况下，放牧会导致潮汐沼泽湿地破坏严重甚至不可逆转的退化，在加拿大哈得孙湾低地的沼泽里，由于小雪雁进食的缘故，潮汐沼泽湿地中的植被遭到破坏，导致其进入另一种稳定的状态，即高盐度、无植物的泥滩（Jefferies et al.，2006；Abraham et al.，2005）。在盐沼湿地和半咸水沼泽湿地中，啮齿动物和水禽的进食也会使得植被遭到破坏（Kirwan et al.，2008；Mitsch and Gosselink，2000；Smith and Odum，1981）。

尽管有这些压力存在，但盐沼湿地、半咸水沼泽湿地和潮汐淡水沼泽湿地与其他类型的湿地相比，更容易修复。频繁且可预见淹没范围的潮汐，确保了哪些地点将被淹没，由于异体化过程占主导地位，与泥炭地等自生驱动的湿地相比，潮汐湿地的修复相对较快。

8.3 实　　践

潮汐沼泽湿地可以通过多种方式修复。在美国，建造盐沼湿地和半咸水沼泽湿地是为了稳定岸边疏浚土壤（Bolam et al.，2006；Streever，2000；LaSalle et al.，1991；Broome et al.，1988b; Seneca et al.，1985）和防止石油泄漏后侵蚀海岸线（Seneca and Broome，1992，1982）以及《清洁水法》规定的减少湿地退化（Hough and Robertson，2008；Zedler，1995）。第一批工程可追溯到1928年，在切萨皮克湾种植盐沼植被（互花米草和大米草），用于控制海岸线侵蚀（Knutson et al.，1981），其他侵蚀控制工程分别于1946年（Sharp and Vaden，1970）和1956年（Phillips and Eastman，1959）开始。早期的一些潮汐沼泽湿地试验性恢复项目是由Woodhouse Jr.和他的同事Seneca、Broome主导的，他们开发了当今在潮汐沼泽湿地修复中广泛使用的一些技术（Woodhouse，1982；Woodhouse and Knutson，1982）。

在发生地面沉降的地区，湿地可以通过铺设疏浚泥沙的方式来维持其高程（Schrift et al.，2008；Croft et al.，2006；DeLaune et al.，1990）。同样，在诸如密西西比河这样的三角洲地区，利用河流改道和决口扇进行大规模修复，具体而言即将河水和泥沙引向浅水湾和湿地，以建设和恢复湿地生态系统（Lane et al.，2006；DeLaune et al.，2003；Turner and Streever，2002）。

在西欧，潮汐沼泽湿地使用类似的技术来修复，包括利用疏浚泥沙（Bernhardt and Handke，1992）、增强沉积物淤积（Hofstede，2003）、拆除河堤等方式（Bernhardt and Koch，2003；Eertman et al.，2002）。沼泽湿地还可通过重新管理或拆除的方式来修复，在现有陆地上建造黏土堤坝一类的工程，使得海水能够淹没以前受保护的地区，从而变成沼泽湿地（Esteves，2014；Garbutt and Boor-man，2009；Garbutt et al.，2006；French，2006；Wolters et al.，2005b；Townsend and Pethick，2002；Crooks et al.，2002；Miren et al.，2001；Emmerson et al.，1997;）。这些工程恢复了潮汐淹没的水文条件，但依赖于人工种植来重建植被。这些湿地重新管理也形成了法律问题，因为许多地区在一个多世纪前被开垦，现在因其植物多样性价值，受欧盟的《特别保护区》（Special Areas of Conservation）条例保护（Pethick，2002）。

潮汐湿地也可以通过种植植被以建设土地和控制水土流失。在欧洲，移植植被的做法可以追溯到20世纪早期，当时种植了现在被称为大米草的植物，目的是开垦农业用地，减缓海岸侵蚀，减少河道淤积（Ranwell，1967）。20世纪30年代，唐氏米草在澳大利亚和新西兰种植，50年代，互花米草被引入新西兰（Ranwell，1967）。在中国，通过在潮间带种植大米草和互花米草的方式来建造盐沼湿地，以减少海岸侵蚀（Chung，2006，1994，

1989）和土地开垦（Chung et al.，2004）。这些工程已经实现了上述目标，但不幸的是，导致了植物入侵和本土沼泽湿地植物群落的改变（Li et al.，2009；Zhi et al.，2007）。

8.3.1 恢复水文条件

潮汐沼泽湿地的恢复首先通过清除堤坝或潮汐闸门来重新引入潮汐的淹没（Orr et al.，2003；Williams and Orr，2002；Warren et al.，2002；Craft，2001；Niering，1997；Roman et al.，1995；Turner et al.，1994；Frenkel and Morlan，1989）。在被填满的场地上，通过挖掘土地，将地表的高程降低到潮汐框架内。堵塞蚊渠是美国东北部一种常见的修复技术（Konisky et al.，2006）。

恢复潮汐淹没有很多好处：①重新引入对动植物物种繁殖和生存至关重要的潮汐脉冲；②引入盐度和其他对河口和海洋环境有重要影响作用的元素；③恢复河口的连通性，使生物能够进入、定居和觅食；④沉积物碎屑可以向河口外移。

在有堤防的沼泽湿地中，通过清除堤坝来恢复满足潮汐淹没的水文条件（图 8.4）。在美国东北发达的海岸线上，潮汐闸门是几十年前安装的，以缓解大潮和暴风雨期间的洪水。在这里，常见的恢复方法包括清除它们以重新引入潮汐淹没，增加盐度，减少半咸水芦苇种类的覆盖率，并有利于盐沼植被的扩张（Anisfeld，2012；Smith and Warren，2012；Raposa，2008；Buchsbaum et al.，2006；Konisky et al.，2006；）。

（a）　　（b）

图 8.4 （a）1955 年，佐治亚州萨佩洛岛（Sapelo Island）的互花米草沼泽，这里缺少植被，贻贝褪色。（b）1998 年的同一地点，也就是拆除堤坝并重新引入潮汐 40 年后

图片来源：Christopher Craft

过去，许多潮汐盐沼湿地先是被挖堤，然后排水。筑堤的效果包括减少淤积（Anisfeld et al.，1999）、土壤沉降（Portnoy and Giblin，1997b ；Roman et al.，1995）、土壤酸化（Portnoy and Giblin，1999）、重金属的释放等方面（Anisfeld and Benoit，1997）。然而这些需要关注的问题，特别是土壤沉降导致湿地土壤表面下降，难以重建植被（Portnoy and Giblin，1999，1997b；Anisfeld and Benoit，1997）。在湿地重新引入潮汐时需要考虑的另一个因素是盐度的重新引入，特别是硫酸盐还原菌的底物硫酸盐，在富含有机质土壤的沼泽湿地中，重新引入盐度会增加硫酸盐的还原作用和硫化物的积累，硫化物是一种抑制植物生长的毒素（Portnoy and Giblin，1997a）。

Williams 和 Orr（2002）评估了旧金山湾因拆除堤坝而引入潮汐的 15 个区域，这些区域的面积从 18 hm^2 到 220 hm^2 不等，拆除堤坝的时间从 2 年到 29 年不等。随着时间的推移，这些区域自然恢复了植被，但有三个因素（限制潮汐交换、有限的沉积物堆积及风潮对沉积泥沙的侵蚀）减缓了恢复速度。拆除时间越长、规模越小、潮汐框架越高的地点恢复得越快（Brand et al.，2012；Williams and Orr，2002）。通过拆除堤坝来恢复潮汐沼泽的方式在其他地方产生了不同的结果，在佛罗里达州，沼泽湿地通过有机物的积累与海平面上升保持同步。然而，由于泥沙有限，这一地区堤坝拆除会导致地区被淹没并转变为开阔水域，除非在拆除堤坝前逐步改良水文条件或添加填充物以将其抬高到适当的高程（Parkinson et al.，2006）。

8.3.2 重建植被

一旦滨海湿地被重新淹没，只要附近有种子或者残留的植被残体，植被则可以重新生长（Wolters et al.，2005a；Frenkel and Morlan，1989），但植被大面积的生长会很缓慢，潮汐区内的高程是该过程的决定性因素，因为太低的地点将保持滩涂，而太高的地点则不会有水生植被。Garbutt 和 Boorman（2009）发现在人为调控下，只要高度合适并且种子源在附近，植被就会生长。5 年后，恢复地的物种多样性就可以达到当地的沼泽湿地水平（Wolters et al.，2008）。在比利时，一个 14 hm^2 的管理修复区在 5 年内实现了植被的大量生长（Erfanzadeh et al.，2010）。早期的植物是一年生物种，如碱蓬（*Sueda maritima*）、海蓬子（*Salicornia maritime*）和猪毛菜（*Salsola kali*），它们的种子比其他潜在的植物更小、更轻且更容易漂浮。

人为管理的强度也决定了植被在沼泽湿地上生长的速度。Fernandez 和 Novo（2007）比较了西班牙西南部两个恢复区潮汐沼泽湿地的植被生长速度，两者人为管理强度不同，高强度的人为管理活动包括挖掘渠道和重塑表面，而在邻近区域的低强度修复活动只修建了几条渠道。3 年后，高强度恢复区，泥滩主要被大米草覆盖，而在低强度恢复区，植物群落则以肉眼草（*Sarcocornia Perennis*）为主。然而，5 年后，这两个地点的植被与该地区天然潮汐沼泽湿地中的植物群落趋同。

因为沼泽湿地中的物种扩散能力有限（Wolters et al.，2008；Morzaria-Luna and Zedler，2007），在没有植被的地方，可能需要移植幼苗，而播种一般是无效的，特别是在潮间带的下半部（Broome et al.，1988b；Webb et al.，1984；Seneca et al.，1976），因为退潮时种子会被冲走，还需考虑播种时是否处于风暴期（Seneca et al.，1976）。在自然保护区播种能够取得较大成功，播种成功的地方，在 1～3 年内就能达到令人满意的植被覆盖率，经过两个生长季节，播种区与移植区的地上生物量基本相当（Seneca et al.，1976）。

通常，移植在各种条件下都比播种更容易成功（Broome et al.，1988b）。移植位置的选择很重要，需避免有较大风浪及有船只交通的地点，因为它们产生的波浪可能会连根拔起附近种植的植物。坡度平缓（1%～3%）、潮差大的地方是建立植被的理想地点（Broome et al.，1988b），缓坡在退潮时提供了适宜的排水量，而大的潮差最大限度地增加了可以种植植被的地表面积。

移植的间距是一个重要的考虑因素，因为间距越近，植被传播和覆盖的速度就越快（Broome et al.，1986）。然而，较小的间距意味着较多的移植，因此成本较高。在使用移植植物时，确保采用来自同一地理区域的本地物种苗圃或项目所在的生态区植物，这样确保了移植的植物与场地的环境条件相匹配。理想的移栽对象是那些根系发达的植物，这类植物通常种植在盆栽土壤或泥炭基质中，浇水和施肥良好，与裸根幼苗相比，不容易受到外界的影响。

物种与潮水盐度相匹配也是至关重要的。互花米草、大米草等耐盐植物应在盐度为20‰～35‰的地区种植；灯笼草（*Juncus* spp.）、二棱草（*Distichlis* spp.）、补血草（*Limonium* spp.）等半咸水植物应在潮水盐度为 10‰～20‰的地方种植；寡盐植物种类很多，应在盐度为 5‰～10‰或以下的地方种植。在干旱地区和高盐度地区，包括洼地和盐田，应种植盐角草属（*Salicornia* spp.）、巴蒂斯属（*Batis* spp.）或碱蓬属（*Suaeda* spp.）一类的植物。与其他盐沼植被相比，这些植物虽然生长缓慢，但它们能够更好地在高盐环境中生存。

移栽植物与淹没周期的匹配也同样重要。不同的物种适应不同的水期，因此生长在不同的海拔，湿地海拔和距河口的距离及潮差决定了潮汐淹没的深度、持续时间和频率，在某种程度上还决定了盐度。在加利福尼亚州南部恢复区的盐沼中，三个不同的植被带对应着不同湿地海拔和与河口的距离（Zedler et al.，1999）。在沼泽湿地的海湾和较低海拔地区，以小叶沙棘为主的大米草栖息地占据了优势地位。海拔 30 cm、地形不均的沼泽平原，是物种最丰富的栖息地。海拔 30～70 cm 的高位沼泽以盐角草（*Salicornia subterminalis*）为主。内涝洼地维持着一年生物种的生存，否则这些物种就不存在了（Varty and Zedler，2008）。

大米草是一种 C_4 光合作用型植物，一般比较容易繁殖，生长迅速，可以在种子萌发后的几个月内移植。而 C_3 型植物，如灯心草，生长较慢，必须长得足够大时才能移植。种植的时间应该与该地区植物生长季相对应，以便最大限度地延长植物萌芽、生长和传播时间。

在许多地方，通过施用氮肥以促进植物的生长，许多研究表明，盐沼湿地、半咸水沼泽湿地和潮汐淡水沼泽湿地中的氮是有限的，增加氮可以促进地上生物量的增加（Ket et al.，2011；Frost et al.，2009；Kiehl et al.，1997；Covin and Zedler，1988；Jefferies and Perkins，1977；Valiela and Teal，1974；Sullivan and Daiber，1974）。通常在种植时施肥一次就足以启动群落的生长，但在一些沼泽湿地，可能需要每年增加化肥，以支持更多的植被生长（Boyer and Zedler，1998）。较佳的肥料是使用还原性的氮素肥料如尿素，或者氨基肥料（Broome et al. 1988b），因为氨氮（NH_4^+）容易吸附在土壤中的阳离子交换点上，而硝态氮（NO_3^--N）很容易淋失。除氮之外，磷有时也是限制性营养元素（Seneca and Broome，1982），特别是在质地粗糙的砂质土壤中。在北卡罗来纳州，Broome 等（1983）发现，在施用 112 kg/hm^2 氮和 49 kg/hm^2 磷的条件下，互花米草生长效果优于单独施氮或施磷，但大面积粗糙施肥是低效的，就像播种一样，肥料会在退潮时被冲走。

8.3.3 土壤的恢复与重建

在潮汐淹没较少的沼泽湿地中，重新引入潮汐通常足以恢复土壤性质。由于频繁和规律的潮汐淹没使土壤孔隙充满了水，并驱逐了空气，很容易形成厌氧条件。一旦重新带入盐度，土壤的化学特性，如 pH、离子丰度（表 8.1）和磷含量，就会迅速增加。由疏浚土壤形成的盐沼湿地也形成得较快，因为虽然有机质含量较低，但其可利用性较好（图 8.5）。

在形成潮汐沼泽湿地的陆地上，由于土壤中有机质的缺乏，还原环境可能较少（图 8.6）。挖掘通常会移除富含有机质的表层土，即表土或 A 层土，暴露出致密的矿物底土，即 B 层或 C 层土。有机质等碳类是微生物反应（如铁还原、硫酸盐还原和反硝化）所必需的营养物，这些反应是湿地土壤的特征。植物的生长和死亡累积的有机质是湿地土壤发育的前提

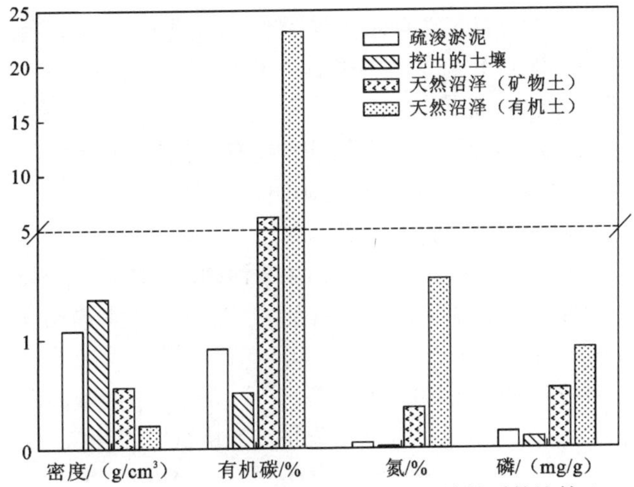

图 8.5　疏浚淤泥、挖出的土壤、天然矿物土、天然有机土之间土壤性质的比较（Craft et al.，1991b，1988；Pennings et al.，2012）

条件，水文条件也决定了湿地土壤形成的速率（Callaway et al.，2012；Craft et al.，2002）。例如，厌氧条件和有机质积累在连续淹没的条件下比仅土壤饱和情况下，湿地重建得更快（Craft et al.，2002）。

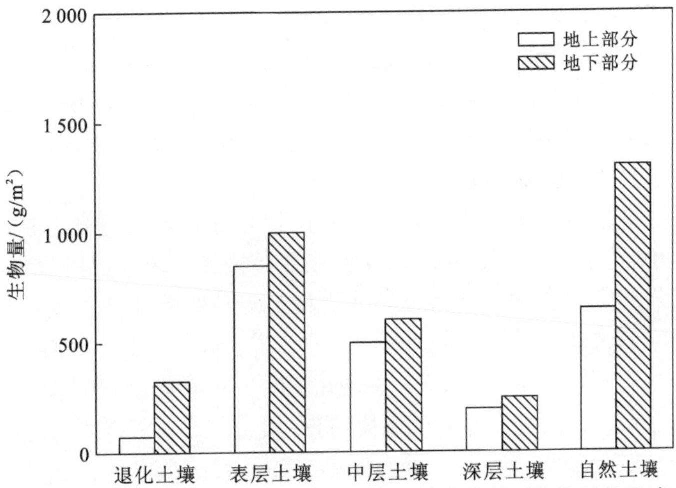

图 8.6　疏浚物料的低、中、高添加率对地上和地下生物量的影响

在 Stagg 和 Mendelssohn 的许可下重新绘制

大量有机质和氮的积累需要相当长的时间，一旦植被建立，就可以通过植物碎屑，主要是根和茎（McCaffrey and Thomson，1981），开始积累有机质和氮。一旦植物群落建立起来，有机氮（Craft et al.，1991a）也会在土壤中积累，氮的积累速度很快就可以与自然沼泽湿地相媲美（Craft et al.，2003）。随着时间的推移，会形成一个富含有机质和氮的表层土壤（Craft et al.，1988），有机质和氮对于支持植物、微生物和动物群落的长期健康生长都至关重要（Craft，1999）。后期恢复形成的潮汐沼泽湿地土壤中的氮通常比天然沼泽湿地中的低，而且往往低于形成一个自给自足的生态群落所需的氮含量（100 g N/m^2）（Craft et al.，2003；Bradshaw，1983）。

有机质也是维持异养微生物和底栖无脊椎动物群落所必需的，植物碎屑和相关的微生物是潮汐沼泽湿地食物网的基础。在潮汐盐沼湿地中，无脊椎动物群落以蛔虫、穴居螃蟹、蜗牛、滤食动物（蛤蜊、贻贝）为主。有机质还可以通过增加孔隙度和空气及水的流通来改善土壤的物理性质（Craft et al.，1991b）。

挖掘形成的潮汐沼泽湿地除了营养不足外，还有其他问题。许多挖掘出的沼泽土由高容重和低孔隙率的底层土组成（Craft et al.，1991b），即使添加了化肥，但是植被难以生根，植被的传播速度也很慢。挖掘也可能暴露出含有还原硫的沉积物，如黄铁矿（FeS，FeS_2），它们与空气接触后被氧化成酸性硫酸盐矿物，如黄钾铁矾（Broome et al.，1988a），这些土壤的 pH 降至 2～3，除非向土壤中加入大量石灰，以中和酸性来提高 pH，否则植被不可能存活。

质地，即砂粒、粉粒和黏土颗粒的比例，决定了场地种植的难易程度。黏性土非常软，需要手工种植；砂质土壤比较坚硬，可以用拖拉机等机械方式种植。修复的理想结构是指砂粒、粉粒和黏土大小的颗粒比例相对均衡（Brady and Weil，2002）。较大的砂粒促进了空气和水的流通，并提供了承重能力来支持步行交通，黏土颗粒具有很大的比表面积和负电荷，可以将 NH_4^+、K^+、Ca^{2+}和 Mg^{2+}等基本阳离子吸附到阳离子交换络合物上。

8.3.4 改良剂

有时在种植前，需要将有机质添加到挖出的土壤或疏浚场地中，以改善土壤理化性质。改良剂包括挖掘过程中从现场堆积的表土，富含碳的改良剂如泥炭、稻草、树叶凋落物、木料堆肥、海带堆肥，以及富含氮的改良剂如苜蓿和污泥堆肥（O’Brien and Zedler，2006；Levin and Talley，2002；Broome et al.，2001，1982；Handa and Jefferies，2000；Kelley and Mendelssohn，1995；Thompson et al.，1995；Gibson et al.，1994）。

疏浚物的薄层铺设用于提高土壤表面高程，以阻止沼泽的退化和沉降（Ford et al.，1999），其主要的好处是提高土壤表面的高程以减少内涝，并且已经证明其可以增加土壤氧化还原电位（茎密度和植物生产力）和促进植被养分吸收（茎密度和植物生产力），以及减少孔隙水中的 H_2S 的产生（Mendelssohn and Kuhn，2003）。薄层铺设的好处取决于沼泽湿地的初始高程和添加的土壤，一些研究表明，这种好处可以持续 7 年或更长时间（Slocum et al.，2005），而另一些研究则表明在第一年之后植物生长性能有所下降（La Peyre et al.，2009）。

疏浚土壤的添加量也会影响恢复速度，Tong 等（2013）的报道指出，在路易斯安那州的一处沼泽湿地中，大量放置疏浚土壤会使地表高度比参考沼泽湿地高出 20 cm，结果表明，与参考沼泽湿地相比，其大型无脊椎动物群落的地上和地下生物量及底栖无脊椎动物的群落都有所减少，这种负面影响持续了 7 年。Stagg 和 Mendelssohn（2010）向下沉的沼泽湿地中分别以低、中、高添加率铺设疏浚土壤，与未经处理的地区相比，中、低添加率的效果最好（图 8.6），其减少了淹没的持续时间和频率，增加了排水、氧化还原电位及地上和地下生物量。

8.3.5 生态系统发育

随着水文条件的恢复和植被的建立，盐沼湿地生态系统发育较快，地上生物量可能在几年内达到与天然沼泽湿地相当的水平（Craft et al.，2003；Webb and Newling，1985）。在加拿大芬迪湾，潮汐再次淹没筑有堤坝的淡水，导致 3 年内蓄水池互花米草 100%生长覆盖（van Proosdj et al.，2010）。地下生物量增长较慢（Craft et al.，2003；Shafer and Streever，2000），尤其是在半干旱和地中海气候下（Boyer et al.，2000）。Boyer 等（2000）测量了分别于 5 年前和 10 年前建造的两个人工沼泽湿地的地下生物量，发现人工沼泽湿地含有较少的地下生物量，这归因于粗砂质土壤的低肥力。

与生物量相比，物种多样性等结构特征的发展需要更长时间。将天然沼泽湿地和人为修复的沼泽湿地相比，Mossman 等（2012）指出人为恢复的沼泽湿地有较多的先锋物种和较少的多年生植物[如补血草（*Limonium vulgare*）、三棱草、海韭菜（*Plantago maritime*）、海石竹（*Armeria maritima*）等]，具有天然沼泽湿地中的特点。Brooks 等（2015）将先锋物种的优势归因于致密的土壤和缺乏限制典型沼泽物种定植的地形异质性。Garbutt 和 Wolters（2008）比较了人为修复沼泽湿地时间序列上的植物种类组成，对 18 个地点进行了抽样分析，人为管理时间从 2 年到 107 年不等，总体而言，100 年以下的每个样方的物种比 100 年以上的和参考沼泽湿地要少。

相对于新兴植被而言，包括硅藻和光合细菌在内的微型底栖动物的演替进展较快。Janousek 等（2007）在南加利福尼亚州的一个水文条件恢复了的潮汐沼泽湿地，对叶状链球菌种植后的底栖藻类群落进行了检测。发现，在两年内，沉积物叶绿素浓度、群落组成和物种多样性与天然沼泽湿地相似。

土壤特性，特别是有机质的形成需要很长时间。人工修复的沼泽湿地，特别是挖掘形成的沼泽湿地和疏浚淤泥形成的沼泽湿地，含有的有机质比存在已久的沼泽湿地要少（Armitage et al.，2014；Fearnley，2008；Edwards and Proffitt，2003；Craft et al.，2003，2002，1988；Morgan and Short，2002；Havens et al.，2002；Streever，2000；Simenstad and Thom，1996；Zedler and Langis，1991；Moy and Levin，1991；Langis et al.，1991；Lindau and Hossner，1981；Cammen，1976）。由疏浚物质形成的沼泽湿地通常比天然沼泽湿地含有更多的沙子和更少的氮营养盐，有时还含有更少的磷（Fearnley，2008；Craft et al.，2003；Poach and Faulkner，1998）。随着有机质的增加，微生物的活动，包括分解、甲烷生产和反硝化作用都会增强（Craft et al.，2003）。为了完全恢复土壤特性，地下土层可能需要几百年的时间，才能与存在已久的天然沼泽湿地中的有机碳库相比（Burden et al.，2013；Craft et al.，2003，2002）。

底栖动物的定居也依赖于土壤有机质的积累（Levin and Talley，2002；Scatolini and Zedler，1996；Minello and Zimmerman，1992），以及活根、死根和根茎的迁徙能力（Moseman et al.，2004）。Moy 和 Levin（1991）比较了北卡罗来纳州一个挖掘形成的盐沼湿地（3 年）和一个天然沼泽湿地中的动物密度和多样性，所形成的低有机质沼泽湿地以表层沉积物饲料为主，而天然沼泽湿地以地下沉积物饲料为主。Sacco 等（1994）指出，与 6 个参照沼泽湿地相比，6 个种植了互花米草的沼泽湿地土壤中，有机质和底栖动物密度及物种丰富度都较低，浮游（散布）幼虫的无脊椎动物在几个月到几年的时间内就会在该沼泽湿地定居，而像少毛类和其他有不散布幼虫的无脊椎动物需要更长的时间，也许是十年或更长时间，才能形成与自然沼泽湿地一样的种群（Craft and Sacco，2003；Posey et al.，1997；Levin et al.，1996）。

大型动物群落也需要很长时间才能形成。例如，加利福尼亚州南部人工沼泽湿地（3 年）中的加州角螺（Cerirthhidea Californica）的丰度比附近的天然沼泽中的要少（Armitage and Fong，2004）。对恢复的沼泽湿地的研究表明，一些无脊椎动物物种（例如，一些双足类、罗纹贻贝）的数量可能需要十年或更长时间才能变得与天然沼泽相当（Swamy et al.，2002）。在康涅狄格州，在蓄水沼泽湿地恢复潮汐 12 年后，泥螺的数量和下游未受影响的沼泽湿地相当（Fell et al.，1991）。

利用自游生物、底栖动物和鳍鱼类创造和恢复的潮汐沼泽的效果，取决于能否增强连通性，而这需要增加潮汐的小溪数量和最大限度地增加边缘栖息地数量（Minello and Rozas，2002；West and Zedler，2000）。打破潮汐限制，如潮汐闸门或扩大涵洞，能使河口物种迅速使用沼泽湿地（Raposa，2002；James-Pirri et al.，2001；Dionne et al.，1999）。恢复项目通常包括大量沼泽开阔水域的边缘和分级，以降低土壤表面高程，方便潮汐进入（Wallace et al.，2005；Desmond et al.，2000；Dionne et al.，1999；Minello and Webb，1997）。在某些情况下，沼泽梯田的建造是为了最大限度地增加边缘的数量（Rozas and Minello，2001），但是这项技术实际上并不能给植物创造出太多的生长空间（Rozas et al. 2005）。

植被边缘和潮下栖息地空间增大后，能够增加对鳍鱼的利用（Havens et al.，2002；Minello et al.，1994），形成低潮汐小溪和小池塘（作为避难所），也增加了自游生物的利用率（Garbutt and Boorman，2009；Jivoff and Able，2003；Williams and Zedler，1999）。Gilmore 等（1982）发现，通过重建与涵洞的潮汐连接，以前为控制蚊子而暂停使用的沼泽中鱼类数量显著增加。研究表明，随着潮汐的适当恢复和潮汐小溪的建立，所创建和恢复的沼泽湿地对鱼类的利用与天然参照沼泽湿地相当（Raposa，2008；Dionne et al.，1999；Rulifson，1991）。例如，通过清除护堤以恢复水文条件，增加了鲽鱼的丰富度，达到了在参照沼泽湿地中的水平，尽管物种丰富度的增加速度较慢（图 8.7）。一旦潮汐重新恢复，鲑鱼等洄游鱼类也会利用恢复的沼泽（美国华盛顿）（Gray et al.，2002；Miller and Simenstad，1997；Shreffler et al.，1990）。

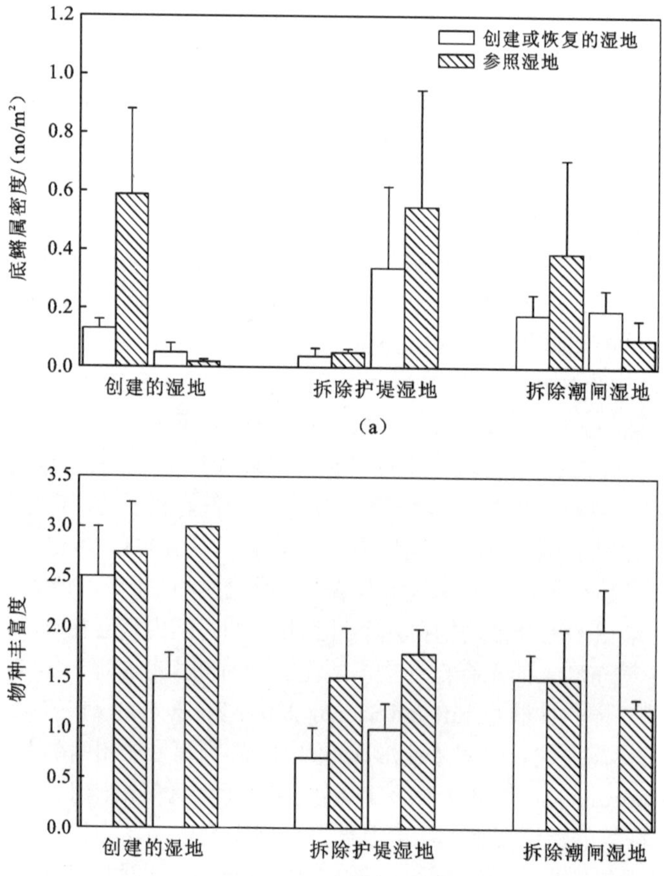

图 8.7 （a）创建或恢复的湿地、参照天然湿地中的底鳉属密度和（b）物种丰富度

Rozas 等（2007）评估了得克萨斯州加尔维斯顿海湾潮汐沼泽湿地恢复的效果，那里在 20 世纪 50 年代至 2002 年失去了 30%的潮汐沼泽湿地。在一个从 40 hm^2 减少到 18 hm^2，然后恢复了 12 hm^2 的沼泽湿地，原本种群数量下降的褐虾、白虾和蓝蟹数量出现了反弹。Rozas 等（2005）比较了加尔维斯顿湾的三个盐沼湿地恢复项目的蓝蟹和虾的情况，这三个项目包括梯田、土堆和岛屿建设，与未恢复的栖息地相比，这三种恢复项目增加了渔业利用，但仍低于自然参照湿地。

并不是所有的研究都表明，在创建和恢复沼泽湿地后，渔业栖息地能够完全恢复。Zeug 等（2007）把恢复 30 年的人工沼泽与得克萨斯州南部的天然沼泽湿地在自游生物方面进行了比较，发现总体而言，天然沼泽湿地有更多的虾和鱼，包括海湾蟾鱼、扁背泥蟹和虾类，这些都是恢复后的沼泽湿地中没有的。恢复的沼泽湿地中渔业利用率较低的原因是土壤有机质含量较低，并且没有牡蛎，而牡蛎可以增加栖息地的多样性。

对食物网的分析表明，创建和恢复的潮汐盐沼湿地相对较快地提供了类似的草料栖息地。恢复两年的人工沼泽湿地中的稳定同位素分析表明，大型底栖动物更多地依赖微藻作为食物来源，而在参照沼泽湿地中，新兴植被大米草的贡献比例更大（Moseman et al.，2004）。Wosniak 等（2006）使用稳定同位素评估了三个通过去除潮汐限制（如涵洞）而恢复的沼泽湿地中的底鳉对湿地的使用情况。潮汐的恢复导致了 C_3 植物向 C_4 植物的转变，随之而来的是底鳉对 C_4 植物食用量的增加。Llewellyn 和 La Peyre（2011）评估了路易斯安那州 4 个创建的盐沼湿地（时间从 5～24 年不等）和 4 个自然沼泽的蓝蟹情况，发现创建 8 年以上的沼泽湿地具有与天然沼泽湿地相似的营养多样性特点。

水禽和涉水禽类也受益于湿地开阔的水域边缘，随着泥滩和草本植物的增加（Havens et al.，2002），其将快速使用恢复湿地的功能（Garbutt and Boorman，2009；Raposa，2008；Atkinson et al.，2004；Brawley et al.，1998）。Raposa（2008）对重新引入潮汐交换的前一年和重新引入潮汐后两年的湿地，评估鸟类对潮汐沼泽湿地的使用情况，恢复潮汐流动使鸟类种类在两年后增加了一倍多，数量增加了两倍多，这归因于潮差的增加，为滨鸟创造了更多的泥滩栖息地。Seigel 等（2005）报道，在新泽西州城市湿地中移除了芦苇和修复了潮间带生境后，滨鸟的丰度和多样性也出现了类似的增加。通过人为调整和管理的恢复区，水鸟的数量在 3 年内达到与自然潮间带地区相当的水平（Mander et al.，2007）。

其他研究表明，虽然鸟类对人工湿地和自然湿地的总体使用量很高，但不同的群落可能会频繁地出现在创建和恢复的湿地中，Melvin 和 Webb（1998）指出，海鸥和燕鸥更多地使用了创建的沼泽湿地，而沼泽居民、麻雀、迁徙的水禽和滨鸟更多地使用了自然沼泽湿地，这归因于创建的沼泽湿地中异质性降低。木本灌木也增加了一些物种的丰富度，但以牺牲其他物种为代价。潮汐恢复区增加了涉水动物、水鸟、滨鸟和海鸥的数量、种类和生物量（Slavin and Shisler，1983），但是，随着恢复后灌木栖息地的减少，雀形目动物的种类随之减少。Havens 等（2002）比较了美国弗吉尼亚州一个人工潮汐沼泽和两个天然沼泽中的鸟类物种丰富度和多样性。指出即使在 12 年后，人工湿地的丰富度和多样性也较低（图 8.8），这是由灌木栖息地丰富度低所致。

潮汐淹没的恢复对巢穴栖息地有不同程度的影响。DiQuinzio 等（2002） 研究发现，在恢复潮汐后，盐沼尖尾麻雀的筑巢密度下降是因为植物被生长在较低海拔、茎较短的互花米草所取代。他们假设，假以时日，随着高地沼泽植被（如芦苇）生长和取代生长在更高海拔的灌木植被，筑巢成功率将会增加。

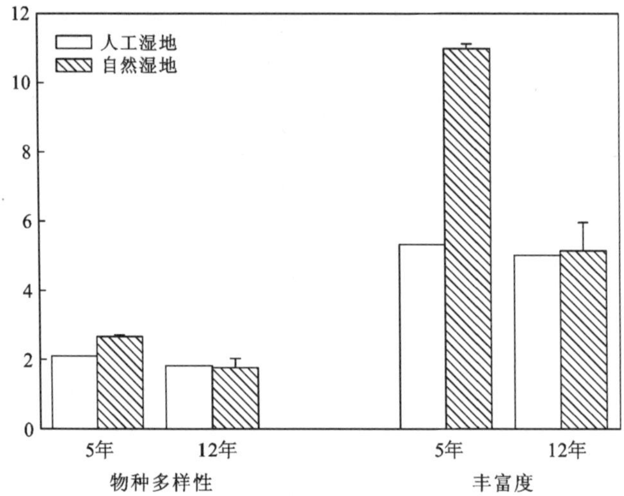

图 8.8　人工湿地创建 5 年和 12 年时，和天然湿地中的鸟类物种多样性和丰富度的对比（Havens et al.，2002）

研究表明，常见鸟类和湿地特有鸟类都可以在创建或恢复的湿地中见到。例如，Armitage 等（2007）报道，在南加利福尼亚州 5 个恢复的潮汐沼泽（时间 5～7 年）和 5 个参照沼泽湿地中，越冬滨鸟的物种多样性没有差异。Desrochers 等（2008）比较了弗吉尼亚州 11 个盐沼和 11 个参照沼泽的鸟类群落，沼泽湿地是通过挖掘高地而形成的，与潮汐小溪重新连通，采样时湿地的创建时间为（15±4）年。特有鸟类在创建的沼泽和恢复的沼泽之间没有区别。然而，在繁殖季节，创建的盐沼湿地的鸟类密度和物种丰富度较低，特别是依赖湿地的鸟类。Desrochers 等（2008）把这些差异归因于互花米草在人工沼泽湿地中的优势，而自然沼泽湿地中的植物群落更加多样化。

人工盐沼湿地中的植被结构往往与天然沼泽湿地不同，从而影响鸟类的使用。人工湿地与天然湿地相比，植被的茎较短（Craft et al.，2003；Zedler，1993；Zedler and Langis，1991）。在南加利福尼亚州，濒临灭绝的轻足响尾蛇没有在南加利福尼亚州矮小植被中筑巢，因为这些巢穴在涨潮时会被冲走。氮肥的添加增加了天然沼泽的茎高水平，但如果不每年增加化肥，就不能维持高度（Lindig-Cisneros et al.，2003；Boyer and Zedler，1998）。

将美国东部（潮湿）恢复的沼泽与处在南加利福尼亚州地中海气候的湿地进行比较，可以发现两者发育速度较慢，并支持生长较慢和活力较弱的植物物种生存（Zedler et al.，2003）。缓慢的发育速度与地中海气候有关，地中海气候的特点是季节性淡水流入量具有很高的年际变异性（Zedler，2001）。另一个压力源是不频繁但阶段性洪水事件导致的过度沉积（Zedler et al.，2003）。这种压力（高盐度）和脉冲（沉积）扰动可以解释为什么南加利福尼亚州恢复的盐沼湿地没有显示出清晰的生态系统发育轨迹（Zedler and Callaway，1999），而美国东海岸的盐沼湿地则显示出生态系统发育轨迹（Craft et al.，2003；Morgan and Short，2002）。太平洋西北部半咸水沼泽恢复后的生态系统发育研究也没有显示出很强的发育轨迹（Simenstad and Thom，1996），可能是在修复后的 7 年里，测量的时间序列不够长，不足以检测到这种趋势。

生态系统过程，如氮循环，在创建或恢复的湿地和自然湿地之间也有所不同，特别是在初期。在人工创建或恢复的湿地中，土壤氮比自然湿地中的土壤氮要少（Craft et al.，2003，1988；Langis et al.，1991；Zedler and Langis，1991）。因此，氮的微生物循环也不同。Thompson

等（1995）报道，在北卡罗来纳州恢复一年的沼泽湿地中的反硝化作用比天然沼泽湿地中的要低得多。同样，Broome 和 Craft（2009）指出，时间较短的人工盐沼湿地的反硝化速率比时间较长的（>20 年）人工湿地和成熟的自然沼泽湿地的反硝化速率要低。相比之下，在恢复和建造的沼泽湿地中，固氮作用与天然沼泽湿地相当或更大（Piehler et al.，1998；Currin et al.，1996；Zedler and Langis，1991），因为天然湿地发育中的树冠更加开阔，可以支撑更多数量的沉积物蓝藻（Currin et al.，1996）和叶面微生物（Currin and Paerl，1998）。

恢复潮汐淹没也有利于营养物质向河口外流。在一项关于两个形成时间较短（1～3 年）的盐沼湿地和潮汐小溪之间的潮汐交换的研究中，发现沼泽湿地是河口溶解营养物（碳和氮）的来源，与在自然沼泽湿地中观察到的情况相当（Craft et al.，1989）。恢复的湿地是无机氮和磷的汇，这有助于早期土壤演替的营养积累。

盐沼湿地的生态系统服务在其创建和恢复后的发育速度上有所不同（表 8.4）。随着水文条件的恢复和植被的重建，底栖藻类群落几乎是立即发育起来的，而植物群落及其初级生产力功能大约在 3～5 年内可以形成。一旦水文条件恢复，植被开始建立，特别是当水文通道得到改善时，鲻鱼及其他自游生物和涉禽就开始使用湿地。基于对康涅狄格州 9 个盐沼湿地恢复项目的审查，Warren 等（2002）估计的鱼群和鸟类数量分别在 5 年和 15 年内达到与参照沼泽湿地相等的水平。依赖有机质积累的微生物群落和底栖无脊椎动物可能需要 5～20 年才能发展到成熟的自然沼泽湿地中的水平。虽然土壤形成需要更长的时间，几十年甚至几个世纪，但调节功能，如沉积物保持、养分储存和固碳等，随着植物群落的发育而发展（表 8.4）。

表 8.4　创建或恢复后的盐沼湿地生态服务功能发展速度（Broome and Craft，2009）

生态服务功能		相当于成熟自然沼泽湿地的时间/年
生产力和生境功能	初级生产	3～5
	植物物种丰富度[①]	4～10
	底栖藻类	1～2
	微生物活动	5～15
	底栖无脊椎动物	5～20
	石斑鱼和鲻鱼	2～15
	水鸟和涉禽	3～10
	鸣禽	10～15
调节功能	沉积作用	1～3
	养分（氮、磷）滞留	1～5
	固碳作用	3～5
	氮循环	10～20
	营养物质排出	1～5
	土壤形成	10～100s

① 潮汐淡水沼泽

8.3.6 潮汐淡水沼泽的恢复

与潮汐盐沼湿地一样，潮汐淡水沼泽的恢复涉及挖掘、疏浚土壤或水文条件的恢复（Baldwin，2009；Barendregt，2009）。在疏浚废渣上建立淡水植被是很常见的，因为这些沼泽湿地通常位于高度城市化的河口，如美国东海岸的哈得孙河、特拉华湾和切萨皮克湾，以及西欧谢尔德河。疏浚堆积物被挖到潮间带的高度，以完成修复地点的创建（Leck，2003）。在旧金山湾，潮汐淡水沼泽是通过拆除堤坝恢复的（Miller et al.，2008）。这些沼泽是近 150 年前为农业而开垦的，从那时起，富含有机质的泥炭土下沉了 6 m，如果不进行地下水位的管理，它们就不可能恢复，通过将地下水位保持在 25～55 cm，沼泽湿地恢复了植被，其在浅水区的生长速度更快。

美国最早的潮汐淡水沼泽恢复项目之一是在阿纳卡斯蒂亚河上，这是华盛顿波托马克河的一条城市支流（Niering，1997；Bowers，1995）。凯尼尔沃斯沼泽湿地是通过在 13 hm^2 的泥滩上填土和种植 16 个物种的 34 万株植物而建立的。修复过程中遇到的问题包括保留质地细腻的填充物，将其脱水，以及阻止水禽、加拿大鹅食草。我们可以从这项开创性工作中积累了一些经验，包括了解一些淡水物种的环境要求。

Baldwin（2004）和其他人评估了同样位于阿纳卡斯蒂亚河上的金曼沼泽湿地的植被发展，该沼泽湿地于 2000 年通过放置疏浚泥沙进行了恢复。种植了 7 种植物，并安装了围栏，以阻止动物植食。植物在第一个生长季节迅速生长，部分是种植的物种，但也有一部分是本地和外来物种。一旦栅栏被拆除，由于鹅的取食，植物覆盖率就会下降。新的优势种是种子通过水散布的物种（Neff and Baldwin，2005），在天然潮汐淡水沼泽中常见的物种不容易到处扩散，包括占据沼泽较低、较潮湿地区的一年生植物（鬼针草属）和多年生植物（如天南星属，梭鱼草属，和慈菇属）（Neff and Baldwin，2005）。

金曼沼泽湿地的种子库发育迅速。2000～2004 年，种子库中的类群数量从每 90 cm^2 2 个增加到 10 个（Neff et al.，2009）。常见的分类群包括薹草属、灯心草属、丁香蓼（*Ludwigia*）和入侵的百里香属（*Lythrum*）。一年生和本地物种的幼苗在参照沼泽湿地中的出苗率比恢复沼泽湿地（恢复时间 7 年）高，而在恢复沼泽湿地（恢复时间 1 年）中本土幼苗的出苗率与参照湿地相当（图 8.9）（Neff et al.，2009）。

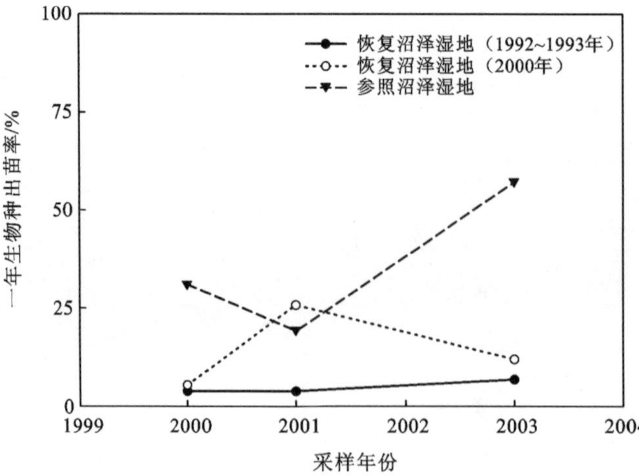

（a）

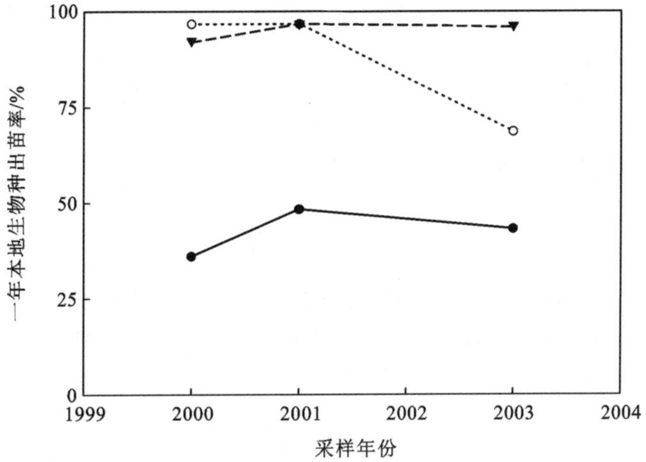

（b）

图 8.9　恢复沼泽湿地（不同时间）和参考沼泽湿地出苗率：（a）一年生物种（b）本地物种（Neff et al.，2009）

对阿纳卡斯蒂亚河流域中恢复时间较长的（10 年）凯尼尔沃斯湿地和恢复时间较短（2 年）金曼湿地进行监测，监测项目包括沉积物积累率、土壤、植被、底栖无脊椎动物和鸟类（Baldwin et al.，2009）。这两个湿地都堆积了沉积物，以缓和疏浚物的沉降和海平面的上升，两个湿地土壤有机质比该地区其他潮汐淡水沼泽湿地的参照沼泽湿地要少（Verhoeven et al.，2001）。在阿纳卡斯蒂亚河沼泽湿地，底栖无脊椎动物的密度和物种丰富度与该地区恢复的和天然的潮汐淡水沼泽湿地相当，但与城外优质非城市参照沼泽湿地相比则较小（Baldwin，2009）。鸟类对恢复沼泽的利用能起到相当可观的作用，恢复时间较短的沼泽湿地有 137 种，恢复时间较长的沼泽湿地有 164 种。

Leck（2003）评估了特拉华湾挖掘形成的 32 hm^2 潮汐淡水沼泽湿地的植被和种子库发育情况。该区种植了 14 种草本植物，在 1 年内，植被完全覆盖了该区域。5 年后，共有 92 个物种出现，其中 72 个物种有助于植被覆盖。土壤种子库共有 177 种植物，物种丰富度与淹没程度呈负相关，河道沿线物种数量最少。总体而言，与参照沼泽湿地相比，创建的沼泽湿地在种子库中包含的物种要多得多，其中包括更多入侵物种的种子，如紫松茸、芦苇、金丝雀草（Leck and Leck，2005）。创建的沼泽湿地种子库中的更多物种，归因于在挖掘过程中造成的土壤扰动。

在太平洋西北部（华盛顿州），以藨草为优势种的湿地，通过拆除堤坝从而重新引入潮汐的淡水沼泽湿地也迅速恢复了植被（Tanner et al.，2002）。但随着潮汐的恢复，藨草的覆盖率在减少。1 年后，沼泽湿地物种的数量从 5 种增加到 14 种，修复 3 年后，共记录 37 种。鲭鱼（包括银大马哈鱼、鲑鱼、三文鱼）出现在恢复后的沼泽湿地中。这个原本很成功的恢复项目的一个问题是在一些地区，紫色的松树大量生长。Levings 和 Nishimura（1997）比较了不列颠哥伦比亚弗雷泽河 8 个含有薹草和美洲梭鱼的沼泽湿地。总体而言，8 个恢复的沼泽湿地中的薹草盖度约为参照沼泽湿地中的 50%。然而，无脊椎动物和鲭鱼的丰度在恢复的沼泽湿地和参照沼泽湿地之间是相似的。

在欧洲，恢复后的潮汐淡水沼泽湿地的演替和生态系统发育很快。不到 3 年，沼泽湿地就被植被覆盖，涉禽和鸭子很快在这片土地生存（Barendregt，2009），在 3～10 年内成功修复。这些来自美国和欧洲的研究表明，潮汐淡水沼泽湿地可以通过以下方式成功恢复：①湿地相对于潮汐的适当高度；②重新引入潮汐；③在植物建立的早期提供必要的护理，如控制食草动物。如果多样、有活力的种子库或种子源在附近，就无须播种或种植。

8.3.7 确保成功的关键

潮汐沼泽的恢复效果取决于合适的地点、适当的构造和种植技术及维护（表 8.5）。潮差大的区域有更多的潮间带，可以在那里建立植被。那些不受风影响、波浪较小、船只流量较少的区域，更有可能取得成功。平缓的坡度（1%～3%）可确保区域在退潮时排水，不会发生内涝。在区域准备方面，重要的是最大限度地扩大沼泽与开阔水域的比例，建造潮汐小溪，并结合凹陷等微地形特征，以方便鱼类和水禽进入并利用沼泽湿地。

表 8.5　确保成功的关键

项目	关键
选址	大潮差 短风区 低波能 坡度平缓（1%～3%） 迁移能力（随着海平面上升）
施工注意事项	湿地开阔水域比较大 建造潮汐小溪 结合微地形特征
种植注意事项	使用浇水充足、肥力充足的温室幼苗 植物与淹没特点、盐度和地理区域相匹配 施氮肥和磷肥 保护植物不受草食动物（如水禽）的侵袭
维护	入侵物种的监测和清除 海草的清除

在潮汐盐沼湿地，潮势旺盛，种子库缺乏繁殖体，因此需要种植；而在潮汐淡水沼泽湿地中，由于附近获有种子或种子源，通常不需要种植。种植时，应考虑苗木和淹水状况、盐度相匹配。重要的是，在种植时缓慢向土壤中加入氮素，使其融入土壤中，以便植物快速生长。种植后，可能有必要保护幼嫩的移栽植物免受食草动物的侵袭，特别是水禽。一旦植物很好地种植起来，就有必要进行原位监测，根据需要清除入侵物种，并在暴风雨后清除海草。从长远来看，海平面上升将威胁到一些恢复项目，除非允许它们向内陆迁移。今天实施的潮汐湿地恢复项目需要对未来的这种迁移进行规划和考虑。

参 考 文 献

ABRAHAM K F, JEFFERIES R L, ALISAUSKAS R T, 2005. The dynamics of landscape change and snow geese in mid-continent North America. Global change biology, 11: 841-855.

ANISFELD S C, 2012. Biogeochemical responses to tidal restoration//ROMAN C T, BURDICK D M. Tidal Marsh Restoration: a Synthesis of Science and Management. Washington D. C.: Island Press: 39-58.

ANISFELD S C, BENOIT G, 1997. Impacts of flow restrictions on salt marshes: an instance of acidification. Environmental science and technology, 31: 1650-1657.

ANISFELD S C, TOBIN M J, BENOIT G, 1999. Sedimentation rates in flow-restricted and restored salt marshes in Long Island Sound. Estuaries, 22: 231-244.

ARMITAGE A R, FONG P, 2004. Gastropod colonization of a created coastal wetland: potential influences of habitat suitability and dispersal ability. Restoration ecology, 12: 391-400.

ARMITAGE A R, JENSEN S M, Y OON J E, et al., 2007. Wintering shorebird assemblages and behavior in restored tidal wetlands in southern California. Restoration ecology, 15: 139-148.

ARMITAGE A R, HO C K, MADRID E N, et al., 2014. The influence of habitat construction technique on the ecological characteristics of a restored brackish marsh. Ecological engineering, 62: 33-42.

ATKINSON P W, CROOKS S, DREWITT A, et al., 2004. Managed realignment in the UK-the first 5 years of colonization by birds. Ibis, 146: 101-110.

BAKKER J P, RUYTER J C, 1981. Effects of five years of grazing on salt-marsh vegetation. Vegetatio, 44: 81-100.

BALDWIN A H, 2004. Restoring complex vegetation in urban settings: the case of tidal freshwater marshes. Urban ecosystems, 7: 125-137.

BALDWIN A H, 2009. Restoration of tidal freshwater wetlands in North America//BARENDREGT A, WHIGHAM D, BALDWIN A. Tidal Freshwater Wetlands. Leiden: Backhuys Publishers: 207-222.

BALDWIN A H, HAMMERSCHLAG R S, CAHOON D R, 2009. Evaluation of restored tidal freshwater wetlands//PERILLO G M E, WOLANSKI E, CAHOON D R, et al. Coastal Wetlands: an Integrated Ecosystem Approach. Amsterdam: Elsevier: 801-831.

BARENDREGT A, 2005. The impact of flooding regime on ecosystems in a tidal freshwater area. Ecohydrology and hydrobiology, 8: 95-102.

BARENDREGT A, 2009. Restoration of European tidal freshwater wetlands//BARENDREGT A, WHIGHAM D, BALDWIN A. Tidal Freshwater Wetlands. Leiden: Backhuys Publishers: 223-232.

BART D, HARTMAN J M, 2000. Environmental determinants of Phragmites australis expansion in a New Jersey salt marsh: an experimental approach. Oikos, 89: 59-69.

BERNHARDT K G, HANDKE P, 1992. Successional dynamics of newly created saline marsh soils. Ekologia, 11: 139-152.

BERNHARDT K G, KOCH M, 2003. Restoration of a salt marsh system: temporal changes of plant species diversity and composition. Basic and applied ecology, 4: 441-451.

BERTNESS M D, PENNINGS S C, 2000. Spatial variation in process and pattern in salt marsh plant communities in eastern North America//WEINSTEIN M P, KREEGER D A. Concepts and Controversies in

Tidal Marsh Ecology. Dordrecht: Kluwer Academic Publishers: 39-57.

BOLAM S G, SCHATZBERGER M, WHOMERSLEY P, 2006. Macro- and meiofaunal recolonization of dredged material used for habitat enhancement: temporal patterns in community development. Marine pollution bulletin, 52: 1746-1755.

BOWERS J K, 1995. Innovations in tidal marsh restoration. Restoration and management notes, 13: 155-161.

BOYER K E, ZEDLER J B, 1998. Effects of nitrogen additions on the vertical structure of a con-structed cordgrass marsh. Ecological applications, 8: 692-705.

BOYER K E, CALLAWAY J C, ZEDLER J B, 2000. Evaluating the progress of restored cordgrass(Spartina foliosa) marshes: belowground biomass and tissue nitrogen. Estuaries, 23: 711-721.

BRADSHAW A D, 1983. The reconstruction of ecosystems. Journal of applied ecology, 20: 1-17.

BRADY N C, WEIL R R, 2002. The Nature and Properties of Soils, 3th ed. New Jersey, Prentice Hall, Upper Saddle River.

BRAND L A, SMITH L M, TAKEKAWA J Y, et al., 2012. Trajectory of early tidal marsh restoration: elevation, sedimentation and colonization of breached salt ponds in northern San Francisco Bay. Ecological engineering, 42: 19-29.

BRAWLEY A.H, WARREN R S, ASKINS RA, 1998. Bird use of restoration and reference sites within the Barn Island Wildlife Management Area, Stonington, Connecticut, USA. Environmental management, 22: 625-633.

BROOKS K L, MOSSMAN H L, CHITTY J A, Grant A, 2015. Limited vegetation development on a created salt marsh associated with over-consolidated sediments and lack of topographic heterogeneity. Estuaries and coasts, 38: 325-336.

BROOME S W, CRAFT C B, 2009. Tidal marsh creation//PERILLO G M E, WOLANSKI E, CAHOON D R, et al. Coastal Wetlands: an Integrated Ecosystem Approach. Amsterdam: Elsevier: 715-736.

BROOME S W, CRAFT C B, SENECA E D, 1988a. Creation and development of brackish-water marsh habitat// ZELAZNY J, FEIERABEND J S. Proceedings of the Conference on Increasing our Wetlands Resources. Washington D. C.: National Wildlife Federation: 197-205.

BROOME S W, CRAFT C B, TOOMEY JR W A, 2001. Soil organic matter effects on infaunal community structure in restored and created tidal marshes//WEINSTEIN M P, KREEGER D A. Concepts and Controversies in Tidal Marsh Ecology. Dordrecht: Kluwer Academic Publishers: 737-747.

BROOME S W, SENECA E D, WOODHOUSE JR W W, 1982. Establishing brackish marshes on graded upland sites in North Carolina. Wetlands, 2: 152-178.

BROOME S W, SENECA E D, WOODHOUSE JR W W, 1983. The effects of source, rate and placement of nitrogen and phosphorus fertilizers on growth of Spartina alterniflora transplants in North Carolina. Estuaries, 6: 212-226.

BROOME S W, SENECA E D, WOODHOUSE JR W W, 1986. Long-term growth and development of transplants of the salt-marsh grass Spartina alterniflora. Estuaries, 9: 63-74.

BROOME S W, SENECA E D, WOODHOUSE JR W W, 1988b. Tidal salt marsh restoration. Aquatic botany, 32: 1-22.

BUCHSBAUM R N, CATENA J, HUTCHINS E, et al., 2006. Changes in salt marsh vegetation, Phragmitess australis and nekton in response to increased tidal flushing in a New England salt marsh. Wetlands, 26: 544-557.

BURDEN A, GARBUTT R A, EVANS C D, et al., 2013. Carbon sequestration and biogeochemical cycling in a salt marsh subject to coastal managed realignment. Estuarine. Coastal and shelf science, 120: 12-20.

CALLAWAY J C, BORGNIS E L, TURNER R E, Milan C S, 2012. Carbon sequestration and sediment accretion in San Francisco Bay tidal wetlands. Estuaries and coasts, 35: 1163-1181.

CAMMEN L M, 1976. Macroinvertebrate colonization of Spartina marshes artificially established on dredge spoil. Estuarine and coastal marine science, 4: 357-372.

CHAMBERS R M, OSGOOD D T, KALAPASEV N, 2002. Hydrologic and chemical control of Phragmites growth in tidal marshes of SW Connecticut, USA. Marine ecology progress series, 239: 83-91.

CHAPMAN V J, 1940. Studies in salt marsh ecology: comparisons with marshes on the east coast of North America. Journal of ecology, 28: 118-152.

CHAPMAN V J, 1974. Salt Marshes and Salt Deserts of the World. New Jersey: Wiley Interscience Press.

CHUNG C H, 1989. Ecological engineering of coastlines with salt-marsh plantations//MITSCH W J, JORGENSEN, S E. Ecological Engineering: an Introduction to Ecotechnology. New Jersey: John Wiley and Sons: 255-289.

CHUNG C H, 1994. Creation of Spartina plantations as an effective measure for reducing coastal erosion in China//MITSCH W J. Global Wetlands: Old World and New. Amsterdam: Elsevier: 443-452.

CHUNG C H, 2006. Forty years of ecological engineering with Spartina plantations in China. Ecological engineering, 27: 49-57.

CHUNG C H, ZHUO R Z, XU G W, 2004. Creation of Spartina plantations for reclaiming Dongtai, China, tidal flats and offshore sands. Ecological engineering, 23: 135-150.

COVIN J D, ZEDLER J B, 1988. Nitrogen effects on Spartina foliosa and Salicornia virginica in the salt marsh of Tijuana Estuary, California. Wetlands, 8: 51-65.

COWARDIN L M, CARTER V, GOLET F C, et al., 1992. Classification of Wetlands and Deepwater Habitats of the United States. United States Fish and Wildlife Service, Biological Services Program. Washington D. C..

CRAFT C B, 1999. Co-development of wetland soils and benthic invertebrate communities following salt marsh creation. Wetlands ecology and management, 8: 197-207.

CRAFT C B, 2001. Soil organic carbon, nitrogen and phosphorus as indicators of recovery in restored Spartina marshes. Ecological restoration, 19: 87-91.

CRAFT C B, 2007. Freshwater input structures soil properties, vertical accretion and nutrient accumulation of Georgia and United States(U.S.) tidal marshes. Limnology and ocean-ography, 52: 1220-1230.

CRAFT C B, CLOUGH J, EHMAN J, et al., 2009. Forecasting the effects of accelerated sea level rise on tidal marsh ecosystem services. Frontiers in ecology and the environment, 7: 73-78.

CRAFT C B, SACCO J N, 2003. Long-term succession of benthic infauna communities on constructed Spartina alterniflora marshes. Marine ecology - progress series, 257: 45-58.

CRAFT C B, BROOME S W, SENECA E D, 1988. Nitrogen, phosphorus and organic carbon pools in natural and transplanted marshes. Estuaries, 11: 272-280.

CRAFT C B, BROOME S W, SENECA E D, 1989. Exchange of nitrogen, phosphorus and organic carbon between transplanted marshes and estuarine waters. Journal of environmental quality, 18: 206-211.

CRAFT C B, BROOME S, CAMPBELL C, 2002. Fifteen years of vegetation and soil development after brackish-water marsh creation. Restoration ecology, 10: 248-258.

CRAFT C B, MEGONIGAL J P, BROOME S W, et al., 2003. The pace of ecosystem development of constructed Spartina alterniflora marshes. Ecological applications, 13: 1417-1432.

CRAFT C B, SENECA E D, BROOME S W, 1991a. Loss on ignition and kjeldahl digestion, for estimating organic carbon and total nitrogen in estuarine marsh soils: calibration with, dry combustion. Estuaries, 14: 175-179.

CRAFT C B, SENECA E D, BROOME S W, 1991b. Porewater chemistry of natural and, created marsh soils. Journal of experimental marine biology and ecology, 152: 187-200.

CROFT A L, LEONARD L A, ALPHIN T D, et al., 2006. The effects of thin layer sand renourishment on tidal marsh processes: Masonboro Island, North Carolina. Estuaries and coasts, 29: 737-760.

CROOKS S, SCHUTTEN J, SHEEM G D, et al., 2002. Drainage and elevation as factors in the restoration of salt marsh in Britain. Restoration ecology, 10: 591-602.

CULLITON T J, 1998. Population, Distribution, Density, and Growth. NOAA's State of the Coast Report. National Oceanic and Atmospheric Administration(NOAA), Silver Spring, Maryland.

CURRIN C A, PAERL H W, 1998. Epiphytic nitrogen fixation associated with standing dead shoots of smooth cordgrass, Spartina alterniflora. Estuaries, 21: 108-117.

CURRIN C A, JOYE S B, PAERL H W, 1996. Diel rates of N_2-fixation and denitrification in a transplanted Spartina alterniflora marsh: implications for N flux dynamics. Estuarine, coastal, and shelf science, 42: 597-616.

DELAUNE R D, JUGSUJINDA A, PETERSON G W, et al., 2003. Impact of Mississippi River freshwater reintroduction on enhancing marsh accretionary processes in a Louisiana estuary. Estuarine coastal and shelf science, 58: 653-662.

DELAUNE R D, PEZESHKI S R, PARDUE J H, et al., 1990. Some influences of sediment addition to a deteriorating salt marsh in the Mississippi River deltaic plain: a pilot study. Journal of coastal research, 6: 181-188.

DESMOND J S, ZEDLER J B, WILLIAMS G D, 2000. Fish use of tidal creek habitats in two southern California salt marshes. Ecological engineering, 14: 233-252.

DESROCHERS D W, KEAGY J C, CRISTOL D A, 2008. Created versus natural wetlands: Avian communities in Virginia salt marshes. Ecoscience, 15: 36-43.

DIONNE M, SHORT F T, BURDICK D M, 1999. Fish utilization of restored, created and reference salt-marsh habitat in the Gulf of Maine. American fisheries society symposium, 22: 384-404.

DIQUINZIO D A, PATON P W C, EDDLEMAN W R, 2002. Nesting success of salt marsh sharptailed sparrows in a tidally restricted salt marsh. Wetlands 22: 179-185.

EDWARDS K R, PROFFITT C E, 200, 3. Comparison of wetland structural characteristics between created and natural salt marshes in southwest Louisiana, USA. Wetlands, 23: 344-356.

EERTMAN R H M., KORNMAN B A, STIKVOORT E, et al., 2002. Restoration of the Sieperda tidal marsh in the Scheldt estuary, The Netherlands. Restoration ecology, 10: 438-449.

EMMERSON R H C, MANATUNGE J M A, MACLEOD C L, et al., 1997. Tidal exchange between Orplands managed retreat site and the Blackwater Estuary, Essex. Journal of water and environmental management, 11: 363-372.

ERFANZADEH R, GARBUTT A, PETILLON J, et al., 2010. Factors affecting the success of early salt-marsh

colonizers: seed availability rather than site suitability and dispersal traits. Plant ecology, 206: 335-347.
ESTEVES L S, 2014. Managed Realignment: a viable long-term coastal strategy? Springer Briefs in Environmental Science. Berlin: Springer: 19-34.
FEARNLEY S, 2008. The soil physical and chemical properties of restored and natural back-barrier salt marshes on Isles Dernieres, Louisiana. Journal of coastal research, 24: 84-94.
FELL P E, MURPHY K A, PECK M A, et al., 1991. Re-establishment of Melampus bidentatus(Say) and other macroinvertebrates on a restored impounded tidal marsh: comparison of populations above and below the impoundment dike. Journal of experimental marine biology and ecology, 152: 133-148.
FORD M A, CAHOON D R, LYNCH J C, 1999. Restoring marsh elevation in a rapidly subsiding salt marsh by thin-layer deposition of dredged material. Ecological engineering, 12: 189-205.
FRENCH P W, 2006. Managed realignment-the developing story of a comparatively new approach to soft engineering. Estuarine, coastal and shelf science, 67: 409-423.
FRENKEL R E, MORLAN J C, 1989. Can we restore our salt marshes? Lessons from the Salmon River, Oregon. The northwest environmental journal, 7: 119-135.
FROST J W, SCHLEICHER T, CRAFT C, 2009. Effects of nitrogen and phosphorus additions on primary production and invertebrate densities in a Georgia(U.S.A) tidal freshwater marsh. Wetlands, 29: 196-203.
GALLAGHER J L, REIMOLD R J, LINTHURST R A, et al., 1980. Aerial production, mortality and mineral accumulation-export dynamics in Spartina alterniflora and Juncus roemerianus stands in a Georgia salt marsh. Ecology, 61, 303-312.
GALLEGO FERNANDEZ J B, GARCIA NOVO F, 2007. High-intensity versus low-intensity restoration alternatives of a tidal marsh in Gaudalquivir estuary, SW Spain. Ecological engineering, 30: 112-121.
GARBUTT A, BOORMAN L A, 2009. Managed realignment: recreating intertidal habitats on formerly reclaimed land//PERILLO G M E, WOLANSKI E, CAHOON D R, et al. Coastal Wetlands: an Integrated Ecosystem Approach. Amsterdam: Elsevier: 763-795.
GARBUTT A, WOLTERS M, 2008. The natural regeneration of salt marsh on formerly reclaimed land. Applied vegetation science, 11: 335-344.
GARBUTT R A, READING C J, WOLTERS M, et al., 2006. Monitoring the development of intertidal habitats on former agricultural land after managed realignment of coastal defenses at Tollesbury, Essex, UK. Marine pollution bulletin, 53: 155-164.
GIBSON K D, ZEDLER J B, LANGIS R, 1994. Limited response of cordgrass(Eds.) to soil amendments in a constructed marsh. Ecological applications, 4: 757-767.
GILMORE R G, COOKE D W, DONOHOE C J, 1982. A comparison of the fish populations and habitat in open and closed salt marsh impoundments in east-central Florida. Northeast gulf science, 5: 25-37.
GRAY A, SIMENSTAD C A, BOTTOM D L, et al., 2002. Contrasting functional performance of juvenile salmon habitat in recovering wetlands of the Salmon River Estuary, Oregon, U.S.A. Restoration ecology, 10: 514-526.
GROSS W J, 1964. Trends in water and salt regulation among aquatic and amphibious crabs. Biological bulletin, 127: 447-466.
HANDA I T, JEFFERIES R L, 2000. Assisted revegetation trials in degraded salt-marshes. Journal of applied ecology, 37: 944-958.
HAVENS K J, V ARNELL L M, WATTS B D, 2002. Maturation of a constructed tidal marsh relative to two

natural reference marshes over 12 years. Ecological engineering, 18: 305-315.

HOFSTEDE J L A, 2003. Integrated management of artificially created salt marshes in the Wadden Sea of Schleswig-Holstein, Germany. Wetlands ecology and management, 11: 183-194.

HOLLAND H D, 1978. The Chemistry of the Atmosphere and Oceans. New Jersey: John Wiley and Sons.

HOUGH P, ROBERTSON M, 2008. Mitigation under section 404 of the Clean Water Act: where it comes from, what it means. Wetlands ecology and management, 17: 15-33.

HOWES B L, DACEY J W H, GOEHRINGER D D, 1986. Factors controlling the growth form of *Spartina alterniflora*: feedbacks between above-ground production, sediment oxidation, nitrogen and salinity. Journal of ecology, 74: 881-898.

JAMES-PIRRI M J, RAPOSA K B, CATENA J G, 2001. Diet composition of mummichogs, Fundulus heteroclitus, from restoring and unrestricted regions of a New England(U.S.A) salt marsh. Estuarine, coastal and shelf science, 53: 205-213.

JANOUSEK C N, CURRIN C A, LEVIN L A, 2007. Succession of microphytobenthos in a restored coastal wetland. Estuaries and coasts, 30: 265-276.

JEFFERIES R L, PERKINS N, 1977. The effects on the vegetation of the additions of inorganic nutrients to salt marsh soils at Stiffkey, Norfolk. Journal of ecology, 65: 867-882.

JEFFERIES R L, JANO A P, ABRAHAM K M, 2006. A biotic agent promotes large-scale catastrophic change in the coastal marshes of Hudson Bay. Journal of ecology, 94: 234-242.

JIVOFF P R, ABLE K W, 2003. Evaluating salt marsh restoration in Delaware Bay: the response of blue crabs, Callinectes sapidus, at former salt hay farms. Estuaries, 26: 709-719.

JOHNSON D S, Y ORK H L, 1915. The Relation of Plants to Tide Levels. Washington D. C.: Carnegie Institute of Washington.

KELLEY S, MENDELSSOHN I A, 1995. An evaluation of stabilized, water-based drill cuttings and organic compost as potential sediment sources for marsh restoration and creation in coastal Louisiana. Ecological engineering, 5: 497-517.

KET W A, SCHUBAUER J P, CRAFT C B, 2011. Effects of five years of nitrogen and phosphorus additions on a Zizaniopsis miliacea tidal freshwater marsh. Aquatic botany, 95: 17-23.

KIEHL K, ESSELINK P, BAKKER J P, 1997. Nutrient limitation and plant species composition in temperate salt marshes. Oecologia, 111: 325-330.

KING G M, KLUG M J, WIEGERT R G, et al., 1982. Relation of soil water movement and sulfide concentration to Spartina alterniflora production in a Georgia salt marsh. Science, 218: 61-63.

KIRWAN M L, MURRAY A B, BOYD W S, 2008. Temporary vegetation disturbance as an explanation for permanent loss of tidal wetlands. Geophysical research letters, 35(5): 1-5.

KNEIB R T, 2000. Salt marsh ecoscapes and production transfers by estuarine nekton in the southeastern United States//WEINSTEIN M P, KREEGER D A. Concepts and Controversies in Tidal Marsh Ecology. Dordrecht: Kluwer Academic Publishers: 267-291.

KNUTSON P L, FORD J C, INSKEEP M R, 1981. National survey of planted salt marshes(vegetative stabilization and wave stress). Wetlands, 1: 129-157.

KONISKY R A, BURDICK D M, DIONNE M, et al., 2006. A regional assessment of salt marsh restoration and monitoring in the Gulf of Maine. Restoration ecology, 14: 516-525.

LANE R R, DAY JR J W, DAY J N, 2006. Wetland surface elevation, vertical accretion and subsidence at three Louisiana estuaries receiving diverted Mississippi River water. Wetlands, 26: 1130-1142.

LANGIS R, ZALEJKO M, ZEDLER J B, 1991. Nitrogen assessments in a constructed and a natural salt marsh of San Diego Bay. Ecological applications, 1: 40-51.

LA PEYRE M K, GOSSMAN B, PIAZZA B P, 2009. Short- and long-term response of deteriorating brackish marsh and open-water ponds to sediment enhancement by thin-layer dredge disposal. Estuaries and coasts, 32: 390-402.

LASALLE M W, LANDIN M C, SIMS J G, 1991. Evaluation of the flora and fauna of a *Spartina alterniflora* marsh established on dredged material in Winyah Bay, South Carolina. Wetlands, 11: 191-208.

LECK M A, 2003. Seed-bank and vegetation development in a created tidal freshwater wetland on the Delaware River, Trenton, New Jersey, USA. Wetlands, 23: 310-343.

LECK M A, LECK C F, 2005. V ascular plants of a Delaware River tidal freshwater wetland and adjacent terrestrial areas: seed bank and vegetation comparisons of reference and constructed marshes and annotated species list. Journal of the torrey botanical society, 132: 323-354.

LEVIN L A, TALLEY T S, 2002. Natural and manipulated sources of heterogeneity controlling early faunal development of a salt marsh. Ecological applications, 12: 1785-1802.

LEVIN L A, TALLEY D, THAYER G, 1996. Succession of macrobenthos in a created salt marsh. Marine ecology progress series, 141: 67-82.

LEVINGS C D, NISHIMURA D H J, 1997. Created and restored marshes in the lower Frazer River, British Columbia: summary of their functioning as fish habitat. Water quality research journal of Canada 32: 599-618.

LI B, LIAO C, ZHANG X, et al., 2009. Spartina alterniflora invasions in the Yangtze River Estuary, China: an overview of current status and ecosystem effects. Ecological engineering, 35: 511-520.

LINDAU C W, HOSSNER L R, 1981. Substrate characteristics of an experimental marsh and three natural marshes. Soil science society of America journal, 45: 1171-1176.

LINDIG-CISNEROS R, DESMOND, BOYER K E, et al., 2003. Wetland restoration thresholds: can a degradation transition be reversed with increased effort? Ecological applications, 13: 193-203.

LLEWELLYN C, LA PEYRE M, 2011. Evaluating ecological equivalence of created marshes: comparing structural indicators with stable isotope indicators of blue crab support. Estuaries and coasts, 34: 172-184.

MANDER L, CUTTS N D, ALLEN J, et al., 2007. Assessing the development of newly created habitat for wintering estuarine birds. Estuarine, coastal and shelf science, 75: 163-174.

MCCAFFREY R J, THOMSON J, 1981. A record of the accumulation of sediment and trace metals in a Connecticut salt marsh. Advances in geophysics, 22: 165-236.

MCDONALD K B, 1977. Plant and animal communities of Pacific North American salt marshes//CHAPMAN V J H.Ecosystem of the world 1: wet coastal ecosystems. Amsterdam: Elsevier Scientific Publishing Company: 167-191.

MCKEE K L, PATRICK W H, 1989. The relationship of smooth cordgrass(*Spartina alterniflora*)to tidal datums: a review. Estuaries, 11: 143-151.

MELVIN S L, WEBB JR J W, 1998. Differences in the avian communities of natural and created Spartina alterniflora salt marshes. Wetlands, 18: 59-69.

MENDELSSOHN I A, KUHN N L, 2003. Sediment subsidy: effects on soil-plant responses in a rapidly submerging coastal salt marsh. Ecological engineering, 21: 115-128.

MENDELSSOHN I A, MORRIS J T, 2000. Eco-physiological controls on the productivity of *Spartina alterniflora* Loisel // WEINSTEIN M P, KREEGER D A. Concepts and Controversies in Tidal Marsh Ecology. Dordrecht: Kluwer Academic Publishers: 59-80.

MEYBECK M, 1979. Concentrations des eaux fluviales en elements majeurs et apports en solution aux oceans. Review de geologie dynamique et de geographie physique, 21: 215-246.

MILLER J A, SIMENSTAD C A, 1997. A comparative assessment of a natural and created estuarine slough as rearing habitat for juvenile Chinook and Coho salmon. Estuaries, 20: 792-806.

MILLER R L, FRAM M, FUGII R, et al., 2008. Subsidence reversal in a re-established wetland in the Sacramento-San Joaquin Delta, California, USA. San francisco estuary and watershed science, 6: 1-20.

MINELLO T J, ROZAS L P, 2002. Nekton in Gulf coast wetlands: fine-scale distributions, landscape patterns, and restoration implications. Ecological applications, 12: 441-455.

MINELLO T J, WEBB JR J W, 1997. Use of natural and created Spartina alterniflora salt marshes by fishery species and other aquatic fauna in Galveston Bay, Texas, USA. Marine ecology progress series, 151: 165-179.

MINELLO T J, ZIMMERMAN R J, 1992. Utilization of natural and transplanted Texas salt marshes by fish and decapod crustaceans. Marine ecology progress series, 90: 273-285.

MINELLO T J, ZIMMERMAN R J, MEDINA R, 1994. The importance of edge for natant macrofauna in a created salt marsh. Wetlands, 14: 184-198.

MIRIN O, ALBIZU I, AMEZAGA I, 2001. Effect of time on the natural regeneration of salt marsh. Applied vegetation science, 4: 247-256.

MITSCH W J, GOSSELINK J G, 2000. Wetlands, third ed. John Wiley and Sons, New York.Morgan, P.A., Short, F.C., 2002. Using functional trajectories to track constructed salt marsh development in the Great Bay Estuary, Maine/New Hampshire, U.S.A. Restoration ecology, 10: 461-473.

MORRIS J T, SUNDARESHWAR P V, NIETCH C T, et al., 2002. Responses of coastal wetlands to rising sea level. Ecology, 83: 2869-2877.

MORZARIA-LUNA H N, ZEDLER J B, 2007. Does seed availability limit plant establishment during salt marsh restoration? Estuaries and coasts, 30: 12-25.

MOSEMAN S M, LEVIN L A, CURRIN C, et al., 2004. Colonization, succession, and nutrition of macrobenthic assemblages in a restored wetland at Tijuana Estuary, California. Estuarine, coastal and shelf science, 60: 755-770.

MOSSMAN H L, DAVY A J, GRANT A, 2012. Does managed coastal realignment create salt marshes with 'equivalent biological characteristics' to natural reference sites? Journal of applied ecology, 49: 1446-1456.

MOY L D, LEVIN L A, 1991. Are Spartina marshes a replaceable resource? A functional approach to evaluation of marsh creation efforts. Estuaries, 14: 1-16.

NEFF K P, BALDWIN A H, 2005. Seed dispersal into wetlands: techniques and results for a restored tidal freshwater marsh. Wetlands, 25: 392-404.

NEFF K P, RUSELL K, BALDWIN A H, 2009. Rapid seed bank development in restored tidal freshwater wetlands. Restoration ecology, 17: 539-548.

NIERING W A, 1997. Tidal wetlands restoration and creation along the east coast of North America// URBANSKA K M, WEBB N R, EDWARDS P J. Restoration ecology and sustainable development. New

York: Cambridge University Press: 259-285.

O'BRIEN E L, ZEDLER J B, 2006. Accelerating the restoration of vegetation in a southern California salt marsh. Wetlands ecology and management, 14: 269-286.

ODUM E P, 2000. Tidal marshes as outwelling/pulsing systems//WEINSTEIN M P, KREEGER D A. Concepts and Controversies in Tidal Marsh Ecology. Dordrecht: Kluwer Academic Publishers: 3-7.

ODUM W E, 1988. Comparative ecology of tidal freshwater and salt marshes. Annual review of ecology and systematics, 19: 147-176.

ODUM W E, SMITH III T J, HOOVER J K, et al., 1984. The Ecology of Tidal F reshwater Marshes of the Eastern United States. A Community Profile. U.S. Fish and Wildlife Service, Washington D. C..

ORR M, CROOKS S, WILLIAMS P B, 2003. Will restored tidal marshes be sustainable? San francisco estuary and water science, 6: 1-33.

PARKINSON R W, DELAUNE R D, HUTCHERSON C T, Stewart J, 2006. Tuning surface water management and wetland restoration programs with historic sediment accumulation rates: Merritt Island National Wildlife Refuge, East-central Florida, USA. Journal of coastal research, 22: 1268-1277.

PENNINGS S C, ALBER M, ALEXANDER C R, et al., 2012. South Atlantic tidal wetlands//BATZER D, BALDWIN A. Wetland Habitats of North America: Ecology and Conservation Concerns. Berkeley: University of California Press: 45-62.

PETHICK J, 2002. Estuarine and tidal wetland restoration in the United Kingdom: policy versus practice. Restoration ecology, 10: 431-437.

PHILLIPS W A, EASTMAN F D, 1959. Riverbank stabilization in Virginia. Journal of soil and water conservation, 14: 257-259.

PHLEGER C R, 1971. Effects of salinity on growth of salt marsh grass. Ecology, 52: 908-911.

PIEHLER M F, CURRIN C A, CASSANOVA R, Paerl H W, 1998. Development and N_2-fixing activity of benthic microbial community in transplanted Spartina alterniflora marshes in North Carolina. Restoration ecology, 6: 290-296.

POACH M E, FAULKNER S P, 1998. Soil phosphorus characteristics of created and natural wetlands in the Atchafalaya Delta, LA. Estuarine, coastal and shelf science, 46: 195-203.

PORTNOY J W, GIBLIN A E, 1997a. Biogeochemical effects of seawater restoration to diked salt marshes. Ecological applications, 7: 1054-1063.

PORTNOY J W, GIBLIN A E, 1997b. Effects of historic tidal restrictions on salt marsh sediment chemistry. Biogeochemistry, 36: 275-303.

PORTNOY J W, GIBLIN E, 1999. Salt marsh diking and restoration: biogeochemical implications of altered wetland hydrology. Environmental management, 24: 111-120.

POSEY M H, ALPHIN T D, POWELL C M, 1997. Plant and infaunal communities associated with a created marsh. Estuaries, 20: 42-47.

PRINGLE C, V ELLIDIS G, HELIOTIS F, et al., 1993. Environmental problems of the Danube delta. American Scientist, 31: 350-361.

RAHMSTORF S, CAZENAVE A, CHURCH J A, et al., 2007. Recent climate observations compared to projections. Science, 316: 709.

RANWELL D S, 1967. World resources of *Spartina townsendii*(sensu lato) and economic use of Spartina marshland. Journal of applied ecology, 4: 239-256.

RANWELL D S, 1972. Ecology of Salt Marshes and Sand Dunes. Chapman and Hall, London.Raposa, K., 2002. Early responses of fishes and crustaceans to restoration of a tidally restricted New England salt marsh. Restoration ecology, 10: 665-676.

RAPOSA K B, 2008. Early ecological responses to hydrologic restoration of a tidal pond and salt marsh complex in Narragansett Bay, Rhode Island. Journal of coastal research, 55: 180-192.

READER J, CRAFT C, 1999. Comparison of wetland structure and function on grazed and ungrazed salt marshes. Journal of the elisha mitchell scientific society, 115: 236-249.

REIMOLD R J, LINTHURST R A, WOLF P L, 1975. Effects of grazing on a salt marsh. Biological conservation, 8: 105-125.

ROMAN C T, GARVINE R W, PORTNOY J W, 1995. Hydrological modeling as a basis for ecological restoration of salt marshes. Environmental management, 19: 559-566.

ROZAS L P, MINELLO T J, 2001. Marsh terracing as a wetland restoration tool for creating fishery habitat. Wetlands, 21: 327-341.

ROZAS L P, CALDWELL P, MINELLO T J, 2005. The fishery value of salt marsh restoration projects. Journal of coastal research, 40: 37-50.

ROZAS L P, MINELLO T J, ZIMMERMAN R J, et al., 2007. Nekton populations, long-term wetland loss, and the recent effect of habitat restoration in Galveston Bay, Texas. Marine ecology progress series, 344: 119-130.

RULIFSON R A, 1991. Finfish utilization of man-initiated and adjacent natural creeks of South Creek Estuary, North Carolina using multiple gear types. Estuaries, 14: 447-464.

SACCO J N, SENECA E D, BROOME S W, 1994. Infauna community development of artificially established salt marshes in North Carolina. Estuaries, 17: 489-500.

SCATOLINI S R, ZEDLER J B, 1996. Epibenthic invertebrates of natural and constructed marshes of San Diego Bay. Wetlands, 16: 24-37.

SCHRIFT A M, MENDELSSOHN I A, MATERNE M D, 2008. Salt marsh restoration with sediment slurry amendment following a drought-induced large-scale disturbance. Wetlands, 28: 1071-1085.

SEIGEL A, HATFIELD C, HARTMAN J M, 2005. Avian response to restoration of urban tidal marshes in the Hackensack Meadowlands, New Jersey. Urban habitats, 3: 87-116.

SENECA E D, BROOME S W, 1982. Ecological study of the Amoco Cadiz oil spill. In: Report of the NOAA-CNEXO Joint Scientific Commission. National Oceanic and Atmospheric Administration. U.S. Department of Commerce, Washington D. C..

SENECA E D, BROOME S W, 1992. Restoring tidal marshes in North Carolina and France//THAYER G W. Restoring the Nation's Marine Environment. Maryland Sea Grant, College Park, Maryland: 53-78.

SENECA E D, BROOME S W, WOODHOUSE JR W W, 1985. The influence of duration-of-inundation on development of a man-initiated Spartina alterniflora Loisel marsh in North Carolina. Journal of experimental marine biology and ecology, 94: 259-268.

SENECA E D, BROOME S W, WOODHOUSE JR W W, et al., 1976. Establishing Spartina alterniflora marsh in North Carolina. Environmental Conservation, 3: 185-188.

SHAFER D J, STREEVER W J, 2000. A comparison of 28 natural and dredged material salt marshes in Texas with an emphasis on geomorphic variables. Wetlands ecology and management, 8: 353-366.

SHARP W C, V ADEN J, 1970. 10-year report on sloping techniques used to stabilize eroding tidal river banks. Shore and beach, 38: 31-35.

SHREFFLER D K, SIMENSTAD C A, THOM R M, 1990. Temporary residence by juvenile salmon in a restored estuarine wetland. Canadian journal of fisheries and aquatic sciences, 47: 2079-2084.

SIMENSTAD C A, THOM R M, 1996. Functional equivalency trajectories of the restored Gog-Le-Hi-Te estuarine wetland. Ecological applications, 6: 38-56.

SLAVIN P, SHISLER J, 1983. Avian utilization of a tidally restored salt hay farm. Biological conservation, 26: 271-285.

SLOCUM M G, MENDELSSOHN I A, KUHN N L, 2005. Effects of sediment slurry enrichment on salt marsh rehabilitation: plant and soil responses over seven years. Estuaries, 28: 519-528.

SMITH S M, WARREN R S, 2012. V egetation responses to tidal restoration//ROMAN C T, BURDICK D M. Tidal Marsh Restoration: a Synthesis of Science and Management. Washington D. C.: Island Press: 59-80.

SMITH T J, ODUM W E, 1981. The effects of grazing by snow geese on coastal salt marshes. Ecology, 62: 98-106.

STAGG C L, MENDELSSOHN I A, September 2010. Restoring ecological function to a submerged salt marsh. Restoration ecology, 18(Sl): 10-17.

STREEVER W J, 2000. Spartina alterniflora marshes on dredged material: a critical review of the ongoing debate over success. Wetlands ecology and management, 8: 295-316.

SULLIVAN M J, DAIBER F C, 1974. Response in production of cord grass, Spartina alterniflora, to inorganic nitrogen and phosphorus fertilizer. Chesapeake science, 14: 121-123.

SWAMY V, FELL P E, BODY M, et al., 2002. Macroinvertebrate and fish populations in a restored impounded salt marsh 21 years after the reestablishment of tidal flooding. Environmental management, 29: 516-530.

TANNER C D, CORDELL J R, RUBEY J, et al., 2002. Restoration of freshwater intertidal habitat functions at Spencer Island, Everett, Washington. Restoration ecology, 10: 564-576.

THOMPSON S P, PAERL H W, GO M C, 1995. Seasonal patterns of nitrification and denitrification in a natural and a restored salt marsh. Estuaries, 18: 399-408.

TONG C, BAUSTIAN J J, GRAHAM S A, et al., 2013. Salt marsh restoration with sediment-slurry application: effects on benthic macroinvertebrates and associated soil-plant variables. Ecological engineering, 51: 151-160.

TOWNSEND I, PETHICK J, 2002. Estuarine flooding and managed retreat. Philosophical transactions of the royal society of London, 360: 477-495.

TURNER R E, STREEVER B, 2002. Approaches to Coastal Wetland Restoration: Northern Gulf of Mexico. Hague: SPB Academic Publishing.

TURNER R E, SWENSON E M, LEE J M, 1994. A rationale for coastal wetland restoration through spoil bank management in Louisiana, USA. Environmental management, 18: 271-282.

VALIELA I, TEAL J M, 1974. Nutrient limitation in salt marsh vegetation//REIMOLD R J, QUEEN W H. Ecology of Halophytes. New York: Academic Press.

VAN PROOSDIJ D, LUNDHOLM J, NEATT N, et al., 2010. Ecological re-engineering of a freshwater impoundment for salt marsh restoration in a hypertidal system. Ecological engineering, 36: 1314-1332.

VAN STAVEREN M F, WARNER J F, VAN TATENHOVE J P M, et al., 2014. Let's bring in the floods: depoldering in the Netherlands as a strategy for long-term delta survival? Water international, 39: 686-700.

VARTY A K, ZEDLER J B, 2008. How waterlogged microsites help an annual plant persist among salt marsh perennials. Estuaries and coasts, 31: 300-312.

VERHOEVEN J T A, WHIGHAM D F, VAN LOGTESTIJN R, et al., 2001. A comparative study of nitrogen and phosphorus cycling in tidal and non-tidal riverine wetlands. Wetlands, 21: 210-222.

WAISEL Y, 1972. Biology of Halophytes. New York: Academic Press.

WALLACE K J, CALLAWAY J C, ZEDLER J B, 2005. Evolution of tidal creek networks in a high sedimentation environment: a 5-year experiment at Tijuana Estuary, California. Estuaries, 28: 795-811.

WARREN R S, FELL P E, ROZRA R, et al., 2002. Salt marsh restoration in Connecticut: 20 years of science and management. Restoration ecology, 10: 497-513.

WEBB J W, NEWLING C J, 1985. Comparison of natural and man-made salt marshes in Galveston Bay complex, Texas. Wetlands, 4: 75-86.

WEBB J W, DODD J D, KOERTH B H, et al., 1984. Seedling establishment of Spartina alterniflora and Spartina patens on dredged material in Texas. Gulf research reports, 7: 325-329.

WEST J M, ZEDLER J B, 2000. Marsh-creek connectivity: fish use of a tidal salt marsh in south-ern California. Estuaries, 23: 699-710.

WHIGHAM D F, BALDWIN A H, BARENDREGT A, 2009. Tidal freshwater wetlands//PERILLO G M E, WOLANSKI E, CAHOON D R, et al. Coastal Wetlands: an Integrated Ecosystem Approach. Amsterdam: Elsevier: 515-533.

WIEGERT R G, FREEMAN B J, 1990. Tidal Salt Marshes of the Southeastern Atlantic Coast: A Community Profile. U.S. Department of Interior. U.S. Fish and Wildlife Service, Washington D. C.

WILLIAMS G D, ZEDLER J B, 1999. Fish assemblage composition in constructed and natural tidal marshes of San Diego Bay: relative influence of channel morphology and restoration history. Estuaries, 22: 702-716.

WILLIAMS P B, ORR M K, 2002. Physical evolution of restored breached levee salt marshes in the San Francisco Bay Estuary. Restoration ecology, 10: 527-542.

WOLTERS M, GARBUTT A, BAKKER J P, 2005a. Plant colonization after managed realignment: the relative importance of diaspore dispersal. Journal of applied ecology, 42: 770-777.

WOLTERS M, GARBUTT A, BAKKER J P, 2005b. Salt-marsh restoration: evaluating the success of de-embankments in north-west Europe. Biological conservation, 123: 249-268.

WOLTERS M, GARBUTT A, BEKKER R M, et al., 2008. Restoration of saltmarsh vegetation in relation to site suitability species pool and dispersal traits. Journal of applied ecology 45: 904-912.

WOODHOUSE JR W W, 1982. Coastal sand dunes of the U.S.//LEWIS III R R. Creation and Restoration of Coastal Plant Communities. Boca Raton: CRC Press: 1-44.

WOODHOUSE JR W W, KNUTSON P L, 1982. Atlantic coastal marshes//LEWIS III R R. Creation and Restoration of Coastal Plant Communities. Boca Raton: CRC Press: 45-70.

WOSNIAK A S, ROMAN C T, WAINRIGHT S G, McKinney R A, Jane-Pirr M, 2006. Monitoring food web changes in tide-restored salt marshes: a stable carbon isotope approach. Estuaries and coasts, 29: 568-578.

ZEDLER J B, 1993. Canopy architecture of natural and planted cordgrass marshes: selecting habitat evaluation criteria. Ecological applications, 3: 123-138.

ZEDLER J B, 1995. Salt marsh restoration: lessons from California//CAIRNS JR J. Rehabilitating damaged ecosystems. Boca Raton: Lewis Publishers: 75-95.

ZEDLER J B, 2001. Introduction//ZEDLER J B. Handbook for Restoring Tidal Wetlands. Boca Raton, CRC Press: 1-37.

ZEDLER J B, CALLAWAY J C, 1999. Tracking wetland mitigation: do mitigation sites follow desired trajectories? Restoration ecology, 7: 69-73.

ZEDLER J B, LANGIS R, 1991. Comparisons of constructed and natural salt marshes of San Diego Bay. Restoration and management notes, 9: 21-25.

ZEDLER J B, CALLAWAY J C, DESMOND J S, et al., 1999. Californian salt-marsh vegetation: an improved model of spatial pattern. Ecosystems, 2: 19-35.

ZEDLER J B, MORZARIA-LUNA H, WARD K, 2003. The challenge of restoring vegetation on tidal, hypersaline substrates. Plant and soil, 253: 259-272.

ZEUG S C, SHERVETTE V R, HOEINGHAUS D J, et al., 2007. Nekton assemblage struc-ture in natural and created marsh edge habitats of the Guadalupe Estuary, Texas, USA. Estuarine, coastal and shelf science, 71: 457-466.

ZHI Y, LI H, AN S, et al., 2007. Interspecific competition: Spartina alterniflora is replacing Spartina anglica in coastal China. Estuarine, coastal and shelf science, 74: 437-448.

第9章 红 树 林

9.1 引 言

红树林是生长在热带和亚热带河口和滨海岸线的森林湿地。与潮汐沼泽相似，它们可以在不同盐度的水体中生长。红树林具有重要的生态系统服务功能，如防风消浪，作为生物能源为发展中国家做饭取暖提供燃料，以及为多种有鳍鱼类幼鱼提供栖息地和育苗场。“红树林”一词用来描述生长在潮间带的耐盐和耐涝的树木和灌木，“mangrove”这个词起源于葡萄牙语，由表示树的葡萄牙语单词“mangue”和英文单词“grove”组合而成（Dawes，1998）。构成红树林的树木在分类学上并不一定有密切的亲缘关系，但是它们具有相似的生理生态特征，这些特征使它们能够在缺氧和盐碱土壤中生存。根据 Tomlinson（1986）的研究，红树林的物种具有以下大部分或全部特征：①树木是群落的主要组成部分；②具有为适应环境而演化出的气生根和胎生现象；③具有耐盐性。Duke（1992）将“红树林”定义为“生长在海岸或河口边缘潮间带的一种树木、灌木、棕榈树或陆生蕨类植物，高度通常超过半米，生长区域一般在平均海平面以上。”

红树林包含多个物种，其中古热带区至少有24属58种（表9.1），包括红树属（*Rhizophora*）、海榄雌属（*Avicennia*）、海桑属（*Sonneratia*）、木榄属（*Bruguiera*）和秋茄树属（*Kandelia*）。新热带区的红树林种类较少，共有 5 属 12 种。常见的新热带区红树林包括红树和海榄雌（表 9.1）。Spalding 等（2010）在世界范围内共发现了 73 种红树林物种，其中包括卤蕨属（*Acrostichum*）的几种蕨类或凤尾蕨植物，说明这个多样化的群落在进化过程中物种种类在不断增加。红树科是红树林物种最大的类群，包括红树属、木揽属、秋茄树属和角果木属（*Ceriops*）等 16 个属（Dawes，1998）。

表 9.1 常见的新热带区和古热带区红树林的属和种

新热带区	古热带区
亮叶白骨壤（*Avicennia germinans*）	老鼠簕属（*Acanthus* sp.）
海榄雌（*Avicennia bicolor*）	紫条木属（*Aegialitis* sp.）
海茄苳（*Avicenna schauriana*）	桐花树属（*Aegicercus* sp.）
直立柱果木（*Conocarpus erectus*）	米仔兰属（*Aglaia* sp.）
对叶榄李（*Laguncularia racemosa*）	白骨壤（*Avicennia marina*）
聂帕榈（*Nypa fruticans*）	海榄雌（*Avicennia officinalis*）
假红树（*Pelliciera rhizophorae*）	白海榄（*Avicennia alba*）
美洲红树（*Rhizophora mangle*）	木榄（*Bruguiera gymnorhiza*）
总花红树（*Rhizophora racemosa*）	木棉科（*Camptostemon* sp.）
哈氏红树（*Rhizophora harrisonii leechm*）	十雄角果木（*Ceriops decandra*）
	角果木（*Ceriops tagal*）
	柿属（*Diospiros* sp.）
	海滨猫尾木（*Dolichandrone* sp.）

续表

新热带区	古热带区
	桐花树（*Exocoecaria* sp.）
	银叶树（*Heritiera* sp.）
	秋茄（*Kandelia candel*）
	榄李属（*Lumnizera* sp.）
	鳕苏木属（*Mora* sp.）
	聂帕榈（*N. fruticans*）
	桃金娘属（*Osbornia* sp.）
	皮利西属（*Pelliciera* sp.）
	水芫花（*Pemphis* sp.）
	红茄苳（*Rhizophora mucronata*）
	红树（*Rhizophora apiculata*）
	红海榄（*Rhizophora stylosa*）
	瓶花木属（*Scyphiphora* sp.）
	无瓣海桑（*Sonneratia apetala*）
	海桑（*Sonneratia caseolaris*）
	木果楝属（*Xylocarpus* sp.）

注：在古热带地区物种的多样性更高

根据 Mendelssohn 和 McKee（2000）、Field（1998a，1998b）、Dawes（1998）、Mlinson（1986）研究结果整理

在发展中国家，红树林是木柴、木炭、建筑材料和药物的重要来源（Walters et al.，2008；Bandaranayake，1998）。虽然很难准确估算红树林资源的效益（Manson et al.，2005）和价值（Barani and Hambrey，1999），但是大量的研究已经证明它们可以为食用有鳍鱼类和贝类提供育苗场和索饵场（Shervette et al.，2007；Primavera，1998；Lewis et al.，1985；Odum and Heald，1972），而且在红树林中发现了很多种类的幼虾和有鳍鱼类也进一步证实了红树林可以作为育苗场的功能（Hogarth，2007）。珊瑚礁鱼类与红树林也存在着紧密的联系，它们的幼鱼可以将红树林作为栖息地（Mumby et al.，2004；Nagelkerken et al.，2000）。总的来说，红树林对更高营养级类群的主要作用体现在提供丰富的食物、栖息地和较低的捕食压力（Nagelkerken et al.，2008；Sheridan and Hays，2003）。红树林中的植物碎屑和营养物质会向外扩散，但这些物质在近岸环境中的迁移转化过程尚不明确（Lee，1995）。

红树林在稳定海岸线（Davis，1940），抵挡飓风、海啸，以及降低波浪能方面的贡献得到了越来越多的肯定（Dahdouh-Guebas et al.，2005；Othman，1994），因此很多地区都种植红树林以保护海岸线免受侵蚀和减弱风暴的影响（Teas，1977）。2004 年 12 月 26 日发生了印度洋海啸，在印度东南海岸种植有红树林的村庄在海啸中遭受的损失和死亡率要比没有种植红树林的村庄低得多（Danielson et al.，2005；Kathiresan and Rajendran，2005）。红树林的存在还能够降低飓风登陆造成的人员伤亡（Das and Vincent，2009）。Danielson 等（2005）和 Alongi（2008）的研究发现红树林宽度大于 100 m 时可以显著降低海啸的波浪压力。Mazda 等（1997）也发现红树林宽度达到 100 m 时能够使波浪能降低 20%。

根据红树林在原材料和食品、海岸保护和侵蚀控制、渔业维护和固碳方面发挥的作用，估算红树林的总价值为 13 837～15 182（美元/hm^2）/年（Barbier et al.，2011）。虽然大多数

研究对红树林的重视程度较少，但红树林并非无关紧要。Brander 等（2012）对 130 个主要分布在东南亚的红树林价值进行估算，结果显示其平均价值为 4 185（美元/hm^2）/年，中位值为 237（美元/hm^2）/年。Walton 等（2006b）认为红树林在木材、渔业和旅游业方面的直接收益为 315（美元/hm^2）/年，而 Tognella-de-Rosa 等（2006）估算的直接收益还不到 8（美元/hm^2）/年。

人类砍伐红树林作为燃料，并将砍伐后的红树林湿地用于农业生产，如种植水稻、水产养殖，特别是虾塘、油棕榈树种植园、盐田和旅游业的发展，红树林正在以惊人的速度消失（Spalding et al.，2010；Barbier and Cox，2003；Semesi，1998；de Graaf and Xuan，1998；Ellison and Farnsworth，1996）。除此之外，造成红树林减少的原因还包括城市的发展，采矿，以及人类对木材、鱼类、甲壳类和贝类等资源的过度砍伐和捕捞（Alongi，2002）。气候变化尤其是海平面上升，也将加速红树林的消失，尤其是在那些泥沙来源较少，红树林潮滩淤积速率较低的区域（Gilman et al.，2008；Field，1995）。由于缺少来源于三角洲的大量泥沙，红树林潮滩的淤积速率无法与海平面的上升速率保持一致（Ellison，2003）。此外，海岸的建设和发展也会限制红树林在海平面上升时向陆地方向的迁移。总的来说，全世界每年红树林的损失率为 1%～2%，但是发展中国家的损失率更高，而世界上 90%以上的红树林都分布在发展中国家（Duke et al.，2007）。

由于红树林的大面积消失，许多国家制定了保护红树林的法律法规。尽管监督体系的缺失及相关法律法规执行不力影响了保护的效果，目前最普遍的使用方法还是通过建立自然保护区来保护红树林及其相邻的陆地生境（Chong，2006）。世界遗产（World Heritage sites）、《拉姆萨尔公约》（见第 2 章）、联合国教科文组织人与生物圈计划等国际公约及公众参与的措施也被用于红树林的保护（Spalding et al.，2010）。除此之外，生态恢复也是一种关键措施，它是通过在退化的土地和泥滩上种植幼苗来恢复红树林。发展中国家大面积的种植红树林是为了保证薪柴的储量，恢复退化区，并防止飓风、台风、甚至海啸带来的风浪影响。美国种植红树林是为了弥补损失的栖息地，以满足《清洁水法》规定的要求。

9.1.1 红树林的生态环境

红树林对淹水环境和高盐环境具有较好的适应性，它们具有支柱根或高跷根、呼吸根、膝状根和支撑根，可在缺氧的土壤中生存（Spalding et al.，2010；Dawes，1998）（图 9.1）。红树林的许多物种都具有可排除体内多余盐分的盐腺，其根部也可以排盐（Waisel，1972）。红树林将盐分储存在树皮和较老的叶片中，当体内盐分过多时转化成有机盐排出体外（Saenger，2002）。

红树林可以产生靠水传播扩散的繁殖体，这些繁殖体表现出胎生现象，即种子在母体发芽，逐渐从种皮中生长出来，然后在仍然依附于母体的情况下从果实中萌发成胚轴（Tomlinson，1986）。这种现象在所有红树科植物中普遍存在，包括红树属、木榄属、秋茄树属和角果木属（Tomlinson，1986）。不同于其他种子，胎生繁殖体没有休眠期，发育到一定程度后，纺锤形的繁殖体（胚轴）从母体脱落并水平漂移。随着时间的推移，胚轴逐渐转向垂直方向，使胚轴更容易在淤泥中扎根生长而成为新的植株。其他物种如海榄雌属和桐花树属的种子也是在母体植物上萌发的（Hogarth，2007）。

（a）　　　　　　　　　　　　　　（b）

图 9.1　红树林适应缺氧环境的照片。（a）支柱根（澳大利亚，昆士兰，丹特里河），（b）呼吸根（越南，湄公河三角洲）。

图片来源：Chris Craft

与潮汐沼泽植被相似，红树林物种会沿着淹水的深度和盐度梯度形成植物带（图9.2）。在新热带地区，红树林中的美洲红树（*Rhizophora mangle*）分布于其他物种占优势的向海区域[图 9.2（a）]，它可以适应高盐海水频繁淹没的环境。在内陆地区，红树属和亮叶白骨

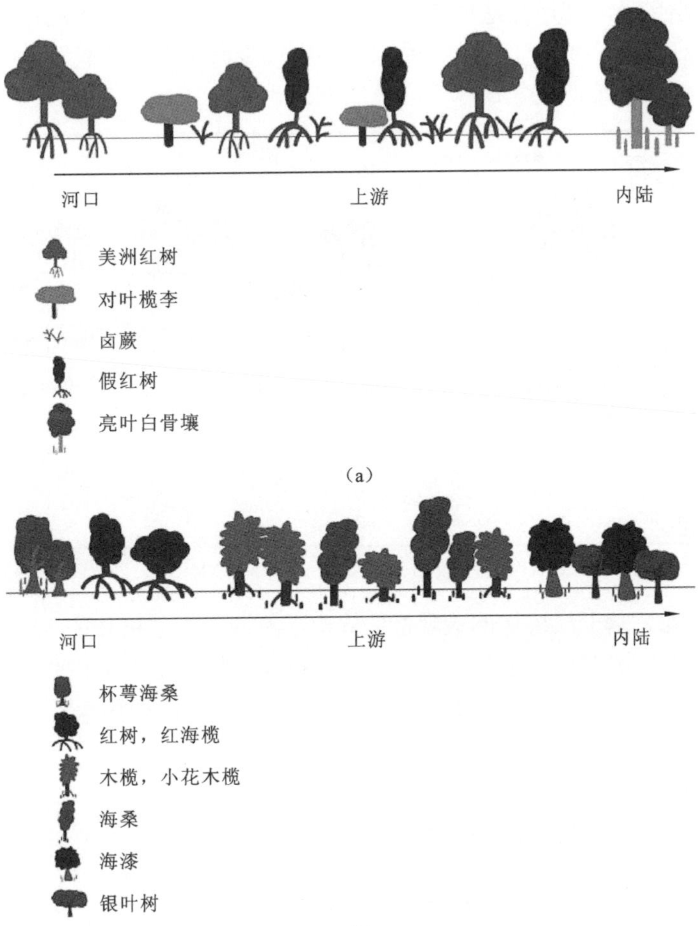

图 9.2　新热带区（巴拿马-加勒比海）和古热带区（昆士兰远北 far North Queensland）红树林物种的简化分区（Duke et al.，1998；Davis et al.，1940）

壤（*Avicennia germinans*）是主要的优势种，它们通常分布在较少被淹没的区域。在很少被水淹没的山地边缘则发现了拉关木（*Laguncularia racemosa*）和直立柱果木（*Conocarpus erectus*）。红树林在古热带地区也存在类似的分布模式[图 9.2（b）]。岸边带的主要优势种是杯萼海桑和白骨壤（Thampanya et al.，2002），靠近岸边的内陆地区则通常有红树、木榄和其他物种分布；在离岸边带最远的内陆区域，则存在木果属和其他物种。红树林物种的分布会随着距岸边距离的变化而变化，同时沿着河口的纵向分布也有一定差异，比如一些适应于低盐度环境的红树林物种经常分布在河口区域，包括桐花树属（表 9.1）和银叶树属。

红树林通常是基于地貌学和水文学进行分类的。Lugo 和 Snedaker（1974）将红树林分为 6 种类型：缘林、盆地林、河岸林、冲刷林、矮红树林、中生树林。Lugo 等（1989）将原来的分类方法整合成 3 种类型：缘林、盆地林和河岸林（图 9.3）。河岸林一般位于宽阔的河流沿岸，由于河岸林大多被河水淹没，有大量泥沙和营养盐输入，因此成为生产力最高的红树林（Semesi，1998）。河岸林的分布最为广泛，如孟加拉的孙德尔本斯、西非的尼日尔三角洲和委内瑞拉的奥里诺科河三角洲都有河岸林的分布（Spalding et al.，2010）。缘林一般紧邻海岸、海岸线和岛屿的边缘分布，它们经常被潮水淹没且大多是海水，生产力要低于河岸林。盆地林位于缘林和河岸林的内陆区域，此处很少受潮水的影响，该区域的淹水环境主要是由风暴潮和风潮造成的。由于盆地的蒸发对盐分有浓缩作用，盆地林通常比缘林含盐量更高。此外，由于盆地林受到的冲刷较少通常更加缺氧。该区域的高盐、高硫化物及低连通性的环境造成盆地林生产力低下。

	缘林	河岸林	盆地林
物种	美洲红树	美洲红树	亮叶白骨壤
水文	潮汐：频繁	潮汐河段脉动性：不频繁	春季风暴潮：不频繁
盐度/‰	20～35	0～20	>35
树冠高度/m	8～10	10～12	5～7
凋落物/[（g/m^2）/年]	900	1 200	<700

图 9.3　地貌位置示意图（Mendelssohn and McKee，2000）

Ewel 等（1998）基于红树林的景观格局提出了不同类型红树林的生态系统服务功能，其中河岸林是生产力最高的红树林，对于维持动植物的生产力具有重要作用。缘林对于海岸线的保护非常重要，盆地林则是自然环境和周围陆地人类活动输入营养盐的重要“汇”。所有红树林生态系统都是木材的来源（Ewel et al.，1998）。

9.1.2　全球分布和随时间的消失

红树林主要分布在热带地区，有些繁殖体可以通过热带洋流的输送进入亚热带地区，如佛罗里达州、南非地区、澳大利亚维多利亚州和日本南部（Tomlinson，1986）。在新热带地区，红树林的分布范围为 32° N～28° S（Mendelssohn and McKee，2000）。海榄雌在新热带区的边缘地带占据优势地位，但季节性冰冻导致其发育不良，植株长得比较矮小

（Tomlinson，1986）。海榄雌比其他物种更加耐寒，是唯一一种能够在墨西哥湾北部生存的红树林物种（Sherrod et al.，1986；Sherrod and McMillan，1985）。红树林在古热带区的分布范围为 32° N～38° S（Krauss et al.，2008），在新热带区的太平洋和非洲海岸，由于干旱气候的影响红树林在该区域的分布受到限制（Saenger，2002）。

各国对全球红树林面积的估计各不相同。联合国粮食和农业组织（Food and Agricultural Organization，FAO）对红树林的面积进行了统计，并和以前的统计结果进行了比较（FAO，2007）。据联合国粮食和农业组织估计，2005 年全球红树林面积为 157 050 km^2（表 9.2），到目前为止，面积最大的红树林位于东南亚。Spalding 等（2010）的估算结果显示红树林面积为 152 361 km^2，略低于粮农组织估算的面积（表 9.2）。Giri 等（2011）则认为红树林的总面积为 137 760 km^2，其中分布最广的是亚洲（42%），其次是非洲（20%）、北美洲和中美洲（15%）、大洋洲（12%）和南美洲（11%）。世界上面积最大的红树林位于孟加拉湾、恒河、伊洛瓦底江和湄公河的三角洲（Blasco et al.，2001）。在处于古热带区的国家中印度尼西亚的红树林面积最大，其次是澳大利亚（表 9.3）。尼日利亚是非洲红树林面积最大的国家。在新热带地区，红树林分布最多的国家是巴西、墨西哥和古巴。

表 9.2　全球各地区红树林面积（Spalding et al.，2010）

地区	面积/km^2	占比/%
北美洲和中美洲	22 402	14.7
南美洲	23 882	15.7
东非和南非	7 917	5.2
中非和西非	20 040	13.2
中东	624	0.4
东亚	215	0.1
东南亚	51 049	33.5
南亚	10 344	6.8
澳大利亚	10 171	6.7
太平洋	5 717	3.7

表 9.3　15 个红树林面积较大的国家近年红树林面积

地区	国家	面积/km^2 Giri 等（2011）	面积/km^2 Spalding 等（2011）	占比/% Spalding 等（2011）
热带	印度尼西亚	31 139	31 894	20.9
	澳大利亚	9 780	9 910	6.5
	马来西亚	5 054	7 097	4.7
	缅甸	4 946	5 029	3.3
	巴布新几内亚	4 801	4 265	2.6
	孟加拉国	4 366	4 951	3.2
	印度	3 683	4 326	2.8

续表

地区	国家	面积/km² Giri 等（2011）	面积/km² Spalding 等（2011）	占比/% Spalding 等（2011）
热带	马达加斯加岛	2 781	—	—
	菲律宾	2 631	—	—
	尼日利亚	6.537	7 356	4.8
	几内亚	3 387	—	—
	莫桑比克	3 189	—	—
新热带区	巴西	9 627	13 000	8.5
	墨西哥	7 419	7 701	5.0
	古巴	4 215	4 944	3.3
	哥伦比亚	—	4 079	2.7

尽管近年来红树林消失的速度有所下降，据统计，1980～2005 年，红树林面积减少了 20%（FAO，2007）。20 世纪 80 年代，每年约有 1 850 km^2 的红树林消失，占总面积的 1.4%；20 世纪 90 年代，每年约有 1 185 km^2（0.72%）的红树林消失。2000～2005 年，红树林消失的速度降至 1 020 km^2/年（0.66%）。由于澳大利亚人口较少且红树林主要位于北部和东北部的偏远地区，澳大利亚的红树林并没有受到严重破坏。

9.2 理　　论

红树林生态系统的定义非常宽泛，由于它们靠近海洋，其分布受到潮汐淹没、盐度和海平面上升的影响。此外，飓风、台风、海啸、霜冻和冰冻等环境因素也会在较小的时空尺度上影响红树林的群落结构。对红树林繁殖生物学的研究发现，它在演替早期会出现 R 策略物种或先锋种，这些物种对环境因子具有广泛的耐受性，能快速生长和成熟，种子繁殖力强并且具有在栖息地中生存（Cintron-Molero，1992）所需的短距离和长距离的传播机制（Tomlinson，1986）。另外，红树林在演替的不同阶段群落结构比较稳定，物种组成结构和成熟阶段相似，这与红树林在演替过程中受到淹水和盐度的胁迫有关（Lugo，1980）。尽管存在这些限制条件，但是物种种类较少，红树林比其他森林湿地更容易恢复（Lugo，1998）。

红树林在泥沙输入量较大的三角洲地区比较常见，在那里泥沙输入可以增加红树林潮滩的高程，从而防止海平面上升时被海水淹没。加勒比海和印度洋—太平洋的很多红树林生长在珊瑚砂或珊瑚岩上（Mendelssohn and McKee，2000），这些红树林在海平面上升时通过根系生长和植物残体不完全分解累积的泥炭来维持潮滩的高程（McKee et al.，2007a）。生长在盐度较低或淡水区域的红树林可能也具有同样的适应机制，因为那样的环境更利于土壤有机质的累积。

幼苗的培育在红树林的生长过程中具有非常重要的作用。McKee 等（2007b）研究发现，加勒比海地区的草本物种海马齿（*Sesuvium portulacastrum* L.）和盐草（*Distichlis spicata* L.）对于美洲红树林的生长具有较好的促进作用，这两种植物能够诱捕分散的红树林繁殖体，提高红树林幼苗的存活率。盐草能够为红树林幼苗提供支撑，从而改善通风环境并减小高温对其生长的影响。佛罗里达的潮间盐沼湿地物种（互花米草）和钾猪毛菜可在裸地上定植并进一步促进红树林生态系统的建立（Lewis and Gilmore，2007；Lewis and Dunstan，1975）。Lewis 等（2005）发现互花米草可以捕获红树林的繁殖体，促进红树林种群的自然增长。肉穗果属密集的根系网络则可以增加红树林潮滩的高程，从而提高幼苗的成活率（Milbrant and Tinsley，2006）。种内促进也是红树林生物量增加的一种方式。在斯里兰卡和肯尼亚当地通过截留泥沙增加红树林潮滩的高程，并在潮滩种植单一或混合物种来提高种植密度种，提高幼苗的存活率，这种方式在低海拔地区效果更加明显（Huxham et al.，2010）。丛植则是通过减轻非生物因素胁迫和减少食草性动物的生物量来提高红树林的存活率（Gedan and Silliman，2009）。此外，高密度种植不仅能够增加潮滩的淤积速率，提高潮滩的高程，还可以增加潮滩中的氮含量（Kumara et al.，2010）。

9.3 实　践

红树林的恢复最早是从 20 世纪初开始的，当时大面积种植红树林主要是为了生产木材和薪柴（Walton et al.，2006b），以及控制水土流失（Teas，1977；Lewis，1982）。从 20 世纪 30 年代开始，菲律宾大面积种植红树林用于木材供应和抵御台风（Primavera and Esteban，2008），同时也种植了少量的水椰属（*Nypa*）用于生产糖和酒精（Primavera and Esteban，2008）。自 20 世纪 80 年代以来，人们开始为了各种各样的恢复目标种植红树林，如保护海岸免受风暴潮侵袭、防止海岸线侵蚀、发展渔业（Field，1996b）、生产饲料（Sato et al.，2005）、维持生物多样性（Chen et al.，2009）及改善景观（Lacerda，2003；Saenger，2002）。美国和一些其他地方也通过种植红树林来弥补沿海开发（Snedaker and Biber，1996）、城市化（Saenger，1996）和石油泄漏（Duke，1996）造成的栖息地损失。

在发展中国家，当地政府对红树林资源的管理和利用拥有主导权，使红树林的恢复在这些地区较为普遍（Field，1998b），他们在一定程度上依靠红树林进行木材生产和水产养殖。红树林的恢复一般采取以下两种方式：①保护自然生态系统，如建立保护区；②自然资源的可持续发展，如建造人工林。自 1966 年以来，孟加拉国大面积种植红树林主要用于土地资源恢复、海岸线保护和木材供给（Saenger and Siddiqi，1993），种植面积超过 14.8 万 hm^2，是世界上种植面积最大的区域（Iftekhar and Islam，2004），远远超过菲律宾（Samson and Rollon，2008）和古巴（Suman，2003）。

另外，红树林的恢复在美国也非常普遍，美国政府颁布了保护湿地资源的法律（见第 2 章）。法律规定恢复项目的主要目的是重建红树林生态系统，恢复其结构和功能，并遵守《清洁水法》规定的补偿性缓解规则（Lewis and Haines，1981；Lewis，1979）或政府资助的修复计划（Milano，1999）的规定。在澳大利亚（Saenger，1996）和其他一些国家，红树林的恢复也被用来弥补栖息地的损失。

大多数红树林恢复项目的进行都依赖于红树林的种植（图 9.4），久而久之，许多恢复项目都变得类似于人工造林（Ellison，2000；Kaly and Jones，1998）。1982 年以前，红树林的种植主要是为了生产木材和维持海岸稳定（Ellison，2000）。1982 年以后，人们更加关注红树林提供的一系列生态系统服务功能，包括在林业、海岸保护、渔业和提供野生动物栖息地等方面发挥的作用。

（a）　　（b）

（c）

图 9.4　（a）在印度尼西亚雅加达北部的千岛，高中生们在种植红茄苳（*Rhizophora mucronata*）幼苗；（b）种植 2 年后；（c）种植 4 年后（2009 年）

照片来源：Beginer Subhan，印度尼西亚茂物农业大学海洋科学与技术学系

许多红树林恢复项目失败是因为人们在潮间带高程较低的区域种植红树林（Primavera and Esteban，2008），或者在以前没有红树林生长的地方进行种植（Lewis，2005），比如一些位于潮间带下部的泥滩和洲滩（Samson and Rollon，2008；Walters et al.，2008）。没有选择海榄雌属或海桑属这样的先锋物种，而是选择了如红树属这种繁殖力虽强但并不能适应演替初期栖息地环境的物种进行种植（Primavera and Esteban，2008）。此外，已知的物种中只有一小部分（约 30%）用于造林（Field，1998b），并且许多都是外来物种。在红树林尤其是红树属的种植过程中，往往会形成单一物种组成的林分，容易受到虫害侵害（De Leon and White，1999）。Ellison（2000）指出，包含水产养殖或海水养殖生产系统的人工林生态系统与天然红树林生态系统更为相似，这类恢复项目还可带来更高的经济效益。从长远来看，高强度的木材采伐或滨海地区开发会导致红树林种植恢复项目的失败（Spalding et al.，2010）。

9.3.1　种植

关于红树林的种植技术在文献中已有较多的记载，其历史可以追溯到一个多世纪以前的马来西亚（Watson，1928）和菲律宾（Walters，2000），孟加拉国的孙德尔本斯地区和印度的记载可能更早（Siddiqi，2001；Chowdhury and Ahmed，1994）。大约一个世纪前，Watson J G 在马来西亚开创了红树林造林的先河，并首次记载了这种种植技术。

幼苗应该垂直插入几英寸深的地方以免倒下，不建议深插。幼苗之间间隔为 40～100 cm……幼林应避免被漂浮物损坏（Watson，1928）。

尽管古热带区有许多红树林物种，但能用于红树林恢复的物种非常有限，主要有红树、红茄苳、白骨壤和无瓣海桑（表 9.4）。这些物种无论是单独种植还是和其他物种一起种植均存活率较高，生长状况良好（图 9.5）（Das et al.，1997）。红树和杯萼海桑适合在低海拔地区生长，而角果木、柱果木榄和木果楝则更适合生活在高海拔地区（Kitaya et al.，2002）。在孟加拉国，人们已经对很多红树林物种进行了大规模的种植实验，但目前用于造林的主要还是无瓣海桑和海榄雌（Saenger and Siddiqi，1993）。新热带地区主要种植美洲红树（Ellison，2000；Lewis，1979），因为它具有易于繁殖（Walters et al.，2008）和存活率高的特点（Elster，2000），适合生长在有遮蔽的海岸线和河岸（Imbert et al.，2000）。种植红树林时通常将成熟繁殖体长度的三分之一插入泥土中，根据不同的用途种植密度略有不同，变化范围从小于 5 株/m^2（Imbert et al.，2000）到 15 株/m^2。其中保护区内的种植密度最小，而用于土地资源恢复、弥补栖息地损失和减少波浪能带来危害的红树林的种植密度最大（Saenger，2002）。

表 9.4 世界各国常见的红树林物种

国家	物种
澳大利亚	白骨壤，蜡烛果（*Aegiceras corniculatum*）
孟加拉国	无瓣海桑，海榄雌，蝴蝶树（又称银叶树 *Heritiera fomes*）
中国	秋茄，无瓣海桑，海桑
古巴	美洲红树，亮叶白骨壤，对叶榄李，直立住果木
印度	白骨壤，海榄雌，海桑，红茄苳，红树
印度尼西亚	木榄（*Bruguiera gymnorrhiza*），红海榄（*Rhizophora stylosa*），红树，红茄苳
马来西亚	红树，红茄苳
墨西哥	亮叶白骨壤
菲律宾	红树，红茄苳，红海榄，角果木，聂帕榈
美国	美洲红树，亮叶白骨壤，对叶榄李，直立柱果木
越南	红树，红茄苳，红海榄，秋茄，白海榄，十雄角果木，海桑，聂帕榈

根据 Field（1996a，1996b，1998a，1998b），Li 等（1998），Han 等（2001），Zan 等（2001），Toledo 等（2001）研究成果整理

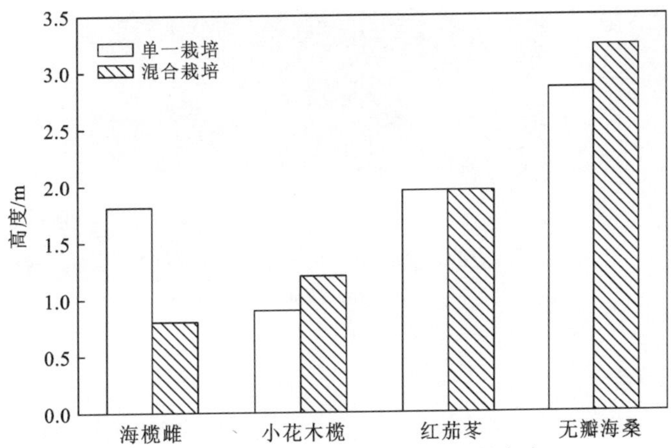

图 9.5 4 种红树林物种在单一栽培或混合栽培两年后的高度（Das et al.，1997）

种植外来物种可能会导致天然红树林遭受入侵。在中国南部，天然红树林就遭到了外来物种无瓣海桑的入侵。无瓣海桑从 1985 年开始被引入用于恢复潮滩湿地（Ren et al.，2008），它具有竞争物种所具备的生长繁殖快、耐盐性强等特点（见第 3 章）（Ren et al.，2009）。它比本地物种长得更高，遮挡本地种使它们难以获得充足的阳光，并通过增加土壤中的有机质和氮含量来改变营养盐循环。人们认为无瓣海桑和互花米草比较相似，互花米草最初被引入中国东部用来恢复湿地，但是这些物种的入侵和扩散已经给生态系统带来了危害。

红树林的繁殖体主要来自野生和培育的幼苗和灌木，以及茎插穗（Saenger，2002）（图 9.6），一般在雨季开始时种植。裸露的海岸线上通常种植红树，并在冬季气压较高和海平面较低的时候开始种植。红树林在风浪较大或发生侵蚀的海岸线上无法自然生长，这时候需要用塑料管把繁殖体包起来再种植（Riley and Salgado，1999），但是该技术成本较高，不适于大面积种植。繁殖体通常应种植在潮间带的上部三分之一处（Saenger，2002）。Lewis 和 Gilmore（2007）认为红树林种植在淹水时间少于 30%的区域较为合适，因为频繁的淹水会增加红树林的死亡率。Saenger（2002）、Saenger 和 Siddiqi（1993）对红树林繁殖体的收集、繁殖和种植技术、红树林的管理及大面积种植过程中可能遇到的问题进行了详细的总结。

（a）　（b）　（c）

图 9.6　（a）胎生苗；（b）红树林苗圃；（c）越南湄公河三角洲 Can Gio 世界生物圈保护区的一片 32 岁的红树林，在这片已有 32 年历史的人工种植森林中，仍然可以明显地看到种植的一排排树木

照片来源：Chris Craft

9.3.2　自然定植

当红树林的繁殖体传播到适合生长的区域时自然定植便会发生。佛罗里达西南部有一

个为了弥补栖息地损失而建立的培育互花米草的湿地，Lewis 等（2005）却在这个湿地中发现了亮叶白骨壤和对叶榄李的幼苗。Bosire 等（2003）在肯尼亚的研究发现许多红树林物种包括木榄和角果木，可以在种植有红茄苳、白骨壤和杯萼海桑的 5 年生幼林中定植。同样，Chen 等（2004）在中国也观察到种植有外来物种无瓣海桑和海桑的红树林中存在本地物种秋茄和蜡烛果。由于砍伐树木会造成局部水动力条件的变化，有研究表明即使在红树林被砍伐 25 年后，这些区域也不会发生自然定植（Bosire et al.，2003）。菲律宾在对红树林的长期种植（已有 50 年历史）过程中发现新物种的自然定植很少发生，这表明要恢复红树林的多样性则需要人工种植多样的红树林物种（Walters，2000）。

Lewis（2005）提出了“五步法”来实现的红树林恢复“五步法”指出只有在不发生自然定植的区域才选择种植幼苗进行恢复。要使这项技术发挥作用，首先需要精心选择造林的位置，消除周围环境的胁迫和干扰，并且保证附近有可以传播到这些区域的繁殖体（Lewis，2005）。消除环境胁迫可以极大地改善自然定植地环境条件，例如减少波浪的冲击可以增加潮滩的淤积速率，促进红树林的自然定植。马来西亚曾通过建造防浪堤形成一个遮蔽区域，然后在这里种植白骨壤的幼苗（Kamali and Hashim，2011；Hashim et al.，2010）。起初，防浪堤造成了大量的泥沙淤积，这些泥沙将幼苗掩埋导致移植幼苗的死亡率较高。然而 8 个月后，传播到该区域的繁殖体开始自然定植并生长（Hashim et al.，2010）。在厄瓜多尔红树林被完全砍伐的区域，Blanchard 和 Prado（1995）对美洲红树的自然定植进行了研究，他们发现如果将红树林按照 20 m 宽的条带进行砍伐，使被砍伐区域两边的母株保持 20 m 间距，这种情况下红树林可以通过自然定植实现恢复重建。Srivastava 和 Bal（1984）提出，如果要实现红树林的自然恢复，每公顷至少要有 2 500 株均匀分布的幼苗。

红树林的自然恢复可能会被该区域演替早期的优势物种所抑制。东南亚地区的红树林被砍伐之后，卤蕨通常会在地势较高的地方生长，它的密集分布阻碍了红树林的自然定植和恢复（Chan，1989；Jawa and Srivastava，1989）。这主要是因为红树林被完全砍伐后，突然暴露出的裸露区域刺激了卤蕨和其他具有快速生长能力的物种生长，如马来西亚的老鼠簕属（*Acanthus*）和鱼藤属（*Derris*）（Chan et al.，1988）。Srivastava 等（1987）的研究表明在红树林被完全砍伐的区域，当比艾覆盖率超过 60%时红树林物种的自然定植不足以实现红树林的自然恢复。尽管如此，卤蕨带来的问题并不是所有地方都存在的。在厄瓜多尔，Blancard 和 Prado（1995）发现卤蕨对条状砍伐带红树林自然定植的影响就很小。

捕食作用对繁殖体传播的影响也减缓了红树林的自然恢复（Field，1998a，1998b；Lewis，1979）。Bosire 等（2005a）在肯尼亚的研究发现食草性相手蟹对繁殖体的摄食作用在不同的物种之间存在差异，和红茄苳相比蟹类更喜欢捕食木榄和角果木的繁殖体。同样在肯尼亚，Dahdouh-Guebas 等（1998）发现，方蟹科的螃蟹和蜗牛对红树林的繁殖体也存在摄食作用，和其他红树林物种相比，它们更加偏好摄食红树的繁殖体。

9.3.3 生态系统发育

红树林和其他森林湿地由于面积较大，成熟期较长，与草本湿地相比其生态系统发育较慢。尽管如此，由于种植红树林的历史悠久，人们对红树林生态系统的发育，特别是红树林的高度、生物量和种群的发育已经开展了大量研究。一般来说，人工红树林幼林的树冠高度和地上生物量与相同年龄的天然林基本相当，但是人工林的树干密度更大（Osland et al.，2012；Bosire et al.，2008）。Bosire 等（2006）发现，肯尼亚人工种植的 8 年生杯萼海桑和红茄苳林的生物量虽然比天然林的低，但会随着年龄的增长而增加（Bosire et al.，2008），天然林虽然树木数量较少但通常长得比较高大（图 9.7）。然而，Walters（2000）的报道显示，菲律宾 50～60 年生的红茄苳人工林生物量几乎没有增加，部分原因可能是当地居民清除了红树林以外的其他物种（Bosire et al.，2008）。

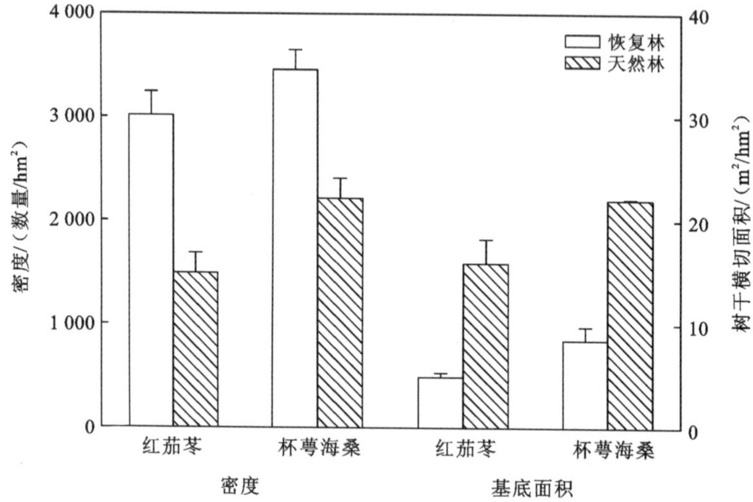

图 9.7　肯尼亚 8 年的恢复林和天然林中两种红树林的密度和基底面积（Bosire et al.，2006）

红树林恢复后生态系统的发育和生产力的提高是森林群落升级的典型特征，由于恢复早期红树林生产力较高，它们的生物量会随着时间的增加而增加。人们在肯尼亚的研究发现，12 年生红树人工林的生物量积累速率[11（t/hm^2）/年]比 80 年生的人工林[5.1（t/hm^2）/年]要大得多（Putz and Chan，1986；Kairo et al.，2008）。Stevenson 等（1999）对中美洲太平洋沿岸一个废弃虾塘的红树林群落结构进行评估发现，在虾塘被废弃 10 年后红树林的面积（18 m/hm^2）达到了原来天然林（28 m/hm^2）的 70%。Osland 等（2012）对佛罗里达州 9 个区域种植了 1～20 年红树林的植被演变特征进行比较，发现红树林的高度和树干直径随着年龄的增长而增加，但 20 年后，林分的密度和直径仍然低于天然林（Osland et al.，2012）。

Shafer 和 Roberts（2008）在 2005 年对 20 世纪 80 年代种植的 17 个红树林进行了评估，当时种植这些红树林是为了减缓佛罗里达红树林的消失速度。这些红树林的年龄从 17 年到 25 年不等，种植的是红皮红树（美洲红树），或者是红皮红树和互花米草的组合，调查取样工作是从 1988 年开始的。研究结果发现人工林的总干面积（这个面积一般是通过测量树干横切面的直径来求出的）和树高虽然会随时间增加而增加，但 25 年后人工林的断面积和树高比天然林低，且密度比天然林高。由于白皮红木对叶榄李在这些区域的定植，林分的物种组成会随时间发生变化。影响这些红树林发展的主要因素是种植区域所在高程的水文条件不适合红树林的生长（要么太湿要么太干），另外入侵物种巴西胡椒（巴西胡椒木，*Schinus terebinthifolius*）在潮间带上部的自然定植也会限制群落结构的发展（Shafer and Roberts，2008）。

Luo 等（2010）对中国南部一个 50 年的人工林和以白骨壤和秋茄树为主的天然林的林分结构和物种组成进行了比较。该人工林从 20 世纪 50 年代开始种植秋茄，之后引入了外来物种无瓣海桑和海桑。结果发现具有 50 年树龄的人工林的林分密度和地上生物量与天然林相似，此外尽管不同区域优势种各不相同，不同林分之间的物种丰富度和均匀度并无差异。

红树林的呼吸根形状万千，除了使林分结构变得更加复杂外，呼吸根还可以为附生植物和其他生物提供栖息地。Crona 等（2006）对肯尼亚两个 8 年生环萼海桑人工林和 1 个天然林中的附生藻类进行了比较，结果发现天然林中可供繁殖体定植的面积要比人工林大，呼吸根表面积会随林龄的增加而增加，且与藻类生物量呈正相关。尽管如此，人工林（10～23 种）和天然林（18 种）的物种丰富度并没有显著差异。Morrisey 等（2003）对新西兰自然定植的3～12年生幼林和树龄超过60年的澳洲白骨壤林泥滩中的底栖动物进行了比较研究，结果发现幼林中大型底栖动物的数量和多样性更高，而在树龄较高的红树林中，底栖动物则以在土壤表层生活的腹足类泥螺为主。Morrisey 等（2003）发现随着红树林生态系统的发育，动物群落的优势种有从底栖生物向根系土壤动物转变的趋势。

呼吸根可以为蟹类和软体动物等浅水底栖动物提供栖息地和庇护所。人们在巴西的研究发现，5 年前种植的人工林和自然定植的红树林中方蟹科和沙蟹科的数量和多样性与附近天然林没有显著性差异（Ferreira et al.，2015）。菲律宾有一片种植了 16 年的红树林，人们在这片红树林中养殖一种经济蟹类——泥蟹，比较研究发现该林分中泥蟹的密度和生产力可以达到与天然林分相当的水平（Walton et al.，2007，2006a）。但是种植的幼林和成熟的天然红树林中蟹类的多样性却存在差异。一些研究发现人工种植的红树林中蟹类的多样性较低（Al-Khayat and Jones，1999），而其他研究结果则显示人工林中的多样性更高（Macintosh et al.，2002）或与天然林没有差异（Bosire et al.，2004）。例如，卡塔尔一个种植了 10 年的红树林中甲壳类动物和软体动物的数量与人工林（14～16 种甲壳纲动物，8～9 种软体动物）和天然林（14～15 种甲壳纲动物，9～11 种软体动物）中的数量相当（Al-Khayat and Jones，1999）。而 MacIntosh 等（2002）在泰国的研究发现种植了 7 年的红树林中蟹类和软体动物的物种丰富度比 40 年的林分更高。也有其他研究表明，浅水底栖生物的物种丰富度随着红树林年龄的增长而增加。例如，研究人员在马来西亚发现浅水底栖生物的密度和多样性在成熟的红树林中最高，在 15 年生的林分中居中，而在 2 年生的红树幼苗中最低（Sasekumar and Chong，1998）。

人工种植的红树林幼林中底栖生物的密度及多样性普遍较低。在卡塔尔的研究发现，人工林的多毛纲物种数量比天然林低（Al-Khayat and Jones，1999）。Bosire 等（2004）也指出肯尼亚种植了 5 年的红树林底栖动物虽然与成熟林在物种丰富度上没有差异，但是密度要比成熟红树林低。Sasekumar 和 Chong（1998）在马来西亚的研究则发现 2 岁的人工红树林虽然底栖动物密度比成熟林高，但是物种丰富度低于成熟的红树林。Chen 等（2007）分别对中国 19 年生和 43 年生的秋茄林中大型底栖动物进行了调查研究，结果显示它们的群落结构基本一致，这说明幼林要形成和成熟林相似的底栖动物群落结构至少需要 20 年。

人工种植的红树林可以为游泳动物虾和鱼等提供产卵场、育苗场、栖息地及食物来源等，但是不同红树林中鱼和虾的群落结构组成各不相同。Crona 和 Ronnback（2005）将肯尼亚两个种植了 8 年的红树林和一个天然红树林中虾的群落结构进行了对比，其中一个人工林是在原有红树林完全被砍伐的区域重新种植的基质林，另一个人工林是在退化林中综合种植的综合林。虽然虾的大部分类群在天然林和综合林中的生物量较高，不同林地和不同的采样年份虾的密度存在很大的差异（2002 年和 2003 年）（图 9.8）。对虾等虾类在杯萼海桑综合林和天然林中的多样性基本一致，但是在基质林中的多样性较低。Crona 和 Ronnback（2005）认为造成这种差异的主要原因是综合林和天然林的根系结构更加复杂，淹没时间更长，更有利于虾和鱼的生存（Ronnback et al.，1999）。Al-Kayat 和 Jones（1999）使用抄网和围网对卡塔尔人工林和天然红树林中的鱼类进行调查，发现人工林中幼鱼和成鱼的物种多样性较低。然而，Crona 和 Ronnback（2007）发现有鳍鱼类的丰度和生物量在退化林、人工林和成熟林之间并没有差异，同时鱼类的多样性和物种组成也不存在显著差异。在捕获的鱼类中，65%是在珊瑚礁区域生活的鱼类，75%具有重要的经济价值。

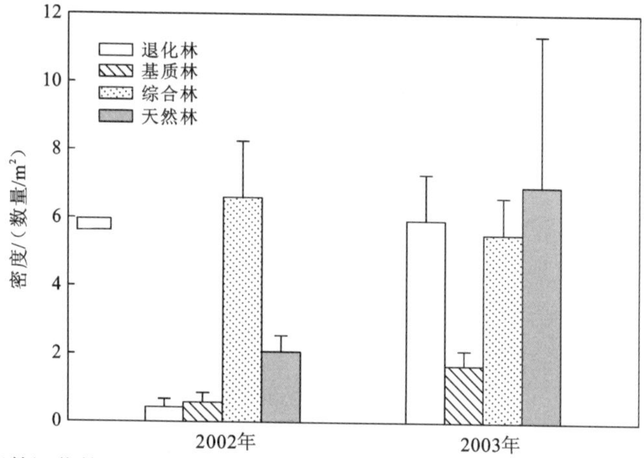

图 9.8 肯尼亚的退化林、人工林和天然林中捕获的虾的密度（Crona and Ronnback，2005）

美国红树林生态系统的恢复并不经常采用人工种植的方式，而是通过改变水文条件来恢复其水文周期，水文条件恢复以后这些区域的有鳍鱼类会快速增加。Rey 等（1990）在佛罗里达东海岸的研究结果表明，美洲红树和亮叶白骨壤作为优势种的红树林的水文条件恢复以后，演化过程中的过渡物种种类增加了 100 倍。同样是在佛罗里达大西洋沿岸，Lewis 和 Gilmore（2007）也发现当水文周期恢复后，当地红树林和过渡物种的种类都急剧增加。Vose 和 Bell（1994）比较了佛罗里达州坦帕湾拆除护堤前后大型底栖生物和有鳍鱼类群落结构的变化，通过对拆除护堤前后物种丰度、生物量和群落相似性的分析发现，拆除护堤后多毛类、端足类和有鳍鱼类的数量有所增加，但即便是拆除护堤 22 个月后无脊椎动物和有鳍鱼类的数量仍然低于拆除前。

虽然红树林恢复后幼林中的食物来源可能比较少，但鱼类仍然可以在林中生存。Llanso 等（1998）比较了两个具有重要经济价值的物种美国红鱼和斑点海鳟在坦帕湾同一个红树林中的觅食行为，结果发现体型较小的鱼类主要以各种端足类和底栖动物为食，而体型较大的鱼类则以多毛类、扇蟹、长臂虾和小鱼为食。

土壤有机质含量较低是制约生态系统发育的重要因素之一。McKee 和 Faulkner（2000）将佛罗里达西南部两个通过退塘还林方式恢复的红树林和两个参照红树林的土壤特性进行了比较，其中经过恢复的红树林分别有 6 年和 14 年的历史，结果发现恢复后的红树林土壤有机物含量（10%～12%）比天然林减少了 2/3～4/5（38%～56%），土壤容重则高出了 3 倍。

虽然种植红树林后土壤中的有机质含量和细颗粒会有所增加，但与天然红树林相比在潮滩上种植的红树林土壤中有机质含量更少，土壤颗粒更大且含水量更低（Al-Kayat and Jones，1999）。Ren 等（2008）对中国南方种植了 4～10 年的外来物种无瓣海桑红树林中的土壤有机质含量进行了比较研究，发现土壤有机质含量会随着林分年龄的增长而增加，从种植前的 1.14%增加到 10 年生林分的 2.45%，但仍低于该地区天然红树林中的含量（4.02%）。Kairo 等（2008）比较了 12 年生人工林和没有种植红树林区域的土壤特性，结果发现 12 年生人工林中土壤有机质含量（31%）和淤泥质黏土含量（38%）均高于没有种植红树林的区域（土壤有机质含量为 22%，淤泥质黏土含量为 16%）。Osland 等（2012）在佛罗里达州坦帕湾选择了 9 个不同年龄的红树林，研究其土壤理化特征随时间的变化规律，这些红树林的树龄为 1～20 年。研究结果发现土壤中（0～10 cm）有机碳和有机氮含量随红树林年龄的增长而增加，同时土壤容重也会随之增加。树龄为 20 年的红树林土壤理化特征在 9 个参照红树林的变化范围之内。

通过清理林地和重新造林等措施恢复红树林会改变土壤的性质，进而影响生态系统的发育。Bosire 等（2005b）比较了位于肯尼亚的裸地、5～8 年的人工红树林和天然红树林中杯萼海桑和红茄苳凋落物的分解情况，结果显示天然林的分解速率最高，裸地最低。Bosire 等（2005b）认为林分凋落物分解率较高是因为端足类、线虫、涡虫、等足类和多毛类动物等无脊椎动物的生物量较高，这些无脊椎动物的存在促进了凋落物的分解。Alongi 等（2000）分别对越南 6 年生、8 年生和 35 年生的红树林底栖生物分解、碳矿化和反硝化作用速率进行了监测，结果发现 CO_2 通量并不会随林龄发生变化。6 年生和 8 年生人工林的反硝化作用为零，但在 35 年生的红树林中，反硝化作用是除了有氧呼吸和硫酸盐还原以外对碳矿化贡献最大的作用过程。对马来西亚两年生、15 年生和 60 年生的红树林的比较研究结果表明，两年生的红树林好氧分解速率更高，硫酸盐还原反应速率更低，从而为幼苗的快速生长和红树林再生创造了有利条件（Alongi et al.，1998）。Vovides 等（2011）在墨西哥巴哈对恢复林、天然林和退化林的固氮特性进行了研究，研究区域中的两片恢复林均是从 1995 年开始重建的，一个是通过人工种植亮叶白骨壤，另一个则是靠自然定植恢复的。他们发现两个恢复林的固氮效率 11 年后和天然林没有差异，而退化林的固氮效率则比恢复林和天然林都要低。一项关于温室气体的研究发现，种植了亮叶白骨壤、红海榄或木榄的土壤中氮含量比种植前增加了 4 倍，这可能是因为种植了上述物种后的土壤固氮效率较高（Inoue et al.，2011）。

将野外监测（Lewis and Gilmore，2007）（表 9.5）和模型的方法相结合对红树林群落结构进行模拟研究发现（Twilley et al.，1998），完全恢复红树林生态系统的结构和功能需要 25～50 年的时间。红树林的生产力可以在 20 年内达到恢复后的水平，但林分结构和物种丰富度的恢复需要更长的时间。附生生物如藻类、海绵动物、蟹类和软体动物需要红树林具有相对完整的结构才能生存，而呼吸根的生长需要 5～20 年的时间。底栖动物也要相当长的时间才能发育完全，鱼和虾的数量则在水文条件恢复的 3～5 年就可以达到与天然林相当的水平（Lewis and Gilmore，2007；Lewis，1992）。人工林需要 5～10 年以上的时间才能形成可以为林内生物提供食物和庇护所的稳定生态系统。对于生态系统的分解作用和营养盐（氮）循环等调节功能，人工林可能需要 10～20 年才能达到与天然林相同的水平。

表 9.5　种植或恢复后红树林生态系统演变

功能		发展到相当于天然林所需时间/年
生产力和栖息地功能	森林初级生产力	10～20
	林分结构和物种丰富度	25～50
	藻类生产力	5～10
	藻类多样性	5～10
	底表大型底栖动物密度	10～20
	底表大型底栖动物多样性	5～20
	底内大型底栖动物密度	5～20
	底内大型底栖动物多样性	5～20
	虾和有鳍鱼类	3～5（水文恢复）
		>5～10 年（人工林）

续表

功能		发展到相当于天然林所需时间/年
调节功能	调节功能	
	土壤有机质和容重	＞20①
	分解功能	＞10
	固氮	5～10
	营养物质（氮）循环	＞10
	反硝化作用	＞10～20

① 自然恢复比造林所需的时间要少

9.3.4 确保成功的关键

美国的 Lewi、澳大利亚的 Field 和其他研究人员针对红树林的恢复与修复进行了开创性的研究。Lewis（1982）编写的《滨海植物群落的创建与恢复》可能是关于滨海湿地恢复的第一本专著。Field（1996b）编写的《红树林生态系统的恢复》则为广大研究者提供了很多古热带和新热带地区红树林研究的优秀案例。

Field（1998a，1998b）和 Lewis 和 Gilmore（2007）提出了红树林恢复的一些注意事项，包括地点的选择、植被重建的方式、监测技术和维护的方法等（表 9.6）。恢复红树林首先要考虑的是选择一个有遮蔽的区域，有时会选择建造防浪堤，这样可以在一定程度上使其免受波浪的影响。另外，通过拆除堤坝、防洪堤或退塘还林等措施来恢复水文条件对于红树林的恢复也非常重要。红树林是“陆地的建造者”，因此恢复红树林的理想场所是具有细颗粒淤泥质土壤和有充足泥沙来源的区域。此外，具有在规律性的潮汐淹没区和在退潮时可以排水的缓坡也非常重要。来自降雨和河流的可利用的淡水资源对于红树林的生长也非常重要（Field，1998b；Cintron-Molero，1992），另外如果邻近的区域有红树林和海草的存在可能表明此处的环境条件有利于红树林的恢复。

表 9.6 确保红树林恢复成功的关键

项目	关键
选址	有遮蔽的区域，免受风浪的影响
	充足的泥沙来源
	缓坡（1%～3%）
	适当的水文条件包括季节性的淹水环境和充足的淡水
	附近有完整的红树林和海草（有利的环境要素）
	有潮沟和景观异质性，可以增加连通性并提供避难所①
植被恢复	最好是自然再生
	在有较充足营养和没有繁殖体传播的区域进行人工种植
	人工种植需要选择合适的物种以适应当地的水文条件和盐度
	对树种进行培育以促进生物量的增加、泥沙的淤积和潮滩高程的增长
维护	保持林区没有木屑和垃圾
	必要时可再次人工种植（更换死亡的树苗）
	社会因素
	政府支持

续表

项目	关键
成功恢复的限制因素	高矿化度 高土温 酸性硫酸盐土壤 低氮和低磷 外来物种入侵（如卤蕨属 *Acrostichum*） 食草性动物（如蟹类、猴子等）

①适用于被淹没或回填的区域；

根据 Cintron-Molero（1992），Field（1998a，1998b），Lewis（2005），Gilman 和 Ellison（2007），Lewis 和 Gilmore（2007）研究结果整理

在被淹没的区域可以考虑通过建立潮沟网来改变物理环境（Lewis and Gilmore，2007）。创建多样性的景观格局，比如为动物提供临时庇护所的凹地，相互连接成片的植被（如陆地植被）及持续的淡水汇入，对于红树林内的动植物来说都是非常重要的（Lewis and Gilmore，2007）。

红树林的恢复主要依靠自然定植和人工造林，自然定植需要附近有可以传播到恢复区域的繁殖体（Lewis，2005）。Cintron-Molero（1992）认为，在有充足的淡水和营养丰富的区域，如果附近有繁殖体的来源，红树林就可以通过自然恢复得以重建。在淡水来源少、营养盐含量低或高盐等高胁迫环境中，红树林的恢复需要靠施肥和人工造林来实现。人工造林的关键是选择本地物种可以适应的种植区域环境，特别是水文条件和盐度。Field（1998a，1996a）列出了已成功种植的常见物种（表 9.4），提出了成熟繁殖体的特征及种植红树林的建议间距。为了促进红树林种群的增长，提高泥沙的沉积速率并增加潮滩的高程，有时可能会优先或陆续种植互花米草、盐草、海滨藜木、海马齿和盐草等培育物种。一般来说，大多数物种的种植间隔不超过 2 m。尽管间距较小会导致成本增高，但这样可以提高红树林恢复的成功率。当地政府的支持是决定红树林能否成功恢复的最重要的因素，因为这样可以减少人类活动对恢复区域的干预，这在发展中国家尤为重要（Gilman and Ellison，2007）。同时，当地政府在保护红树林完整性的前提下同样可以从中获得经济效益（Walters，1997），如有选择地采伐树木，利用林地进行渔业和水产养殖等。

红树林恢复过程中可能会遇到一些难以预料的问题需要解决。比如当种植区域土壤具有高盐、高酸性硫酸盐等性质，以及氮、磷或铁含量较低时，要对土壤进行改良（Sato et al.，2005；Field，1998a，1998b），控制外来物种的入侵对于红树林的恢复也非常重要。马来西亚和印度尼西亚的许多红树林都长满了蕨类植物卤蕨，这类植物很难清除并且清除成本较高（Field，1998b），老鼠簕和鱼藤等其他物种也会造成物种入侵（Chan et al.，1988）。藤壶和杂草可能会抑制幼苗的生长，蟹类（Lewis，1979）和猴子（Chan et al.，1988）等草食性动物也会影响红树林的恢复（Field，1998a，1998b）。此外，恢复区域中的木屑和垃圾会对树苗造成危害，需要定期清理（Gilman and Ellison，2007）。

最后，对恢复区和参照区进行监测也是非常必要的。监测工作的开展可以通过记录红树林的长期变化来确定是否达到了恢复目标。对于红树林的重建项目，工作人员需要分别对红树林在空中和地面进行拍照（Field，1998a），从而监测红树林的生长情况及因幼苗死亡和病虫害造成的损失，记录砍伐木材、放牧和池塘养殖等人类活动对它的影响。当对恢复项目进行评价时一定要使用最初制定的标准来评价，并且在恢复成功后还要对红树林进行长期监

测。大多数恢复项目在恢复后仅进行 5 年的监测是远远不够的，因为红树林需要 30 年甚至更长时间来确定群落结构及其功能是否完全恢复（Lewis，2005；Field，1998a）。

Lewis 和 Brown（2014）合著的《红树林生态修复：从业人员野外手册》是一本优秀的参考书，这本书对影响红树林恢复的生物物理因素、红树林恢复能力的评估（包括社会和经济因素）、恢复项目的设计和实施、红树林的监测方法及恢复项目成功和失败案例等进行了详细的综述。这本书对于那些对红树林的恢复及维护感兴趣的人来说是必读书目。

参 考 文 献

AL-KHAYAT J A, JONES D A, 1999. A comparison of the macrofauna of natural and replanted mangroves in Qatar. Estuarine, coastal and shelf science, 49(Suppl. A): 55-63.

ALONGI D M, 2002. Present state and future of the world's mangrove forests. Environmental conservation, 29: 331-349.

ALONGI D M, 2008. Mangrove forest: resilience, protection from tsunamis, and responses to global change. Estuarine, Coastal and shelf science, 76: 1-13.

ALONGI D M, SASEKUMAR A, TIRENDI F, et al., 1998. The influence of stand age on benthic decomposition and recycling of organic matter in managed mangrove forests of Malaysia. Journal of experimental marine biology and ecology, 225: 197-218.

ALONGI D M, TIRENDI F, TROTT L A, Xuan T T, 2000. Benthic decomposition rates and pathways of the mangrove Rhizophora apiculata in the Mekong delta, Vietnam. Marine ecology progress series, 194: 87-101.

BANDARANAYAKE W M, 1998. Traditional and medicinal uses of mangroves. Mangroves and salt marshes, 2: 133-148.

BARANI E, HAMBREY J, 1999. Mangrove conservation and coastal management in Southeast Asia: what impact on fisheries resources? Marine pollution bulletin, 37: 431-440.

BARBIER E B, COX M, 2003. Does economic development lead to mangrove loss? A cross-country analysis. Contemporary economic policy, 21: 418-432.

BARBIER E B, HACKER S D, KENNEDY C, et al., 2011. The value of estuarine and coastal ecosystem services. Ecological monographs, 81: 169-193.

BLANCHARD J, PRADO G, 1995. Natural regeneration of *Rhizophora mangle* in strip clearcuts in Northwest Ecuador. Biotropica, 27: 160-167.

BLASCO F, AIZPURU M, GERS C, 2001. Depletion of the mangroves of continental Asia. Wetlands ecology and management, 9: 245-256.

BOSIRE J O, DAHDOUH-GUEBAS F, KAIRO J G, et al., 2003. Colonization of non-planted mangrove species into restored mangrove stands in Gazi Bay, Kenya. Aquatic botany, 76: 267-279.

BOSIRE J O, DAHDOUH-GUEBAS F, KAIRO J G, et al., 2004. Spatial variations in macrobenthic fauna recolonization in a tropical bay mangrove. Biodiversity and conservation, 13: 1059-1074.

BOSIRE J O, KAIRO J G, KAZUNGA J, et al., 2005a. Predation on propagules regulates regeneration in a high-density reforested mangrove plantation. Marine ecology progress series, 299: 149-155.

BOSIRE J O, DAHDOUH-GUEBAS F, KAIRO J G, et al., 2005b. Litter degradation and CN dynamics in reforested mangrove plantations at Gazi Bay, Kenya. Biological conservation, 126: 287-295.

BOSIRE J O, DAHDOUH-GUEBAS F, KAIRO J G, et al., 2006. Success rates of recruited tree species and their contribution to the structural development of reforested mangrove stands. Marine ecology progress series, 325: 85-91.

BOSIRE J O, DAHDOUH-GUEBAS F, WALTON M, et al., 2008. Functionality of restored mangroves: a review. Aquatic botany, 89: 251-259.

BRANDER L M, WAGTENDONK A J, HUSSAIN S S, et al., 2012. Ecosystem service value for mangroves in Southeast Asia: a meta-analysis and value transfer application. Ecosystem services, 1: 62-69.

CHAN H T, 1989. A note on the eradication of Acrostichum aureum ferns in the Matang mangroves, Perak, Peninsular Malaysia. Journal of tropical forest science, 2: 171-173.

CHAN H T, CHONG P F, NG T P, 1988. Silvicultural efforts in restoring mangroves in degraded coastal areas in Peninsular Malaysia. Galaxea, 7: 307-314.

CHEN G C, YE Y, LU C Y, 2007. Changes of macro-benthic faunal community with stand age of rehabilitated Kandelia candel mangrove in Jiulongjiang Estuary, China. Ecological engineering, 31: 215-234.

CHEN L, WANG W, ZHANG Y, et al., 2009. Recent progresses in mangrove conservation, restoration and research in China. Journal of plant ecology, 2: 45-54.

CHEN Y, LIAO B, ZHENG M, et al., 2004. Dynamics and species diversities of artificial *Sonneratia apetala*, *S. caseolaris*, and *Kandelia candel* communities. Chinese journal of applied ecology, 15: 924-928.

CHONG V C, 2006. Sustainable utilization and management of mangrove ecosystems of Malaysia. Aquatic ecosystem health and management, 9: 249-260.

CHOWDHURY R A, AHMED I, 1994. History of forest management//HUSSAIN Z, ACHARYA G. Mangroves of the Sundarbans. Bangladesh, vol. II. International Union for Conservation of Nature and Natural Resources, Bangkok, Thailand: 155-180.

CINTRON-MOLERO G, 1992. Restoring mangrove systems//THAYER G W. Restoring the Nation's Marine Resources. College Park, Maryland: Maryland Sea Grant: 223-277.

CRONA B I, RONNBACK P, 2005. Use of replanted mangroves as nursery grounds by shrimp communities in Gazi Bay, Kenya. Estuarine, coastal and shelf science, 65: 535-544.

CRONA B I, RONNBACK P, 2007. Community structure and temporal variability of juvenile fish assemblages in natural and replanted mangroves, Sonneratia alba Sm., of Gazi Bay, Kenya. Estuarine, coastal and shelf science, 74: 44-52.

CRONA B I, HOLMGREN S, RONNBACK P, 2006. Re-establishment of epibiotic communities in reforested mangroves of Gazi Bay, Kenya. Wetlands ecology and management, 14: 527-536.

DAHDOUH-GUEBAS F, JAYATISSA L P, DI NITTO D, et al., 2005. How effective were mangroves as a defence against the recent tsunami? Current biology, 15: 443-447.

DAHDOUH-GUEBAS F, VERNEIRT M, TACK J F, et al., 1998. Propagule predators in Kenyan mangroves and their possible effect on regeneration. Marine and freshwater research, 49: 345-350.

DANIELSON F, SORENSEN M K, OLWIG M F, et al., 2005. The Asian tsunami: a protective role for coastal vegetation. Science, 310: 643.

DAS S, VINCENT J R, 2009. Mangroves protected villages and reduced death toll during Indian super cyclone. Proceedings of the national Academy of sciences, 106: 7357-7360.

DAS P, BASAK U C, DAS A B, 1997. Restoration of the mangrove vegetation in the Mahanadi Delta, Orissa, India. Mangroves and salt marshes, 1: 155-161.

DAVIS J H, 1940. The Ecology and Geologic Role of Mangroves in Florida. Publications of the Carnegie

Institution of washington, 517: 303-412.

DAWES C J, 1998. Marine Botany. New Jersey: John Wiley and Sons.

DE LEON R O D, WHITE A T, 1999. Mangrove rehabilitation in the Philippines // STREEVER W. An International Perspective on Wetland Rehabilitation. Dordrecht: Kluwer Academic Publishers: 37-42.

DUKE N C, 1992. Mangrove floristics and biogeography//ROBERTSON A L, ALONGI D M. Tropical Mangrove Ecosystems. Washington D. C.: American Geophysical Union: 63-100.

DUKE N C, 1996. Mangrove reforestation in Panama: an evaluation of planting in areas deforested by large oil spill // FIELD C D. Restoration of Mangrove Ecosystems. Okinawa: International Society for Mangrove Ecosystems: 209-232.

DUKE N C, BALL M C, ELLISON J C, 1998. Factors influencing biodiversity and distributional gradients in mangroves. Global ecology and biogeography letters, 7: 27-47.

DUKE N C, MEYNECKE J O, DITTMAN S, et al., 2007. A world without mangroves? Science, 317: 41-42.

Ellison A M, 2000. Mangrove restoration: do we know enough? Restoration ecology, 8: 219-229.

ELLISON A M, FARNSWORTH E J, 1996. Anthropogenic disturbance of Caribbean mangrove ecosystems: past impacts, present trends, and future predictions. Biotropica, 28: 549-565.

ELLISON J C, 2003. How South Pacific mangroves may respond to predicted climate change and sea-level rise // GILLESPIE A, BURNS W C G. Climate Change in the South Pacific: Impacts and Responses in Australia, New Zealand and Small Island States. Kluwer Academic Publishers, Dordrecht, The Netherlands: 289-301.

ELSTER C, 2000. Reasons for reforestation success and failure with three mangrove species in Columbia. Forest ecology and management, 131: 201-214.

EWEL K C, TWILLEY R W, ONG J E, 1998. Different kinds of mangrove forests provide different goods and services. Global ecology and biogeography letters, 7: 83-94.

FERREIRA A C, GANADE G, LUIZ DE ATTAYDE J, 2015. Restoration versus natural regeneration in a neotropical mangrove: effects on plant biomass and crab communities. Ocean & coastal management, 110: 38-45.

FIELD C D, 1995. Impact of expected climate change on mangroves. Hydrobiologia, 295: 75-81.

FIELD C D, 1996a. General guidelines for the restoration of mangroves//FIELD C D. Restoration of Mangrove Ecosystems. Okinawa: International Society for Mangrove Ecosystems: 233-250.

FIELD C D, 1996b. Restoration of Mangrove Ecosystems. International Society for Mangrove Ecosystems, Okinawa, Japan.

FIELD C D, 1998a. Rationales and practices of mangrove afforestation. Marine and freshwater research, 49: 353-358.

FIELD C D, 1998b. Rehabilitation of mangrove ecosystems: an overview. Marine pollution bulletin 37: 383-392.

FOOD AND AGRICULTURAL ORGANIZATION, 2007. The World's Mangroves: 1980-2005. Food and Agricultural Organization of the United Nations, Rome, Italy.

DE GRAAF G J, XUAN T T, 1998. Extensive shrimp farming, mangrove clearance and marine fisheries in southern provinces of Vietnam. Mangroves and salt marshes, 2: 159-166.

GEDAN K B, SILLIMAN B R, 2009. Using facilitation theory to enhance mangrove restoration. Ambio 38: 109.

GILMAN E, ELLISON J, 2007. Efficiency of alternative low-cost approaches to mangrove restoration, American Samoa. Estuaries and coasts, 30: 641-665.

GILMAN E L, ELLISON J, DUKE N C, et al., 2008. Threats to mangroves from climate change and adaptation options: a review. Aquatic botany, 89: 237-250.

GIRI C, OCHIENG E, TIESZEN L L, et al., 2011. Status and distribution of mangrove forests of the world using earth observation satellite data. Global ecology and biogeography, 20: 154-159.

HAN W, GAO X, TEUNISSEN E, 2001. Study on Sonneratia apetala productivity in restored forests in Leizhou Peninsula, China. Forest research, 12: 229-234.

HASHIM R, KAMALI B, YAMIN N M, et al., 2010. An integrated approach to coastal rehabilitation: mangrove restoration in Sungai Haji Dorani, Malaysia. Estuarine, coastal and shelf science, 86: 118-124.

HOGARTH P J, 2007. The Biology of Mangroves and Seagrasses. Oxford : Oxford University Press.

HUXHAM M, KUMARA M P, JAYATISSA L P, et al. 2010. Intra- and interspecific facilitation in mangroves may increase resilience to climate change. Philosophical transactions of the royal society B, 365: 2127-2135.

IFTEKHAR M S, ISLAM M R, 2004. Managing mangroves in Bangladesh: a strategy analysis. Journal of coastal conservation, 10: 139-146.

IMBERT D, ROUSTEAU A, SCHERRER P, 2000. Ecology of mangrove growth and recovery in the Lesser Antilles: state of knowledge and basis for restoration projects. Restoration ecology, 8: 230-236.

INOUE T, NOHARA S, MATSUMOTO K, et al., 2011. What happens to soil chemical properties after mangrove plants colonize? Plant and soil, 346: 259-273.

JAWA R R, SRIVASTAVA P B L, 1989. Dispersal of natural regeneration in some piai-invaded areas of mangrove forests in Sarawak. Forest ecology and management, 26: 155-177.

KAIRO J G, LANG'AT J KS, DAHDOUH-GUEBAS F, et al., 2008. Structural development and productivity of replanted mangrove plantations in Kenya. Forest ecology and management, 255: 2670-2677.

KALY U L, JONES G P, 1998. Mangrove restoration: a potential tool for coastal management in tropical developing countries. Ambio, 27: 656-661.

KAMALI B, HASHIM R, 2011. Mangrove restoration without planting. Ecological engineering 37: 387-391.

KATHIRESAN K, RAJENDRAN N, 2005. Coastal mangrove forests mitigated tsunami. Estuarine, coastal and shelf science, 65: 601-606.

KITAYA Y, JINTANA V, PIRIYAYOTHA S, et al., 2002. Early growth of seven mangrove species planted at different elevations in a Thai estuary. Trees, 16: 150-154.

KRAUSS K W, LOVELOCK C E, MCKEE K L, et al., 2008. Environmental drivers in mangrove establishment and early development: a review. Aquatic botany, 89: 105-127.

KUMARA M P, JAYATISSA L P, KRAUSS K W, et al., 2010. High mangrove density enhances surface accretion, surface elevation change and tree survival in coastal areas susceptible to sea level rise. Oecologia, 164: 545-553.

LACERDA L D, 2003. Mangrove Ecosystems: Function and Management. Berlin: Springer LEE S Y, 1995. Mangrove outwelling: a review. Hydrobiologia, 295: 203-212.

LEWIS III R R, 1979. Large scale mangrove restoration on St. Croix, U.S. Virgin Islands//COLE D P. Proceedings of the Sixth Annual Conference on Wetlands Restoration and Creation, tampa, Florida: 231-242.

LEWIS III R R, 1982. Creation and Restoration of Coastal Plant Communities. Boca Raton: CRC Press.

LEWIS III R R, 1992. Coastal habitat restoration as a fishery management tool. In stemming the tide of coastal fish habitat loss//Proceedings of a Symposium on Conservation of Coastal Fish Habitat. Baltimore, MD: 169-173.

LEWIS III R R, 2005. Ecological engineering for successful management and restoration of mangrove forests.

Ecological engineering, 24: 403-418.

LEWIS III R R, BROWN B, 2014. Ecological mangrove rehabilitation. A field manual for practitioners. http: // www.mangroverestoration.com.

LEWIS III R R, DUNSTAN F M, 1975. The possible role of Spartina alterniflora Loisel. in the establishment of mangroves in Florida//LEWIS III R R. Proceedings of the second annual conference on restoration of coastal vegetation in Florida, Tampa, Florida: 82-100.

LEWIS III R R, HAINES K C, 1981. Large scale mangrove restoration on Saint Croix, U.S. Virgin Islands - II. Second year//Proceedings of the Seventh Conference on Restoration of Coastal Vegetation in Florida, Tampa Florida: 137-148.

LEWIS III R R, GILMORE R G, 2007. Important considerations to achieve successful mangrove forest restoration with optimum fish habitat. Bulletin of marine science, 80: 823-837.

LEWIS III R R, HODGSON A B, MAUSETH, G.S., 2005. Project facilitates the natural reseeding of mangrove forests(Florida). Ecological restoration, 23: 276-277.

LEWIS III R R, GILMORE JR R G, CREWZ D W, et al., 1985. Mangrove habitat and fishery resource// SEAMAN JR W J. Florida Aquatic Habitat and Fishery Resources of Florida. Florida Chapter of the American Fisheries Society, Kissimmee, Florida: 281-336.

LI Y, ZHENG D, CHEN H, et al., 1998. Preliminary study on introduction of mangrove Sonneratia apetala Buch-Ham. Forest research, 11: 39-44.

LLANSO R J, BELL S S, VOSE F E, 1998. Food habits of red drum and spotted seatrout in a restored mangrove impoundment. Estuaries, 21: 294-306.

LUGO A E, 1980. Mangrove ecosystems: successional or steady-state? Biotropica, 12: 65-72.

LUGO A E, 1998. Mangrove forests: a tough system to invade but an easy one to rehabilitate. Marine pollution bulletin, 37: 427-430.

LUGO A E, SNEDAKER S C, 1974. The ecology of mangroves//JOHNSTON R F, FRANK P W, MICHENER C D. Annual Review of Ecology and Systematics. Palo Alto: Annual Reviews Inc: 39-64.

LUGO A E, BRINSON M M, BROWN S, 1989. Forested Wetlands. Ecosystems of the World. Amsterdam: Elsevier.

LUO Z, SUN O J, XU H, 2010. A comparison of species composition and stand structure between planted and natural mangrove forests in Shenzhen Bay, South China. Journal of plant ecology, 3: 165-174.

MACINTOSH D J, ASHTON E C, HAVANON S, 2002. Mangrove rehabilitation and intertidal biodiversity: a study in the Ranong mangrove ecosystem, Thailand. Estuarine, coastal and shelf science, 55: 331-345.

MCKEE K L, FAULKNER P L, 2000. Restoration of biogeochemical function in mangrove forests. Restoration ecology, 8: 247-259.

MCKEE K L, CAHOON D R, FELLER I C, 2007a. Caribbean mangroves adjust to rising sea level through biotic controls on change in soil elevation. Global ecology and biogeography, 16: 545-556.

MCKEE K L, ROOTH J E, FELLER I C, 2007b. Mangrove recruitment after forest disturbance is facilitated by herbaceous species in the Caribbean. Ecological applications, 17: 1678-1693.

MANSON F J, LONERAGAN N R, SKILLETER G A, et al., 2005. An evaluation of the evidence for linkages between mangroves and fisheries: a synthesis of the literature and identification of research directions. Oceanography and marine biology, 43: 485-515.

MAZDA Y, MAGI M, KOGO M, et al., 1997. Mangroves as a coastal protection from waves in the Tong King

Delta, Vietnam. Mangroves and salt marshes, 1: 127-135.

MENDELSSOHN I A, MCKEE K L, 2000. Saltmarshes and mangroves//BARBOUR M G, BILLINGS W D. North American Vegetation. Cambridge: Cambridge University Press: 501-536.

MILANO G R, 1999. Restoration of coastal wetlands in southeastern Florida. Wetland journal, 11: 15-24.

MILBRANDT E C, TINSLEY M N, 2006. The role of saltwort (*Batis maritima* L.) in regeneration of degraded mangrove forests. Hydrobiologia, 368: 369-377.

MORRISEY D J, SKILLETER G A, ELLIS J I, et al., 2003. Differences in benthic infauna and sediment among mangrove (*Avicennia marina* var. australasica) stands of different ages in New Zealand. Estuarine, coastal and shelf science, 56: 581-592.

MUMBY P J, EDWARDS A J, ARIAS-GONZALEZ J E, et al., 2004. Mangroves enhance the biomass of coral reef fish communities in the Caribbean. Nature, 427: 533-536.

NAGELKERKEN I, VAN DER VELDE G, GORISSEN M W, et al., 2000. Importance of mangroves, seagrass beds, and the shallow coral reef as a nursery for important coral reef fishes, using a visual census technique. Estuarine, coastal and shelf science, 51: 31-44.

NAGELKERKEN I, BLABER S J M, BOUILLON S, et al., 2008. The habitat function of mangroves for terrestrial and marine fauna. Aquatic botany, 89: 155-185.

ODUM W E, HEALD E J, 1972. Trophic analysis of an estuarine mangrove community. Bulletin of marine science, 22: 671-738.

OSLAND M J, SPIVAK A C, NESTLERODE J A, et al., 2012. Ecosystem development after mangrove wetland creation: plant-soil change across a 20-year chronosequence. Ecosystems, 15: 848-868.

OTHMAN M A, 1994. Value of mangroves in coastal protection. Hydrobiologia, 285: 277-282.

PRIMAVERA J H, 1998. Mangroves as nurseries: shrimp populations in mangrove and non-mangrove habitat. Estuarine, coastal and shelf science, 46: 457-464.

PRIMAVERA J H, ESTEBAN J M A, 2008. A review of mangrove rehabilitation in the Philippines -successes, failures and future prospects. Wetlands ecology and management, 16: 345-358.

PUTZ F E, CHAN H T, 1986. Tree growth, dynamics, and productivity in a mature mangrove forest in Malaysia. Forest ecology and management, 17: 211-230.

REN H, JIAN S, LU H, et al., 2008. Restoration of mangrove plantations and colonization by native species in Leizhou Bay, South China. Ecological restoration, 23: 401-407.

REN H, LU H, SHEN W, et al., 2009. Sonneratia aptela Buch. Ham in the mangrove ecosystems of China: an invasive species or a restoration species? Ecological engineering, 35: 1243-1248.

REY J R, SCHAFFER J, TREMAIN D, et al., 1990. Effects of re-establishing tidal connections in two impounded subtropical marshes on fishes and physical conditions. Wetlands, 10: 27-45.

RILEY R W, SALGADO K C P, 1999. Riley encased methodology: principles and processes of mangrove habitat creation and restoration. Mangroves and salt marshes, 3: 207-213.

RONNBACK P, TROELL M, KAUTSKY N, et al., 1999. Distribution patterns of shrimps and fish among Avicennia and Rhizophora microhabitats in the Pagbilao mangroves, Philippines. Estuarine, coastal and shelf science, 48: 223-234.

SAENGER P, 1996. Mangrove restoration in Australia: a case study of Brisbane International Airport//FIELD C D. Restoration of Mangrove Ecosystems. International Society for Mangrove Ecosystems, Okinawa, Japan: 36-51.

SAENGER P, 2002. Mangrove Ecology, Silviculture and Conservation. Dordrecht: Kluwer Academic Publishers.

SAENGER P, SIDDIQI N A, 1993. Land from the sea: the mangrove afforestation program of Bangladesh. Ocean and coastal management, 20: 23-39.

SAMSON M S, ROLLON R N, 2008. Growth performance of planted mangroves in the Philippines: revisiting forest management strategies. Ambio, 37: 234-240.

SASEKUMAR A, CHONG V C, 1998. Faunal diversity in Malaysian mangroves. Global ecology and biogeography letters, 7: 57-60.

SATO G, FISSEHA A, GEBREKIROS S, et al., 2005. A novel approach to growing mangroves on the coastal mudflats of Eritrea with the potential for relieving poverty and hunger. Wetlands, 25: 776-779.

SEMESI A K, 1998. Mangrove management and utilization in eastern Africa. Ambio, 27: 620-626.

SHAFER D J, ROBERTS T H, 2008. Long-term development of tidal mitigation wetlands in Florida. Wetlands ecology and management, 16: 23-31.

SHERIDAN P, HAYS C, 2003. Are mangroves nursery habitat for transient fishes and decapods? Wetlands, 23: 449-458.

SHERROD C L, MCMILLAN C, 1985. The distributional history and ecology of mangrove vegetation along the northern Gulf of Mexico Coastal region. Contributions in marine science, 28: 129-140.

SHERROD C L, HOCKADAY D L, MCMILLAN C, 1986. Survival of red mangrove, Rhizophora mangle, on the Gulf of Mexico coast of Texas. Contributions in marine science, 29: 27-36.

SHERVETTE V R, AQUIRRE W E, BLASIO E, et al., 2007. Fish communities of a disturbed mangrove wetland and an adjacent tidal river in Palmar, Ecuador. Estuarine, coastal and shelf science, 72: 115-128.

SIDDIQI N A, 2001. Mangroves of Bangladesh//DE LACERDA L D. Mangrove Ecosystems: Function and Management. Berlin: Springer: 142-157.

SNEDAKER S C, BIBER P D., 1996. Restoration of mangroves in the United States of America: a case study in Florida//FIELD C D. Restoration of Mangrove Ecosystems. Okinawa: International Society for Mangrove Ecosystems: 170-188.

SPALDING M, KAINUMA M, COLLINS L, 2010. World Atlas of Mangroves. London: Earthscan.

SRIVASTAVA P B L, BAL S, 1984. Composition and natural distribution pattern of natural regeneration after second thinning in Matang Mangrove Reserves, Perak, Malaysia//Proceedings of the Asian Symposium on Mangrove Environment, Research and Management: 761-884.

SRIVASTAVA P BL, KEONG G B, MUKTAR A, 1987. Role of Acrostichum species in natural regeneration of Rhizophora species in Malaysia. Tropical ecology, 26: 274-288.

STEVENSON N J, LEWIS R R, BURBRIDGE P R, 1999. Disused shrimp ponds and mangrove rehabilitation// STREEVER W J. An International Perspective on Mangrove Rehabilitation. Dordrecht: Kluwer Academic Publishers: 277-297.

SUMAN D, 2003. Can you eat a mangrove? Balancing conservation and development in the management of mangrove ecosystems in Cuba. Tulane environmental law journal, 16: 619-652.

TEAS H J, 1977. Ecology and restoration of mangrove shorelines in Florida. Environmental conservation, 4: 51-58.

THAMPANYA U, VERMAAT J E, DUARTE C M, 2002. Colonization success of common Thai mangrove species as a function of shelter from water movement. Marine ecology progress series, 237: 111-120.

TOGNELLA-DE-ROSA M M P, CUNHA S R, SOARES M L G, et al., 2006. Mangrove evaluation: an essay. Journal of coastal research SI, 39: 1219-1224.

TOLEDO G, ROJAS A, BASHAN Y, 2001. Monitoring of black mangrove restoration with nursery-reared seedlings on an arid coastal lagoon. Hydrobiologia, 444: 101-109.

TOMLINSON P B, 1986. The Botany of Mangroves. Cambridge: Cambridge University Press.

TWILLEY R R, RIVERA-MONROY V H, CHEN R, et al. 1998. Adapting an ecological mangrove model to simulate trajectories in restoration ecology. Marine pollution bulletin, 37: 404-419.

VOSE F E, BELL S S, 1994. Resident fishes and macrobenthos in mangrove-rimmed habitats: evaluation of habitat restoration by hydrologic modification. Estuaries, 17: 585-596.

VOVIDES A G, BASHAN Y, LOPEZ-PORTILLO J A, et al., 2011. Nitrogen fixation in preserved, reforested, naturally regenerated and impaired mangroves as an indicator of functional restoration in mangroves in an arid region of Mexico. Restoration ecology, 19: 236-244.

WAISEL Y, 1972. Biology of Halophytes. New Jersey: Academic Press.

WALTERS B B, 1997. Human ecological questions for tropical restoration: experiences from planting native upland trees and mangroves in the Philippines. Forest ecology and management, 99: 275-290.

WALTERS B B, 2000. Local mangrove planting in the Philippines: are fisherfolk and fishpond owners effective restorationists? Restoration ecology, 8: 237-246.

WALTERS B B, RONNBACK P, KOVACS J M, et al., 2008. Ethnobiology, socioeconomics and management of mangrove forests: a review. Aquatic botany, 89: 220-236.

WALTON M E M, LEVAY L, LEBATA J H, et al., 2006a. Seasonal abundance, distribution and recruitment of mud crabs(Scylla spp.)in replanted mangroves. Estuarine, coastal and shelf science, 66: 493-500.

WALTON M E, SAMONTE G, PRIMAVERA J H, et al., 2006b. Are mangroves worth replanting? the direct economic benefits of a community-based reforestation project. Environmental conservation, 33: 335-343.

WALTON M E M, LEVAY L, LEBATA J H, et al., 2007. Assessment of the effectiveness of mangrove rehabilitation using exploited and non-exploited indicator species. Biological conservation, 138: 180-188.

WATSON J G, 1928. Mangrove Forests of the Malay Peninsula. Malayan Forest Records 6. Fraser and Neave, Singapore.

ZAN Q J, WANG Y J, LIAO B W, et al., 2001. The structure of Sonneratia apetala+S. caseolaris - Kandelia candel mangrove plantations of Futian, Shenzhen. Forest research, 14: 610-615.

第四篇

从理论到实践

第 10 章　衡量成功：生态系统发育的性能指标和轨迹

10.1　引　　言

判断湿地是否恢复成功，需要对恢复湿地和同类型天然参照湿地生态系统重要的结构和功能指标进行监测，进而分析恢复湿地的结构和功能是否达到了与参照湿地相同的状态。《韦氏词典》（http：//www.merriam-webster.com）将“成功”定义为“试图取得的正确或期望的结果”，因此，一个成功的恢复项目是指在合理的时间内可以达到预期目标的项目。Kentula（2000）指出湿地的成功恢复主要包括功能的恢复、景观多样性的恢复和植被的恢复。和前面的定义一样，判断恢复成功与否的标准是看这三个方面是否可以达到预先设定的目标。确定湿地功能是否恢复需要考虑生态系统是否具备物质循环和能量流动的功能，景观多样性则需要在更大的尺度上（流域和景观地貌）考虑其结构和功能的恢复情况。植被一直以来被用作评价湿地是否成功恢复的标准，但是近年来，人们越来越多开始采用其他的评价标准，如水文条件、土壤和动物（Kentula，2000）。

生态系统的结构属性主要是指生态系统的群落结构，除了植物的高度、密度、生物量和物种丰富度等指标，还包括无脊椎动物、有鳍鱼类和鸟类等动物的种群密度和多样性。功能属性是指湿地、毗邻陆地及水生生态系统的能量流动和物质循环功能，表征功能属性的指标包括净初级生产力、分解作用、反硝化作用、硫酸盐还原作用和甲烷产生速率等微生物过程和次级生产力。另外反映土壤含水程度的指标，例如三价铁（Fe^{3+}）转变为亚铁（Fe^{2+}）的还原反应速率，以及有机物的累积速率等对于衡量生态系统的功能也非常重要。上述这些指标被称为性能评价指标，将恢复前后及参照湿地的性能指标进行比较，就可以确定恢复后的湿地是否达到了与恢复前或参照湿地相同的状态。恢复区域历史上或恢复项目开始时生态系统的结构和功能对于衡量湿地是否成功恢复非常重要（White and Walker，1997），但人类活动的长期影响逐渐改变了原有的生态系统和景观格局，一般很难得到恢复前的这些数据，因此人们通常使用参照湿地进行比较。

恢复湿地的性能指标要达到和参照湿地等同的水平需要一定的时间，所需时间长短主要取决于恢复区域的大小、人工干预的强度和持续时间（见第 3 章）。如果环境条件尤其是水文条件可以恢复，并且附近有可以传播到该区域的繁殖体，那么湿地的群落结构和生态系统功能将会沿着参照湿地的形成轨迹发育。湿地发育轨迹的形态和趋势及生态系统的结构功能达到参照湿地等同水平所需的时间主要取决于选取的性能评价指标。然而，如果最初恢复区域的环境条件不适合植物群落生长或者没有繁殖体来源，那么湿地生态系统的发育轨迹可能需要更长的时间才能与参照湿地保持一致，或者朝着与参照湿地完全不同的方向发展。

10.2 性能指标

性能指标包括环境指标及衡量生物和非生物结构和功能随时间变化的指标。环境指标分为物理要素和水文要素（淹水的水深、持续时间、频率、淹水的时间或季节及水化学特征）。人们在进行湿地恢复时需要对湿地生态系统的结构和功能进行监测，分析该区域是否正在向同类型自然湿地（参照湿地）的方向发育，并估算其结构和功能完全恢复所需要的时间。

人们已经提出了很多种指标体系作为衡量湿地恢复成功与否的性能指标。生态恢复学会（Society of Ecological Restoration，2004）提出了 3 种评价生态系统结构功能的指标体系：①植物多样性；②植物群落结构；③生态系统恢复过程（Ruiz Jaen and Aide，2005）。Neckles 等（2002）提出了专门评价盐沼湿地恢复情况的监测方案，监测指标包括水文、土壤理化性质、植被、游泳动物和鸟类等要素，该方案曾被用于缅因湾的 36 个恢复湿地项目的监测工作（Konisky et al.，2006）。Anisfeld（2012）则制定了一套研究潮汐沼泽恢复对生物地球化学过程效应的监测框架。本章介绍的性能指标包括 Neckles 等提出的很多评价指标，以及一些其他的反映生态和微生物过程的评价指标。

10.2.1 参照湿地评价的标准

本书将参照湿地定义为与恢复湿地同类型的生态系统结构和功能完整的天然湿地，理想情况下参照湿地与恢复湿地应具有相同的景观位置或处于同一流域，它受到的人类活动扰动最小，代表了高质量和功能良好的生态系统。该定义符合 Brinson 和 Rheinhardt（1996）的评价标准，即在利用水文地貌分类法进行湿地功能评价时，参照湿地是功能指数最高的湿地。（见第 2 章）。进行湿地功能评价时参照湿地通常被当作“标尺”，来衡量恢复湿地在发育过程中性能指标的变化趋势是否和参照湿地一致。恢复湿地的性能指标与参照湿地性能指标之间的比值被称为响应比，结果用百分比表示，人们经常用响应比来表示恢复湿地和参照湿地及恢复区与退化区之间各项指标的差别（Suding，2011）。考虑到自然生态系统的异质性，理想的性能评价应选择多个参照湿地进行取样（Findley et al.，2002）。

在为每个恢复湿地设定性能指标时，要考虑现有的景观位置、时间和空间尺度上的胁迫及恢复过程对它的影响（Hobbs，2007；Simenstad et al.，2006）。有时不太可能将湿地完全恢复到参照湿地的状态，比如在有大量农田的区域或城市中进行湿地恢复时，无法完全消除周围农田和人类活动带来的胁迫和干扰，这时应关注在最有可能恢复成功的功能上。

10.2.2 环境要素——水文和水化学指标

湿地成功恢复的关键取决于该区域是否具备有利的水文和水化学条件（表 10.1）。实施恢复后人们必须对恢复湿地和参照湿地的淹水深度、持续时间、频率、季节性或土壤饱和度等水文指标进行同步监测，并对各项指标进行比较。除基于淹水深度日监测数据绘制的周年变化图，湿地的水文特征还可以用其他数据来表示，比如植物生长期的地下水水位和生长初期地下水水位月数据的中值也可以用来预测湿地的群落组成（Johnson et al.，2014）。对湿地水体的电导率、盐度和 pH 等水化学指标进行监测可以确定恢复湿地和参照湿地是否具有相似的水化学特征（表 10.1）。除此之外，在富营养化、大气氮沉降和硫酸盐沉降发生的区域，需要同时监测无机氮和无机磷等营养盐指标；在有地下水补给的区域，还需要对碱性阳离子（Ca^{2+}和 Mg^{2+}）进行监测。

表 10.1　用于评估成功创建和恢复湿地所需环境条件的水文和表层水性能指标

水文条件	表层水
水位、淹水深度和土壤饱和度	盐度
淹水和水分饱和的持续时间	电导率
淹水和水分饱和的频率	pH
淹水和水分饱和的时间和季节	无机氮（NH_4^+，NO_3^-）和磷（PO_4^{3-}）①
	（SO_4^{2-}）①
	碱性阳离子（Ca^{2+}，Mg^{2+}，K^+，Na^+）①

①二级指标

湿地监测的频次通常根据项目经费和人员情况来确定。水文指标应至少每月监测一次，对于潮汐湿地、沼泽和红树林来说，测量一个潮汐周期内大-小潮的淹水深度和持续时间可能就够了（见第 8 章）。水化学指标的监测需要使用可以测量盐度的折射计及可以测量 pH 和电导率的便携式仪器进行原位监测。水化学指标应当至少每月或每季度监测一次，这样可以利用获取的数据分析它们与水文指标的相关性。水体的营养盐指标时空异质性较高，因此需要进行更高频次的监测。目前有很多的标准方法可以用于水体水化学指标的分析（APHA，1998）。

10.2.3　群落结构与生态系统功能

人们通常通过建立一套性能指标体系来表征恢复湿地生态系统群落结构和功能需要达到的目标。群落结构的指标主要描述了生物区系、植被、动物和微生物的种群结构及土壤特性。生产力、分解作用和反硝化作用等生态系统功能指标主要用来表示生态系统内部能量（碳）流动和物质（氮和磷）循环的过程。关键性能指标应选择可以量化的指标，如果有条件也可以设定一些二级的性能指标。在进行性能评价时一些关键指标的选择会对评价结果产生重要影响，比如在对潮汐湿地进行恢复评价时，有鳍鱼类的利用率是性能评价的关键指标，而对于沼泽湿地来说，碳的埋藏量则是关键指标。

恢复湿地的主要性能指标见表 10.2 和表 10.3，虽然并不全面，但它包含了评价恢复湿地生态系统群落结构和功能所需的关键指标。

表 10.2　评价人工湿地和恢复湿地的生态系统群落结构的一级和二级性能指标

要素	一级	二级
植被	盖度	地下生物量
	茎高	
	茎密度	
	花茎	
	地上生物量	
	物种数量	
	物种多样性	
动物	底表大型底栖动物密度	底表大型底栖动物生物量
	底表大型底栖动物物种数量	
	底表大型底栖物种多样性	
		底内大型底栖动物密度
		底内大型底栖动物物种多样性
	游泳动物密度	游泳动物体长/年龄结构
	游泳动物多样性	游泳动物生物量
	鸟类密度	
	鸟类物种多样性	
微生物		微生物数量/密度
		微生物生物量
		微生物多样性
土壤	堆积密度	总磷
	有机物含量	有效氮
	有机碳	有效磷
	总氮	有机物质量（木质素）
	pH	
孔隙水		盐度
		电导率
		pH
		硫化物

表 10.3　用于评价人工湿地和恢复湿地的生态系统功能的一级和二级性能指标

要素	一级	二级
植被	茎高	地上净初级生产力
	茎密度	地下净初级生产力
	地上生物量[①]	
	地下生物量	

续表

要素	一级	二级
动物	底表底栖动物密度	底内底栖动物生物量
	底表底栖动物生物量	底表底栖动物营养结构
	底内底栖动物密度	底内底栖动物营养结构
	游泳动物密度②	游泳动物营养结构
	游泳动物生物量	
	鸟类密度	鸟类营养结构
微生物	微生物生物量	微生物/土壤呼吸作用
		反硝化作用
		产甲烷过程
		硫酸盐还原作用③
		Fe 还原反应
土壤	堆积密度	总磷
	有机物	可利用氮
	有机碳	可利用磷
	总氮	有机物质量
	pH	淤积和沉积
		碳固定
		氮累积
		磷累积
孔隙水		盐度
		电导率
		pH
		硫化物

① 总物种与入侵物种；② 包括有鳍鱼类、虾、螃蟹和其他游泳动物；③ 仅指河口湿地

1. 群落结构

湿地群落结构的主要性能指标分为植物、动物、微生物、土壤和孔隙水几大类（表 10.2）。茎高、茎密度、花茎和地上生物量等植被覆盖度相关的指标用于评价植物群落的物理架构，而动物的性能指标主要是指生活在土壤表面的蟹类和蜗牛等底表大型底栖无脊椎动物的密度和数量。其中，蟹类的数量既可以通过洞穴的数量间接估算，也可以把洞穴挖开进行取样调查，蜗牛的数量则是通过直接计数获取的。鱼类和具有活动能力的甲壳水生动物，如虾和蟹类，统称为游泳动物，其密度和数量是通过渔网捕捞或布置陷阱的方式在淹没期进行调查取样来获取（Taylor and Allanson，1993；Teal，1958）。鸟类是湿地野生动物中最具代表性的类群，人们可以通过鸟类的外观形态和鸣声按物种进行分类和计数（Brittain et al.，2010）。

物种数量（丰富度）和多样性指数也可以用来描述群落结构的特征。多样性指数不仅可以反映样本中物种的数量，还可以反映各物种的相对丰度。但是需要注意的是多样性指

数要按照植物、无脊椎动物、有鳍鱼类和鸟类等不同的类群分别计算，常用的物种多样性指数有香农（Shannon）指数和辛普森（Simpson）指数（Odum and Barrett，2005）。另外，在进行性能评价时应充分考虑稀有物种和外来物种的数量和丰度，虽然这些物种所占比例较小，但是他们可能会对群落结构的评价结果产生重要影响。Matthews 等（2009）采用了多种多样性指标来评价淡水湿地的植被恢复情况，包括本地物种丰富度、植物区系质量指数（floristic quality index，FQI）、生态保守性系数（coefficient of conservatism，C of C）、薹草属植物物种丰富度、多年生植物物种数量和水生植物物种丰富度。植物群落整体质量可以用恢复区内不同植物区系质量指数和生态保守性系数来表示（Hopple and Craft，2013；Matthews et al.，2009）。生态保守性系数是对某种特定植物区系内本土物种对外界环境干扰的敏感程度进行排序并赋值，其中，稀有物种的保守性最高（C=10），杂草或入侵物种的保守性最低（C=1）。FQI 则以划分等级的方式来表征研究区域的植被质量水平，FQI 最高的区域相应的生态系统质量也越高。

土壤可以为湿地动植物的生长提供有利的物理条件和营养支持，因此土壤理化性质是进行湿地结构评价的关键指标。在这些指标中土壤有机质含量非常重要，它一方面可以为植物生长提供营养物质（尤其是氮），另一方面也是碎屑食物网有机碳的主要来源。土壤有机质含量通常用烧失量表示，烧失量是通过高温煅烧使干燥土壤中的有机质氧化分解，然后根据煅烧后失去的重量来计算土壤中的有机质含量（Nelson and Sommers，1996）。氮是限制植物生长的关键元素，因此土壤氮含量的监测对于湿地的性能评价也非常重要。土壤氮含量通常利用凯氏定氮法进行测量，或使用碳氢氮元素分析仪对干式燃烧后的土样（杜马法）进行分析（Bremner，1996），元素分析仪的方法更为常用，因为它在分析氮含量的同时还可以得到土壤中的碳含量。土壤中碳的监测目前主要关注的是有机碳含量，因为它是湿地土壤中碳的主要形式。对于碳酸盐含量较高的土壤，测量前应首先使用稀盐酸（HCl）将其去除（Hedges and Stern，1984）。土壤容重和 pH 分别用来表示土壤的基本理化特征，其中容重是通过测量一定体积土壤并烘干后的重量计算得到的（Blake and Hartge，1986）。土壤的 pH 是主要取决于土壤溶液中的氢离子浓度，通常用氢离子电极进行测量（Thomas，1996）。

氧化还原电位可以反映土壤的厌氧程度，它是表示环境中氧化性物质（O_2）和还原性物质（H^+）相对丰度的指标，通常使用由电表、铂电极和参比电极组成的仪器进行测量。因为氧化还原电位在时空尺度上具有较大的异质性，所以在野外条件下测量难度较大。相比之下，含水土壤的特征（土壤色度低表示厌氧环境）或者土壤表层还原性铁（亚铁）和活性有机物质的含量可以更好地反映土壤的厌氧程度（见第 2 章）。

群落结构评价的二级指标主要包括植物地下生物量、底表大型底栖动物、底内大型底栖动物和微生物，以及一些其他的土壤指标。虽然二级指标的监测和一级指标相比更加困难，且需要开展大量的工作才能完成，但它们可以提供更加详细的群落结构信息。要获得植物的地下生物量（根和根状茎的生物量），首先要采集一定体积的土壤柱心，将土样过筛以得到植物的根和根状茎，然后称取根和根状茎的重量，利用根和根状茎的重量和土样的体积来计算植物地下生物量（Craft，2013）。由于大多数根和根状茎都位于土壤表层，地下生物量也可按不同的深度进行测量（如 0～10 cm、10～30 cm）。底表大型底栖动物生物量的估算方法是采集一定范围内的蟹类、蜗牛及其他在土壤表层生活的底栖无脊椎动物，然后将这些动物烘干以后称重来计算得到，采样面积从蟹类的 0.25 m^2 到双壳类动物的 2 m^2 不等，或者根据直径 1.8 m 的大型长袋网的捕获量来确定（Minello and Webb，1997）。

底内大型底栖动物是生活在土壤中的无脊椎动物，它们在地表或地下筑造洞穴，通常以有机物和相关的微生物为食物来源。河口湿地中常见的底内大型底栖动物有线虫、寡毛纲和多毛纲的蠕虫，而淡水湿地则以蝇类的幼虫（双翅类）为主（Craft，2001）。底内大型底栖动物的调查通常是采集直径较小的柱状土壤样品，采样深度为 5 cm（Sacco et al.，1994），采集的土壤样品在现场用福尔马林或酒精固定，并用孟加拉玫瑰红等染料染色，然后把不同的底栖动物挑选出来，底栖动物的采集和分离主要靠人工挑取完成。人们利用底栖动物的分类鉴定技术将采集的样品分为不同的类群，并选取一些参数来表征每个类群的物种丰富度和营养（摄食）类群。陆生昆虫通常使用真空抽吸取样器进行采样（McCall and Pennings，2012）。鱼类则是利用围网、渔网或设置陷阱等方式（Bonar et al.，2009；Freeman et al.，1984）采样来获取鱼类的生物量、体长和干重等信息，并将恢复湿地的单位捕获量和参照湿地进行比较，种群的年龄结构组成特征可以使用体长来表示。

微生物数量和多样性的测定耗时和成本较高且需要具备相关的专业知识才能完成。相比之下，分析微生物对湿地生态系统功能的贡献更简单，对于湿地功能的评价可能也更有用。然而，这种对微生物的分析只是简单的生物量测定，与其他有机物来源相比，微生物生物量非常不稳定，一般是利用氯仿从土壤中提取测定得到（Jenkinson and Powlson，1976）。虽然这种方法不能区分不同微生物类群的生物量，但它提供了一种测定微生物相对丰度的方法。

反映土壤理化特征的二级指标包括总磷（P）、有效氮（NH_4^+、NO_3^-）和有效磷（PO_4^{3-}）及有机质含量。有效氮和有效磷可以使用不同的稀盐酸溶液萃取得到，其中 NH_4^+ 和 NO_3^- 用 2NKCl 来萃取（Mulvaney，1996），P 则是用 NH_4F、$NaHCO_3$ 或其他盐溶液萃取（Kuo，1996）。萃取以后采用地表水中氮磷的测定方法对萃取液进行分析，总磷的测定方法是先用浓酸在高温条件下对土壤进行硝化，然后对消化液进行稀释后用分光光度法测定。有机质的质量可以通过土壤中的木质素含量来确定。木质素的含量则是利用硫酸提取土壤中的有机质钙含量来进行测定的（Ryan et al.，1990）。另外还可以通过木质素和氮的比例来反映有机质的质量，它代表土壤中不稳定有机质（氮）和难降解有机质（木质素）的相对丰度。

和地表水相似，孔隙水的盐度、电导率和 pH 可以表征土壤中所含水分的物理化学特性，这些指标通常使用折射计（盐度）或电极进行原位测量。孔隙水中硫化物浓度的变化可以反映土壤的硫酸盐还原速率，是湿地监测的重要指标。另外，由于河口湿地中海水硫酸盐含量较高，硫酸盐进入湿地后会被厌氧微生物还原为硫化物，硫化物会抑制植物对氮的吸收，对许多湿地植物有毒害作用，因此孔隙水中硫化物浓度的测定对于河口湿地的监测尤为重要（Chambers et al.，1998；Chambers，1997；Bradley and Morris，1990）。硫化物经过化学反应被固定后，也可以使用硫化物电极进行测量（APHA，1998）。

2. 生态系统功能

评价生态系统功能的性能指标主要用于表示生产力、能量流动和物质循环等过程的变化（表 10.3）。茎高、茎密度、地上和地下生物量等主要性能指标，在用于衡量生态系统结构变化的同时，也可以作为反映生产力的变化。草本植物的地上生产力是在不破坏植物的前提下对草本植物茎高和密度进行重复测量得到的（Morris，2007）。对于木本植物来说，凋落物的生物量使用凋落物捕集器来测量，而树木生长量则使用带状树木径向变化记录仪进行测定（Conner and Cherry，2013），利用树高和直径数据通过异速增长方程估算生物量也是一种常用的方法。

地下生产力的测定更加困难，常用的方法包括将树根放置在装满泥炭或沙子的袋子中获得根部的进界生长量；按照时间序列对根和根状茎进行连续取样来测定；或者使用微根管法（min-rhizotrons），即利用小型摄像机无破坏性获取根部生长变化的图像来分析测定（Conner and Cherry，2013；Craft，2013）。上述这些方法都有一定的局限性，进界生长量的测样方法和按时间序列取样的方法都需要大量的工作才能完成根和根状茎的采样和分类，微根管法则主要用于陆地土壤（Tierney and Fahey，2007），在被淹没和水分饱和的土壤中并未被广泛使用。地下生产力的测定方法可参见 Fahey 和 Knapp（2007），该文中对苔藓植物、草本植物和木本植物初级生产力的测定方法进行了全面介绍。

底表大型底栖动物、底内大型底栖动物和游泳动物的密度和生物量也可以反映生产力的变化（表 10.3）。Rozas 和 Minello（2009）在潮汐沼泽恢复区与参照区的邻植被边缘开展了中尺度的围隔试验，并测定了游泳动物优势物种的生长速率，结果证实游泳动物的生长速率和死亡率一样，也可以用作评估潮汐沼泽恢复情况的性能指标。无脊椎动物和游泳动物的食物网结构变化情况可以通过对不同的营养层次或摄食类群进行分析来测定，以评估生态系统的碳循环过程。比较生态系统各营养级生物的数量和种类时应按照觅食生境、草食动物、肉食动物和食碎屑动物来进行分类。食物网的结构分析则需要全面了解每种类群或物种的摄食习惯[可参见 Sacco 等（1994）等]，鸟类群落的营养结构也可以用同样的方法进行分析。

微生物在生态系统的能量流动和物质循环中起着非常重要的作用，它们利用各种终端电子受体（包括 Fe^{2+}和 SO_4^{2-}）将不稳定和难降解的有机物转化为 CO_2 和 CH_4，微生物介导反硝化作用等主要氮循环过程，同时还可以产生淀粉酶（C）、脲酶（N）和磷酸酶（P）分解各种碳、氮、磷有机化合物。

微生物对生态系统功能的贡献通常用生物量表征，生物量的测定方法除了氯仿提取法（Jenkinson and Powlson，1976），还有一些其他的方法可以测定（Rinklebe and Langer，2013；Paul et al.，1999）。呼吸作用是反映微生物活性的指标，它可以通过在实验室对土壤进行模拟培养（Bridgham and Ye，2013）或在野外原位培养来测定（Holland et al.，2007）。使用这两种方法进行测定时一定要在培养实验开始前把植物的根挑出来，以排除根呼吸作用产生二氧化碳对结果造成的影响。湿地的微生物过程如铁的还原过程、反硝化作用及 CH_4 产生的速率一般是通过测定培养实验中产生的 Fe^{2+}和 Mn^{2+}（Pentrak et al.，2013）、N_2O（Burgin et al.，2013；Groffman et al.，1999）及 CH_4（Inglett et al.，2013）等厌氧分解产物的变化情况来获取的。硫酸盐还原作用是潮汐盐沼和红树林湿地中一种非常重要的微生物过程，其反应速率一般通过分析样本中还原性硫化物（例如，H_2S，FeS，FeS^{2-}）的变化量（Ulrich et al.，1997），或使用放射性 ^{35}S 元素标记土壤的方法进行测定（Cornwell，2013）。微生物群落的分析还有很多其他的方法，如酶活分析、不同底物的利用情况分析、脂类分析和核酸分析等（Sinsabaugh et al.，1999）。这些指标和其他土壤指标的标准方法可参见 Sparks（1996）、Robertson 等（1999）和 DeLaune 等（2013）。

人们还经常对土壤厚度的增加、泥沙的淤积、固碳及氮磷在土壤中的累积速率进行测定。这些过程比较缓慢，一般需要很长的时间，因此其监测频次（每月一次或每年一次甚至更长）比生物群落要低。泥沙淤积过程的监测方法通常是利用长石作为标记物建立标记层随时间变化的散点图（Callaway et al.，2013）[图 10.3（b）]。土壤固碳和氮磷的累积速率则是通过定期采集柱状土壤样品，冷干后测量样品的体积和质量，然后同时测定土样中碳、氮、磷的含量来估算（Noe and Hupp，2005）。

10.2.4 生态系统发育的轨迹

当环境胁迫消除、水文条件恢复，再加上辅助的人工定植，湿地生态系统将朝着能够自我调节和功能完善化的方向发育。利用生态系统发育和演替的模型（见第 3 章）可以对群落演替的方式、轨迹及最终期望达到的目标进行模拟，使用不同的性能指标模拟最终得到的生态系统发育速度会有所不同，有时发育轨迹甚至也会发生变化。个体大小和繁殖年龄等生活史特征决定了生物体到达定植区域、生长和增殖的速度，除此之外繁殖体的数量和传播能力也非常重要（Donath et al.，2003；Galatowitsch，1996）。繁殖体的传播通常是随机的，具有时间和空间上的不确定性，因此一些恢复区域所需的物种可能需要人工定植来引入。由于草本植物的生命周期较短（一年生、两年生、多年生），它比木本植物恢复和成熟的更快[图 10.1（a）]。潮汐湿地和洪泛区湿地等水文条件周期变化的湿地生态系统发育速度比位于较封闭区域的水文条件非周期性变化的湿地要快[图 10.1（b）]。生产力和营养盐循环等生态系统功能的发育速度可能比群落结构的发育更快（栖息地和生物多样性）[图 10.1（c）]。

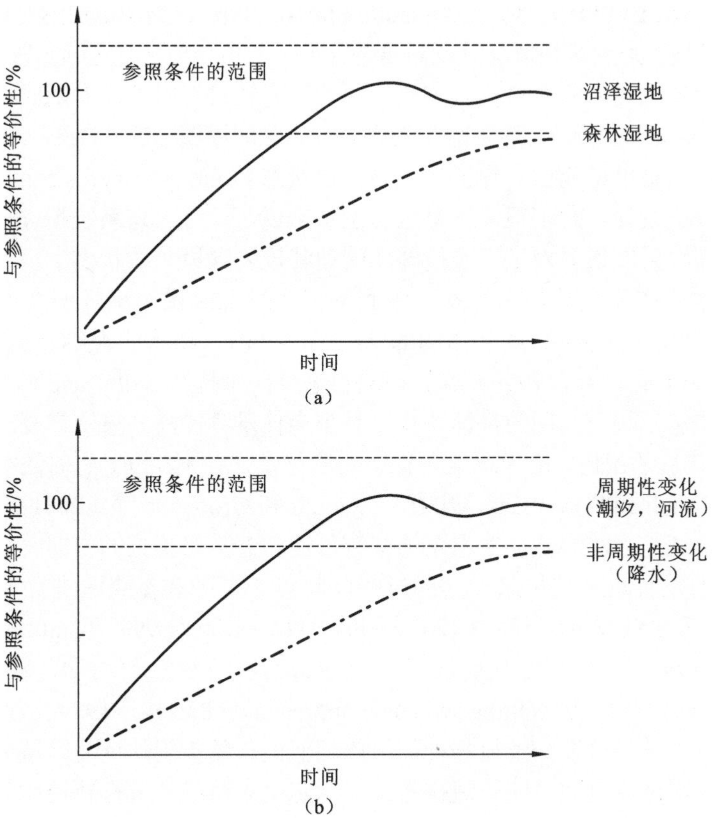

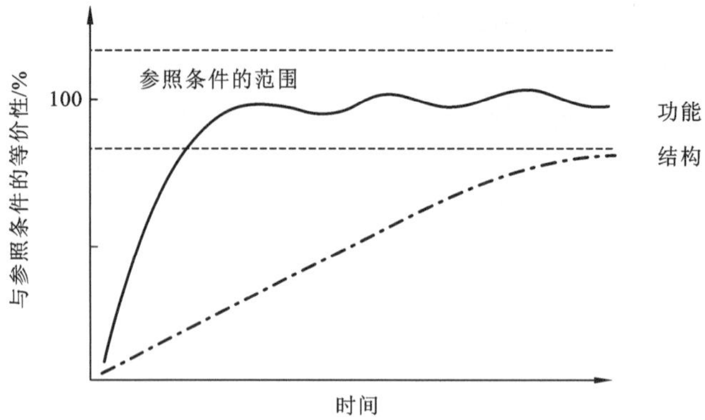

（c）

图 10.1　生态系统发育轨迹的变化：（a）沼泽湿地与森林湿地；（b）水文条件周期性变化和非周期性变化；（c）人工潮汐盐沼湿地生态系统的功能和结构

恢复湿地生态系统建立以后，通过连续监测得到的性能指标变化轨迹可能呈现线性或曲线，曲线又分为渐进型曲线、负指数曲线（从开始一直上升到最大值）和双指数曲线（有一个峰值）。这些不同的轨迹类型主要来源于对多种恢复湿地长时间序列的研究结果，涵盖了潮汐盐沼湿地（Craft et al.，2003；Morgan and Short，2002）、淡水森林湿地（Berkowitz，2013；Meyer et al.，2008）、淡水沼泽湿地（Matthews et al.，2009；Jinbo et al.，2007）和红树林湿地等多种类型的湿地（Osland et al.，2012）。在入侵物种占优势的情况下，如芦苇作为优势种的半咸水潮间带高潮滩（见第 11 章）和虉草属或香蒲占优势的淡水沼泽（Matthews and Spyreas，2010；Matthews and Endress，2008），性能指标的变化有时并不会按照预期的轨迹发展，遇到这种情况时就需要进行人工干预，使恢复区回到既定的发育轨迹，并确保其达到最初设定的恢复目标。恢复湿地的发育轨迹有时并没有随时间发生明显变化（Zedler and Callaway，1999），这可能是因为监测的时间周期不够（Dawe et al.，2000），或者是生态系统已经不可逆地过渡到了另一个稳定状态（Lindig-Cisneros et al.，2003）。Hobbs 和 Norton（1996）发现，对于很多恢复生态系统来说，一旦生态系统超过一定阈值到达另一种稳态，就需要采取很多人工干预措施才能使其恢复到原来的状态。

当恢复区的生态系统从一个稳态过渡到另一个稳态时说明该区域并不具备合适的环境条件，或环境胁迫并未消除。洪水（Matthews et al.，2009）、植物病害（Klotzli and Grootjans，2001；Zedler and Callaway，1999）或其他随机事件的干扰（Zedler and Callaway，2000）都可能会阻碍生态系统向预期的目标发育，甚至会使发育停滞。德国恢复湿地的监测结果表明，恢复 40 年后的湿地、沼泽湿地和草地的演替模式各不相同，有时还会朝着预料之外的方向发展（Klotzli and Grootjans，2001）。Klotzli 和 Grootjans 等（2001）研究结果显示，无论是恢复湿地还是天然湿地，生态系统都有可能朝着不可预见的方向发育。

生态系统的发育轨迹是按照一定的时间间隔对恢复区和参照区进行连续重复监测来确定。具体方法可参见 Mitsch 等（2012），Zedler 和 Callaway（1999），Craft 等（1999，2002），Simenstad 和 Thom（1996），以及第 11 章。其中最常用的方法是空间代替时间（space-for-time）的方法或时间序列法（chronosequence approach）（Pickett，1989），这种方法是对水文周期、水化学特征（盐度）及植物种类组成相似但年龄不同的恢复区域分别采样，然后将监测结果按照湿地恢复的时间长短排序，以确定生态系统的发育轨迹。时间序列法的优点是可以通过在较短时间内对不同年龄的恢复湿地采样的方式来减小监测的时间尺度，这种方法的使用范例具体可参见 Berkowitz（2013），Osland 等（2012），Matthews（2009），Meyer（2008），Jinbo 等（2007），Craft 等（2003），Craft 和 Sacco（2003）和 Craft（2000）。

Mitsch 等（2012）对俄亥俄州立大学与奥兰滕吉河流湿地研究公园的两个人工淡水沼泽湿地生态系统发育情况进行了 15 年的定期观测，这两个湿地在建造之初一个种植了 13 种植物，另一个则没有种植。15 年后两个湿地的植物物种丰富度均有所增加，最初种植了植物的湿地物种种类增加到 101 种，而另一个没有种植的增加到 97 种。土壤表层 8～10 cm 的容重随着时间的增加而降低，从最开始的 1.30 g/cm^3 分别下降到 0.61 g/cm^3（人工种植植物的湿地）和 0.71 g/cm^3（未种植植物的湿地）。土壤的碳含量则在 15 年间有所增加，从最开始的 1.6%分别增至 3.6%（人工种植植物的湿地）和 4.6%（未种植植物的湿地）。

关于湿地生态系统发育轨迹最全面的研究结果主要来自潮汐盐沼湿地。Craft（2003）采用时间序列法对北卡罗来纳海岸 8 个人工潮汐盐沼湿地生态系统发育情况进行了调查研究，这 8 个区域因受天文潮影响每天会被潮水淹没两次，潮水的盐度为 20‰～30‰，湿地中种植的植物是互花米草。研究人员按照时间序列对湿地进行采样，样点覆盖的时间范围从 1～28 年，每个采样点均选择附近的天然成熟沼泽湿地作为对照。本研究对很多性能评价指标进行了监测，其中大部分都是和生态系统功能相关的指标。

地上生物量、地下生物量、底栖无脊椎动物密度、物种丰富度（图 10.2）及营养类群等性能指标的变化可以反映生态系统发育轨迹随时间的变化。泥沙淤积量呈现出具有峰值的轨迹曲线[图 10.3（a）]是由于植物最开始在该区域定植时会使泥沙的淤积量增加，但受海平面持续升高的影响，泥沙的淤积量达到峰值后又会随之下降。土壤容重、有机碳和有机氮所占比例及碳和氮的埋藏量等土壤理化性质指标随时间呈线性变化，表层土壤的发育速度比下层快（图 10.4）。土壤中细颗粒物如淤泥和黏土的累积量也是呈线性变化的（Craft et al.，2003）。米草属的茎高、藻类生物量（叶绿素 a）、藻类和硅藻的物种丰富度，以及一些和无脊椎动物种群相关指标的变化轨迹与分解作用、甲烷产生及反硝化作用等微生物过程轨迹相似（Broome and Craft，2009；Cornell et al.，2007；Craft et al.，2003），也随时间呈线性增长（Zheng et al.，2004；Craft and Sacco，2003）。

有些性能指标并没有随时间发生明显的变化，比如尽管有些人工湿地米草属幼苗的茎密度比参照湿地高，但幼苗中茎的密度并没有随时间变化（Craft et al.，2003）。此外，土壤中磷的含量也没有随着湿地年龄的变化而变化（Craft et al.，2003），这样的结果表明这些湿地是属于氮限制型湿地，而磷的含量较高。

反映生态系统异养过程的很多性能指标都与土壤有机质相关，比如用来表示微生物活性的指标 CO_2 产生量、CH_4 的产生量（图 10.5）和反硝化作用速率（Broome and Craft，2009）均会随着土壤有机碳的增加而增加（Cornell et al.，2007；Craft et al.，2003）。底栖无脊椎动物的密度和多样性也和土壤有机碳呈正相关关系（Craft，2000），但相关性比反映微生物活性的指标低（Craft and Sacco，2003）。对淡水沼泽湿地的研究结果表明，土壤有机质含量的变化可以在一定程度上反映湿地恢复后与碳氮循环相关的其他指标的变化（Meyer et al.，2008）。

Craft 等（2003）开发了一个用于研究人工潮汐盐沼湿地生态系统发育（图 10.6）的概念模型，利用该模型发现:主要受水文条件影响的生态系统物理过程发展较快，并呈现出具有峰值的轨迹曲线。当湿地的水文条件恢复并种植植物以后，泥沙的淤积量及有机物和氮的累积速率会迅速增加并达到峰值，之后便开始下降。反映生态系统生物过程的指标变化相对较慢，发展轨迹通常呈现渐近型或线性。土壤性质相关的指标呈线性变化且发展速度非常缓慢，下层土壤可能需要数十年甚至一个世纪才能具有同参照湿地相同的特性。

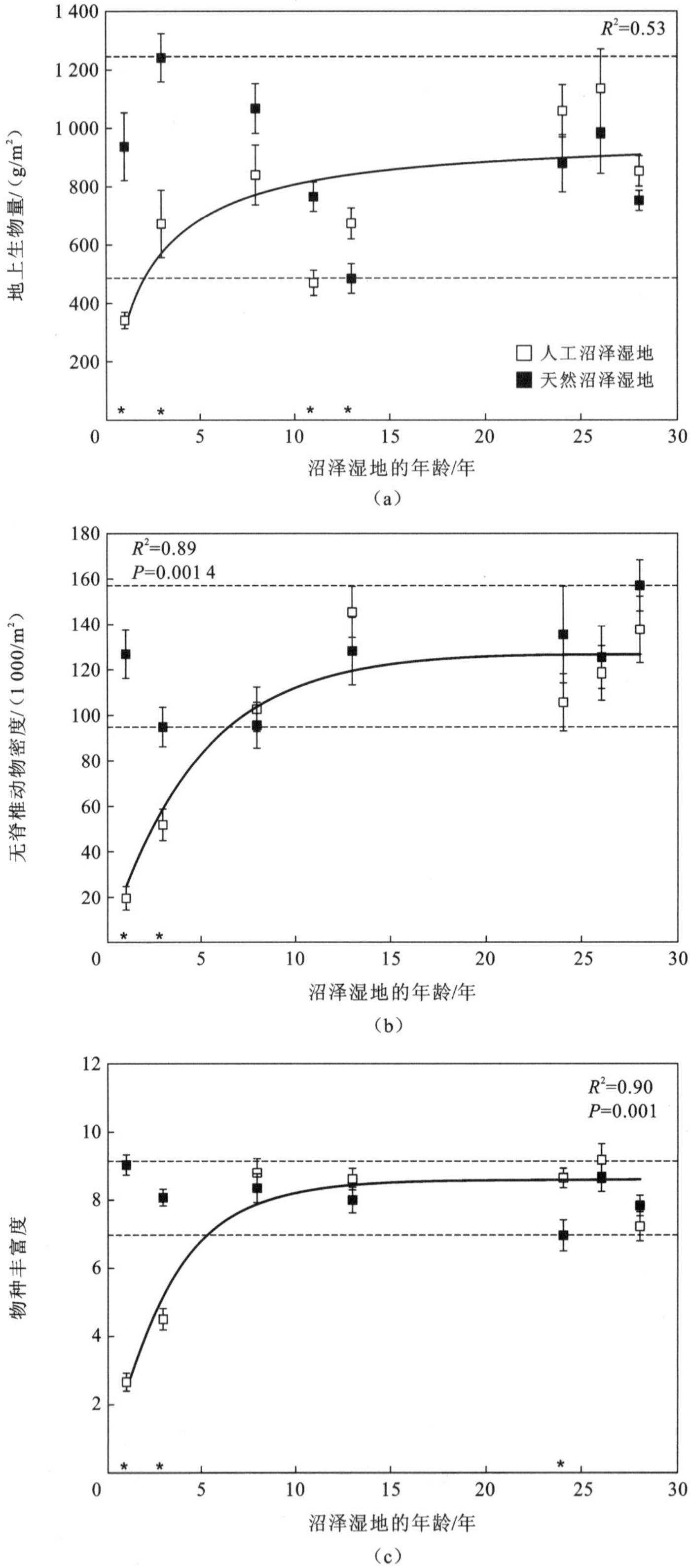

图 10.2　沼湿地中（a）地上生物量、（b）底栖无脊椎动物密度和（c）物种丰富度随时间增加的渐进型轨迹

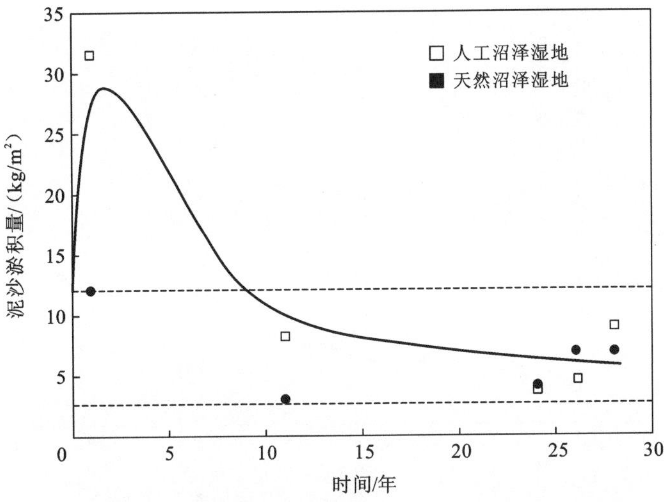

（a）

（b）

图 10.3　（a）人工潮汐盐沼湿地泥沙淤积量随时间变化的峰值轨迹曲线；（b）在沼泽湿地中利用长石标记层监测泥沙的淤积量

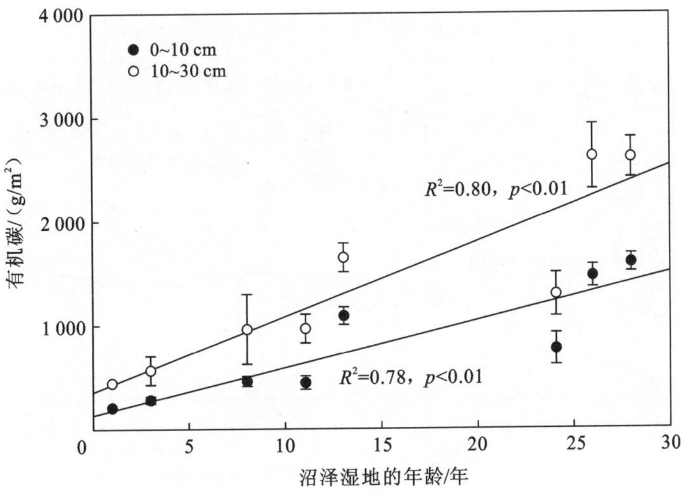

（a）

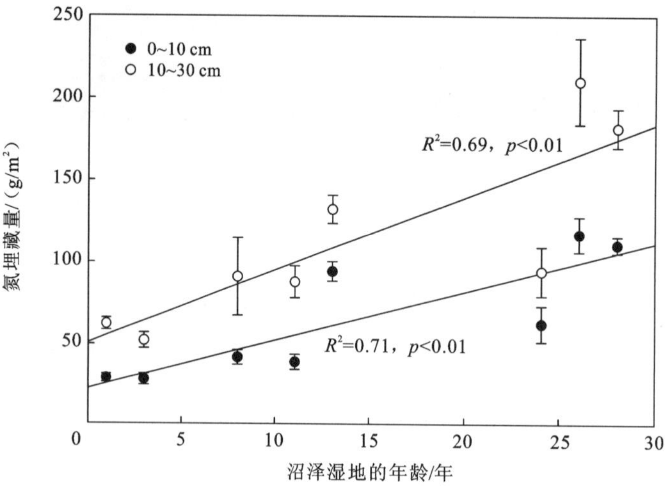

（b）

图 10.4　人工潮汐沼泽湿地土壤中（a）有机碳和（b）氮埋藏量（0～30 cm）随时间的增加而增加。土壤表层（0～10 cm）碳和氮的累积速率高于下层（10～30 cm）

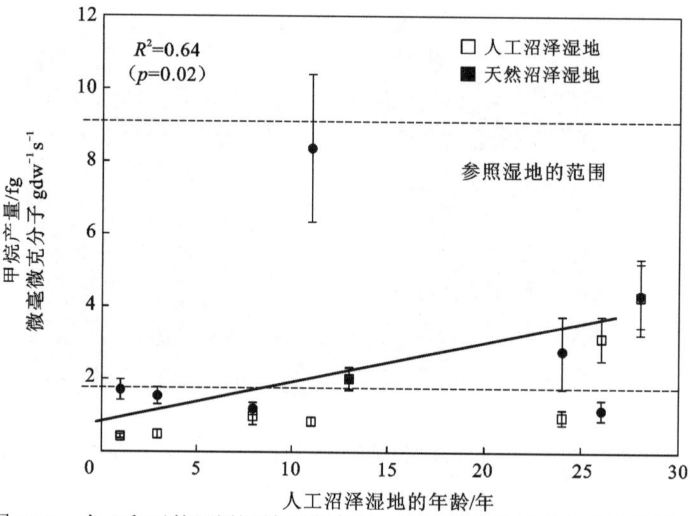

图 10.5　人工和天然沼泽湿地甲烷产量，其他微生物过程如分解作用、CO_2 产生和反硝化作用也与土壤有机碳呈正相关

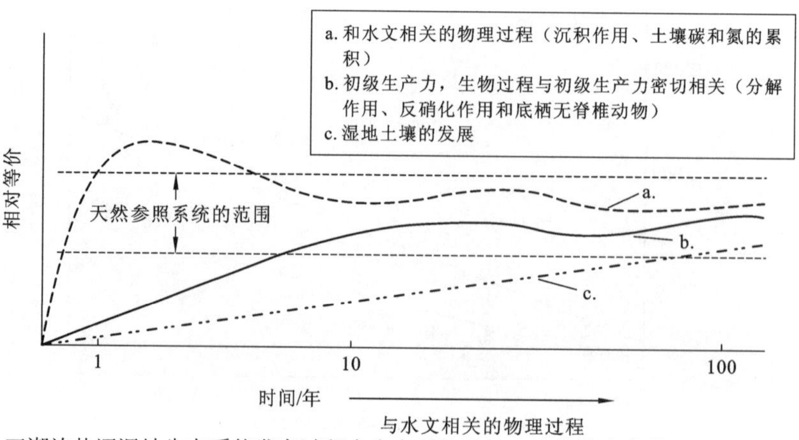

图 10.6　人工潮汐盐沼湿地生态系统发育过程中生态系统结构和功能的变化轨迹（Craft et al.，2003）
有关曲线的详细说明请参见正文

所有参照沼泽湿地土壤（0～30 cm）中有机碳和有机氮的最低含量分别为 1000 g/m^2 和 100 g/m^2，而小于 10～15 年的较年轻的人工沼泽湿地中的碳氮含量则较低。Bradshaw（1983）指出陆生生态系统（如露天矿山土地）要恢复到可以自我维持的状态，土壤中氮含量至少要达到 100 g/m^2。由于氮通常是限制植物生长的关键因子，支持植物生长（如生产力）所需的土壤最低氮含量为 100 g/m^2。对于以碎屑食物链为主的湿地生态系统，可以自我维持的异养生态系统所需要的土壤有机碳最低含量是 1 000 g/m^2。

总之，经过适当修复的湿地可以在一定时间内成为一个功能完备的生态系统，不同的性能指标达到恢复目标所需的时间有所不同。有些性能指标可以反映其他指标的发展变化，比如土壤有机质的变化可以用来预测异养生物群落、微生物及底内大型底栖动物群落的发展。生物无法传播扩散到一些区域可能会减缓该区域生态系统的发育，而洪水和干旱等随机事件可能导致生态系统的发育变缓、暂停甚至倒退。最后，入侵物种可能会使恢复区域朝着预料之外并且可能无法逆转的轨迹发展，这就需要采用积极的人工干预措施来引导恢复生态系统达到预期的目标。

参考文献

ANISFELD S C, 2012. Biogeochemical responses to tidal restoration//ROMAN C T, BURDICK D M. Tidal Marsh Restoration: a Synthesis of Science and Management. Washington D. C.: Island Press: 39-58.

APHA(American Public Health Association), 1998. Standard Methods for the Examination of Water and Wastewater. Washington D. C.: American Public Health Association.

BERKOWITZ J F, 2013. Development of restoration trajectory metrics in reforested bottomland hardwood forests applying a rapid assessment approach. Ecological indicators, 34: 600-606.

BLAKE G R, HARTGE K H, 1986. Bulk density//KLUTE A. Methods of soil analysis, Part I. Physical and Mineralogical Methods: Agronomy Monograph No. 9, 2nd ed. Madison: American Society of Agronomy: 363-375.

BONAR S A, HUBERT W A, WILLIS D W, 2009. Standard Methods for Sampling North American Freshwater Fishes. Bethesda: American Fisheries Society.

BRADLEY P M, MORRIS J T, 1990. Influence of oxygen and sulfide concentration on nitrogen uptake kinetics in Spartina alterniflora. Ecology, 71: 282-287.

BRADSHAW A D, 1983. The reconstruction of ecosystems. Journal of applied ecology, 20: 1-17.

BREMNER J M, 1996. Nitrogen-total//SPARKS D L.Methods of Soil Analysis. Part 3- Chemical Methods. Book Series No. 5. Soil Science Society of America. Madison: American Society of Agronomy: 1083-1121.

BRIDGHAM S D, YE R, 2013. Organic matter mineralization and decomposition//DELAUNE R D, REDDY K R, RICHARDSON C J, et al. Methods in biogeochemistry of wetlands. SSSA Book Series 10. Madison: Soil Science Society of America: 385-406.

BRINSON M M, RHEINHARDT R, 1996. The role of reference wetlands in functional assessment and mitigation. Ecological applications, 6: 69-76.

BRITTAIN R A, MERETSKY V, CRAFT C B, 2010. Avian communities of the Altamaha River estuary in Georgia USA. The wilson journal of field ornithology, 122: 532-544.

BROOME S W, CRAFT C B, 2009. Tidal marsh creation//PERILLO G M E, WOLANSKI E, CAHOON D, et al. Coastal Wetlands. Amsterdam: Elsevier: 715-736.

BURGIN A J, HAMILTON S K, GARDNER W S, et al., 2013. Nitrate reduction, denitrification, and dissimilatory nitrate reduction to ammonium in wetland sediments // DELAUNE R D, REDDY K R, RICHARDSON C J, et al. Methods in Biogeochemistry of Wetlands. SSSA Book Series 10. Madison: Soil Science Society of America: 519-537.

CALLAWAY J C, CAHOON D R, LYNCH J C, 2013. The surface elevation table-marker method for measuring wetland accretion and elevation dynamics//DELAUNE R D, REDDY K R, RICHARDSON C J, et al. Methods in Biogeochemistry of Wetlands. Madison: SSSA Book Series 10. Soil Science Society of America: 901-917.

CHAMBERS R M, 1997. Porewater chemistry associated with Phragmites and Spartina in a Connecticut tidal marsh. Wetlands, 17: 360-367.

CHAMBERS R M, MOZDZER T J, AMBROSE J C, 1998. Effects of salinity and sulfide on the distribution of Phragmites australis and Spartina alterniflora in a tidal salt marsh. Aquatic botany, 62: 161-169.

CONNER W H, CHERRY J A, 2013. Plant productivity-bottomland hardwood forests//DELAUNE R D, REDDY K R, RICHARDSON C, et al. Methods in Biogeochemistry of Wetlands. Madison: SSSA Book Series. Soil Science Society of America: 225-242.

CORNELL J A, CRAFT C, MEGONIGAL J P, 2007. Ecosystem gas exchange across a created salt marsh chronosequence. Wetlands, 27: 240-250.

CORNWELL J C, 2013. Measurement of sulfate reduction in wetland soils//DELAUNE R D, REDDY K R, RICHARDSON C J, et al. Methods in Biogeochemistry of Wetlands. SSSA Book Series 10. Madison: Soil Science Society of America: 65-773.

CRAFT C B, 2000. Co-development of wetlands soils and benthic invertebrate communities following salt marsh creation. Wetlands ecology and management, 8: 197-207.

CRAFT C B, 2001. Biology of wetland soils//RICHARDSON J L, VEPRASKAS M J. Wetland soils: their Genesis, Hydrology, Landscape and Separation into Hydric and Nonhydric Soils. Boca Raton: CRC Press: 107-135.

CRAFT C B, 2013. Emergent macrophyte biomass production//DELAUNE R D, REDDY K R, RICHARDSON C, et al. Methods in Biogeochemistry of Wetlands. Madison: SSSA Book Series. Soil Science Society of America: 137-154.

CRAFT C B, SACCO J N, 2003. Long-term succession of benthic infauna communities on constructed Spartina alterniflora marshes. Marine ecology-progress series, 257: 45-58.

CRAFT C, BROOME S, CAMPBELL C, 2002. Fifteen years of vegetation and soil development after brackish-water marsh creation. Restoration ecology, 10: 248-258.

CRAFT C, READER J, SACCO J N, et al., 1999. Twenty-five years of ecosystem development of constructed Spartina alterniflora (Loisel) marshes. Ecological applications, 9: 1405-1419.

CRAFT C B, MEGONIGAL J P, BROOME S W, et al., 2003. The pace of ecosystem development of constructed Spartina alterniflora marshes. Ecological applications, 13: 1417-1432.

DAWE N K, BRADFIELD G E, BOYD W S, et al., 2000. Marsh creation in a northern Pacific estuary: is thirteen years of monitoring vegetation dynamics enough? Conservation ecology, 4: 12.

DELAUNE R D, REDDY K R, RICHARDSON C J, et al., 2013. Methods in Biogeochemistry of Wetlands. Madison: Soil Science Society of America.

DONATH T W, HOZEL N, OTTE A, 2003. The impact of site conditions and seed dispersal on restoration success in alluvial meadows. Applied vegetation science, 6: 13-22.

FAHEY T J, KNAPP A K 2007. Principles and Standards for Measuring Primary Production. Oxford: Oxford University Press.

FINDLEY S E G, KIVIAT E, NIEDER W C, et al. 2002. Functional assessment of a reference wetland set as a tool for science, management and restoration. Aquatic science, 64: 107-117.

FREEMAN B J, GREENING H S, OLIVER J D, 1984. Comparison of three methods for sampling fishes and macroinvertebrates in a vegetated freshwater marsh. Journal of freshwater ecology, 2: 603-609.

GALATOWITSCH S M, 1996. Restoring prairie pothole wetlands: does the species pool concept offer decision-making guidance for re-vegetation? Applied vegetation science, 9: 261-270.

GROFFMAN P M, HOLLAND E A, MYROLD D D, et al., 1999. Denitrification // ROBERTSON G P, COLEMAN D C, BLEDSOE C S, et al. Standard Soil Methods for Long-term Ecological Research. Oxford: Oxford University Press: 272-288.

HEDGES J, STERN J, 1984. Carbon and nitrogen determinations of carbonate-containing solids. Limnology and oceanography, 29: 657-663.

HOBBS R J, 2007. Setting effective and realistic restoration goals: key directions for research. Restoration ecology, 15: 354-357.

HOBBS R J, NORTON D A, 1996. Towards a conceptual framework for restoration ecology. Restoration ecology, 4: 93-110.

HOLLAND E A, ROBERTSON G P, GREENBERG J, et al., 2007. Soil CO_2, N_2O and CH_4 exchange// ROBERTSON G P, COLEMAN D C, BLEDSOE C S, et al. Standard Soil Methods for Long-term Ecological Research. Oxford: Oxford University Press: 185-201.

HOPPLE A, CRAFT C, 2013. Managed disturbance enhances biodiversity of restored wetlands in the agricultural Midwest. Ecological engineering, 61: 505-510.

INGLETT K S, CHANTON J P, INGLETT P W, 2013. Methanogenesis and methane oxidation in wetland soils// DELAUNE R D, REDDY K R, RICHARDSON C J, et al. Methods in Biogeochemistry of Wetlands. Madison: Soil Science Society of America: 407-425.

JENKINSON D S, POWLSON D S, 1976. The effects of biocidal treatments on metabolism in soil-V: a method for measuring the soil biomass. Soil biology and biochemistry, 8: 209-213.

JINBO Z, CHANGCHUN S, SHENMIN W, 2007. Dynamics of soil organic carbon and its fractions after abandonment of cultivated wetlands in northeast China. Soil and tillage research, 96: 350-360.

JOHNSON Y B, SHEAR T H, JAMES A L, 2014. Novel ways to assess forest wetland restoration in North Carolina using ecohydrological patterns from reference sites. Ecohydrology, 7: 692-702.

KENTULA M E, 2000. Perspectives on setting success criteria for wetland Restora-tion. Ecological engineering, 15: 199-209.

KLOTZLI F, GROOTJANS A P, 2001. Restoration of natural and semi-natural wetland systems in central Europe: progress and predictability of developments. Resto-ration ecology, 9: 209-219.

KONISKY R A, BURDICK D M, DIONNE M, et al., 2006. A regional Assessment of salt marsh restoration and monitoring in the Gulf of Maine. Restoration ecology, 14: 516-525.

KUO S, 1996. Phosphorus // SPARKS D L.Methods of soil analysis: Part 3. Chemical Methods. Madison: Soil Science Society of America: 869-919.

MORRIS J T, 2007. Estimating net primary production of salt marsh macrophytes // FAHEY T J, KNAPP A K.

Principles and Standards for Measuring Primary Production. Oxford: Oxford University Press: 106-119.

MULVANEY R L, 1996. Nitrogen-inorganic forms//SPARKS D L. Methods of soil analysis: Part 3. Chemical Methods. Madison: Soil Science Society of America: 1123-1200.

NECKLES H A, DIONNE M, BURDICK D M, et al., 2002. A monitoring protocol to assess tidal restoration of salt marshes on local and regional scales. Restoration ecology, 10: 556-563.

NELSON D W, SOMMERS L E, 1996. Total carbon, organic carbon, and organic matter//SPARKS D L. Methods of Soil Analysis: Part 3. Chemical Methods. Madison: Soil Science Society of America: 961-1010.

NOE G B, HUPP C R, 2005. Carbon, nitrogen and phosphorus accumulation in floodplains of Atlantic Coastal Plain rivers. Ecological applications, 15: 1178-1190.

ODUM E P, BARRETT G W, 2005. Fundamentals of Ecology, fifth ed. Thomson, Brooks/Cole, Belmont, California.

OSLAND M J, SPIVAK A C, NESTLERODE J A, et al. 2012. Ecosystem development after mangrove wetland creation: plant-soil change across a 20-year chronosequence. Ecosystems, 15: 848-868.

PAUL E A, HARRIS D, KLUG M J, et al., 1999. The determination of microbial biomass//ROBERTSON G P, COLEMAN D C, BLEDSOE C S, et al. Standard Soil Methods for Long-term Ecological Research. Oxford: Oxford University Press: 291-317.

PENTRAK M, PENTRAKOVA L, STUCKI JN W, 2013. Iron and manganese reduction-oxidation//DELAUNE R D, REDDY K R, RICHARDSON CJ, et al. Methods in Biogeochemistry of Wetlands. Madison: Soil Science Society of America: 701-721.

PICKETT S T A, 1989. Space-for-time substitution as an alternative to long-term studies//LIKENS G E. Long-term Studies in Ecology: Approaches and Alternatives. Berlin: Springer: 110-135.

RINKLEBE J, LANGER U, 2013. Soil microbial biomass and phospholipid fatty acids//DELAUNE R D, REDDY K R, RICHARDSON C J, et al. Methods in Biogeochemistry of Wetlands. Madison: Soil Science Society of America: 331-348.

ROBERTSON G P, COLEMAN D C, BLEDSOE C S, et al., 1999. Standard Soil Methods for Long-term Ecological Research. Oxford: Oxford University Press.

ROZAS L P, MINELLO T J, 2009. Using nekton growth as a metric for assessing habitat restoration by marsh terracing. Marine ecology progress series, 394: 179-193.

RUIZ-JAEN M C, AIDE T M, 2005. Restoration success: how is it being measured? Restoration ecology, 13: 569-577.

RYAN M G, MELILLO J M, RICCA A C, 1990. A comparison of methods for determining proximate carbon fractions of forest litter. Canadian journal of forest research, 20: 166-171.

SACCO J N, SENECA E D, WENTWORTH T R, 1994. Infaunal community development of artificially established salt marshes in North Carolina. Estuaries, 17: 489-500.

SILLIMAN B R, VAN DE KOPPEL J, BERTNESS, M.D., et al., 2005. Drought, snails, and large-scale die-off of southern U.S. salt marshes. Science, 310: 1803-1806.

SIMENSTAD C A, THOM R M, 1996. Functional equivalency trajectories of the restored GogLe-Hi-Te estuarine wetland. Ecological applications 6: 38-56.

SIMENSTAD C A, REED D, FORD M, 2006. When restoration is not? Incorporating landscape-scale processes to restore self-sustaining ecosystems in coastal wetland restoration. Ecological engineering, 26: 27-39.

SINSABAUGH R L, KLUG M J, COLLINS H P, et al., 1999. Characterizing soil microbial communities//

ROBERTSON G P, COLEMAN D C, BLEDSOE C S, et al. Standard Soil Methods for Long-term Ecological Research. Oxford: Oxford University Press: 318-348.

SPARKS D L, 1996. Methods of soil analysis. Part 3-Chemical Methods. Book Series No. 5. Soil Science Society of America. Madison: American Society of Agronomy.

SUDING K N, 2011. Toward an era of restoration in ecology: successes, failures and opportunities ahead. Annual review of ecology, evolution and systematics, 42: 463-487.

TAYLOR D I, ALLANSON B R, 1993. Impacts of dense crab populations on carbon exchanges across the surface of a salt marsh. Marine ecology progress series 101: 119-129.

TEAL J M, 1958. Distribution of fiddler crabs in Georgia salt marshes. Ecology, 39: 185-193.

THOMAS G W, 1996. Soil pH and soil acidity//SPARKS D L. Methods of soil analysis: Part 3. Chemical Methods. Madison: Soil Science Society of America: 475-490.

TIERNEY G L, FAHEY T J, 2007. Estimating belowground primary production//FAHEY T J, KNAPP A K. Principles and Standards for Measuring Primary Production. Oxford: Oxford University Press: 120-141.

ULRICH G A, KRUMHOLZ L R, SUFLITA J M, 1997. A rapid and simple method for estimating sulfate reduction activity and quantifying inorganic sulfides. Applied and environmental microbiology, 63: 1627-1630.

WHITE P S, WALKER J L, 1997. Approximating nature's variation: selecting and using reference information in restoration ecology. Restoration ecology, 5: 338-349.

ZEDLER J B, CALLAWAY J C, 1999. Tracking wetland restoration: do mitigation sites follow desired trajectories? Restoration ecology, 7: 69-73.

ZEDLER J B, CALLAWAY J C, 2000. Evaluating the progress of engineered tidal wetlands. Ecological engineering, 15: 211-225.

ZHENG L, STEVENSON R J, CRAFT C, 2004. Changes in benthic algal attributes during salt marsh restoration. Wetlands, 24: 309-323.

第11章 案例研究

11.1 引　　言

不同湿地的恢复目标主要取决于过去和现在湿地的状况，湿地提供的生态系统服务功能和效益，恢复项目涉及的法律法规、公共利益和资金支持。过去和现在湿地的退化程度及可利用的恢复区大小通常决定了恢复湿地的面积和种群组成。它们在附近或更大范围内提供的生态系统服务功能决定了恢复项目的目标和具体的恢复方式。美国保护湿地的环境法规定，当湿地退化是由人类活动引起时必须对其进行恢复。实施恢复项目所需的资金对于项目的设计、实施、监测及目标的实现至关重要。本章用5个典型案例来说明不同景观条件下的湿地恢复，包括潮汐盐沼、淡水沼泽、泥炭沼泽、森林湿地和半咸水沼泽。

11.2 潮汐盐沼

20世纪60年代，美国在北卡罗来纳州海岸建立了第一个实验性的潮汐盐沼创建与恢复项目。该项目由美国陆军工程兵团资助，目的是稳定疏浚污泥[图11.1（a）]和控制海岸线侵蚀[图11.1（b）]，（Broome et al.，1986；Seneca et al.，1976）。在这些区域人们对湿地群落结构和生态系统过程的相关指标进行了监测，如今这些指标已被广泛用作湿地恢复的性能评价指标（见第10章）。随着20世纪70年代《清洁水法》的实施，越来越多的潮汐盐沼得以重建和恢复，以减轻沿海开发造成的湿地退化。其中有些项目通过在陆地和潮间带之间建造缓坡将这些区域改造成湿地，使其和河口湿地连成一片（Broome et al.，1988，1982）。这项工作由北卡罗来纳州立大学的Woodhouse Jr博士和他的同事Seneca及Broome共同完成，他们还率先研发了重建和恢复潮汐盐沼（Woodhouse Jr，1979；Woodhouse Jr et al.，1974）及修复海岸沙丘生境（Woodhouse，1982；Woodhouse et al.，1976；Savage and Woodhouse，1968）的关键技术。

（a）

（b）

图11.1　在（a）疏浚污泥和（b）侵蚀性海岸线建造潮汐盐沼湿地

图片来源：S.W. Broome

现在常用的恢复措施如恢复湿地的水文条件、给土壤施肥、人工种植、使植物保持适当的间距等就是从这些项目中发展出来的。适宜的水文条件一般通过对天然潮汐盐沼湿地的现场观测和种植物种与潮差之间的相对高度来确定（Broome et al.，1988）。针对施肥的方法，人们在很多区域开展了相关实验，结果发现要使植物在恢复初期快速生长需要在恢复区施加氮肥或磷肥（Broome et al.，1982，1975）。施肥对于在复垦区的湿地恢复尤为重要，因为复垦会造成土壤有机质和营养物质的流失。移栽幼苗尤其是温室培育的育苗对于湿地恢复来说比直接播种的方式成功率更高（Broome et al.，1988），温室培育的幼苗通常种植在装有泥炭和肥料的花盆中，它们具有发达的根垫，因此在移栽过程中适应能力更强。此外，盆栽的土壤保水能力较强，这对于干季移栽是非常有利的（Broome et al.，1988）。植物间隔试验表明，在低海拔地区应保持 45 cm 和 60 cm 左右的间隔对于湿地的恢复是比较有利的；而在中海拔地区则需要保持 90 cm 的间隔（Broome et al.，1986）。在有海浪和船只通行的地方，间隔越小湿地的恢复效果越好。在风浪较大和船只流量较大的海岸开展湿地恢复时必须要有相应的保护措施，比如在近岸区域建设防浪堤。

潮汐盐沼植物物种的多样性较低（见第 8 章），因此进行人工种植时大部分只选择少数几个物种，这些物种在不同区域进行单一种植，一般选择在高潮期可以被持续淹没的区域。恢复项目应重点恢复这些植被的空间格局，如果可以避免风暴潮带来的沉船和垃圾等破坏，湿地植被在种植之后就可以逐渐生长和扩散。但草食性的鹅和哺乳动物如海狸鼠等也可能对植被造成破坏，尤其是在移栽植物比较脆弱的幼苗期。

对湿地植物进行人工种植以后，植物群落迅速生长成熟，地上生物量在 3～5 年内就可以达到与参照天然湿地相当或更高的水平（图 11.2）。地下生物量的发育时间则较长，它们通常在 5～15 年后才能逐渐达到与参照湿地相同的水平。不同物种生物量的积累速率各不相同，其中生长较快的 C_4 物种（如米草属）生物量的积累速率就比 C_3 物种（如灯心草属）要高。底栖无脊椎动物是潮汐盐沼食物网的重要组成部分，它们的群落结构在 3～5 年内也可以发育到与天然沼泽相当的水平（表 11.1）。尽管有些不易扩散的类群（如寡毛类蠕虫）发育需要更长的时间（Craft and Sacco，2003），但是对于在表层和下层沉积物摄食的底栖动物等营养类群来说，它们的发育速度与整个群落相当（表 11.1）。

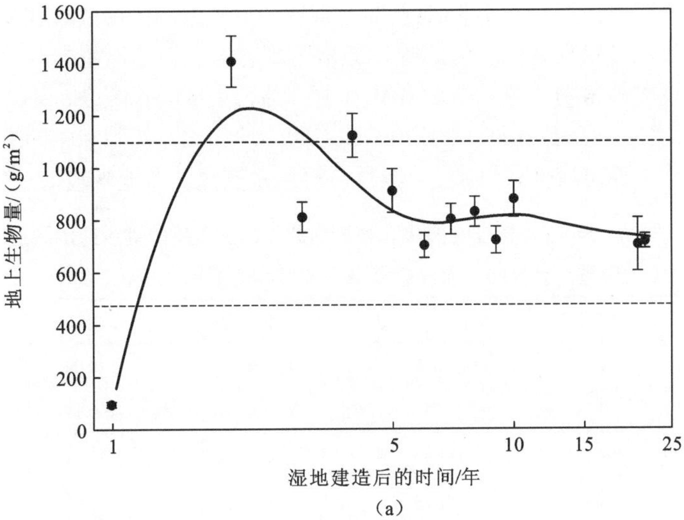

(a)

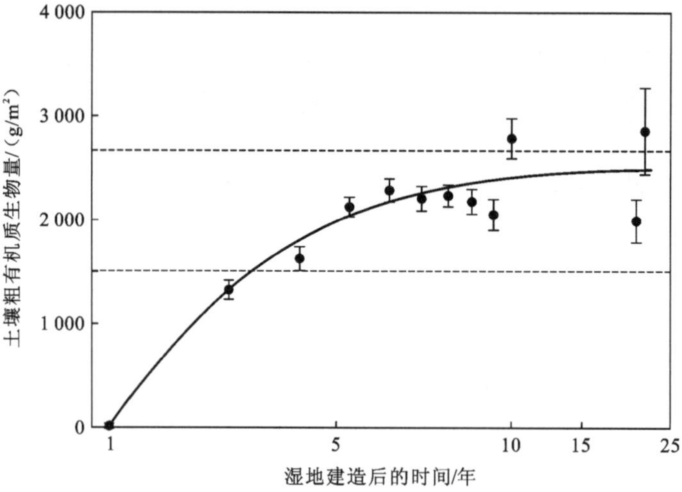

（b）

图 11.2　侵蚀性海岸线上种植的潮汐盐沼植被（a）地上生物量和（b）土壤有机质生物量随时间的变化（Craft et al.，1999）

表 11.1　与天然参照湿地相比，在疏浚污泥和侵蚀性海岸线上新建的潮汐盐沼中底栖无脊椎动物的密度和摄食类群随时间的变化（Craft et al.，1999）

湿地	时间/年	密度/（数量/m^2）	地表摄食类群/%	地下摄食类群
疏浚污泥	16	49 000	41	62
	25	102 000	54	44
参照沼泽	—	31 000～69 000	34～66	34～37
侵蚀性海岸	12	20 000	45	55
	21	32 000	28	62
参照沼泽	—	18 000～19 000	5～62	38～71

土壤的物理化学特性比植物和无脊椎动物群落发育得慢，在侵蚀性海岸和疏浚污泥上重建的沼泽，其土壤容重、有机碳、总氮和总磷含量在 10～20 年后可以达到与天然沼泽湿地相当的水平（表 11.2）。相比之下，在陆地土壤上重建的沼泽土壤的形成过程要慢得多。由于沼泽的建造涉及土壤的开垦和表层土的清除，通常用高容重、低渗透系数及较低有机碳和有机氮含量的底层土壤种植植物（表 11.2）。植被恢复以后，土壤的孔隙度、pH、还原态 Fe^{2+}和还原态 Mn^{2+}的含量增加（Craft et al.，2002）。和参照湿地相比，孔隙水中的可溶性 Fe^{2+}和可溶性 Mn^{2+}的浓度较高，而可溶性有机碳、可溶性有机氮及氨氮的浓度则较低（Craft et al.，1991）。

表 11.2　在疏浚污泥、侵蚀性海岸和被开垦的山地上重建的潮汐盐沼的土壤性质（0～30 cm 的土壤容重、有机碳、氮和磷含量）随时间的变化（Craft，2002，1999，1991）

湿地	时间/年	容重/（g/cm^3）	有机碳/%	氮/%	磷/（μg/g）
疏浚物	14	1.06	0.95	0.04	138
	25	0.90	1.67	0.11	213
侵蚀性海岸	14	1.40	0.31	0.02	434
	25	1.28	0.75	0.04	437

续表

湿地	时间/年	容重/（g/cm^3）	有机碳/%	氮/%	磷/（μg/g）
被开垦的高地	5	1.35	0.5	0.03	200
	15	1.21	0.9	0.09	140

11.3 淡水沼泽

美国主要通过联邦计划，特别是湿地保护计划来恢复淡水沼泽（Marton et al.，2014b；Fennessy and Craft，2011）。该计划由美国农业部实施，并向自愿提供一部分闲置耕地用于湿地恢复的农民支付报酬。这些土地通常生产力低下，虽然有排水沟，但连通性较差，在雨水较多的年份没有办法产生经济收益。在美国中西部的玉米种植带，人们就通过堵塞排水沟和阻断瓷砖排水管道（见第 5 章，淡水沼泽）恢复了大片淡水沼泽。

全球非政府保护组织大自然保护协会（the Nature Conservancy）从 20 世纪 90 年代末开始在印第安纳州西北部收购一些贫瘠的农田，其目的是恢复草原—橡树稀树草原—淡水湿地的景观格局，这就是历史上的大坎卡基沼泽。自 1998 年以来，近 3 000 hm^2 的坎卡基沙地保护区恢复湿地的面积已经超过了 640 hm^2。湿地恢复首先要开垦土地，然后通过堵塞排水沟来恢复当地的水文条件[图 11.3（a）]，湿地植被的重建则主要包括自然定植和人工种植两种方式（Hopple and Craft，2013）。在湿地恢复工作开始之前还需要通过砍伐木本植物、火烧和除草等方式减少恢复区木本植物和入侵性草本植物的生物量。通过上述措施，人们在 10 年前建立了一个多样化的湿地植被群落[图 11.3（b）]。与参照湿地相比，恢复后的湿地和天然湿地的物种丰富度没有差异（表 11.3），用于评价植物群落质量的植物区系质量指数（Andreas and Lichvar，1995）在两者之间也没有差异。

（a）

（b）

图 11.3　（a）在坎卡基沙地通过堵塞排水沟恢复的沼泽湿地；（b）10 年前的恢复湿地

注：通过积极的人工干预可以实现多种多样的植被组合（请参见文中的说明）

图片来源：Christopher Craft

表 11.3 恢复 10 年的湿地和天然湿地的物种丰富度和物种质量对照表（Hopple and Craft，2013）

项目		恢复湿地	天然湿地
物种丰富度/（数量/m^2）		6.2	5.5
调查面积/m^2		34	27
生态保守性系数（占总物种的百分比）/%	广泛耐受性	14①	5
	耐受性强	50①	36
	忍耐性适中	30①	7
	忍耐性弱	6	1
	敏感	0	104
水生植物现状指标（占总物种的百分比）/%	专性	51①	65
	兼性偏湿	36	32
	兼性	5	2
	兼性偏干	7①	<1
	陆生	<1	<1

①与参照湿地有显著差别

在人为干预的情况下，恢复湿地植物物种丰富度迅速增加，但恢复湿地和天然湿地的物种组成在 10 年后仍存在一些差异。与参照湿地相比，恢复湿地包含更多的低质量（杂草）物种（Hopple and Craft，2013），另外水生植物的种类也比参照湿地少（见表 2.2），这些种类主要生长在淹没期较长的湿地中。此外，人工种植明显提高了恢复湿地的物种多样性，在该恢复区，通过人工种植共引入了 8 个物种，通过自然定值共引入了 25 个物种（Hopple and Craft，2013）。

与植被相比，恢复 10 年后的湿地的土壤性质与天然湿地差异更大，恢复后的湿地的土壤有机质、总氮、总磷和含水率都要比参照湿地低，而土壤容重、pH 和可利用磷含量则比参照湿地要高（表 11.4），恢复湿地的磷吸附和反硝化作用潜力等水质改善功能也比较弱（表 11.4）。此外，与该区域的耕地相比，恢复湿地的土壤中 pH 和有效磷含量较低（Marton et al.，2014a），说明湿地恢复以后土壤中的可利用（石灰和磷肥）营养物质会降低。不过，土壤的碳、氮、磷含量在 10 年间的变化并不明显，这可能是由夏季降水减少造成水文周期较短及通过火烧来维持植被稳定造成的，相对较短的水文周期也会造成温室气体（CO_2、CH_4 和 N_2O）的排放量较低（Richards and Craft，2014）。

表 11.4 美国印第安纳州西北部玉米种植带恢复 10 年后的湿地和天然湿地的土壤性质和水质改善功能对照表（Marton et al.，2014a）

项目		恢复湿地	天然湿地
土壤性质	容重/（g/cm^3）	1.05①	0.49
	含水率/%	36①	60
	pH	6.8①	5.2
	有机质含量/%	4.4①	15
	有机碳含量/%	2.2①	9.2

续表

	项目	恢复湿地	天然湿地
土壤性质	总氮浓度/%	0.18①	0.78
	NH_4-N 浓度/（μg/g）	2.4	2.7
	总磷浓度/（μg/g）	230①	620
	可利用磷浓度/（μg/g）	0.42①	0.15
水质改善	磷吸附指数②/（mg/kg）	114①	297
	反硝化作用/[（ng N/g±）/h]	107①	329

①与参照湿地有显著差异；② 磷的吸附潜力

在农田生态系统中恢复湿地的反硝化和磷吸附等功能可以帮助减少该区域农田密集种植带来的营养负荷。尽管湿地恢复后生态系统的功能发育较慢，10 年后恢复的湿地依然不能发育到和天然湿地相当的水平，但是恢复湿地对于减少周围农业种植带来的巨大营养负荷起着非常重要的作用。

11.4 泥炭沼泽

几个世纪以来人们大规模的开发泥炭沼泽，将泥炭土壤广泛应用于燃料生产。尽管开采活动造成了泥炭沼泽的大规模破坏，但泥炭沼泽的恢复是近几年才开始的。在捷克共和国和其他欧洲地区，泥炭土壤从 18 世纪开始被用作吹制玻璃的燃料。泥炭一般是人工开采，因为开采面积较小（几至几十公顷），所以开采区受到的扰动范围较小，但由于几米厚的泥炭层被挖走，开采对该区域造成的扰动强度很大。Cervene Blato 的红沼泽就是因为开采活动遭到破坏，人们从 1774 年开始对其进行大规模的开发，20 世纪中期该区域被废弃后主要依靠自然恢复进行重建。1953 年，这片 400 hm^2 的区域被划为保护区，水文条件通过堵塞排水沟和溪流得以恢复。自 2000 年以来，人们对 Cervene Blato 的植被和泥炭（形成过程）的特征进行了调查研究，比较了泥炭开采区和未开采区的植物群落和泥炭特性，结果发现恢复区存在着一系列的演替群落。最近被开采过的区域虽然有像羊胡子草这样的草本植物，但仍有开阔水域存在[图 11.4（a）]；在较早被开采的区域，羊胡子草占主导地位，而木本植物则在该区域边缘生长[图 11.4（b）]；而在最早被开采的区域，植被主要是由矮赤松（*Pinus mugo Turra*）和下层植被杜香（*Ledum palustre*），构成的疏林[图 11.4（c）]。

人们将在一个 19 世纪末停止开采的泥炭沼泽中采集的泥炭柱状样品，和从未被开采过（参照区）的泥炭进行比较，其中停止开采的泥炭沼泽经过恢复不断演替到如今梳林占优势的状态[图 11.4（c）]。经肉眼观察发现，恢复区和参照区的泥炭有明显差异，恢复区上层 10～20 cm 处比参照区含有更多鲜活的泥炭藓，这可能和低海拔地区的湿润气候有关，从这个深度再往下延伸 1 m，两个柱状样品的外观相似。

图 11.4　17 世纪至 20 世纪捷克共和国波西米亚南部 Cervene Blato 泥炭沼泽被开采过的区域（按时间顺序排列）。(a) 恢复时间最短的区域，有开阔水域和羊胡子草入侵。(b) 恢复时间较长的区域，羊胡子草已成为优势种。(c) 由疏林组成的恢复时间最长的区域

图片来源：Christopher Craft

尽管泥炭藓的含量有所差别，但是恢复沼泽和参照沼泽表层（0～30 cm）泥炭的性质比较相似，并且表现出泥炭沼泽的典型特征（表 11.5）。泥炭土壤的容重较低，为 0.10～0.13 g/cm^2；有机碳含量较高，为 52%；总磷含量也较低，均小于 350 μg/g，上述特征也反映了这些靠降水补给的湿地缺少矿物质的输入。无论是恢复沼泽还是参照沼泽，泥炭的累积速率都比较快，其中参照沼泽泥炭的累积速率分为 1～3 mm/a，而恢复沼泽泥炭的累积速率每年变化不大，为 2.3 mm/年（表 11.5）。恢复沼泽和参照沼泽的固碳量相差无几，变化范围从 60（g/m^2）/年到接近 150（g/m^2）/年，氮累积量也相当。两个沼泽磷累积量非常低，仅为 0.02～0.07（g/m^2）/年，因此是典型的低营养型泥炭累积湿地。

表 11.5　捷克共和国波西米亚南部 Cerve Blato 泥炭沼泽恢复区和参照区的泥炭性质

泥炭性质	开采/恢复	未开采/完好无损
容重/（g/cm^3）	0.10	0.13
有机碳浓度/%	52	52
总氮浓度/%	1.1	1.3
总磷浓度/（μg/g）	310	325

续表

泥炭性质		开采/恢复	未开采/完好无损
137Cs	泥炭累积速率 /（mm/年）	—	1.1
	碳固定/[（g/m^2）/年]	—	60
	氮累积量/[（g/m^2）/年]	—	1.6
	磷累积量/[（g/m^2）/年]	—	0.02
210Pb	泥炭累积速率/（mm/年）	2.3	2.9
	碳固定/[（g/m^2）/年]	114	148
	氮累积量/[（g/m^2）/年]	2.5	3.8
	磷累积量/[（g/m^2）/年]	0.07	0.05

恢复沼泽和参照沼泽在泥炭的增加、固碳和营养盐（氮和磷）累积等方面的表现相差不大，说明两者在泥炭形成过程中发挥的作用相当。因此，随着人们停止对泥炭沼泽的开采，沼泽水文条件的恢复，即使是泥炭累积和固碳这些缓慢的过程经过一定时间也是可以恢复的。

11.5 森林湿地

为了减少下游城市饮用水水源地约旦湖的营养盐输入并改善水质（Richardson and Pahl，2005），杜克大学（美国北卡罗来纳州达勒姆市）在校园内修建了一个综合了河岸带森林、雨水蓄水池和人工湿地处理系统的森林湿地。这片河流和湿地评估管理区（Stream and Wetland Assessment Management Park，SWAMP）的建设包括恢复 600 m 的退化河溪和河岸带森林，修建一个土坝和 1.6 hm^2 的雨水蓄水池，以及在流经校园的桑迪溪上游建造一个 0.5 hm^2 的人工湿地处理系统（Flanagan et al.，2008）。随着城市化的发展，该区域大约有 21%的区域是不透水表面（Unghier et al.，2011），在恢复工程开始之前，河流被严重切割[图 11.5（a）]，与河岸带缺乏连通性，并且该区域还被许多外来物种入侵（表 11.6）。经过对该流域进行分区、恢复弯曲河道、恢复河流与漫滩的连通性并重新种植植被，使该区域河岸带得以恢复[图 11.5（b）]（Richardson and Pahl，2005）。

Ho 和 Richardson（2013）对恢复后的植物区系演替特征进行了 5 年的跟踪研究，结果发现淡水湿地特有的灯心草属和薹草属等许多本地物种得以重新恢复，虽然在高海拔地区仍有莠竹属（*Microstegium*）的存在，但许多入侵物种已经消失。Unghier 等（2011）对比了恢复前（2003 年）和恢复 5 年后（2008 年）土壤特性的变化，发现恢复后土壤有机质减少，有效磷和含水率有所增加（图 11.6），恢复后土壤有机质和有效磷在整个区域的空间分布也更加均匀，分析结果显示恢复前后土壤特性的变化可能是由恢复过程中为了清除外来物种而对土壤进行开垦造成的。Sutton-Grier 等分别对恢复区中种植了 1 种、4 种和 8 种植物的试验田进行反硝化潜力测试（Sutton Grier et al.，2011），结果发现反硝化作用与土壤特性的相关性比与物种丰富度的相关性更强，有机质和含水率较高的土壤反硝化速率最高。

（a）　　　　　　　　　　（b）

图 11.5　杜克大学校园河流湿地评估管理区的照片。（a）恢复前被严重侵蚀的桑迪溪河道（2005 年）。（b）恢复 2 年后新建的河道和河岸植被（Richardson et al.，2011）

经 Elsevier 许可转载

表 11.6　河流和湿地评估管理区（SWAMP）河岸湿地恢复前后地上植物的主要优势种

（Ho and Richardson，2013）

物种	侵入性	恢复前	修复后
柔枝莠竹（*Microstegium vimineum*）	√	√	√
忍冬（*Lonicera japonica*）	√	√	
洋常春藤（*Hedera heli*）	√	√	
扶芳藤（*Euonymus fortunei*）	√	√	
毒漆藤（*Toxicodendron radicans*）		√	
五叶地锦（*Parthenocissus quinquefolia*）		√	
菝葜（*Smilax rotundifolia*）		√	
苞花两型豆（*Amphicarpaea bracteata*）		√	
灯心草（*Juncus effusus*）			√
尖被灯心草（*Juncus acuminatus*）			√
伪荨麻（*Boehmeria cylindrica*）			√
褐紫鳞薹草（*Carex obscuriceps*）			√
蓝花沟酸浆（*Mimulus ringens*）			√
碎米荠（*Cardamine hirsuta*）	√		√

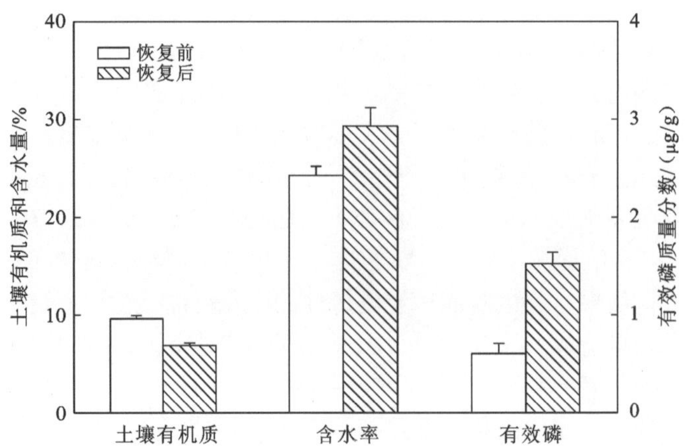

图 11.6　河岸带森林恢复前后土壤的有机质质量分数、含水量和有效磷质量分数（Unghier et al.，2011）

湿地恢复项目例如河流和湿地评估管理区提供了很多其他的功能效益，包括改善城市集水区的水质，为学生提供研究和教学机会，也给地方和州政府官员及公众带来很多益处。

11.6　城 市 湿 地

在城市区域进行湿地恢复是一项具有挑战性的工作，因为城市湿地恢复过程中面临的来自内部和外部的胁迫是在农田和其他自然景观中都不存在的（见第 4 章）。水文条件的变化，特别是由不透水地面的地表径流导致的淹没范围和持续时间的变化，是城市湿地恢复过程中需要面临的一个特殊问题。另外，碳氢化合物、重金属和药品等污染物也是城市环境中特有的。城市湿地存在于被高度切割的流域中，没有河岸廊道，可供栖息的植被斑块稀少且相隔甚远（表 4.1），因此，用于恢复城市湿地的征地成本要远高于农田和自然景观。最后，在城市中恢复湿地还必须消除居民对湿地可能带来蚊子和害虫等问题的担忧。尽管存在上述这些问题，在城市中进行湿地恢复还是可以带来巨大效益的，湿地既拥有游览和观鸟等休闲功能，又可以为野生动物提供栖息地，这种人与自然和谐共存的绿色空间也是城市的宝贵财富。

在大型城市纽约和其他一些城市，人们通过湿地恢复来改善城市环境。纽约地区有 1 600 多万人口，在过去的 300 年里，该地区几乎所有的湿地都遭到了破坏，还有许多湿地由于工业生产中的重金属泄露或者石油泄露等突发污染事件而退化，因此该区域经常进行湿地恢复来补偿或减轻上述事件造成的湿地功能和价值的损失。

在新泽西州的伍德布里奇河，人们对一个 10 hm^2 的潮汐半咸水沼泽进行恢复，以减轻附近炼油厂管道漏油对天然互花米草湿地的破坏。湿地的水文条件在恢复之前发生了许多变化，这里一部分被堤坝包围，将其与伍德布里奇河隔离开来，对淹没时间和淹没深度造成了影响（图 11.7）；为了控制蚊虫，人们修建了沟渠排水（图 11.7），部分区域还堆积了大量的泥土；此外，这个区域入侵物种芦苇的大量生长取代了本地的沼泽植被。2007 年，该区域首先通过拆除堤坝和填充防蚊沟渠恢复了水文条件，然后将部分区域堆积的土壤挖走[图 11.8（a）]，以降低湿地高程增强潮汐交换，从而增加了淹没的持续时间和淹没深度。

图 11.7　恢复前伍德布里奇河半咸水沼泽的鸟瞰图

图片来源：Carl Alderson

（a）　（b）　（c）

图 11.8　（a）恢复期间挖掘并移除表层土以降低沼泽表面高程；（b）用铁丝网阻止食草性鹅对互花米草幼苗的植食；（c）恢复 2 年后

图片来源：Carl Alderson（a），（b），Chris Craft（c）

该区域在恢复之前为半咸水高潮滩沼泽，在春季和风暴潮期间会被淹没，灌木（假豚草属）、狐米草和盐草等禾本科植物是该区域的主要优势种。由于芦苇的竞争力较强，它在该区域的生物量已经超过了很多高潮滩沼泽的特有物种（Galatowitsch et al.，1999；Marks et al.，1994），人们决定将该区域恢复为一个周期性淹水的互花米草沼泽。建立一个水循环周期较长的互花米草湿地可以增强硫酸盐还原等厌氧过程，产生更多的硫化氢。与互花米草相比，硫化氢会抑制芦苇对氮的吸收（Chambers，1997），限制其在潮汐盐沼中的分布（Chambers et al.，1998）。在恢复湿地中潮汐半咸水淹没深度和持续时间的增加更加有利于互花米草的生长，同时造成沉积物和磷的大量沉积，从而支持沼泽中更多的游泳动物、有鳍鱼类和贝类（图 11.9）。

为了减少恢复初期芦苇的盖度，人们在对恢复区开垦后会使用除草剂，然后再种植互花米草。种植以后植物幼苗周围需要围上铁丝网以防止鹅对植物幼苗的破坏[图 11.8（b）]。经过 2 年的生长，互花米草就可以覆盖整个区域[图 11.8（c）]。

当将恢复湿地与附近的天然参照湿地进行比较时，我们发现恢复湿地的淹水时间更长、淹水深度更大（表 11.7），与恢复前和参照湿地相比，恢复湿地间隙水的硫化物含量也更高。因此，创建一个水文周期较长、具有硫酸盐还原作用和硫化氢产生等厌氧过程的沼泽的目标已经实现，且恢复湿地的植物生产力比参照湿地更高（表 11.7）。此外，物种丰富度也达到了参照湿地的水平，这是由于在恢复初期保留了高潮滩的原有物种，使恢复湿地具有较高的物种丰富度。淹没深度和持续时间的增加也提高了湿地中游泳动物的生物量，其中有鳍鱼类、蟹类和虾的密度是参照湿地的 10 倍（表 11.7）。

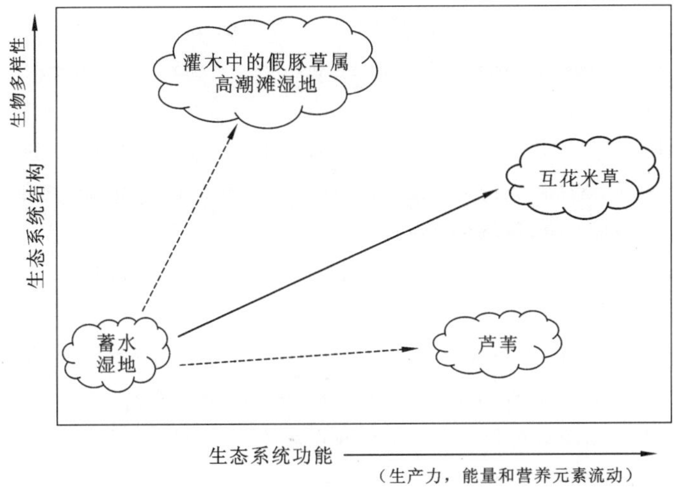

图 11.9 伍德布里奇河恢复湿地可能的生态系统发育轨迹

表 11.7 大型城市——纽约市半咸水沼泽恢复前后及与附近天然参照湿地水文条件、间隙水的化学特征、植被及游泳动物群落结构的比较

项目		恢复湿地		参照湿地
		恢复前	恢复后	
水文条件	淹没深度/m	—	0.22	0.18
	淹没时间/%	—	23	10
间隙水	盐度/（ng/L）	18～22	14	26
	硫化物/（μg/L）	5～6	12	8
植被	地上生物量/（g/m^2）	430～590	1450	1070
	物种丰富度/（个/湿地）	7	9	9
游泳动物①	密度/（个/湿地）	—	4893	440
	多样性/（个/湿地）	—	7	5

①包括鱼、虾和蟹类

伍德布里奇河恢复湿地是在高度城市化环境中创建互花米草沼泽的成功范例，创建该湿地的主要目的是改善鱼类栖息地。为了维持湿地生态系统的稳定，需要每年喷洒除草剂以防止芦苇在高潮滩地区的繁殖生长。诸如此类的城市湿地恢复工程表明，无论是在恢复前、恢复过程中还是成功恢复后，都需要不断地通过人工干扰控制物种的入侵。

参 考 文 献

ANDREAS B K, LICHVAR R W, 1995. Floristic index for establishing assessment standards: a case study for northern Ohio. Technical Report WRP-DE-8. U.S. Army Corps of Engineers. Vicksburg, MS: Waterways Experiment Station.

BROOME S W, WOODHOUSE JR W W, SENECA E D, 1975. The relationship of mineral nutrients to growth of Spartina alterniflora in North Carolina: II. The effects of N, P and Fe fertilizers. Soil science society of America proceedings, 39: 301-307.

BROOME S W, CRAFT C B, SENECA E D, 1988. Creation and development of brackish-, water marsh habitat// ZELAZNY J, FEIERABEND J S. Proceedings of the Conference on Increasing our Wetlands Resources. Washington D. C.: National Wildlife Federation: 197-205.

BROOME S W, SENECA E D, WOODHOUSE JR W W, 1982. Establishing brackish marshes on graded upland sites in North Carolina. Wetlands, 2: 152-178.

BROOME S W, SENECA E D, WOODHOUSE JR W W, 1986. Long-term growth and development of transplants of the salt-marsh grass Spartina alterniflora. Estuaries, 9: 63-74.

CHAMBERS R M, 1997. Porewater chemistry associated with Phragmites and Spartina in a Connecticut tidal marsh. Wetlands, 17: 360-367.

CHAMBERS R M, MOZDZER T J, AMBROSE J C, 1998. Effects of salinity and sulfide on the distribution of Phragmites australis and Spartina alterniflora in a tidal saltmarsh. Aquatic botany, 62: 161-169.

CRAFT C B, SACCO J N, 2003. Long-term succession of benthic infauna communities on constructed Spartina alterniflora marshes. Marine ecology-progress series, 257: 45-58.

CRAFT C, BROOME S, CAMPBELL C, 2002. Fifteen years of vegetation and soil development after brackish-water marsh creation. Restoration ecology, 10: 248-258.

CRAFT C B, SENECA E D, BROOME S W, 1991. Porewater chemistry of natural and created marsh soils. Journal of experimental marine biology and ecology, 152: 187-200.

CRAFT C, READER J, SACCO J N, et al., 1999. Twenty five years of ecosystem development of constructed Spartina alterniflora (Loisel) marshes. Ecological applications, 9: 1405-1419.

FENNESSY S, CRAFT C, 2011. Agricultural conservation practices increase wetland ecosystem services in the Glaciated Interior Plains. Ecological applications, 21: S49-S64.

FLANAGAN N E, RICHARDSON C J, HO M, et al., 2008. Quantification of water quality improvement in sandy Creek, a tributary watershed of Jordan Lake in the Cape Fear River Basin, after stream and riparian restoration and wetland treatment cell creation. Final Report of the Scientific Findings to the Nonpoint Source Management Program, Division of Water Quality, NC Department of Environment and Natural Resources.

GALATOWITSCH S M, ANDERSON N O, ASCHER P D, 1999. Invasiveness in wetland plants in temperate North America. Wetlands, 19: 733-755.

HO M, RICHARDSON C J, 2013. A five-year study of the floristic succession in a restored urban wetland. Ecological engineering, 61B: 511-518.

HOPPLE A, CRAFT C, 2013. Managed disturbance enhances biodiversity of restored wetlands in the agricultural Midwest. Ecological engineering, 61: 505-510.

MARKS M, LAPIN B, RANDALL J, 1994. Phragmites australis(P. communis): threats, management and monitoring. Natural areas journal, 14: 285-294.

MARTON J M, FENNESSY M S, CRAFT C B, 2014a. Functional differences between natural and restored wetlands in the Glaciated Interior Plains. Journal of environmental quality, 43: 409-417.

MARTON J M, FENNESSY M S, CRAFT C B, 2014b. USDA conservation practices increase carbon storage and water quality improvement functions: an example from Ohio. Restoration ecology, 22: 117-124.

RICHARDS B, CRAFT C, 2014. Greenhouse gas fluxes from restored agricultural wetlands and natural wetlands, northwestern Indiana//VYMAZAL J.The Role of Natural and Constructed Wetlands in Nutrient Cycling and Retention on the Landscape. Berlin: Springer: 17-32.

RICHARDSON C J, FLANAGAN N E, HO M, et al., 2011. Integrated stream and wetland restoration: a watershed approach to improved water quality on the landscape. Ecological engineering, 37: 25-39.

RICHARDSON C J, PAHL J W, 2005. The duke forest stormwater improvement and wetlands restoration project. Duke University Wetland Center. Durham, NC: Duke University.

SAVAGE R P, WOODHOUSE JR W W, 1968. Creation and stabilization of coastal barrier dunes//Proceedings of the Eleventh Conference on Coastal Engineering. New York: American Society of Civil Engineers: 671-700.

SENECA E D, BROOME S W, WOODHOUSE JR W W, et al., 1976. Establishing Spartina alterniflora marshes in North Carolina. Environmental conservation, 3: 185-188.

STURDEVANT A, CRAFT C B, SACCO J N, 2002. Effects of impoundment on ecological functions of estuarine marshes along Woodbridge River, NY/NJ Harbor. Urban ecosystems, 6: 163-181.

SUTTON-GRIER A E, WRIGHT J P, MCGILL B M, et al., 2011. Environmental conditions influence the plant functional diversity effects on potential denitrification. PLoS, 1(6): e16584.

UNGHIRE J M, SUTTON-GRIER A E, FLANAGAN N E, et al., 2011. Spatial impacts of stream and wetland restoration on riparian soil properties in the North Carolina Piedmont. Restoration ecology, 19: 738-746.

WOODHOUSE JR W W, 1979. Building Salt Marshes along the Coasts of the Continental United States. Special Report No. 4. U.S. Army Corps of Engineers. Coastal Engineering Research Center. Fort Belvoir, virginia.

WOODHOUSE JR WW, 1982. Coastal sand dunes of the U.S.//LEWIS III R R. Creation and Restoration of Coastal Plant Communities. Boca Raton, FL: CRC Press: 1-44.

WOODHOUSE JR W W, SENECA E D, BROOME S W, 1974. Propagation of Spartina Alterniflora for Substrate Stabilization and Salt Marsh Development. Technical Memorandum No. 46. U.S. Army Corps of Engineers. Fort Belvoir: Coastal Engineering Research Center: 155.

WOODHOUSE JR W W, SENECA E D, BROOME S W, 1976. Ten years of development of maninitiated coastal barrier dunes in North Carolina. Agricultural Experiment Station Bulletin, 453. Raleigh, NC: North Carolina State University: 52.

第 12 章 大规模恢复

12.1 潮汐盐沼——美国特拉华湾

美国特拉华湾沼泽有一个经过深入研究的大型湿地恢复项目，在 20 世纪 90 年代恢复了大片围堤的盐草场。通过恢复超过 5 000 hm^2 的退化湿地，补偿属于新泽西州公共服务企业集团（Public Service Enterprise Group，PSEG）两个核反应堆单元中塞勒姆发电站（Salem Generating Station）的冷却水中夹带的卵、幼鱼和鱼类的损失（Weinstein et al.，2001）。研究表明，从海湾中抽取冷却水后，有 5 种作为商品和休闲垂钓都很重要的鱼类（条纹鲈鱼、石首鱼、白鲈、斑鱼和海湾凤尾鱼）面临种群长期减少的危险（Balletto et al.，2005）。

约一个世纪前，海湾盐沼周围的堤防建设导致潮沟的坍塌和消失、互花米草的面积减少及芦苇的急剧扩张（Weishar et al.，2005a）。公共服务企业集团的河口改善计划依靠自组织（Mitsch et al.，2000）来恢复沼泽，目的是为渔业提供产地。产地包括有深有浅的弯曲潮沟和有植被的沼泽，沼泽内有许多深入的潮沟，潮沟为小鱼提供草本沼泽边缘和通道，而较大的潮汐通道则将恢复点连接到特拉华湾（Weishar et al.，2005a）。该地实施了两种类型的沼泽恢复：围堤盐草场（互花米草）的恢复和以入侵型的芦苇为主的沼泽恢复（Teal and Peterson，2005）。从 1996 年开始，通过拆除堤坝、开挖并加强主要通道，以及开挖降低土壤表面高度的方式，让草场重新与河口连接（Weishar et al.，2005a）。重建恢复区内较小的自然通道（Balletto et al.，2005）。通过空中播洒除草剂后明火焚烧的方式，对芦苇丛生的沼泽进行治理。1999～2003 年，对选定的沼泽地进行恢复后，还开展了割草、拆除残存堤坝、微地形改善和施用大量除草剂（Phillipp and Field，2005）。在海湾两岸的一系列区域上都进行了恢复工作。在新泽西州海岸恢复了 3 片围堤盐草场，总计约 1 800 hm^2。恢复的 7 处芦苇丛生区，其中 2 处在新泽西州，5 处在特拉华州，总计约 2 700 hm^2。

新泽西州恢复的几个围堤盐草场，为预期恢复结果提供了指导（Shisler，1989）。最好的情况是假设这些区域将在大约 10 年内达到所需植被覆盖率的 80%～100%，中等的情况则假设在大约 20 年内达成完全覆盖，而最坏的情况则假设只能达到所需植被覆盖率的约 40%（Weinstein et al.，1997）。恢复计划的主要内容是从 1996 年开始对恢复和参照区域进行生物监测并至少持续到 2005 年（Kimball and Able，2007）。

盐草场的恢复工作已于 1996 年完成，小河道迅速形成。到了 1999 年，某区域（一个 149 hm^2 的盐草场）中的小河道数量从 65 个增加到 200 多个（Weishar et al.，2005b）。恢复的盐草场也迅速覆盖了互花米草（表 12.1）。到了 2001 年，149 hm^2 和 459 hm^2 地点的 70%～80%被互花米草覆盖（Hinkle and Mitsch，2005）。一处较大的草场（1 171 hm^2）的恢复速度较慢，到了 2003 年只有 30%～40%被互花米草覆盖。互花米草在较小区域的快速定植是由于它们体积较小，与种子源的距离较近，以及潮汐驱动的水文条件的恢复（Hinkle and Mitsch，2005）。用除草剂处理芦苇的恢复区效果较差（表 12.1），如果不继续使用除草剂，芦苇会重新生长，1～2 年内就能在广阔的区域重新建立种群（Phillipp and Field，2005）。

表 12.1　在特拉华湾恢复后的盐草场中恢复理想的植被互花米草、自游动物（蓝蟹）、定居生物（底鳉）、沼泽暂居鱼类和洄游鱼类（条纹鲈鱼）的恢复时间线

物种	与参照沼泽达到同等水平的时间
互花米草（定植）	＞5 年
芦苇（衰退）	不反复使用除草剂会出现问题
蓝蟹	1～2 年
底鳉	1～2 年
石首鱼	—
斑鱼	3 年
大西洋黄鱼	—
条纹鲈鱼	1～2 年

围堤盐草场恢复后很快成为常栖鱼类、暂居鱼类和洄游鱼类的栖息地（表 12.1）（Able et al.，2000）。与恢复前相比，重新引入潮汐淹浸导致两个恢复区的物种丰度和丰富度迅速增加（Able et al.，2004）。在恢复后的 1～3 年内，在 149 hm^2 的恢复区中监测了三个重要物种的丰度、被捕食类型和饱腹度，它们分别是石首鱼、斑鱼和大西洋黄鱼（Nemerson and Able，2005）。3 年后，这 3 个物种对恢复场所的利用程度相当或者超过了在参照沼泽中测得的水平。恢复后的沼泽中当年的幼年大西洋黄鱼的增长率和参照沼泽中的数目也相当（Miller and Able，2002）。在恢复后的沼泽中，蓝蟹对恢复沼泽的利用与参照沼泽相比也具有优势（表 12.1）（Kimball and Able，2007）。Jivac 和 Able（2003）比较了该地区两个恢复 1～2 年后的盐草场中蓝蟹的丰富度、大小、性别比和蜕壳阶段。在恢复后的盐草场中测得的这 4 个参数相当于或者超过了参照沼泽的值。

在恢复沼泽和参照沼泽中，广泛监测了沼泽里的鳉鱼或底鳉，它可能是该地区最显眼的潮汐沼泽大型动物。Teo 和 Able（2003b）比较了恢复两年后，即 1998 年时底鳉对恢复后的盐草场和与之相邻的新建潮沟的利用。退潮期间在潮沟中发现了大量的底鳉，它们在涨潮时会迁移到恢复后的沼泽中。在恢复后的沼泽中，底鳉对栖息地的利用、运动方式和生产方式与该地区天然沼泽中的发现相似（Teo and Able，2003a，2003b）。相对于未恢复的芦苇沼泽地，去除芦苇并在恢复的沼泽表面上形成充满水的小水池会导致底鳉的丰度增加（Able et al.，2003）。

大型掠食性鱼类也充分利用了恢复后的沼泽。Upper 和 Able（2000）比较了条纹鲈鱼在恢复后的盐草场和参照沼泽中的丰度和摄食习性。条纹鲈鱼的丰度在恢复后的沼泽中更大，而它们的摄食习性在恢复后的沼泽和参照沼泽中几乎没有差异（表 12.1）。总体而言，恢复后的沼泽中的动物群体发展速度快于沼泽植被（Able et al.，2008），这些动物包括鱼类、螃蟹、底栖动物和钻纹龟，这也反映了动物群体的恢复发展主要取决于进入沼泽地表的机会。

特拉华湾潮汐沼泽的大规模修复被认为是成功的，这归因于多种方式组合的综合措施。措施包括生态工程、主要排水系统的建设、自我设计和实施恢复后的监测，进行适应性管理并在需要时进行中途校正（Teal and Weishar，2005）。恢复后近 20 年，仍然需要以除草剂的形式对芦苇进行治理，以防止其在恢复后的区域泛滥。

12.2 淡水沼泽——伊拉克美索不达米亚沼泽

在幼发拉底河和底格里斯河汇合处的淡水沼泽，被称为美索不达米亚沼泽，它通常被描述为西方文明甚至伊甸园的摇篮（Lawler，2005）。20 世纪 70 年代，在人们努力将其排干之前，该地区由浅水湖泊、淡水和半咸水沼泽及灌木丛组成（Al-Hilli et al.，2009）。芦苇是其主要的植物种类，生长茂盛，地上生物量高达 5 000 g/m^2。

沼泽的退化原因可追溯到 20 世纪 50 年代的多种因素，当时河流被改道以便在伊拉克形成湖泊，后来又在上游修建了水坝（Lawler，2005；UNEP，2001）。由于河流改道，维持沼泽所需的淡水洪水脉冲严重减弱。两伊战争（1980～1988 年）、海湾战争（1991 年）和第二次海湾战争（2003 年），这三场战争加剧了沼泽恶化，当时伊拉克前总统萨达姆·侯赛因为了驱赶被称为沼泽阿拉伯人的当地人而排干了这些沼泽（Stevens and Ahmed，2011）。沼泽的干涸导致了当地特有动物物种的消失，包括江獭和鲃鱼（UNEP，2001）。沼泽被排干后，候鸟对其的利用也减少了（UNEP，2001）。

当萨达姆政权在 2003 年瓦解时，留下的沼泽阿拉伯人和当时的水利部长们破开了堤防，对大片沼泽地重新补水（Richardson and Hussain，2006；Lawler，2005）。战争本身也损坏或破坏了一部分堤防，将水释放到了原本被排干的地区。但是，仅仅是补水并不一定能让湿地恢复。在沙漠地区中，伴随重新补水带来的高盐度和硫化物浓度使得重建沼泽植被变得困难重重（Richardson et al.，2005）。重新补水还带来了其他问题，包括化学药品、地雷和军械污染的土壤中释放的毒素（Richardson and Hussain，2006）。

到 2004 年 3 月，原来 1.5 万 km^2 的沼泽地近 20%被重新补水，芦苇迅速重新定植（Richardson et al.，2005），包括水葱属（*Schoenoplectus*）、香蒲（*Typha orientalis*）和金鱼藻（*Ceratophyllum demersum*）等其他物种也重新在此定植（表 12.2）（Richardson and Hussein，2006）。到 2005 年 9 月，将近 39%的原始沼泽地被淹没，这主要是由于土耳其和伊朗的上游源头发生了 2 年的积雪融化（Richardson and Hussain，2006）。许多鸟类、鱼类和大型无脊椎动物在沼泽重新定居。Hussain 等（2009）从恢复后的哈马尔沼泽采集到 31 种鱼类，包括 14 种淡水鱼、11 种海鱼和 6 种入侵物种。这 11 种海洋洄游鱼类物种主要由依靠湿地作为摇篮和料场的幼鱼组成（Mohamed et al.，2009）。与 20 世纪 70 年代的记录相比，恢复后的沼泽中大型植物和鸟类种类较少，而鱼类种类却与当时相当（Richardson and Hussain，2006）。与 20 世纪 70 年代排水前的监测值相比，湿地植被长期恢复缓慢且受高盐度的阻碍（Hamdan et al.，2010）。与排水前的状况相比，2006 年的地上生物量和植物物种多样性也较低。

表 12.2 2003～2005 年在重新补水的和天然的美索不达米亚沼泽中调查发现的湿地植物物种

植物物种	重新补水的沼泽	天然沼泽
芦苇（*Phragmites australis*）	√	√
香蒲（*Typha orientalis*）	√	√
金鱼藻（*Ceratophyllum demersum*）	√	√
水葱属（*Shoenoplectus littoralis*）	√	

续表

植物物种	重新补水的沼泽	天然沼泽
铺地黍（*Panicum repens*）	√	
篦齿眼子菜（*Stuckenia pectinatus*）	√	
槐叶萍（*Salvinia natans*）		√
浮萍（*Lemna minor*）		√
狐尾藻（*Myriophyllum verticillatum*）	√	

伊拉克的经验表明，只要有足够且可靠的淡水，美索不达米亚沼泽就能恢复到排水前的状态（图 12.1）。但是，该修复项目的长期效果是未知的，因为在干旱地区，人类对水的需求将占据优先地位。遥感显示，在 2009～2012 年，植被沼泽的面积下降到了 2003 年第二次海湾战争之前报告的水平，其减少的原因是在上游修建了其他水坝和引水工程（Al-Handal and Hu，2014；Al-Yamani et al.，2007）。迄今为止，伊拉克政府尚无明确的计划或政策来指导重新补水地区的沼泽恢复（Douabul et al.，2012），包括为了维持现状的年度水量分配。

（a）　（b）　（c）

图 12.1　（a）未排水的参照沼泽；（b）被排干的中央沼泽；（c）重新补水的伊拉克阿布扎拉格（Abu-Zaraeg）沼泽

图片来源：（a）和（b）Richardson 和 Hussain（2006）；（c）Richardson 和 Hussain（2006）

12.3 淡水沼泽——中国黄河三角洲

黄河三角洲拥有丰富的季节性湿地，包括高盐碱度湿地、芦苇沼泽、湿草甸和覆盖 565 km^2 的林灌湿地（Cui et al.，2009）。在过去的 20 年中，河流流量的减少、海水入侵及人类活动（如农业开垦土地）所导致的干旱和高盐度造成了沼泽的损失（Huang et al.，2012；Guan et al.，2013）。自 1986 年以来，用于支持石油生产的公路建设进一步将湿地与来水隔离开（Cui et al.，2009）。

1989～2000 年，超过 35%的潮汐湿地和湿草甸及 17%的芦苇沼泽消失（Li et al.，2009），消失速度是 67 km^2/a（Coleman et al.，2008）。剩余的湿地也逐渐变干，这是由上游引水导致河流季节性汇入渤海的水量减少（Xu，2004）。从 2002 年开始，通过修建堤坝和 4 个水库来截留河水，并通过一条渠道从黄河向湿地引灌淡水，恢复了 50 km^2 的退化湿地（Cui et al.，2009）。每年大约有 300 万 m^3 的水被抽入湿地，重新补水的效益是巨大的。2001 年，在重新补水之前，土壤盐度为 21‰，但到了 2007 年，降到了 6‰（Cui et al.，2009）。在 2001～2007 年，生态系统从高盐度的滩地转变为以低盐和半咸水物种为主的植物群落，包括芦苇和香蒲（图 12.2）。植物物种丰富度从 2001 年的 14 种增加到了 2007 年的 18 种（Cui et al.，2009）。重新引入淡水和恢复植被提高了滨鸟和水鸟对湿地的利用率。重新补水之前，已监测辨识出了 15 种鸟类物种。到了 2007 年，鸟类种类的数量增加到 35 种以上（Cui et al.，2009）。尽管利用泥滩的滨鸟减少了，但水鸟的数量有所增加（Hua et al.，2012）。重新补水后的第一年，游禽数量增加，但随后由于湿地植被覆盖降低而有所下降。

(a)　　(b)

图 12.2　黄河三角洲中（a）未恢复的高盐度滩地和（b）以开阔水域和芦苇为主的重新补水区

图片来源：Chris Craft

湿地土壤性质随重新补水而发生了显著变化（Wang et al.，2011）。水文条件恢复 7 年后，土壤水分、有机质和总氮比未补水的湿地更大，pH 和电导率也更低（图 12.3）。在恢复区，草本植物下的土壤有机碳（0.4%～0.7%）大于木本植被（0.1%）。改良剂（芦苇碎屑）和种植盐地碱蓬也改善了土壤条件（Guan et al.，2011）。与其他处理、耕作和施肥相比，有机改良剂和种植减少了土壤钠含量，增加了盐地碱蓬的生物量。

Li 等（2011）比较了黄河三角洲两个自然的、两个退化的和两个恢复 1～5 年的湿地的水鸟群落组成。发现恢复后的沼泽和自然沼泽之间的群落组成各不相同，并且与植被的差异有关，盐地碱蓬在自然盐沼中占主导地位，芦苇在重新补水的沼泽中占主导地位。

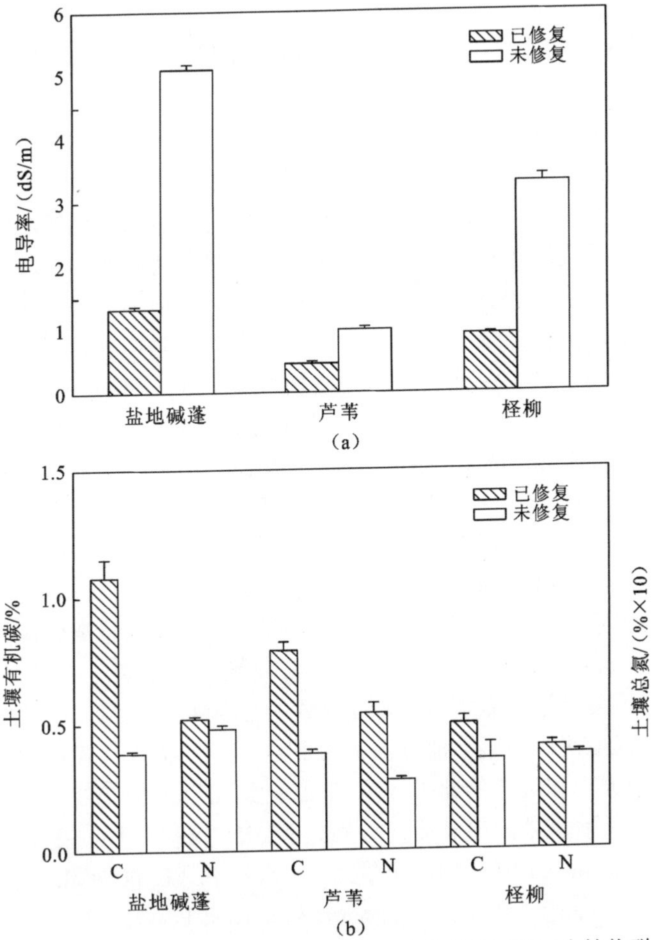

图 12.3　中国黄河三角洲重新补水恢复后的和未恢复的沼泽三个植物群落中的（a）土壤电导率和（b）有机碳和总氮（0～20 cm）（Wang et al.，2011）

Li 等（2015）比较了 6 年前和 10 年前重新补水的 2 个沼泽和未补水的滩地上的大型底栖动物。10 年前重新补水的沼泽中芦苇为优势种，且相对 6 年前重新补水的沼泽和滩地具有更高的大型底栖动物物种丰富度和密度。6 年前重新补水的沼泽似乎没有遵循与 10 年前重新补水的沼泽相同的发育轨迹。6 年前重新补水的沼泽的高盐度阻碍了植被的生长，导致形成了更多的开放水域。

Wang 等（2012）比较了三角洲地区 4 个重新补水的芦苇沼泽的时间序列上的植物群落特征。沼泽分别在 2002 年、2005 年、2007 年和 2009 年进行了重新补水，并于 2010 年进行了采样。植物覆盖率随恢复时间的增长而增加，在恢复 8 年后的沼泽中达到 99%。植物高度和茎的直径也随时间增加。尽管有这些趋势，但所有恢复区相对于参照区湿地的总体植物群落相似度均低于 35%。之所以认为恢复工作是成功的，是因为相对于退化（未恢复）的芦苇沼泽，恢复后的沼泽的植物群落在几乎所有监测指标上都表现得更好（Wang et al.，2012）。

12.4 滨海沼泽——美国路易斯安那州密西西比河三角洲

密西西比河三角洲是拥有潮汐盐沼、半咸水和淡水沼泽及森林的广阔区域。自 20 世纪初以来，由于自然原因和人类活动，已经有超过 4 500km^2 的湿地消失（Day et al.，2000；Boesch et al.，1994；Salinas et al.，1986）。湿地消失的自然原因包括沉降作用和三角洲的生命周期。三角洲在形成数百年后会随着新的小三角洲在其他地方形成而退化（Wells and Coleman，1987）。人类活动包括修建防洪堤、疏浚运河和损坏河岸，这主要与石油和天然气行业有关，这些活动大大减少了支持植物生长所需的河流补水和沉积物沉积、有机质积累和应对沉降和海平面上升的湿地表面高程增加（Swenson and Turner，1987；Deegan et al.，1984）。在河流的主要支流上建造水坝和截留泥沙的小型工程，导致悬浮泥沙向三角洲的运移下降了 50%～70%（Blum and Roberts，2012；Meade and Moody，2010；Kesel，1988）。与河流的有限水文连通助长了涝灾和咸水入侵，将淡水湿地转变为半咸水和咸水湿地或开放水域（Boesch et al.，1994；DeLaune et al.，1994）。在 1985～1997 年，三角洲湿地的年损失量超过 30 km^2/年（Coleman et al.，2008）。

保护留存湿地的主要恢复策略是重新从河道引水，以提供急需的沉积物和淡水来抵御盐水的入侵（Day et al.，2009；Lane et al.，2006；DeLaune et al.，2003）。这是通过利用决口扇实现的，在那里堤坝被有意破开，河水和沉积物因此可以流入退化或下沉的湿地。同时，依靠工程结构模拟决口扇用河流分流来控制水和泥沙输入。使用建模方法后，Kim 等（2009）认为，适当大小和位置的此类改道在 22 世纪可以创造 700～1 200 km^2 的新湿地。

2000 年之前进行了 3 处河流分流，分别是 Violet（1979 年）、Caernarvon（1991 年）和 West Pointe a la Hache（1993 年），流量为 8～21 m^3/s（Lane et al.，2006）。对湿地表面高程、垂向沉积和沉降的监测表明，Caernarvon 和 West Pointe a la Hache 下游的湿地通过大量沉积，同时在河道分流处的涵洞附近最大限度地增加高程来保持与海平面同步上升。然而，Violet 分流后下游的湿地由于沉降率高、河流量小（8 m^3/s）及大火烧掉了约 4 cm 厚的表面物质，未能与海平面上升保持同步。

DeLaune 等（2003）测量了沿 Caernarvon 分流处下游的横切面的垂向沉积和矿物沉积物积累、有机质和养分。垂向沉积、矿物沉积物积累和有机质积累在分流处附近较大，随下游距离的增加而减少。土壤中的亚铁（Fe^{2+}）和有效磷（P）也随着下游距离的增加而减少。在离分流处近的位置，可提取钠的含量较低。亚铁（Fe^{2+}）和磷（P）都是支持植物健康生长所必需的元素。铁还能通过沉淀生成黄铁矿（FeS、FeS_2）来消除硫化物的毒性作用。DeLaune 等（2003）认为，通过降低盐分含量和增加沉积物和养分，河流的分流可能减缓甚至逆转三角洲湿地的流失速度。

人们担心河流分流可能会加速三角洲淡水沼泽的减少和消失。密西西比河三角洲的淡水沼泽被有机土壤覆盖或以漂浮沼泽的形式存在（Swarzenski et al.，2008）。自 20 世纪 50 年代以来，密西西比河水的水质由于来自美国中西部玉米带农业径流而导致硝酸盐含量增加了 2～3 倍（Turner and Rabalais，1991）。在此期间，硫酸盐浓度也增加了 1 倍（Swarzenski et al.，2008）。在厌氧土壤中，硝酸盐和硫酸盐充当末端电子受体，以支持异养细菌分解有机物。Swarzenski 等（2008）比较了两个富含有机物的沼泽对孔隙水和土壤的生物地球化学响应，一个沼泽在过去 30 年中接受河水，另一个在此期间与河水隔离。接受河水的沼泽的土壤更易分解，并含有更多的硫。接受河水的沼泽的孔隙水中铵盐和正磷酸盐含量高出一个数量级，而硫化物和碱度则高出两倍。

Kearney 等（2011）报道了自 2000 年的卡特里娜飓风和丽塔飓风以来，三个河流分流处（Caernarvon、West Pointe a la Hache、Naomi）以下湿地植被覆盖率急剧下降。参照沼泽的湿地植被损失较少、恢复要快于分流处以下的沼泽。Kearney 等认为河水中的养分减少抑制了植物茎和根部的生长，而它们是维持沼泽高程和提升它们自己的抗拉强度以抵御风、浪和暴风雨所必需的（Turner，2011；Darby and Turner，2008）。20 世纪 70 年代，为了减少阿查法拉亚湾河沿岸的洪水而建造的 Wax 湖的出口无意间导致了河流分流。阿查法拉亚湾河携带着密西西比河约 30%的水，而 Wax 湖的出口则旨在获取阿查法拉亚湾河流量的 30%。到了 1984 年，三角洲形成的迹象已经很明显了。到了 1994 年，形成了发育良好的三角洲叶瓣海岸，而到了 2014 年，叶瓣海岸包含许多分布到墨西哥湾的分流，并形成了超过 39 km^2 的新沼泽（图 12.4）。

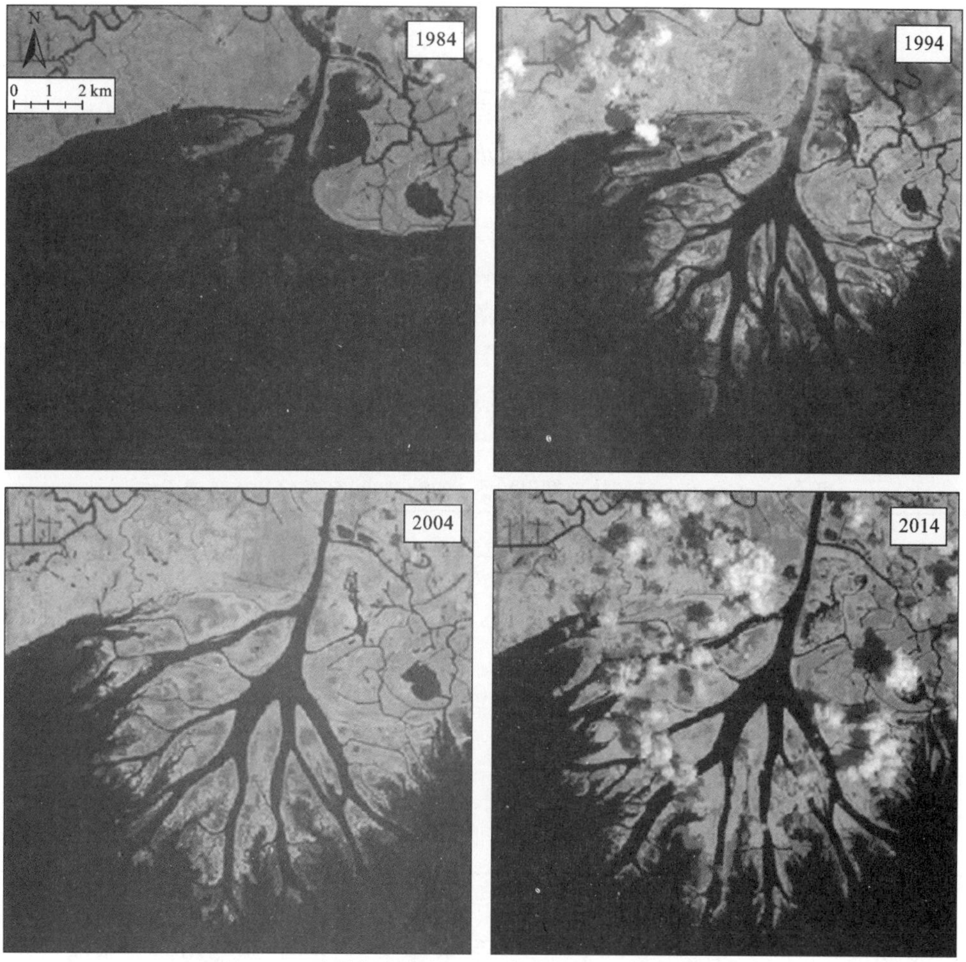

图 12.4 路易斯安那州 Wax 湖三角洲 30 年间的形成

照片由 Landsat 5（1994～2004 年）和 Landsat 8（2014 年）卫星拍摄

Nyman（2014）提出，河流分流有两个目的：①通过往沉积物中引入大量河水来建造新的沼泽；②通过引入淡水来抵消盐水入侵以减缓沼泽恶化的速度。为实现目的①，可以在流量大且悬浮泥沙浓度高的时期进行引水。Nyman（2014）进一步提出，应利用三角洲形成和消失的自然循环来引导河流分流。具有高悬浮泥沙负荷的河流分流模拟了三角洲形成和新湿地建立的活跃阶段。这种分流可用于在由于盐度高和富含铁的沉积物降低了硫化物毒性的大三角洲河口建立盐沼（DeLaune and Pezeshki，2003）。悬浮沉积物中淡水的分流适用于不活跃的三角洲，在那里淡水减少了盐水的入侵并增强了植物的生长、有机质的积累和垂向沉积，从而减缓了湿地的流失速度。

12.5 重建红树林——越南湄公河三角洲

Can Gio 红树林自然保护区包含 700 km^2 的土地和水体，并包含约 400 km^2 的人工和天然红树林（Nam et al.，2014）。该保护区距胡志明市仅数公里，是许多湿地栖息地的所在地，包括红树林、盐沼、海草草甸和滩涂。该保护区包含 56 种确切且相关联的红树林物种。

在 1965～1969 年的越南战争中，Can Gio 红树林被美国空军喷洒的除草剂和其他化学制剂几乎完全摧毁（Nam et al.，2014）。Can Gio 红树林中有近 57%被破坏（Nam and Sinh，2014）。当地人为了燃料和建造房屋而砍伐树木，加剧了树叶和森林的破坏。在接下来的 10 年中，除了某些白骨壤和水椰，几乎没有自然树木再生（Nam and Sinh，2014）。同时，蕨类植物卤蕨和棕榈，红木枣椰（*Phoenix paludosa*），在大约 45 km^2 的贫瘠土地上定植，而另外 100 km^2 的土地仍然贫瘠（Nam et al.，2014）。

从 1978 年开始，胡志明市林业局进行了再造林工作（Nam and Sinh，2014）。将近 20 km^2 的红树林区域使用红树种植。还种植了角果木、水椰、白海榄、秋茄和木榄，但面积较小（表 12.3）。在受卤蕨入侵的场所，割除并焚烧卤蕨，接着种植了红树。在更高的海拔上，红木枣椰割除并焚烧，并种植了角果木和榄李。在废弃的盐场中，将堤防破坏以重新引入潮汐的淹浸，然后在其上种植角果木和榄李。截至 2014 年，最老的植物大约是 35 岁[见第 9 章，图 9.5（c）]。

表 12.3　Can Gio 红树林自然保护区 1978～2000 年的红树林重建工作

物种	种植面积/km^2
红树	211
红茄苳	0.7
角果木	6
水椰	3
白海榄	<1
秋茄	<1
海莲	<1

保护区支持了一项活跃再造林的研究、开发和管理项目。红树林是在森林内部建立的苗圃中从幼苗生长而来的[图 12.5（a）]。保护区还建立了一个包含 30 多种本地和外来红树林的植物园。园中的树木用越南语和英语进行了标记[图 12.5（b）]。

1991 年，Can Gio 红树林被指定为环境保护林，注重其在稳定海岸线、育种及作为海洋动物育苗场和野生动植物栖息地的作用（Nam and Sinh，2014）。滨海地区新种植的森林是严格的保护区。沿河岸保留了 10～20 m 宽的树木缓冲带，以进行侵蚀防控。在此缓冲区的内部陆地，森林被用于水产养殖业和林业。薪材的轮伐期约为 20 年，木材的轮伐期则更长。

(a) (b)

图 12.5 （a）为了培育在 Gan Gio 红树林中种植的树苗而建立的苗圃；（b）包含 30 多种物种的红树林植物园

图片来源：Chris Craft

参 考 文 献

AL-HANDAL A, HU C, 2014. MODIS observations of human-induced changes in the Mesopotamian marshes in Iraq. Wetlands, 35: 31-40.

AL-HILLI M R A, WARNER B G, ASADA T, et al., 2009. An assessment of vegetation and environmental controls in the 1970s of the Mesopotamian wetlands of southern Iraq. Wetlands ecology and management, 17: 207-223.

AL-YAMANI F Y, BISHOP J M, AL-RIFAIE K, et al., 2007. The effects of river diversion, Mesopotamian marsh drainage and restoration, and river damming on the marine environment of the northwestern Arabian Gulf. Aquatic ecosystem health and management, 10: 277-289.

ABLE K W, HAGAN S M, BROWN S A, 2003. Mechanisms of marsh habitat restoration due to *Phragmites*: response of young-of-the-year mummichog(*Fundulus heteroclitus*) to treatment for *Phragmites* removal. Estuaries, 26: 484-494.

ABLE K W, NEMERSON D M, GOTHUES T M, 2004. Evaluating salt marsh restoration in Delaware Bay: analysis of fish response at former salt hay farms. Estuaries, 27: 58-69.

ABLE K W, NEMERSON D M, LIGHT P R, et al., 2000. Initial response of fishes to marsh restoration at a former salt hay farm bordering Delaware Bay//WEINSTEIN M P, KREEGER D A. Concepts and Controversies in Tidal Marsh Ecology. Dordrecht : Kluwer Academic Publishers: 749-773.

ABLE K W, GROTHUES T M, HAGAN S M, et al., 2008. Long-term response of fishes and other fauna to restoration of former salt hay farms: multiple measures of restoration success. Reviews in fish biology and fisheries, 18: 65-97.

BALLETTO J H, HEIMBUCH M V, MAHONEY H J, 2005. Delaware Bay salt marsh restoration: mitigation for a power plant cooling water system in New Jersey, USA. Ecological engineering, 25: 204-213.

BLUM M D, ROBERTS H H, 2012. The Mississippi Delta region: past, present and future. Annual review of earth and planetary sciences, 40: 655-683.

BOESCH D F, JOSSELYN M N, MEHTA A J, et al., 1994. Scientific assessment of coastal wetland loss, restoration, and management. Journal of coastal research, 20(Special issue): 1-103.

BOYER M E, HARRIS J O, TURNER R E, 1997. Constructed crevasses and land gain in the Mississippi River delta. Restoration ecology, 7: 85-92.

CAHOON D R, WHITE D A, LYNCH J C, 2011. Sediment infilling and wetland formation dynamics in an active crevasse splay of the Mississippi River delta. Geomorphology, 131: 57-68.

COLEMAN J M, HUH O K, BRAUD JR D, 2008. Wetland loss in world deltas. Journal of coastal research, 24: 1-14.

CUI B, YANG Q, YANG Z, et al., 2009. Evaluating ecological performance of wetland restoration in the Yellow River delta, China. Ecological engineering, 35: 1090-1103.

DARBY F A, TURNER R E, 2008. Effects of eutrophication on salt marsh root and rhizome biomass accumulation. Marine ecology progress series, 363: 63-70.

DAY J W, BRITSCH L D, HAWES S, et al., 2000. Pattern and process of land loss in the Mississippi River delta: a spatial and temporal analysis of wetland habitat change. Estuaries, 23: 425-438.

DAY J W, CABLE J E, COWAN JR J W, et al., 2009. The impacts of pulsed reintroduction of river water on a Mississippi delta coastal basin. Journal of coastal research, 54: 225-243.

DEEGAN L A, KENNEDY H M, NEILL C, 1984. Natural factors and human modifications contributing to marsh loss in Louisiana's Mississippi River deltaic plain. Environmental management, 8: 519-528.

DELAUNE R D, PEZESHKI S R, 2003. The role of soil organic carbon in maintaining surface elevation in rapidly subsiding U.S. Gulf of Mexico coastal marshes. Water, air and soil pollution, 3: 167-179.

DELAUNE R D, NYMAN J A, PATRICK JR W H, 1994. Peat collapse, ponding and wetland loss in a rapidly submerging coastal marsh. Journal of coastal research, 10: 1021-1030.

DELAUNE R D, JUGSUJINDA A, PETERSON G W, et al., 2003. Impact of Mississippi River freshwater reintroduction on enhancing marsh accretionary processes in a Louisiana estuary. Estuarine, coastal and shelf science, 58: 653-662.

DOUABUL A A Z, AL-MUDHAFER N A, ALHELLO A A, et al., 2012. Restoration versus reflooding: Mesopotamian marshlands. Hydrology current research, 3(5): 140.

GUAN B J, YU J, LU Z, et al., 2011. The ecological effects of *Suaeda salsa* on repairing heavily degraded coastal saline-alkaline wetlands in the Yellow River delta. Acta ecological sinica, 31: 4835-4840.

GUAN B, YU J, CAO D, et al., 2013. The ecological restoration of heavily degraded saline wetland in the Yellow River delta. Clean-soil, air, water, 41: 690-696.

HAMDAN M A, ASADA T, HASSAN F M, Warner B G, et al., 2010. Vegetation response to re-flooding in the Mesopotamian wetlands, Southern Iraq. Wetlands, 30: 177-188.

HINKLE R L, MITSCH W J, 2005. Salt marsh vegetation recovery at salt hay farm wetland restoration sites on Delaware Bay. Ecological engineering, 25: 240-251.

HUA Y, CUI B, HE W, 2012. Changes in waterbirds habitat suitability following wetland restoration in the Yellow Sea delta, China. Clean-soil, air, water, 40: 1076-1084.

HUANG L, BAI J, CHEN B, et al., 2012. Two-decade wetland cultivation and its effects on soil properties in salt marshes of the Yellow Riverdelta, China. Ecological informatics, 10: 49-55.

HUSSAIN NA, MOHAMED A R M, AL NOO S S, et al., 2009. Structure and ecological indices of fish assemblages in the recently restored Al-Hammar marsh, southern Iraq. Biorisk, 3: 173-186.

JIVAC P R, ABLE K W, 2003. Evaluating salt marsh restoration in Delaware Bay: the response of blue crabs, *Callinectes sapidus*, at former salt hay farms. Estuaries, 26: 709-719.

KEARNEY M S, RITER J C A, TURNER R E, 2011. Freshwater river diversions for marsh restoration in Louisiana: twenty-six years of changing vegetative cover and marsh area. Geophysical research letters, 38: L16405.

KESEL R H, 1988. The decline in the suspended sediment load of the lower Mississippi River and its influence on adjacent wetlands. Environmental geology and water science, 11: 271-281.

KIM W, MOHRIG D, TWILLEY R, et al., 2009. Is it feasible to build new land in the Mississippi River delta? Eos, 90: 373-375.

KIMBALL M E, ABLE K W, 2007. Tidal utilization of nekton in Delaware Bay restored and reference intertidal salt marsh creeks. Estuaries and coasts, 30: 1075-1087.

LANE R R, DAY JR J W, DAY J N, 2006. Wetland surface elevation, vertical accretion, and subsidence at three Louisiana estuaries receiving diverted Mississippi River water. Wetlands, 26, 1130-1142.

LAWLER A, 2005. Reviving Iraq's wetlands. Science, 307: 1186-1188.

LI D, CHEN S, GUAN L, et al., 2011. Patterns of waterbird community composition across a natural and restored wasteland landscape mosaic, Yellow River delta, China. Estuarine, coastal, and shelf science, 91: 325-332.

LI S, WANG G, DENG W, et al., 2009. Influence of hydrology process on wetland landscape patterns: a case study in the Yellow River delta. Ecological engineering, 35: 1719-1726.

LI S, CUI B, XIE T, et al., 2016. Diversity pattern of macrobenthos associated with different stages of wetland restoration in the Yellow River delta. Wetlands, 36(1): 57-67.

MEADE R H, MOODY J A, 2010. Causes for decline of suspended-sediment discharge in the Mississippi River system. 1940-2007. Hydrological processes, 24: 35-49.

MILLER M J, ABLE K W, 2002. Movements and growth of tagged young-of-the-year Atlantic croaker (*Micropogonias undulatus* L.) in restored and reference marsh creeks in Delaware Bay, USA. Journal of experimental marine biology and ecology, 267: 15-33.

MITSCH W J, WU X B, NAIRN R W, et al., 2000. To plant or not to plant: a response by Mitsch et al. Bioscience, 50: 189-190.

MOHAMED A R M, HUSSAIN N A, AL-NOOR S S, et al., 2009. Status of diadromous fish species in the restored East Hammar marsh in southern Iraq. American fisheries society symposium, 69: 577-588.

NAM V N, SINH L V, 2014. Destruction, Restoration and Management of Can Gio Mangroves. In Studies in Can Gio Mangrove Biosphere Reserve, Ho Chi Minh City, Viet Nam. Mangrove Ecosystems. Technical Report No. 6. International Society for Mangrove Ecosystems, Okinawa, Japan: 9-13.

NAM V N, SINH L V, MIYAGI T, et al., 2014. An overview of Can Gio District and Mangrove Biosphere Reserve // Studies in Can Gio Mangrove Biosphere Reserve, Ho Chi Minh City, Viet Nam. Mangrove Ecosystems Technical Report No. 6. International Society for Mangrove Ecosystems, Okinawa, Japan: 1-7.

NEMERSON D M, ABLE K W, 2005. Juvenile sciaenid fishes respond favorably to Delaware Bay marsh restoration. Ecological engineering, 25: 260-274.

NYMAN J A., 2014. Integrating successional ecology and the delta lobe cycle in wetland research and restoration. Estuaries and coasts, 37: 1490-1505.

PHILLIPP K R, FIELD R T, 2005. *Phragmites australis* expansion in Delaware Bay salt marshes. Ecological engineering, 25: 275-291.

RICHARDSON C J, HUSSAIN N A, 2006. Restoring the Garden of Eden: an ecological assessment of the marshes of Iraq. Bioscience, 56: 477-489.

RICHARDSON C J, REISS P, HUSSAIN N A, et al., 2005. The restoration potential of the Mesopotamian marshes of Iraq. Science, 307: 1307-1311.

SALINAS L M, DELAUNE R D, PATRICK W H, 1986. Changes occurring along a rapidly submerging coastal area: Louisiana. Journal of coastal research, 2: 269-284.

SHISLER J, 1989. Creation and restoration of coastal wetlands of the northeastern United States//KUSLER J A, KENTULA M E.Wetland Creation and Restoration: the Status of the Science. Corvallis: U.S. Environmental Protection Agency: 145-165.

STEVENS M, AHMED H K, 2011. Eco-cultural restoration of the Mesopotamian marshes, southern Iraq// EGAN D. Human Dimensions of Ecological Restoration: Integrating Science, Nature and Culture. Washington D.C.: Island Press/Center for Resource Economics: 289-298.

SWARZENSKI C M, DOYLE T W, FRY B, et al., 2008. Biogeochemical response of organic-rich freshwater marshes in the Louisiana delta plain to chronic river water influx. Biogeochemistry, 90: 49-63.

SWENSON E M, TURNER R E, 1987. Spoil banks: effects on a coastal marsh water level regime. Estuarine, Coastal and shelf science, 24: 599-609.

TEAL J M, PETERSON S B, 2005. Introduction to the Delaware Bay salt marsh restoration. Ecological engineering, 25: 199-203.

TEAL J M, WEISHAR L, 2005. Ecological engineering, adaptive management, and restoration management in Delaware Bay salt marsh restoration. Ecological engineering, 25: 304-314.

TEO S L H, ABLE K W, 2003a. Growth and production of the mummichog (*Fundulus heteroclitus*) in a restored salt marsh. Estuaries, 26: 51-63.

TEO S L H, ABLE K W, 2003b. Habitat use and movement of mummichog (*Fundulus heteroclitus*) in a restored salt marsh. Estuaries, 26: 720-730.

TUPPER M, ABLE K W, 2000. Movements and food habits of striped bass (*Morone saxatilis*) in Delaware Bay(USA) salt marshes: comparison of a restored and a reference marsh. Marine biology, 137: 1049-1058.

TURNER R E, 2011. Beneath the salt marsh canopy: loss of soil strength with increasing nutrient loads. Estuaries and coasts, 34: 1084-1093.

TURNER R E, RABALAIS N N, 1991. Changes in Mississippi River water quality this century. Bioscience, 41: 140-147.

UNEP(United Nations Environmental Programme), 2001. The Mesopotamian Marshes: Demise of an Ecosystem. UNEP, Nairobi, Kenya.

WANG H, WANG R, YU Y, et al., 2011. Soil organic carbon of degraded wetlands treated with freshwater in the Yellow River delta, China. Journal of environmental management, 92: 2628-2633.

WANG X, YU J, ZHOU D, et al., 2012. Vegetative ecological characteristics of restored reed (*Phragmites australis*) wetlands in the Yellow River delta, China. Wetlands ecology and management, 49: 325-333.

WEINSTEIN M P, BALLETTO J H, TEAL J M, et al., 1997. Success criteria and adaptive management for a large-scale wetland restoration project. Wetlands ecology and management, 4: 111-127.

WEINSTEIN M P, TEAL J M, BALLETTO J H, et al., 2001. Restoration principles emerging from one of the world's largest tidal marsh restoration projects. Wetlands ecology and management, 9: 387-402.

WEISHAR L L, TEAL J M, HINKLE R, 2005a. Designing large-scale wetland restoration for Delaware Bay. Ecological engineering, 25: 231-239.

WEISHAR L L, TEAL J M, HINKLE R, 2005b. Stream order analysis in marsh restoration on Delaware Bay. Ecological engineering, 25: 252-259.

WELLS J T, COLEMAN J M, 1987. Wetland loss and the subdelta cycle. Estuarine, coastal and shelf science, 25: 111-125.

XU J, 2004. A study of anthropogenic seasonal rivers in China. Catena, 55: 17-32.

第 13 章　湿地恢复展望

13.1　引　　言

在 21 世纪，湿地的恢复将取决于人口的增长速率及用水需求。预计到 2050 年，全球人口将超过 90 亿，到 2100 年将超过 100 亿。随着人口的增加，对粮食和水的需求也越来越大。在 20 世纪，由于农业生产中使用了大量的淡水资源，导致世界各地包括科罗拉多河三角洲、咸海、黄河三角洲、墨累-达令盆地等地的湿地和水生生态系统遭受了巨大损失（Grafton et al.，2013；Guan et al.，2013；Aladin and Potts，1995）。基于现有土地的集约化农业生产，大量使用化肥和杀虫剂只会加剧水生生态系统和湿地的富营养化。沿海地区快速城市化的发展，也将加剧潮汐沼泽和红树林的退化。随着湿地向内陆迁移受到“人造”硬质环境结构的阻碍，海平面上升将进一步加剧潮汐沼泽和红树林的损失。气候变化也会对淡水和河口湿地产生多种影响。气候变暖及温度和降水的年际变化可能导致区域尺度，特别是水资源短缺地区的湿地干涸。物种的规模和组成也会因此发生变化，因为气候变暖可能改变物种的分布范围，而 CO_2 含量上升可能会使某些植物物种受益。尽管一个人口密度更大、温度更高，杂草更多的世界将导致湿地退化和损失，但同时也为湿地的恢复提供了机会。

13.2　人口增长与全球粮食需求

到 2100 年，世界人口将从今天的 70 亿增长到 100 亿～110 亿[图 13.1（a）]（United Nations，2013；Lee，2011），人口结构也将随之发生变化，会出现如人口老龄化、低生育率、

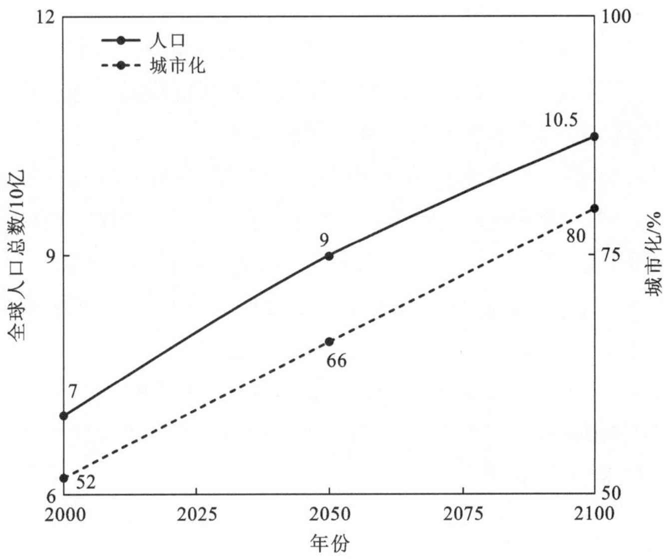

（a）

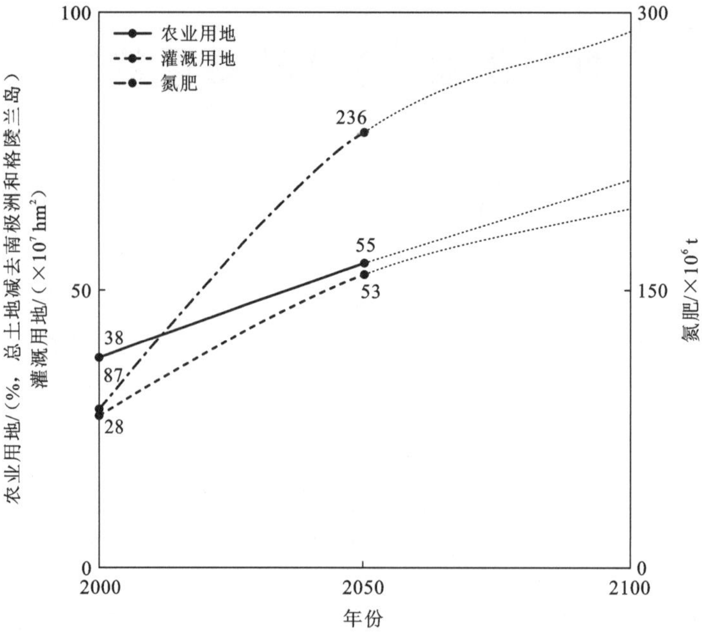

（b）

图 13.1　2000～2100 年，（a）全球人口和城市化，（b）农业用地、灌溉用地和氮肥使用量的预计变化

汇编自联合国（2013）（人口），联合国（2014）（城市化），Tilman 等（2001），Foley 等（2011）（农业用地）和 Tilman 等（2001）（灌溉用地和氮肥使用）

城市人口扩张等问题（Cohen，2003）。人们会变得更加富有，将消耗更多的资源、食物、水和能源（Pimentel and Pimentel，2006）。研究表明，到 2050 年全球食物需求总量会上升 70%～100%（Godfrey et al.，2010）。随着人口的增加，粮食需求量会上升，需要更多的农场、牧场，以及现有农田的集约化生产以满足这一趋势。农业用地包括耕地和牧场等最常见的土地利用类型，约占全球陆地总面积的 38%（Foley et al.，2011）。在世界范围内，超过 70%的草地、50%的热带和亚热带草原、45%的温带森林和 27%的热带森林已转变为农业用地。据预测到 2050 年将有 1 000 万 km^2 的自然生态系统转化为农业生态系统[图 13.1(b)]（Tilman et al.，2001）。湿地和其他自然生态系统的转换将导致其提供的淡水、森林资源、调节气候、净化空气、阻隔传染病传播等生态系统服务功能丧失。

农业耗水总量最多，约占全世界人类用水总量的 70%～90%（Foley et al.，2011；Oki and Kanae，2006；Wallace，2000）。对现有农田进行农业集约化生产需要使用更多的水、化肥和农药[图 13.1（b）]。在过去的 50 年里，灌区土地面积翻了一番，而化肥的使用量增加了 500%～800%（Foley et al.，2011）。据估计，灌区的农作物产量超过全球农作物产量的 1/3（Gilland，2002）。在 2015～2030 年，灌区土地面积预计增加 10%（Bruinsma，2003）。在 2010～2050 年，氮、磷、钾肥的使用量预计增加 50%以上（Alexandratos and Bruinsma，2012）。大量使用水和化肥将使湿地的水分流失，加剧富营养化，并导致生物多样性下降。

13.3 富营养化

增加粮食产量需要投入使用大量的化肥，这会加剧水生生态系统和湿地的富营养化。已有大量的研究表明富营养化会减少植物生物多样性（Bedford et al.，1999；Craft and Richardson，1997；Davis，1991；Moore et al.，1989），除此之外，高浓度的营养物质会破坏在滨海环境中，提供抗风浪作用的植物根茎的稳定性。大量研究表明，地下生物量随氮素肥料（N）的添加而下降（Ket et al.，2011；Darby and Turner，2008a，2008b;），也随养分富集（NO_3^-）的转移而下降（Kearney et al.，2011；Swarzenski et al.，2008）。土壤抗剪强度会随着营养物浓度增加而降低，土壤降解能力随着营养物浓度增加而增强（Wigand et al.，2014；Turner，2011；Turner et al.，2009）。在位于马萨诸塞州的完整生态系统营养物富集实验中，通常在富营养化的沿海水体中观测到营养物（NO_3^-）的添加减少了河岸稳定根的地下生物量，增加了有机物的分解，并导致了河岸坍塌（Deegan et al.，2012）。根系生物量对于许多滨海湿地高程的形成至关重要，因此任何根系生物量的减少都可能增加湿地对海平面上升的敏感性。

高浓度的营养物质也有可能通过改变物种组成对湿地稳定性产生积极影响，间接缓解海平面上升所带来的影响。Fox 等（2012）监测了新英格兰潮汐湿地 1970～2005 年每年施肥区域的植物覆盖度和高程的变化。施肥 35 年后，盐草取代互花米草成为优势种。这一物种组成的变化也伴随着湿地地表高程的升高。Graham 和 Mendelssohn（2014）在路易斯安那州给低盐度湿地施肥 13 年。13 年后，活根系生物量因施肥而下降，但地下总生物量（活根+死根）没有差异。总体而言，施肥导致土壤有机质积累，土壤抗剪强度和表面高程相对于未施肥的区域更高。

13.4 城市环境中的恢复

在 22 世纪，人们将继续向城市地区迁移。2014 年，世界上有 54%的人口居住在城市，到 2050 年，预计将有超过 66%的人口生活在城市中[图 13.1（a）]（United Nations，2014）。如今，全球 15 个最大城市中有 11 个位于滨海环境中（Chapman and Underwood，2009），这对潮汐沼泽、红树林和漫滩湿地产生了巨大影响。城市化所带来的影响包括土地开垦、水产养殖、化肥使用增加、污水排放等（He et al.，2014）。

城市环境中的湿地多处于严重退化状态。大量不透水的下垫面极大地改变了现有湿地的水文状况，导致浮于表面的瞬间水流。这使土壤处于被淹没或者水分饱和状态的持续时间很短，创造了有氧环境，促进有机物和氮的矿化作用（Faulkner，2004）。反硝化作用的减少导致较少的氮保留和更多的氮输出。沉积物和营养物质负荷虽然增加，但对于植物繁殖体的可利用性却降低（Baldwin，2004）。栖息地破碎化严重，导致原生植物、大型无脊椎动物、两栖动物数量减少，入侵物种数量增加（Faulkner，2004）。城市沿海环境中的许多海岸线都是人工建造的硬基质，阻碍了湿地随水位上升而迁移的能力（图 13.2）。为了在城市环境中成功恢复湿地，需要采取减少雨洪流量、恢复溪流、构建河岸植被缓冲带，以及购买土地进行异地保护等一系列生态补偿措施（Guntenspergen et al.，2009）。

图 13.2　纽约哈德森河上的互花米草“花箱”

图片来源：Willis Elkins

13.5　气 候 变 化

因人类活动增加的温室气体排放量（包括 CO_2、CH_4 和 FeO）将导致全球变暖，随着降水和蒸散模式的变化，大气中的水分也会增加。这会导致全球范围内：①高纬度地区变暖；②表层海水变暖；③全球冰川融化，北半球淡水冰晶和冰盖融化；④降水增加；⑤海水酸化；⑥干旱、洪水和高温天气频发，气温和降水产生年际变化（Stocker et al.，2013）。

气候模型预测，21 世纪，世界许多地区的干旱问题都将加剧，包括非洲大部分地区、南欧、中东、美洲大部分地区、澳大利亚和东南亚地区（Dai，2010）。CO_2 本身可以通过充当肥料来影响植物群落的物种组成。气候变化对湿地的正面或负面的潜在影响可能用以下 4 种方式体现：①植物生产和碳循环的变化；②有机质矿化率；③物种分布、物种多样性和物种演替；④温室气体，特别是甲烷的排放（Bridgham et al.，1995）。

13.5.1　变暖

气温升高对地球上大部分地区的物种分布和组成均具有潜在影响。Baldwin 等（2014）利用实验培育的湿地植物群落和从低、中、高纬度地区收集的种子库进行了研究。结果表明，升温 2.8℃会增加植物生物量并降低物种丰富度。在这一实验中，中纬度地区和北纬地区的种子库对温度变化响应更为显著。与其他物种相比，某些外来入侵物种（如千屈菜）对气候变暖的反应更大。在不同纬度的土壤中引入种子库来模拟迁移，促进物种丰富度大幅增加（60%～100%），这表明如果物种能够分散到不同的气候环境中，它们将在该区域土壤中定植。在新英格兰的盐沼中进行的实验表明，当升温 4℃左右时，C_4 植物如狐米草会取代 C_3 植物并导致物种多样性降低（Gedan and Bertness，2009）。

气候变化模型预测结果显示，在存在大量泥炭地的高纬度地区，气候变暖更加明显（IPCC，2013）。Bridgham 等（1999）在明尼苏达州进行了一次田间生态系统实验，从水藓泥炭地和沼泽泥炭地中取出的完整土壤基质（表面积为 2.1 m^2，深度为 0.5～0.7 m），利用红外灯和 3 种不同的地下水位条件使土壤分别暴露于 3 种变暖状态。气温变暖使生长季节的土壤温度（15 cm 深处）增加了 1.6～4.1 ℃，水藓泥炭地的灌木和沼泽泥炭地的禾本科植物的生物量也有所增加（Weltzin et al.，2000）。地下水水位的不同处理对土壤温度没有影响，但低水位有利于灌木的生长而不利于苔藓的生长。在水藓泥炭地中，温度升高和地下水位降低共同促进了灌木的植被盖度增加 50%（Weltzin et al.，2003）。总体上，泥炭地植物生物量不受地下水位的影响，因为在湿处理环境中植物地上生物量最大，而在干处理环境中植物的地下生物量最大。不同物种和生活型的植物对变暖和干旱的反应是不同的（Weltzin et al.，2003），表明了预测气候变化对这些湿地的影响十分困难且复杂。

温度和水位变化对碳、氮循环的影响错综复杂。Updegraff 等（2001）评估了生态系统呼吸和 CH_4 排放对相同的变暖和水位控制条件的响应情况。结果显示，生态系统呼吸与土壤变暖呈正相关关系。在第一年的研究结果中，CH_4 排放量与两种处理均无显著相关性，但与植物群落组成密切相关，其中水藓泥炭地基质排放的 CH_4 是沼泽泥炭地基质的 4 倍。在研究的后期，即第 5 年和第 6 年的实验中，CH_4 通量与水位呈正相关关系，而与变暖条件无显著相关性（White et al.，2008）。Keller 等（2004）在为期 6 年的实验结束时检测了所收集的培养土心中的碳矿化度。研究发现，升温对碳（CO_2、CH_4）的矿化没有影响，而水位的升高增加了水藓泥炭地土壤中的 CO_2 产量和沼泽泥炭地土壤中的 CH_4 产量。水藓泥炭地中溶解的有机碳浓度随温度升高而增加，但沼泽泥炭地中没有呈现出这一现象（Pastor et al.，2003）。经过 8 年的变暖和水位条件调控后，沼泽泥炭地的中尺度实验生态系统没有发生显著变化或土壤碳流失，而在温暖和干燥的中尺度实验生态系统中发生了大量的土壤碳流失（Bridgham et al.，2008）。相反，水藓泥炭地的中尺度实验生态系统在最初的 3 年中富集了碳，但此后碳含量并没有进一步的变化。这些研究表明，泥炭地对气候变化以各种不同的响应方式呈现出迅速反应。

13.5.2 气候变异

温带和降水的年际变化可能会对湿地产生重大影响。位于北美的草原坑洼地区，拥有数百万个湿地和世界上规模最大的水禽繁殖种群，相关学者已经尝试利用模型预测气候变化对它们的影响（Johnson et al.，2005）。该地区的湿地与当地的旱涝循环密切相关，植被表现出从干沼泽到浅沼泽到深沼泽，再到开放水域的变化，这些变化持续了数十年。该地区存在较大的环境梯度，年平均气温范围从北部的 1 ℃至南部的 10 ℃不等，降水量从西部的 300 mm/年到东部的 900 mm/年不等（Millett et al.，2009）。Johnson 等（2005）模拟了湿地植被对温度升高 3 ℃和降水量变化±20%的响应。仅温度升高就导致大多数沼泽地的干涸期变长。温度升高和降水量增加的组合起到了平衡作用，只造成湿地覆盖面积的微小变化。不足为奇的是，气温升高和降水量减少所带来的影响最大，导致该地区出现大量干沼泽。

极端天气，特别是风暴，会影响滨海湿地。在加利福尼亚州，Zedler（2010）记录了一系列极端事件之后的潮汐盐沼物种丰富度急剧下降的案例，这些极端事件包括：冬季风暴封闭了蒂华纳河口，并裹挟来大量沙子，随后在当年晚期发生干旱。其他极端事件，例如强烈的飓风可能与海平面上升相互作用，加速滨海湿地的丧失。研究表明，飓风的风暴潮会导致低盐度潮汐湿地的坍塌（Howes et al.，2010）。在密西西比河三角洲，2005 年卡特里娜（Katrina）飓风和丽塔飓风的风暴潮导致当地湿地大面积侵蚀，这些湿地的植被扎根较浅，同时人们认为中西部农业的富营养径流加剧了湿地的损失（Kearney et al.，2011）。

3 CO_2施肥

在陆地和湿地生态系统中已进行了大量的温室 CO_2 施肥实验。始于 1987 年的一项持续时间最长的实验是在切萨皮克湾的一个咸水沼泽地进行。最初的研究（前 1～3 年）表明，C_3 植物（莎草科植物）对 CO_2 的反应要比 C_4 植物（狐米草）的反应更显著，体现在 C_3 植物生长更快（Arp et al.，1993），这是在 CO_2 施肥实验中常见的现象。在实验中也可以观察到 C_3 和 C_4 植物的分解反应和生物地球化学反应对 CO_2 施肥的响应。以 C_3 植被为主的样地在 CO_2 施肥的影响下表现出更强的分解作用，这体现在土壤孔隙水中包含了较高浓度的溶解无机碳、溶解有机碳及溶解的 CH_4（Keller et al.，2009；Marsh et al.，2005）。

升高的 CO_2 浓度不仅会刺激植物生长，还会增加微生物的活性，这可以通过分析有机质的矿化作用和 CH_4 的排放量得出结论。在使用生长室的研究中，较高的 CO_2 浓度促进了植物生长并释放 O_2 进入土壤环境中，使土壤中的氧化还原电位升高，促进了有机质的矿化作用（Wolf et al.，2007）。同时，草本和木本湿地物种的 CH_4 排放量也有所增加，表明植物与微生物的碳循环之间存在紧密联系（Vann and Megonigal，2003；Megonigal and Schlesinger，1997）。

CO_2 浓度升高所带来的影响往往伴随着其他人为胁迫（如过量的营养盐）相互作用，共同产生影响。在咸水沼泽的长期实验中，CO_2 和 N 的联合作用导致优势物种由 C_3 植被转变成 C_4 植被，这样的变化减少了 CO_2 浓度上升带来的肥料效应（Langley and Megonigal，2010）。CO_2 和 N 的共同作用会产生意想不到的效果。例如，根系生物量增加，土壤表层高程升高，这有可能抵消海平面上升带来的不良影响（Langley et al.，2009）。提高 CO_2 和 N 的浓度还可以提升 C_3 物种的生产力以此提升植物对海平面上升的耐受性（Langley et al.，2013）。

13.5.4 海平面上升

预计到 22 世纪，海平面将从 45 cm 上升到 125 cm（Stocker et al.，2013），而密西西比河三角洲（Blum and Roberts，2009）和其他三角洲地区的塌陷面积将进一步加大。除非潮汐湿地能够随着海平面上升而抬升其高程，或者向内陆迁移，否则由气候变化驱动的海平面上升将对其产生威胁。

潮汐湿地对海平面上升具有一定的弹性，因为它们会捕获矿物沉积物并向土壤中添加有机质（Morris et al.，2002）。通过这种方式，湿地会垂直生长或以一定的速率增长，以使它们能够随着海平面上升而保持其相对高度。而潮间带的高程、潮汐范围、悬浮泥沙情况和植物生产力等因素共同决定了堆积速率。通过模拟海平面上升对潮汐湿地的未来影响，不同的湿地到 2100 年的退化或损失程度不同（Fagherazzi et al.，2012；Kirwan et al.，2010；Craft et al.，2009；Nicholls，2004）。咸水入侵会导致栖息地发生变化，如淡水森林和沼泽转化为咸水沼泽或者开阔水域（Hackney and Avery，2015；Craft et al.，2009；Conner et al.，2007；DeLaune et al.，1987），将导致植物多样性和生产力下降（Callaway et al.，2007）。针对中型实验生态系统的研究表明，这种变化通常是由长期的咸水入侵导致的，而很少由河流流量减小或干旱等季节性波动导致。

此外，城市发展将限制潮汐湿地向内陆迁移（Linhoss et al.，2015），特别是在已开发的海岸线上。在城市环境中，海岸线的硬质基质、堤坝、码头、道路及其他基础设施不会随海平面变化而迁移（图 13.2）。而在未开发的海岸线上，恢复活动可能会减慢易受海平面上升影响地区的湿地退化速度。在斯里兰卡，高密度（7 棵/m^2）种植红树林的地区，其沉积物沉积速率高于低密度（1～3 棵/m^2）种植红树林的地区（Kumara et al.，2010）。

13.6 21 世纪的湿地恢复

在 21 世纪，人类活动特别是农业用地和集约化生产、地表水取水和气候变化，都将导致淡水湿地的干涸和盐碱化及滨海湿地的丧失（Finlayson et al.，2013；Gopal，2013；Junk，2013；Mitchell，2013）。在北纬地区，气候变暖可能导致土壤蒸散发量增加，并降低北方土壤中有机质的积累（Cizkova et al.，2013）。人为活动导致的营养物质富集将加剧富营养化，增加入侵物种优势并减少生物多样性。

在 21 世纪，湿地恢复将越来越具有挑战性，因此确定湿地恢复过程中的优先事项至关重要。Erwin（2009）提出了在面对气候变化和人口增长两大挑战时，如何成功恢复湿地的建议（表 13.1）。全球变暖目前尚无法控制，因此必须减少其他压力，例如优先处理水供给和营养物富集的问题。这意味着需要保证足够的水资源以供分配，具体可包括水权交易等措施，以维持湿地修复项目。通过购买海岸退潮线和上游土地（也称为动态缓冲区）来保护滨海湿地，以允许其随着海平面上升而迁移（Rogers et al.，2014）。湿地监测对于了解湿地变化情况至关重要，包括湿地基线条件（环境本底值和环境背景值）、时间变化性范围，以及随时间变化的趋势或是否遭受生物入侵等。结合已知的气候振荡，如厄尔尼诺南部涛动和北大西洋涛动，以了解湿地变化的时空特异性和“微调”管理策略。选择恢复区域时需要考虑未来温度和降水模式的变化，以适应当地物种的正常发展，这可以通过在当地物种生存范围的较冷（或较湿）的边界条件设置恢复区来实现。

表 13.1 21 世纪湿地成功恢复的建议

建议
• 减少非气候压力
• 保障湿地和水生生态系统水资源分配或采取购买水权等措施
• 建立海岸退潮线和动态缓冲区，以使滨海湿地迁移适应海平面上升
• 支持监测以确定基线条件、湿地的时间变化性和随时间变化的趋势
• 将已知的气候波动纳入恢复预期计划
• 制定应对气候变化的恢复区选择和管理策略

改编自 Erwin（2009）

对滨海湿地可持续性产生最大威胁的也许是海岸线的发展，随着海平面的上升，海岸线的发展将阻止湿地向内陆扩张（Orr et al.，2003）。不幸的是，在美国东海岸、海湾和西海岸近期的修复项目中并未考虑到这一点（Ravit and Weis，2014）。我们需认识到完全恢复湿地的结构、功能和生态系统服务需要时间，并且随着海平面的上升，许多项目的预期寿命将减少（图 13.3）。湿地恢复的未来充满不确定性，而我们唯一可以确定的是这条路上必充满了变化。通过湿地恢复，我们可以帮助世界上的湿地更好地存在于此。

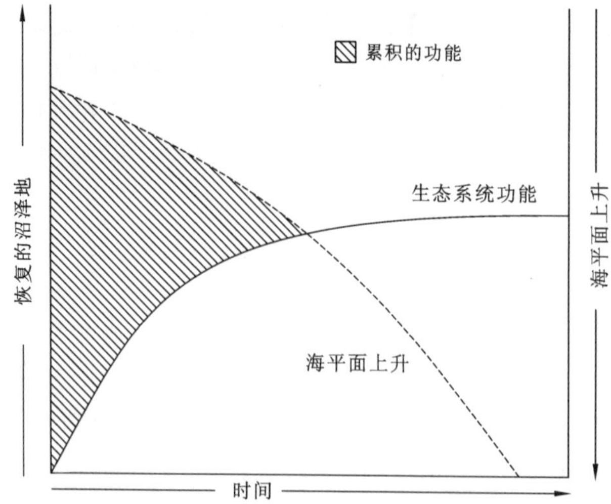

图 13.3　随着海平面上升，恢复的滨海湿地的累积功能变化情况

尽管恢复时间短的湿地的功能比成熟湿地低，但大面积湿地的恢复初期就可提供高水平的生态系统功能。随着时间的推移，功能会随着恢复湿地的成熟而增加。随着海平面上升的加速，湿地功能因其转变为生产力较低的栖息地而降低，如高盐度湿地、泥滩和开阔水域。最终，海平面上升加速将导致滨海湿地及其生态系统功能和服务的丧失

参 考 文 献

ALADIN N V, POTTS W T W, 1995. The Aral Sea dessication and possible ways of rehabilitating and conserving its northern part. Environmetrics, 6: 17-29.

ALEXANDRATOS N, BRUINSMA J, 2012. World Agriculture towards 2030/2060: The 2012 Revision. ESA Working Paper No. 12-03. United Nations Food and Agricultural Organization, Rome.

ARP W J, DRAKE B G, POCKMAN W T, et al., 1993. Interactions between C3 and C4 salt marsh plant species during four years of elevated atmospheric CO_2. Vegetatio, 104/105: 133-143.

BALDWIN A H, 2004. Restoring complex vegetation in urban settings: the case of tidal freshwater marshes. Urban ecosystems, 7: 125-137.

BALDWIN A H, JENSEN K, SCHONFELDT M, 2014. Warming increases plant biomass and reduces diversity across continents, latitudes, and species migration scenarios in experimental wetland communities. Global change biology, 20: 835-850.

BEDFORD B L, WALBRIDGE M R, ALDOUS A, 1999. Patterns in nutrient availability and plant diversity in temperate North American wetlands. Ecology, 80: 2151-2169.

BLUM M D, ROBERTS H H, 2009. Drowning of the Mississippi River Delta due to insufficient sediment supply and global sea level rise. Nature geoscience, 2: 488-491.

BRIDGHAM S D, JOHNSTON C A, PASTOR J, et al., 1995. Potential feedbacks of northern wetlands to climate change. Bioscience, 45: 262-274.

BRIDGHAM S D, PASTOR J, DEWEY B, et al., 2008. Rapid carbon response of peatlands to climate change. Ecology, 89: 3041-3048.

BRIDGHAM S D, PASTOR J, UPDEGRAFF K, et al., 1999. Ecosystem control over temperature and energy flux in northern peatlands. Ecological applications, 9: 1345-1358.

BRUINSMA J, 2003. World Agriculture: Towards 2015/2030. London: Earthscan Publications Ltd.

CALLAWAY J C, PARKER V T, VASEY M C, et al., 2007. Emerging issues for the restoration of tidal marsh ecosystems in the context of predicted climate change. Madroño, 54: 234-248.

CHAPMAN M G, UNDERWOOD A J, 2009. Comparative effects of urbanization in marine and terrestrial habitats//MCDONNELL M J, HAHS A K, BREUSTE J A. Ecology of Cities and Towns: a Comparative Approach. Cambridge: Cambridge University Press: 51-70.

CIZKOVA H, KVET J, COMIN F A, et al., 2013. Actual state of European wetlands and their possible future in the context of climate change. Aquatic sciences, 75: 3-26.

COHEN J E, 2003. Human population: the next half century. Science, 302: 1172-1175.

CONNER W H, DOYLE T W, KRAUSS K R, 2007. Ecology of Tidal Forested Wetlands of the Southeastern United States. Berlin: Springer.

CRAFT C B, RICHARDSON C J, 1997. Relationships between soil nutrients and plant species com-position in Everglades peatlands. Journal of environmental quality, 26: 224-232.

CRAFT C B, CLOUGH J, EHMAN J, et al., 2009. Forecasting the effects of accelerated sea level rise on tidal marsh ecosystem services. Frontiers in ecology and the environment, 7: 73-78.

DAI A, 2010. Drought under global warming: a review. Wiley interdisciplinary reviews: climate change, 2: 45-65.

DARBY F A, TURNER R E, 2008a. Below- and aboveground biomass of Spartina alterni-flora: response to nutrient addition in a Louisiana salt marsh. Estuaries and coasts, 31: 326-334.

DARBY F A, TURNER R E, 2008b. Effects of eutrophication on salt marsh root and rhizome bio-mass accumulation. Marine ecology progress series, 363: 63-70.

DAVIS S M, 1991. Growth, decomposition and nutrient retention of Cladium jamaicense Crantz and Typha domingensis Pers in the Florida Everglades. Aquatic botany, 40: 203-224.

DEEGAN L A, JOHNSON D S, WARREN R S, et al., 2012. Coastal eutrophication as a driver of salt marsh loss. Nature, 490: 388-392.

DELAUNE R D, PATRICK JR W H, PEZESHKI S R, 1987. Foreseeable flooding and death of coastal wetland forests. Environmental conservation, 14: 129-133.

ERWIN K L, 2009. Wetlands and global climate change: the role of wetland restoration in a changing world. Wetlands ecology and management, 17: 71-84.

FAGHERAZZI S, KIRWAN M, MUDD S, et al., 2012. Numerical models of salt marsh evolution. Reviews of geophysics, 50: RG1002.

FAULKNER S, 2004. Urbanization impacts on the structure and function of forested wetlands. Urban ecosystems, 7: 89-106.

FINLAYSON C M, DAVIS J A, GELL P A, et al., 2013. The status of wetlands and the predicted effects of climate change: the situation in Australia. Aquatic sciences, 75: 73-93.

FOLEY J A, DEFRIES R, ASNER G P, et al., 2005. Global consequences of land use. Science, 309, 570-574.

FOLEY J A, RAMANKUTTY N, BRAUMAN K A, et al., 2011. Solutions for a cultivated planet. Nature, 478: 337-342.

FOX L, VALIELEA I, KINNEY E L, 2012. Vegetation cover and elevation in long-term experimental nutrient-enrichment plots in Great Sippewissett salt marsh, Cape Cod, Massachusetts: implications for eutrophication and sea level rise. Estuaries and coasts, 35: 445-458.

GEDAN K B, BERTNESS M D, 2009. Experimental warming causes rapid loss of plant diversity in New

England salt marshes. Ecology letters, 12: 842-848.

GILLAND B, 2002. World population and food supply: can food production keep pace with population growth in the next half-century. Food policy, 27: 47-63.

GODFREY H C J, BEDDINGTON J R, CRUTE I R, et al., 2010. Food security: the challenge of feeding 9 billion people. Science, 327: 812-818.

GOPAL B, 2013. Future of wetlands in tropical and subtropical Asia, especially in the face of climate change. Actual state of European wetlands and their possible future in the context of climate change. Aquatic sciences, 75: 39-61.

GRAFTON R Q, PITTOCK J, DAVIS R, et al., 2013. Global insights into water resources, climate change and governance. Nature climate change, 3: 315-321.

GRAHAM S A, MENDELSSOHN I A, 2014. Coastal wetland stability maintained though counter-balancing accretionary responses to chronic nutrient enrichment. Ecology, 95: 3271-3283.

GUAN B, YU J, CAO D, et al., 2013. The ecological restoration of heavily degraded saline wetland in the Yellow River Delta. Clean-soil, air, water, 41: 690-696.

GUNTENSPERGEN G R, BALDWIN A H, HOGAN D M, et al., 2009. Valuing urban wetlands: modification, restoration and preservation//MCDONNELL M J, HAHS A K, BREUSTE J A. Ecology of Cities and Towns: a Comparative Approach. Cambridge: Cambridge University Press: 503-520.

HACKNEY C T, AVERY G B, 2015. Tidal wetland community response to varying levels of flood-ing by saline water. Wetlands, 35: 227-236.

HE Q, BERTNESS M D, BRUNO J F, et al., 2014. Economic development and coastal ecosystem change in China. Scientific Reports 4.

HOWES N C, FITZGERALD D M, HUGHES Z J, et al., 2010. Hurricane-induced failure of low salinity wetlands. Proceedings of the national academy of sciences, 107: 14014-14019.

JOHNSON W C, MILLETT B V, GILMANOV T, et al., 2005. Vulnerability of northern prairie wetlands to climate change. Bioscience, 55: 863-872.

JUNK W J, 2013. Current state of knowledge regarding South America wetlands and their future under global climate change. Aquatic sciences, 75: 113-131.

KEARNEY M S, RITER J C A, TURNER R E, 2011. Freshwater river diversions for marsh restoration in Louisiana: twenty-six years of changing vegetative cover and marsh area. Geophysical research letters, 38: LI6405.

KELLER J K, WHITE J R, BRIDGHAM S D, et al., 2004. Climate change effects on carbon and nitrogen mineralization in peatlands through changes in soil quality. Global change biology, 10: 1053-1064.

KELLER J K, WOLF A A, WEISENHORN P B, et al., 2009. Elevated CO_2 affects porewater chemistry in a brackish marsh. Biogeochemistry, 96: 101-117.

KET W A, SCHUBAUER J P, CRAFT C B, 2011. Effects of five years of nitrogen and phosphorus additions on a Zizaniopsis miliacea tidal freshwater marsh. Aquatic botany, 95: 17-23.

KIRWAN M L, GUNTENSPERGEN G R, D'ALPAOS A, et al., 2010. Limits on the adaptability of coastal marshes to rising sea level. Geophysical research letters, 37: L23401.

KUMARA M P, JAYATISSA L P, KRAUSS K W, et al., 2010. High mangrove density enhances surface accretion, surface elevation change, and tree survival in coastal areas susceptible to sea-level rise. Oecologia, 164: 545-553.

LANGLEY J A, MEGONIGAL J P, 2010. Ecosystem response to elevated CO_2 levels limited by nitrogen-induced plant shift. Nature, 466: 96-99.

LANGLEY J A, MCKEE K L, CAHOON D R, et al., 2009. Elevated CO_2 stimulates marsh elevation gain, counterbalancing sea-level rise. Proceedings of the national academy of sciences, 106: 6182-6186.

LANGLEY J A, MOZDZER T, SHEPHARD K A, et al., 2013. Tidal plant responses to elevated CO_2, nitrogen fertilization, and sea level rise. Global change biology, 19: 1495-1503.

LEE R, 2011. The outlook for population growth. Science, 333: 569-573.

LINHOSS A C, KIKER G, SHIRLEY M, et al., 2015. Sea-level rise, inundation, and marsh migration: simulating impacts on developed lands and environmental systems. Journal of coastal research, 31: 36-46.

MARSH A S, RASSE D P, DRAKE B G, et al., 2005. Effect of elevated CO_2 on carbon pools and fluxes in a brackish marsh. Estuaries, 28: 694-704.

MILLETT B, JOHNSON W C, GUNTENSPERGEN G, 2009. Climate trends of the northern prairie pothole region 1906-2000. Climatic change, 93: 243-267.

MEGONIGAL J P, SCHLESINGER W H, 1997. Enhanced CH_4 emissions from a wetland soil exposed to elevated CO_2. Biogeochemistry, 37: 77-87.

MITCHELL S A, 2013. The status of wetlands, threats and the predicted effect of global climate change: the situation in Sub-Saharan Africa. Aquatic sciences, 75: 95-112.

MOORE D R J, KEDDY P A, GAUDET C L, et al., 1989. Conservation of wetlands: do infertile wetlands deserve a higher priority? Conservation biology, 47: 203-217.

MORRIS J T, SUNDARESHWAR P V, NIETCH C T, et al., 2002. Responses of coastal wetlands to rising sea level. Ecology, 83: 2869-2877.

NICHOLLS R J, 2004. Coastal flooding and wetland loss in the 21st century: changes under the SRES climate and socioeconomic scenarios. Global environmental change, 14: 69-86.

OKI T, KANAE S, 2006. Global hydrological cycles and world water resources. Science, 313: 1068-1072.

ORR M, CROOKS S, WILLIAMS P B, 2003. Will restored tidal marshes be sustainable? San francisco estuary and water science, 6: 1-33.

PASTOR J, SOLIN J, BRIDHAM S D, et al., 2003. Global warming and the export of dissolved organic carbon from boreal peatlands. Oikos, 100: 380-386.

PIMENTEL D, PIMENTEL M, 2006. Global environmental resources versus world population growth. Ecological economics, 59: 195-198.

POUYAT R V, CARREIRO M M, GROFFMAN P M, et al., 2009. Investigative approaches to urban biogeochemical cycles: New York metropolitan and Baltimore as case studies//MCDONNELL M J, HAHS A K, BREUSTE J A. Ecology of Cities and Towns: a Comparative Approach. Cambridge: Cambridge University Press: 329-351.

RAVIT B, WEIS J S, 2014. Clean Water Act Section 404 and coastal marsh stability. Coastal management, 42: 464-477.

ROGERS K, SAINTILAN N, COPELAND C, 2014. Managed retreat of saline coastal wetlands: challenges and opportunities identified from the Hunter River estuary, Australia. Estuaries and coasts, 37: 67-78.

SHARPE P J, BALDWIN A H, 2012. Tidal marsh plant community response to sea-level rise: a mesocosm study. Aquatic botany, 101: 34-40.

STOCKER T F, QIN D, PLATTNER G-K, et al., 2013. Technical summary // STOCKER T F, QIN D,

PLATTNER G K, et al. Climate Change 2013: the Physical Science Basis. Contribution of Working Group L to the Fifth Assessment Report of the Intergovernmental Panel on Climate Change. Cambridge: Cambridge University Press.

SWARZENSKI C M, DOYLE T W, FRY B, et al., 2008. Biogeochemical response of organic-rich freshwater marshes in the Louisiana deltaic plain to chronic river water influx. Biogeochemistry, 90: 49-63.

TILMAN D, FARGIONE J, WOLFF B, et al., 2001. Forecasting agricultural driven global environmental change. Science, 292: 281-284.

TURNER R E, 2011. Beneath the salt marsh canopy: loss of soil strength with increasing nutrient loads. Estuaries and coasts, 34: 1084-1093.

TURNER R E, HOWES B L, TEAL J M, et al., 2009. Salt marshes and eutrophication: an unsustainable outcome. Limnology and oceanography, 54: 1634-1642.

United Nations, Department of Economic and Social Affairs, Population Division, 2013. World Population Prospects: The 2012 Revision. Key Findings and Advance Tables, New York: United Nations.

United Nations, Department of Economic and Social Affairs, Population Division, 2014. World Urbanization Prospects: The 2014 Revision, Highlights（ST/ESA/SER.A/352）. New York : United Nations.

UPDEGRAFF K, BRIDGHAM S D, PASTOR J, et al., 2001. Response of CO_2 and CH_4 emissions from peatlands to warming and water table manipulation. Ecological applications, 11: 311-326.

VANN C D, MEGONIGAL J P, 2003. Elevated CO_2 and water depth regulation of methane emis-sions: comparison of woody and non-woody wetland plant species. Biogeochemistry, 63: 117-134.

WALLACE J S, 2000. Increasing agricultural water use efficiency to meet future crop production. Agriculture, ecosystems and environment, 82: 105-119.

WELTZIN J F, PASTOR J, HARTH C, et al., 2000. Response of bog and fen plant communities to warming and water-table manipulations. Ecology, 81: 3464-3478.

WELTZIN J F, BRIDGHAM S D, PASTOR J, et al., 2003. Potential effects of warming and drying on peatland plant community composition. Global change biology, 9: 141-151.

WHITE J R, SHANNON R D, WELTZIN J F, et al., 2008. Effects of soil warming and drying on methane cycling in a northern peatland mesocosm study. Journal of geophysical research: biogeosciences, 113: G00A06.

WIGAND C, ROMAN C T, DAVEY E, et al., 2014. Below the disappearing marshes of an urban estuary: historic nitrogen trends and soil structure. Ecological applications, 24: 633-649.

WOLF A A, DRAKE B G, ERICKSON J E, et al., 2007. An oxygen-mediated positive feedback between elevated carbon dioxide and soil organic matter decomposition in a sim-ulated anaerobic wetland. Global change biology, 13: 2036-2044.

ZEDLER J B, 2010. How frequent storms affect wetland vegetation: a preview of climate change impacts. Frontiers in ecology and the environment, 8: 540-547.